中国石油炼油化工技术丛书

劣质重油加工技术

主　编　高雄厚

副主编　胡长禄　王路海

石油工業出版社

内 容 提 要

本书系统介绍了“十二五”和“十三五”期间中国石油在劣质重油改质与加工领域取得的重要成果，内容涵盖劣质重油分子组成结构表征与认识、热加工技术、溶剂脱沥青技术、催化裂化技术、加氢技术、沥青生产技术、其他重要技术和改质与加工方案等方面，在此基础上，对未来劣质重油加工技术发展方向进行了展望。

本书可供从事重油改质及加工的技术人员和管理人员使用，也可作为高等院校相关专业师生的参考书。

图书在版编目（CIP）数据

劣质重油加工技术／高雄厚主编．—北京：石油工业出版社，2022.3

（中国石油炼油化工技术丛书）

ISBN 978-7-5183-4978-4

Ⅰ．①劣…　Ⅱ．①高…　Ⅲ．①重油-石油炼制　Ⅳ．①TE626.25

中国版本图书馆 CIP 数据核字（2021）第 244208 号

出版发行：石油工业出版社

（北京安定门外安华里 2 区 1 号　100011）

网　址：www.petropub.com

编辑部：（010）64523546　图书营销中心：（010）64523633

经　　销：全国新华书店

印　　刷：北京中石油彩色印刷有限责任公司

2022 年 3 月第 1 版　2022 年 3 月第 1 次印刷

787×1092 毫米　开本：1/16　印张：18.5

字数：465 千字

定价：180.00 元

（如出现印装质量问题，我社图书营销中心负责调换）

《中国石油炼油化工技术丛书》

编　委　会

专　家　组

《劣质重油加工技术》
编　写　组

主　　编： 高雄厚

副 主 编： 胡长禄　王路海

编写人员：（按姓氏笔画排序）

于双林　于志敏　万子岸　王志刚　王丽涛　王宗贤
王智峰　方　力　卢春喜　卢竟蔓　田　奕　由慧玲
刘　贺　刘统华　刘晓燕　刘海澄　刘银东　孙书红
杨　行　杨　耀　杨克红　杨朝合　李　平　李爱凌
李雪静　何　萍　宋海朋　宋磊明　张　涛　张志国
张泽忠　张艳梅　张晨曦　张博函　张霖宙　陈　坤
陈小博　昌兴文　周志远　郑丽君　赵元生　赵锁奇
赵愉生　侯凯军　侯经纬　党　宇　徐　彪　高永福
高金森　郭爱军　黄　鹤　曹玉亭　崔小华　彭　煜
韩　爽　谢育辉　甄新平　蔺习雄　谭青峰　熊良铨
熊晓云　樊江涛　魏　飞

主审专家： 徐春明　王德会

丛书序

创新是引领发展的第一动力，抓创新就是抓发展，谋创新就是谋未来。当今世界正经历百年未有之大变局，科技创新是其中一个关键变量，新一轮科技革命和产业变革正在重构全球创新版图、重塑全球经济结构。党的十八大以来，以习近平同志为核心的党中央坚持创新在我国现代化建设全局中的核心地位，把科技自立自强作为国家发展的战略支撑，面向世界科技前沿、面向经济主战场、面向国家重大需求、面向人民生命健康，深入实施创新驱动发展战略，不断完善国家创新体系，加快建设科技强国，开辟了坚持走中国特色自主创新道路的新境界。

加快能源领域科技创新，推动实现高水平自立自强，是建设科技强国、保障国家能源安全的必然要求。作为国有重要骨干企业和跨国能源公司，中国石油深入贯彻落实习近平总书记关于科技创新的重要论述和党中央、国务院决策部署，始终坚持事业发展科技先行，紧紧围绕建设世界一流综合性国际能源公司和国际知名创新型企业目标，坚定实施创新战略，组织开展了一批国家和公司重大科技项目，着力攻克重大关键核心技术，全力以赴突破短板技术和装备，加快形成长板技术新优势，推进前瞻性、颠覆性技术发展，健全科技创新体系，取得了一系列标志性成果和突破性进展，开创了能源领域科技自立自强的新局面，以高水平科技创新支撑引领了中国石油高质量发展。“十二五”和“十三五”期间，中国石油累计研发形成44项重大核心配套技术和49个重大装备、软件及产品，获国家级科技奖励43项，其中国家科技进步奖一等奖8项、二等奖28项，国家技术发明奖二等奖7项，获授权专利突破4万件，为高质量发展和世界一流综合性国际能源公司建设提供了强有力支撑。

炼油化工技术是能源科技创新的重要组成部分，是推动能源转型和新能源创新发展的关键领域。中国石油十分重视炼油化工科技创新发展，坚持立足主营业务发展需要，不断加大核心技术研发攻关力度，炼油化工领域自主创新能力持续提升，整体技术水平保持国内先进。自主开发的国Ⅴ/国Ⅵ标准汽柴油生产技术，有力支撑国家油品质量升级任务圆满完成；千万吨级炼油、百万吨级乙烯、百万吨级 PTA、“45/80”大型氮肥等成套技术实现工业化；自主百万吨级乙烷制乙烯成套技术成功应用于长庆、塔里木两个国家级示范工程项目；“复兴号”高铁齿轮箱油、超高压变压器油、医用及车用等高附加值聚烯烃、ABS 树脂、丁腈及溶聚丁苯等高性能合成橡胶、PETG 共聚酯等特色优势产品开发应用取得新突破，有力支撑引领了中国石油炼油化工业务转型升级和高质量发展。为了更好地总结过往、谋划未来，我们组织编写了《中国石油炼油化工技术丛书》（以下简称《丛书》），对 1998 年重组改制以来炼油化工领域创新成果进行了系统梳理和集中呈现。

《丛书》的编纂出版，填补了中国石油炼油化工技术专著系列丛书的空白，集中展示了中国石油炼油化工领域不同时期研发的关键技术与重要产品，真实记录了中国石油炼油化工技术从模仿创新跟跑起步到自主创新并跑发展的不平凡历程，充分体现了中国石油炼油化工科技工作者勇于创新、百折不挠、顽强拼搏的精神面貌。该《丛书》为中国石油炼油化工技术有形化提供了重要载体，对于广大科技工作者了解炼油化工领域技术发展现状、进展和趋势，熟悉把握行业技术发展特点和重点发展方向等具有重要参考价值，对于加强炼油化工技术知识开放共享和成果宣传推广、推动炼油化工行业科技创新和高质量发展将发挥重要作用。

《丛书》的编纂出版，是一项极具开拓性和创新性的出版工程，集聚了多方智慧和艰苦努力。该丛书编纂历经三年时间，参加编写的单位覆盖了中国石油炼油化工领域主要研究、设计和生产单位，以及有关石油院校等。在编写过程中，参加单位和编写人员坚持战略思维和全球视野，密切配合、团结协作、群策群力，对历年形成的创新成果和管理经验进行了系统总结、凝练集成和再学习再思考，对未来技术发展方向与重点进行了深入研究分析，展现了严谨求实的科学态度、求真创新的学术精神和高度负责的扎实作风。

值此《丛书》出版之际，向所有参加《丛书》编写的院士专家、技术人员、管理人员和出版工作者致以崇高的敬意！衷心希望广大科技工作者能够从该《丛书》中汲取科技知识和宝贵经验，切实肩负起历史赋予的重任，勇作新时代科技创新的排头兵，为推动我国炼油化工行业科技进步、竞争力提升和转型升级高质量发展作出积极贡献。

站在"两个一百年"奋斗目标的历史交汇点，中国石油将全面贯彻习近平新时代中国特色社会主义思想，紧紧围绕建设基业长青的世界一流企业和实现碳达峰、碳中和目标的绿色发展路径，坚持党对科技工作的领导，坚持创新第一战略，坚持"四个面向"，坚持支撑当前、引领未来，持续推进高水平科技自立自强，加快建设国家战略科技力量和能源与化工创新高地，打造能源与化工领域原创技术策源地和现代油气产业链"链长"，为我国建成世界科技强国和能源强国贡献智慧和力量。

2022 年 3 月

丛书前言

中国石油天然气集团有限公司（以下简称中国石油）是国有重要骨干企业和全球主要的油气生产商与供应商之一，是集国内外油气勘探开发和新能源、炼化销售和新材料、支持和服务、资本和金融等业务于一体的综合性国际能源公司，在国内油气勘探开发中居主导地位，在全球35个国家和地区开展油气投资业务。2021年，中国石油在《财富》杂志全球500强排名中位居第四。2021年，在世界50家大石油公司综合排名中位居第三。

炼油化工业务作为中国石油重要主营业务之一，是增加价值、提升品牌、提高竞争力的关键环节。自1998年重组改制以来，炼油化工科技创新工作认真贯彻落实科教兴国战略和创新驱动发展战略，紧密围绕建设世界一流综合性国际能源公司和国际知名创新型企业目标，立足主营业务战略发展需要，建成了以“研发组织、科技攻关、条件平台、科技保障”为核心的科技创新体系，紧密围绕清洁油品质量升级、劣质重油加工、大型炼油、大型乙烯、大型氮肥、大型PTA、炼油化工催化剂、高附加值合成树脂、高性能合成橡胶、炼油化工特色产品、安全环保与节能降耗等重要技术领域，以国家科技项目为龙头，以重大科技专项为核心，以重大技术现场试验为抓手，突出新技术推广应用，突出超前技术储备，大力加强科技攻关，关键核心技术研发应用取得重要突破，超前技术储备研究取得重大进展，形成一批具有国际竞争力的科技创新成果，推广应用成效显著。中国石油炼油化工业务领域有效专利总量突破4500件，其中发明专利3100余件；获得国家及省部级科技奖励超过400项，其中获得国家科技进步奖一等奖2项、二等奖25项，国家技术发明奖二等奖1项。中国石油炼油化工科技自主创新能力和技术实力实现跨越式发展，整体技术水平和核心竞争力得到大幅度提升，为炼油化工主营业务高质量发展提供了有力技术支撑。

为系统总结和分享宣传中国石油在炼油化工领域研究开发取得的系列科技创新成果，在中国石油具有优势和特色的技术领域打造形成可传承、传播和共享的技术专著体系，中国石油科技管理部和石油工业出版社于 2019 年 1 月启动《中国石油炼油化工技术丛书》（以下简称《丛书》）的组织编写工作。

《丛书》的编写出版是一项系统的科技创新成果出版工程。《丛书》编写历经三年时间，重点组织完成五个方面工作：一是组织召开《丛书》编写研讨会，研究确定 11 个分册框架，为《丛书》编写做好顶层设计；二是成立《丛书》编委会，研究确定各分册牵头单位及编写负责人，为《丛书》编写提供组织保障；三是研究确定各分册编写重点，形成编写大纲，为《丛书》编写奠定坚实基础；四是建立科学有效的工作流程与方法，制定《〈丛书〉编写体例实施细则》《〈丛书〉编写要点》《专家审稿指导意见》《保密审查确认单》和《定稿确认单》等，提高编写效率；五是成立专家组，采用线上线下多种方式组织召开多轮次专家审稿会，推动《丛书》编写进度，保证《丛书》编写质量。

《丛书》对中国石油炼油化工科技创新发展具有重要意义。《丛书》具有以下特点：一是开拓性，《丛书》是中国石油组织出版的首套炼油化工领域自主创新技术系列专著丛书，填补了中国石油炼油化工领域技术专著丛书的空白。二是创新性，《丛书》是对中国石油重组改制以来在炼油化工领域取得具有自主知识产权技术创新成果和宝贵经验的系统深入总结，是中国石油炼油化工科技管理水平和自主创新能力的全方位展示。三是标志性，《丛书》以中国石油具有优势和特色的重要科技创新成果为主要内容，成果具有标志性。四是实用性，《丛书》中的大部分技术属于成熟、先进、适用、可靠，已实现或具备大规模推广应用的条件，对工业应用和技术迭代具有重要参考价值。

《丛书》是展示中国石油炼油化工技术水平的重要平台。《丛书》主要包括《清洁油品技术》《劣质重油加工技术》《炼油系列催化剂技术》《大型炼油技术》《炼油特色产品技术》《大型乙烯成套技术》《大型芳烃技术》《大型氮肥技术》《合成树脂技术》《合成橡胶技术》《安全环保与节能减排技术》等 11 个分册。

《清洁油品技术》：由中国石油石油化工研究院牵头，主编何盛宝。主要包括催化裂化汽油加氢、高辛烷值清洁汽油调和组分、清洁柴油及航煤、加氢裂化生产高附加值油品和化工原料、生物航煤及船用燃料油技术等。

《劣质重油加工技术》：由中国石油石油化工研究院牵头，主编高雄厚。

主要包括劣质重油分子组成结构表征与认识、劣质重油热加工技术、劣质重油溶剂脱沥青技术、劣质重油催化裂化技术、劣质重油加氢技术、劣质重油沥青生产技术、劣质重油改质与加工方案等。

《炼油系列催化剂技术》：由中国石油石油化工研究院牵头，主编马安。主要包括炼油催化剂催化材料、催化裂化催化剂、汽油加氢催化剂、煤油及柴油加氢催化剂、蜡油加氢催化剂、渣油加氢催化剂、连续重整催化剂、硫黄回收及尾气处理催化剂以及炼油催化剂生产技术等。

《大型炼油技术》：由中石油华东设计院有限公司牵头，主编谢崇亮。主要包括常减压蒸馏、催化裂化、延迟焦化、渣油加氢、加氢裂化、柴油加氢、连续重整、汽油加氢、催化轻汽油醚化以及总流程优化和炼厂气综合利用等炼油工艺及工程化技术等。

《炼油特色产品技术》：由中国石油润滑油公司牵头，主编杨俊杰。主要包括石油沥青、道路沥青、防水沥青、橡胶油白油、电器绝缘油、车船用润滑油、工业润滑油、石蜡等炼油特色产品技术。

《大型乙烯成套技术》：由中国寰球工程有限公司牵头，主编张来勇。主要包括乙烯工艺技术、乙烯配套技术、乙烯关键装备和工程技术、乙烯配套催化剂技术、乙烯生产运行技术、技术经济型分析及乙烯技术展望等。

《大型芳烃技术》：由中国昆仑工程有限公司牵头，主编劳国瑞。介绍中国石油芳烃技术的最新进展和未来发展趋势展望等，主要包括芳烃生成、芳烃转化、芳烃分离、芳烃衍生物以及芳烃基聚合材料技术等。

《大型氮肥技术》：由中国寰球工程有限公司牵头，主编张来勇。主要包括国内外氮肥技术现状和发展趋势、以天然气为原料的合成氨工艺技术和工程技术、合成氨关键设备、合成氨催化剂、尿素生产工艺技术、尿素工艺流程模拟与应用、材料与防腐、氮肥装置生产管理、氮肥装置经济性分析等。

《合成树脂技术》：由中国石油石油化工研究院牵头，主编胡杰。主要包括合成树脂行业发展现状及趋势、聚乙烯催化剂技术、聚丙烯催化剂技术、茂金属催化剂技术、聚乙烯新产品开发、聚丙烯新产品开发、聚烯烃表征技术与标准化、ABS 树脂新产品开发及生产优化技术、合成树脂技术及新产品展望等。

《合成橡胶技术》：由中国石油石油化工研究院牵头，主编龚光碧。主要包括丁苯橡胶、丁二烯橡胶、丁腈橡胶、乙丙橡胶、丁基橡胶、异戊橡胶、苯乙烯热塑性弹性体等合成技术，还包括橡胶粉末化技术、合成橡胶加工与应用技术及合成橡胶标准等。

《安全环保与节能减排技术》：由中国石油集团安全环保技术研究院有限公司牵头，主编闫伦江。主要包括设备腐蚀监检测与工艺防腐、动设备状态监测与评估、油品储运雷电静电防护，炼化企业污水处理与回用、VOCs 排放控制及回收、固体废物处理与资源化、场地污染调查与修复，炼化能量系统优化及能源管控、能效对标、节水评价技术等。

《丛书》是中国石油炼油化工科技工作者的辛勤劳动和智慧的结晶。在三年的时间里，共组织中国石油石油化工研究院、寰球工程公司、大庆石化、吉林石化、辽阳石化、独山子石化、兰州石化等 30 余家科研院所、设计单位、生产企业以及中国石油大学（北京）、中国石油大学（华东）等高校的近千名科技骨干参加编写工作，由 20 多位资深专家组成专家组对书稿进行审查把关，先后召开研讨会、审稿会 50 余次。在此，对所有参加这项工作的院士、专家、科研设计、生产技术、科技管理及出版工作者表示衷心感谢。

掩卷沉思，感慨难已。本套《丛书》是中国石油重组改制 20 多年来炼油化工科技成果的一次系列化、有形化、集成化呈现，客观、真实地反映了中国石油炼油化工科技发展的最新成果和技术水平。真切地希望《丛书》能为我国炼油化工科技创新人才培养、科技创新能力与水平提高、科技创新实力与竞争力增强和炼油化工行业高质量发展发挥积极作用。限于时间、人力和能力等方面原因，疏漏之处在所难免，希望广大读者多提宝贵意见。

前言

重质化和劣质化是世界原油性质变化的主要趋势，且重质、劣质原油资源总量巨大，是未来可加工利用的重要资源。重质、劣质原油组成复杂，黏度大、沥青质含量高、金属含量高，其储存运输及加工利用已成为当今炼油工业面临的重大难题。重油加工一般分脱碳和加氢两种路线，两种路线各有千秋。脱碳过程又有焦化、热裂化、溶剂脱沥青和催化裂化等工艺，焦化是重油轻质化的重要技术，工艺成熟，原料适应性强，投资低，截至2020年底，全球共有206套延迟焦化装置在运行；灵活焦化技术避免了延迟焦化过程产生高硫石油焦，发展快速；热裂化过程是一种传统的渣油轻质化技术，全球建有150余套装置；溶剂脱沥青技术也发展迅速，全世界投产装置已超过120套；催化裂化具有灵活生产清洁油品和化工原料的优势，是炼化企业必备装置。加氢技术生产过程清洁，产品收率高，无高硫石油焦生产问题，是劣质重油高效加工技术。固定床渣油加氢处理技术最成熟，工业应用最广；由于沸腾床加氢技术可实现催化剂的在线加入与排出，可以加工更加劣质的原料，发展较快；浆态床（悬浮床）渣油加氢裂化技术对原料基本无限制，且工艺简单、操作灵活、转化率高，是非常有前景的渣油高效转化技术。如何实现劣质重油资源的高效加工利用，关乎炼化企业的效益和发展，更加关乎国家能源安全。

为了进一步总结既有成果，夯实新时代高质量发展基础，我们组织编写了《劣质重油加工技术》，作为《中国石油炼油化工技术丛书》分册之一。

本书涵盖了劣质重油分子组成结构表征与认识、热加工技术、溶剂脱沥青技术、催化裂化技术、加氢技术、沥青生产技术、其他重要技术和改质与加工方案等8个方面的内容。本书主要集结中国石油承担的国家级科技项目、中国石油重大科技专项、重大技术现场试验和重点科技攻关等项目研究攻关取得的重要科技创新成果，并对未来劣质重油加工技术发展方向进行了展望。

本书由中国石油天然气股份有限公司石油化工研究院（以下简称石化院）牵头，参与单位有中国石油辽河石化公司（以下简称辽河石化）、中石油克拉玛依石化有限责任公司（以下简称克拉玛依石化）、中石油华东设计院有限公司、清华大学、中国石油大学（北京）、中国石油大学（华东）等，参加编写的人员都是长期在重油加工领域科研、教学和生产一线的领导和专家学者，具有较高的学术水平和丰富的实践经验。

本书分为十章。第一章由石化院高雄厚组织编写；第二章由中国石油大学（北京）赵锁奇及张霖宙组织编写；第三章由石化院王路海和中国石油大学（华东）王宗贤、郭爱军组织编写；第四章由石化院王路海组织编写；第五章由石化院王智峰组织编写；第六章由石化院胡长禄、赵元生组织编写；第七章由辽河石化黄鹤、田奕和克拉玛依石化熊良铨、甄新平组织编写；第八章由辽河石化刘海澄、方力和中石油华东设计院有限公司昌兴文、谢育辉组织编写；第九章由石化院侯经纬组织编写；第十章由石化院胡长禄组织编写。

在本书的编写过程中，得到了中国石油党组领导的关怀指导，炼油与化工分公司、科技管理部等总部机关的大力支持。成书过程中，徐春明、吴冠京、孟纯绪、李胜山、王德会、杜建荣、段伟、胡友良等炼油行业院士专家对稿件进行了细致的审查，为本书的框架设计和内容编写提出了宝贵意见；编辑部及各编写单位反复修改完善，最终付梓。

借此机会，向所有支持和关心本书出版的领导和专家致以诚挚的感谢！本书涉及专业面广，内容难免存在疏漏不当之处，敬请读者批评指正。

目录

第一章　绪　　论

重质化和劣质化是世界原油性质变化的主要趋势。重质、劣质原油资源总量巨大，主要分布在南美洲、北美洲、中东等地区，是未来可加工利用的重要资源。重质、劣质原油组成复杂，黏度大、沥青质含量高、金属含量高，给加工带来巨大挑战，已成为当今炼油工业面临的重大难题。国际知名石油公司针对重油改质和高效转化，开发出系列成套技术，并在世界范围内得到广泛应用，取得了显著效果。本书重点介绍国内外相关技术进展及中国石油在劣质、重质原油分子结构辨识，重油改质和加工等方面取得的技术进展。

第一节　劣质、重质原油资源概述

一、劣质、重质原油定义

一般而言，原油的轻重按照其天然属性划分，原油的优劣按照其加工性能划分。在原油的轻重划分上，按照相对密度分类，国际上通常把 API 度≥32°API 的原油称为轻质原油，API 度为 20~32°API 的原油称为中质原油，API 度为 10~20°API 的原油称为重质原油，API 度≤10°API 的称为特重原油[1]。世界能源理事会(WEC)、美国地质调查局(USGS)和哈特能源公司(Hart Energy)等国际知名机构和咨询公司，通常将 API 度<10°API、动力黏度<10000mPa·s 可流动的原油定义为超重油，如委内瑞拉超重油；API 度<10°API、动力黏度>10000mPa·s 呈固态的原油定义为沥青，如加拿大油砂沥青。

在我国，稠油属于重油范畴。我国石油工作者提出了稠油的分类标准，主要按黏度、相对密度进行划分，见表 1-1，分为普通稠油、特稠油和超稠油(天然沥青)，动力黏度小于 10000mPa·s 为普通稠油，动力黏度在 10000~50000mPa·s 为特稠油，动力黏度在 50000mPa·s 以上为超稠油，如辽河稠油、新疆风城超稠油等。

表 1-1　我国稠油分类标准

稠油分类			主要指标	辅助指标	开采方式
名称	类别		黏度，mPa·s	相对密度(20℃)	
普通稠油	Ⅰ		50①(或 100)~10000	>0.9200	
	亚类	Ⅰ-1	50①~150①	>0.9200	可以先注水
		Ⅰ-2	150①~10000	>0.9200	热采
特稠油	Ⅱ		10000~50000	>0.9500	热采
超稠油(天然沥青)	Ⅲ		>50000	>0.9800	热采

① 指油层条件下黏度，其他指油层温度下脱气油黏度。

劣质原油中的“劣质”主要指高金属、高沥青质、高残炭等特点。绝大部分 API 度<10° API 的非常规重质油同时符合劣质性，称为劣质、重质原油。劣质重油或稠油、油砂沥青一般具有高密度(低 API 度)、高黏度、高酸值、高沥青质含量、高金属含量、高硫含量、高氮含量等特性，有些重油具有以上大部分特征，如辽河稠油，除硫含量不高外，其他性质均符合以上特征；新疆风城超稠油的 API 度高于 10° API，硫含量低，但其黏度极高，酸值及金属含量都很高；有些重油或稠油具有以上全部特征，如加拿大油砂沥青、委内瑞拉超重油和塔河稠油。

本书中涉及的国内的塔河稠油、辽河稠油、新疆风城超稠油及国外的阿拉伯重质原油、伊朗重质原油、科威特中质原油、巴西马林原油、加拿大冷湖原油、厄瓜多尔纳普原油，以及重油渣油馏分均归结为劣质、重质油范畴。

综上，劣质重油组成极其复杂，含有大量的胶质、沥青质等非烃类劣质组分，硫、氮、金属含量高，容易引起加工设备结焦和催化剂中毒，并严重影响产品质量，给重油轻质化和清洁生产带来诸多技术难题。

二、劣质、重质原油资源基本情况

全球劣质、重质原油资源储量巨大，WEC 数据显示，全球超重油和沥青的原始地质储量分别达到 3445×10^8t(2.15×10^{12}bbl，按 1t=6.24bbl 计算，下同)和 5412×10^8t(3.33×10^{12}bbl，按 1t=6.15bbl 计算，下同)，合计达到 8857×10^8t(5.48×10^8bbl)。超重油资源分布特别集中，全球约 98.3%的超重油资源原始地质储量集中在南美洲，尤其是在委内瑞拉的奥里诺科(Orinoco)重油带；亚洲的中国和阿塞拜疆，以及欧洲的英国也分布有少量超重油资源，合计占到 1.4%。沥青资源主要分布在北美洲、亚洲和欧洲，分别占到 74.8%、12.8%和 10.5%，尤其是加拿大油砂沥青资源占到全球的一半以上。考虑到中国石油加工劣质重质原油的来源，本书在资源部分主要介绍委内瑞拉超重油、加拿大油砂沥青、中东重油和中国稠油。

1. 委内瑞拉超重油

委内瑞拉以丰富的超重油资源闻名，主要集中在奥里诺科重油带。2019 年委内瑞拉石油剩余可采储量约为 480×10^8t，约占世界石油探明可采储量的 17.5%，其中奥里诺科重油带超重油剩余可采储量达到 420×10^8t，占世界石油剩余可采储量的 15.1%及委内瑞拉全国石油剩余可采储量的 87.5%[2]。

自委内瑞拉实行油气资源国有化以来，政府把委内瑞拉国家石油公司(PDVSA)的利润更多地投入社会事业，导致公司用于油气的投资下降，叠合政策和社会的不稳定因素，石油产量逐年下降。尤其是近两年美国对委内瑞拉的制裁，进一步加剧了委内瑞拉石油产量的衰减速度，2019 年产量跌至 4660×10^4t，仅为 2006 年峰值时的 27%，跌出了全球产油国前 20 名。

奥里诺科重油带是委内瑞拉未来石油生产的主要来源，其生产的超重油主要有沥青质含量高、轻组分含量极低，氮、硫等杂原子含量较多，黏度大，对温度敏感，蜡含量低等特点，很难加工，其主要性质见表 1-2[3-5]。

表 1-2 委内瑞拉超重油的主要性质参数

项目	数值	项目	数值
API 度,°API	8.5	酸值, mg KOH/g	3.00
密度(15.5℃), g/cm³	1.0102	沥青质,%	11.1
运动黏度(60℃), mm²/s	11006	石蜡,%	1.8
运动黏度(80℃), mm²/s	1733	铁, μg/g	8.6
碳含量,%	86.25	镍, μg/g	77.8
氢含量,%	10.56	钒, μg/g	405.1
硫含量,%	4.08	钙, μg/g	22.4
氮含量, μg/g	7200	钠, μg/g	20.5
倾点,℃	51	镁, μg/g	4.1
残炭,%	14.8	特性因数 *K*	11.3
灰分,%	0.111		

2. 加拿大油砂沥青

加拿大是世界上沥青资源最为丰富的国家，包括油砂沥青在内的石油剩余可采储量居世界第三，仅次于委内瑞拉和沙特阿拉伯。据加拿大石油生产商协会(CAPP)统计，截至2018年底，加拿大油砂沥青的原始地质储量近3000×10^8t，原始可采储量287×10^8t，剩余可采储量266×10^8t，占到加拿大石油剩余可采储量的96%，占世界油砂资源总量的85%，油砂开采潜力巨大[6]。

2018年加拿大原油总产量约2.57×10^8t，位列世界第六，其中油砂沥青总产量达到1.63×10^8t，占原油总产量的63.4%。据CAPP预测，2018年至2035年，加拿大油砂沥青产量将增加7500×10^4t/a，2035年产量将达2.38×10^8t，油砂沥青产量在原油总产量中的占比将超过70%。

开采出的油砂沥青通常需要进行改质。不同矿区生产的油砂沥青性质有很大差别，油砂沥青改质工厂采用不同的改质工艺可生产轻质低硫合成原油、中质或重质含硫合成原油等多种合成原油；没有经过改质的油砂沥青可用凝析油作为稀释剂进行调和，得到稀释沥青(DilBit)，或者用合成原油作为稀释剂进行调和，得到合成沥青(SynBit)。其中典型合成原油和调和沥青的物性参数见表1-3[7]。

表 1-3 加拿大部分合成原油和调和沥青的物性参数

参数	合成原油 (Syncrude syntheic crude)	埃尔宾重质合成原油 (Albian heavy syntheic crude)	冷湖原油 (Cold Lake crude)	长湖重质原油 (Long Lake heavy crude)
API 度,°API	31.4	19.4	21.5	20.6
硫含量,%	0.14	2.56	3.80	3.12
残炭,%	①	13.4	10.30	7.51
酸值, mg KOH/g	—	0.68	0.87	2.21
镍含量, mg/L	②	44.0	67.0	49.0
钒含量, mg/L	③	88.0	187.0	141.0

① 测试值低于下限。

中国石油、中国石化和中国海油在加拿大有油砂沥青业务，可采储量达11.27×10^8t，其中中国海油目前的实际产量最高，为252×10^4t/a，中国石油为44.8×10^4t/a[8]。中国海油在加拿大拥有长湖(Long lake)等5个油田的100%权益及查德(Chard)等6个油田的部分权益。其在加拿大的油砂沥青资产是一个一体化项目，除了开采与预处理外，还拥有油砂沥青改质厂，能实现较为长远的发展。

3. 中东重油

中东原油资源丰富，2019年中东地区石油剩余可采储量约为1129×10^8t，占实际石油剩余可采储量的48.1%，其中沙特阿拉伯、伊拉克、伊朗、科威特和阿联酋的石油可采储量占中东的95%以上；以上五国2019年的石油产量达12.76×10^8t，占世界石油总产量的近30%[2]。

中国是石油进口大国，2019年进口原油达5.06×10^8t，其中进口中东原油比例超过45%。据隆众咨询统计，进口中东原油中，沙特阿拉伯重油、伊朗重油和伊拉克巴士拉重油的数量近2500×10^4t，约占进口中东原油总量的10%。表1-4为沙特阿拉伯重油、伊朗重油和伊拉克巴士拉重油的主要参数。

表1-4 部分中东重油的主要物性参数

原油名称	沙特阿拉伯重油①	伊朗重油②	伊拉克巴士拉重油②
密度(20℃)，g/cm³	867.2	876.8	910.1
黏度(50℃)，mm²/s	15.06	7.904	21.68
凝点,℃	-32	-24	-36
酸值，mg KOH/g	0.17	0.2	0.3
硫含量,%	3.09	2.43	4.22
氮含量,%	0.09	0.18	0.20
镍含量，μg/g	22.0	23.9	23.6
钒含量，μg/g	70.0	95.5	84.3
钙含量，μg/g	—	2.30	1.47
蜡含量,%	4.15	4.9	5.1
胶质,%	9.68	4.5	17.9
沥青质,%	4.80	4.4	5.9
残炭,%	7.93	7.42	11.92

① 数据来源于中国石化抚顺石油化工研究院；
② 数据来源于中国石油石油化工研究院。

4. 中国稠油

我国拥有一定的稠油资源，目前已在松辽盆地、渤海湾盆地、江汉盆地、塔里木盆地等12个盆地发现了70多个稠油油田，现已探明地质储量40×10^8t，其中储量较多的是辽河油田、塔河油田、胜利油田、新疆油田等。海上稠油集中分布在渤海湾，已探明石油地质储量45×10^8t，其中62%为稠油。在稠油储量较多的油田中，辽河油田稠油已探明地质储量10.5×10^8t，可动用稠油储量7.4×10^8t，稠油产量已占辽河盆地总产量的65%以上[9]；塔河油田位于塔里木盆地，超稠油探明地质储量为7.5×10^8t；胜利油田稠油探明地质储量为

10.8×10^8t[10]；新疆风城超稠油油藏位于准噶尔盆地西北缘，已探明地质储量 3.6×10^8t，是中国目前最大的整装超稠油油藏。

目前，中国稠油总产量超过 2500×10^4t/a，主要稠油生产基地包括辽河油田、新疆油田、胜利油田、塔河油田、渤海油田等[11]。

与加拿大和委内瑞拉的重油资源相比，中国大部分稠油沥青质含量低、胶质含量高，因而具有相对密度较低、黏度较高的特点。表 1-5 为中国部分稠油的主要物性参数。

表 1-5 中国部分稠油的主要物性参数

原 油 名 称	辽河①	新疆风城①	塔河②	胜利[12]	绥中[12]
密度(15℃)，g/cm^3	1.004	0.9593	0.9482	0.9005	0.9571
黏度(100℃)，mm^2/s	845.1	242.1	571.0③	83.36③	560.7③
倾点,℃	42	27	-14④	28④	13④
酸值，mg KOH/g	11.23	5.87	0.17	—	—
硫含量,%	0.4	0.25	2.20	0.80	0.33
氮含量,%	0.7966	0.5923	0.37	0.41	0.60
镍含量，μg/g	120	45	37	26.0	37.52
钒含量，μg/g	2	<1	252	1.6	1.57
钙含量，μg/g	347	144	19.9	—	—
蜡含量,%	<5	3.71	2.7	14.6	—
胶质,%	—	22.87	8.6	—	—
沥青质,%	3.8	0.25	16.2	<1	—
盐含量，mg/L	60	86	176.4	—	—
残炭,%	15.7	8.0	15.70	6.4	9.94

① 数据来源于中国石油原油评价重点实验室；

② 数据来源于中国石化石油化工科学研究院；

③ 50℃运动黏度；

④ 凝点。

第二节 劣质重油加工基础

全球劣质重油资源丰富，是石油资源的重要组成部分。以委内瑞拉超重油、加拿大油砂沥青为代表的劣质原油具有高黏度、高残炭、高沥青质、高硫、高重金属，以及低 API 度、低氢碳原子比等“五高两低”特点，其储存运输及加工利用是世界级难题。劣质重油是我国重要的资源，每年加工量超过 3×10^8t，中国石油、中国石化、中国海油等石油公司先后在国外投巨资购买了重油资源，形成了生产能力。世界各大石油公司十分重视劣质重油改质与加工技术研究，开发出了满足不同需求的工业化技术，实现了推广应用。中国石油于 2008 年开始，设立两期重大科技专项进行劣质重油改质与加工技术攻关，攻克了委内瑞拉超重油改质、加工关键技术难题，形成了以劣质重油供氢热裂化、油砂沥青分质分运为代表的改质技术，以劣质渣油延迟焦化、重油催化裂化、渣油加氢裂化为代表的轻质化技术以及以高端沥青、特种橡胶油为代表的炼油特色产品生产技术，有效支持了中国石油海外重油资源开发利用和国内辽河石化、克拉玛依石化稠油加工基地建设，相关成果获得2017 年度中国石油天然气集团有限公司科技进步奖特等奖。

一、劣质重油分子组成表征与认识

重油组成极其复杂，含有大量的胶质、沥青质类劣质组分，容易引起加工设备结焦和催化剂中毒，并严重影响产品质量，给轻质化加工和清洁化利用带来诸多技术难题。然而这些组分的分子组成及转化机理并不明确，基于宏观性质的传统研究方法无法满足重油加工工艺设计与过程优化的实际需求。分子工程和分子管理技术已经成为炼油技术升级的一种理念和发展趋势，但是对重油化学组成认识的不足严重制约着相关技术的发展进步。

面向重油加工的重大技术需求，中国石油联合中国石油大学(华东)和中国石油大学(北京)重质油国家重点实验室，以分子层次解析重油组成结构、指导加工利用为目标，以重油分离、分析技术研究为先导，从分子组成上详细表征重油的化学组成，揭示不同类型化合物在典型工艺过程中的转化规律，解决了重油大分子精细分离分析、转化行为定量描述的关键科学问题，开发基于分子组成的性质预测及转化过程模型，实现了分子组成信息与反应特性有效关联，进而指导重油加工工艺开发和过程优化。相关研究成果获得 2020 年中国化工学会基础研究一等奖。

一是创建了重油分子组成表征新方法。开发了一系列重油特征组分的分离富集方法，基于高分辨质谱技术，通过衍生化及化学增敏技术实现不同类型化合物选择性高效电离，解决了重油中含硫、氮及金属杂原子化合物分子组成定量表征的世界难题，在超过 8000 个分子规模上，定量表征了 52 种重油的分子组成。

二是揭示了重油分子在体系中的赋存状态和加工过程转化行为。针对定向调控特征组分转化路径的科学问题，通过对原料和产物分子组成的深入研究，揭示了不同类型化合物在典型加工过程中的转化规律，阐明了沥青质超分子结构特征及生焦特性，指导了重油转化过程提高液收、抑制生焦等新技术开发。

三是开发了基于分子组成的重油性质预测和转化模型。针对分子组成与油品性质内在关系的科学问题，构建了全球首个重油性质和分子数据平台，开发了基于分子组成的重油性质预测模型以及典型加工过程的转化模型。

二、改质降黏技术

劣质重油具有高黏特征，常温下是固体，不能流动，按照原油的方式进行输送存在诸多技术难题。通常的做法是采用轻烃或轻油进行稀释，满足一定的黏度或 API 度要求后进行管道输送或采用轮船运输。但是，重质油资源丰富的地区通常缺少轻油资源，如委内瑞拉的奥里诺科重油带、加拿大的阿萨巴斯卡油砂区，可利用的轻油资源非常有限，无法满足稀释用油需求。因此，各大石油公司先后开发了以延迟焦化为核心的委内瑞拉超重油改质和以沸腾床加氢裂化、焦化为核心的油砂沥青改质生产合成原油技术，以及以降低黏度为目标的超重油供氢热裂化改质、超重油溶剂脱沥青改质技术。

1. 委内瑞拉超重油改质生产合成原油技术

具有代表性的委内瑞拉超重油改质技术由 PETROCEDENO 公司、PETROPIAR 公司、PETROANZOATEGUI 公司和 PETROMONAGAS 公司四家公司所拥有，基本流程是超重油经脱盐脱水处理后进入常减压蒸馏装置，常压或减压渣油进入延迟焦化装置进行轻质化处理，瓦斯油经加氢、调和得到合成原油。焦化装置核心是延迟焦化，主要采用 Foster Weeler、Conoco-Phillips 延迟焦化技术，目标产品是合成原油。

PETROCEDENO 公司是将大于 407℃ 的减压渣油全部进延迟焦化装置加工，常压瓦斯油、减压轻瓦斯油和焦化轻瓦斯油经加氢处理，减压中/重瓦斯油和焦化重瓦斯油经缓和加氢裂化加工，最后调和得到 API 度为 32°API 的不含渣油合成原油。

PETROPIAR 公司将加氢处理、加氢裂化生成油和部分常压重油调和，生产 API 度为 26°API 的合成原油。

PETROANZOATEGUI 公司将焦化石脑油经过加氢处理，焦化瓦斯油不经过加氢处理，与部分常压重油调和后得到 API 度为 22°API 的含渣油合成原油。

PETROMONAGAS 公司对延迟焦化石脑油进行加氢处理，常压瓦斯油，焦化瓦斯油和加氢处理的焦化石脑油与部分常压重油调和后得到 API 度为 16.5°API 的含渣油合成原油。

四家公司加工超重油的装置能力合计为 3370×10^4t/a，在得到合成原油的同时，产生大量的石油焦炭和硫黄，其销路需要特别关注。

2. 加拿大油砂沥青改质生产合成原油技术

具有代表性的加拿大油砂沥青改质技术采用 Syncrude Canada 公司流化焦化/沸腾床加氢裂化技术路线、Athabasca 油砂公司沸腾床加氢裂化技术路线和 Suncor 能源公司延迟焦化技术路线。轻质化的主要手段是焦化和沸腾床加氢裂化技术，馏分油加氢处理后调和生产不同规格的合成原油。

Syncrude Canada 公司采用流化焦化与沸腾床加氢裂化组合，将沸腾床加氢裂化未转化渣油送到流化焦化装置进行加工，馏分油经加氢处理、加氢裂化后经调和生产无渣油合成原油，煤油烟点为 19mm，全馏分柴油的十六烷值≥40，产能为 1800×10^4t/a，沸腾床加氢裂化装置采用 LC-Fining 工艺技术。

Athabasca 油砂公司采用沸腾床加氢裂化技术路线，拔头沥青进沸腾床加氢裂化装置处理，馏分油加氢处理生产合成原油，全馏分柴油的十六烷值为 45。该公司 3 套沸腾床加氢裂化装置均采用 LC-Fining 工艺技术，加工能力 675×10^4t/a，为世界上最大的渣油沸腾床加氢裂化装置。

Suncor 能源公司采用延迟焦化技术路线进行油砂沥青改质，生产无渣油合成原油。

沸腾床加氢裂化是加拿大油砂沥青改质的重要手段，生产得到的合成原油通常作为稀释剂与油砂沥青混合得到不同规格的稀释沥青进入市场销售。

3. 超重油供氢热裂化技术

通过热裂化过程实现石油大分子链断裂，降低黏度，是一种传统的渣油轻质化技术，全球建有 150 余套装置。Shell 公司开发的上流式反应塔减黏裂化技术、Exxson 公司开发的加热—反应全炉管转化双室炉式减黏裂化技术、Shell 和 Lummus 公司联合开发的炉式减黏裂化技术、UOP 和 Foster Wheeler 联合开发的炉式减黏裂化技术最具代表性，应用广泛。在渣油中加入供氢化合物的供氢裂化技术首先由 Exxon 公司在 250t/d 煤液化装置上完成中试，随后，美国 Mobil 公司和加拿大石油公司分别用四氢萘作为供氢剂开发出了供氢剂减黏裂化工艺技术，但由于四氢萘需要分离回收后加氢精制才能循环使用，增加了设备投资及操作费用，没有实现工业应用。

中国石油针对委内瑞拉超重油和加拿大油砂沥青常温下不流动，无法直接管道输送，迫切需要降低黏度的重大需求，联合中国石油大学(华东)和中国石油大学(北京)深入研究了重油各个馏分的组成、分子结构、反应特性，获得了具有良好供氢特性的自有馏分，开发出了超重油供氢热裂化技术。通过供氢馏分的选择、添加和工艺过程的创新，解决了委内瑞拉超重油热裂化深度减黏与油品稳定的矛盾，减黏率 95%以上，油品稳定性达到 2 级以上，达到了改质油 50℃运动黏度低于 $350mm/s^2$、API 度>12°API 的船运要求标准。由于供氢剂为重油自身馏分，无须注入催化剂和氢气，操作压力和温度较低，工艺简单，操作容易。该技术先后在 40×10^4t/a、100×10^4t/a 工业装置上实现了成功应用，并形成 300×10^4t/a 委内瑞拉超重油供氢热裂化技术工艺包，为委内瑞拉超重油、加拿大油沥青等劣质重油改质提供了可行的技术支持。该技术成果 2013 年荣获中国石油科学技术进步奖一等奖，也是中国石油科学技术进步奖特等奖“劣质重油改质、加工成套技术研究开发及工业应用”的重要组成部分。

4. 超重油溶剂脱沥青改质技术

超重油溶剂脱沥青改质技术是利用渣油溶剂脱沥青技术原理将重油中的沥青质与油分离，实现脱沥青油黏度降低，提高可运输性。

溶剂脱沥青技术自 1936 年由 KBR 公司首次实现工业应用以来，发展迅速，全世界投产装置已超过 120 套，代表性的有 ROSE 工艺、Demex 工艺、LEDA 工艺和 Solvahl 工艺。其技术、装备水平及功能也在不断进步，工艺过程由初期的混合—沉降演进到转盘塔等先进萃取技术，单效蒸发的溶剂回收方式被多效蒸发和超临界分离所替代，分离效率和过程能耗指标均有实质性改善，其功能由生产润滑油发展为重油脱碳、超重油改质、特种沥青产品生产的重要手段。

1）油砂沥青溶剂脱沥青—气化改质技术

Opti 加拿大公司采用溶剂脱沥青—沥青气化的技术路线，在 Long Lake 建成一座油砂沥青改质厂，处理能力为 700×10^4t/a 油砂沥青。通过脱沥青把油砂沥青原料转化为无渣油的含硫合成原油，沥青通过气化生产氢气和蒸汽，供其他装置使用，实现了油砂沥青的改质运输。

2）灵活高效分离固化沥青质部分改质技术

针对加拿大油砂沥青 API 度为 7～8°API、常温不流动，通过掺调轻油或者就地改质降黏成本过高，迫切需要满足降低掺稀比例的需求，中国石油通过深入研究油砂沥青分子组成、结构单元及桥链方式、致黏机理，发现油砂沥青中沥青质分子单元与胶质分子单元之间存在很强缔合作用力，是导致可输送性变差的根本原因，因此，提出沥青质的转化或者脱除，是降低油砂沥青黏度并提高 API 度的首选措施。基于此，提出了“分质分运理念为基础，产品高值化为关键，硬组分固化成型为保障”的灵活高效分离固化沥青质(PriFERAs)

部分改质技术方案，开发出了复合溶剂体系的分相分离技术、沥青质固化成型和高值化利用技术，完成了中试放大研究，改质油 API 度提高 5~8°API，节约稀释剂用量 60%以上，形成了 100×10^4t/a 改质技术工艺包，为超重稠油改质降黏及劣质重油加工预处理提供了低成本解决方案。

三、劣质重油轻质化技术

劣质重油是由种类众多的分子量较大的化合物组成的复杂混合物，含有大量的非烃类分子(S、N、O 化合物及金属有机化合物)，存在着分子结构多尺度性和多分散性的胶状和沥青状胶粒结构分子聚集体，轻质化加工难度大，目前主要技术手段为延迟焦化技术、劣质重油梯级分离技术、重油催化裂化技术和劣质重油加氢技术。

1. 延迟焦化技术

延迟焦化是重油轻质化重要技术，工艺成熟，原料适应性强，截至 2020 年底，全球共有 206 套延迟焦化装置在运行，总加工能力为 3.84×10^8t/a。焦化工艺众多，最具代表性的是 Foster Wheeler、ConocoPhillips、Lummus 和 KBR 等公司的延迟焦化技术，居领先地位，市场占有率高。国内中国石油和中国石化公司拥有成套延迟焦化技术。

Foster Wheeler 公司 SYDEC 延迟焦化技术采用双面辐射加热炉，平均热通量高，管内介质速度快，加热炉在线清焦，运行周期长；拥有先进的焦炭塔、除焦系统；采用低压和超低循环比(0.10~0.05)操作模式，液体收率高。

BECHTEL 公司的 Thruplus 延迟焦化工艺可以适应原料康氏残炭值和金属含量在较大范围内变化，适应不同的加工负荷以及产品质量要求。通过低压操作、馏分油循环技术和零或极低的自然操作循环比，达到提高液体产品收率和减少焦炭产率的目的；可以根据液体产品方案来调整循环操作馏分油的品种或排出馏分油，从而使装置实现满负荷操作，提高灵活性。

Chevron Lummus Global 公司(CLG)的延迟焦化技术采用低投资成本的技术路线，在满足炼厂更严格的环境和安全要求的同时，高度重视装置的可靠性和灵活性，尤其是能适应进料的变化，可处理 60 多种原料。

KBR 公司延迟焦化工艺可以适应不同的工艺条件，主要特点是采用低循环比和低压操作，典型焦炭塔的操作压力为 0.1~0.14MPa。

中国石化开发了高液收延迟焦化技术(MDDC)、高中馏分油收率延迟焦化技术(HMD-DC)、生产乙烯原料延迟焦化技术(PEFDC)、多产轻质油品延迟焦化技术(HLCGO)等一系列焦化技术，这些技术根据原料性质、产品结构的不同，在基本流程基础上对循环比等操作条件略微进行改动，得到不同收率、产品性质有所差异的焦化工艺，实现工业应用。

中国石油针对海外重质原油加工和现有延迟焦化装置技术提升的需求，开展了劣质重油延迟焦化技术研究，揭示了委内瑞拉超重油热加工过程中吸放热与成焦的关联规律，发现了劣质渣油延迟焦化过程弹丸焦形成机制；集成应用加热炉附墙燃烧改善温度场分布、分馏塔蜡油循环洗涤、循环比可控调节等技术，开发出了委内瑞拉焦化蜡油循环和弹丸焦抑制技术、渣油延迟焦化提高液体产品收率技术、馏分油循环技术，形成了高液收延迟焦化成套技术(HLDC)。完成国内首次 100%委内瑞拉超重油渣油延迟焦化工业试验，达到预期目标，成为国际上第3家拥有劣质重油延迟焦化成套技术的公司。HLDC技术在中国石油7套百万吨焦化装置上实现应用，提升装置安全平稳运行周期，能耗降低2~3个单位；加工环烷基劣质重油时，液体产品收率提高2~3个百分点，增效明显。“高液收延迟焦化新技术开发与工业应用”技术成果2015年荣获中国石油科学技术进步奖一等奖，也是中国石油科学技术进步特等奖“劣质重油改质、加工成套技术研究开发及工业应用”的重要组成部分。

2. 劣质重油梯级分离技术

劣质重油梯级分离技术是采用溶剂脱沥青基本原理对重油进行沥青质和油品的高效分离、加工。鉴于超临界抽提技术可以非破坏性分离或浓缩重质油中的非烃化合物和分子聚集体，中国石油联合中国石油大学(北京)利用超临界精密分离新方法，在对国内外30余种代表性重质油进行大量超临界精密分离的基础上，提出了“重质油梯级分离”新工艺，即在超临界条件下，以正构烷烃为溶剂对重质油进行梯级分离，得到较高收率的脱沥青油(DAO)和高软化点的脱油沥青(DOA)。DAO胶质沥青质减少，残炭和黏度降低，性质得到明显改善，是优良的催化裂化原料；DOA经喷雾造粒后具备制备沥青水浆、生产道路沥青等多种用途。形成了由溶剂脱沥青质系统和沥青喷雾造粒系统组成的重油梯级分离技术，2010年中国石油以委内瑞拉超重油减压渣油为原料进行了1.5×10^4t/a工业试验，打通了全流程，实现了连续稳定运行，轻、重脱沥青油收率大于70%，其中轻脱沥青油收率62.98%，解决了高软化点沥青的排放问题，为劣质重油高效连续加工处理提供了新的路线及方向。

3. 重油催化裂化技术

基于催化裂化原料日益劣质化、重质化的特点，国内外科研机构围绕重油催化裂化系列催化剂、重油催化裂化反应系统关键装备技术和重油催化裂化/催化裂解工艺等方面开展了大量的研究。

在重油催化裂化催化剂技术方面，国外Grace，Albemarle及BASF公司在FCC催化剂以及与之相关的分子筛、基质材料等的研发方面取得了较大进展，形成了中大孔分子筛制备技术和具有丰富中大孔结构的载体与催化剂制备技术，在降低焦炭产率的条件下增强了重油转化能力。国内中国石化在高活性Y型分子筛制备技术、高固含量清洁催化剂生产成套技术等方面进行研究，形成了强重油转化的CDC系列重油催化裂化催化剂、多产柴油和液化气的RGD系列重油催化裂化催化剂。

在重油催化裂化反应系统关键装备技术方面，国外美国UOP公司在催化裂化高效进料技术方面开发了OPTIMIX喷嘴，在提升管油气快速分离技术方面开发了VDS和VSS系统先进快分技术。国内中国石化在重油催化裂化主体装置设计、工程化和装备制造方面实现自主化，提高了行业装备自主化水平。

在重油催化裂化工艺方面，国外主要有美国Kellogg公司的HOC、S&W公司的RFCC、UOP公司的RFCC、Shell公司的RFCC和Exxon公司的Flexicracking工艺，国内主要有中国石化开发的多产轻质油的催化裂化馏分油加氢处理与选择性催化裂化集成工艺(IHCC)技术和多产异构烷烃重油催化裂化工艺(MIP)系列技术。

在重油催化裂解工艺方面，印度石油公司开发了INDMAX渣油催化裂解技术，美国

Exxon 公司开发了 Maxofin 工艺，美国 UOP 公司开发了 PetroFCC 工艺，中国石化石油化工科学研究院开发了 DCC 工艺系列技术和 CPP 工艺技术，中国石化洛阳工程公司开发了 FD-FCC 工艺技术，中国石油大学(华东)开发了 TMP 工艺。

“十二五”和“十三五”期间，中国石油自主开发了系列重油催化裂化催化剂，在重油催化裂化反应系统关键装备和重油催化裂化/催化裂解工艺等方面，与中国石油大学(华东)、中国石油大学(北京)、清华大学等知名高校合作开展科技攻关，取得了一系列重要成果。

为了满足中国石油催化裂化装置加工重质劣质原料、清洁汽油生产、炼化转型升级、“控油增化”等需求，中国石油在大孔载体材料和介微孔、活性稳定性分子筛材料开发、抗重金属污染技术等方面形成了多项专利技术，成功开发了 6 个系列 50 余个牌号的催化裂化催化剂，目前在国内外 40 余套装置进行应用。中国石油现有兰州石化催化剂厂和福建长汀两个催化剂生产基地，年生产能力 10×10^4t，FCC 催化剂内部市场占有率达 70%以上。2000 年以来，降烯烃系列催化裂化催化剂、原位晶化型重油高效转化催化剂、高汽油收率低碳排放系列催化剂分别获得 2004 年、2008 年、2017 年度国家科学技术进步奖二等奖。

中国石油大学(北京)开发了催化裂化反应系统关键装备技术，实现了催化裂化快分系统“三快”和“两高”要求，开发出新型提升管末端快分系统、高效汽提技术和进料雾化喷嘴技术，可满足我国目前存在的所有类型的催化裂化装置，在 48 套工业装置中成功应用，提升了我国催化裂化装置关键装备的技术水平；2009—2010 年获得中国石油和化学工业协会科技进步一等奖 1 项，教育部技术发明二等奖 1 项，国家科技进步二等奖 1 项。

中国石油大学(北京)开发了重油催化裂化汽油辅助提升管降烯烃技术，可使催化裂化汽油的烯烃含量(体积分数)由 44%~55%降到 35%以下甚至 20%以下，在国内 5 套重油催化裂化装置上成功工业化，有效解决了以往技术存在的降烯烃带来辛烷值损失的难题；2005—2006 年获得中国石油和化学工业协会科学技术进步奖一等奖 1 项，国家科学技术进步奖二等奖 1 项。

中国石油大学(华东)开发了两段提升管重油催化裂化工艺技术，在国内 4 套装置上获得应用，2004—2010 年获得国家科技进步奖二等奖 1 项，中国石油天然气集团公司科学技术进步奖一等奖 1 项和技术创新一等奖 2 项，获得中国石油和化学工业协会科技进步一等奖 2 项和技术创新一等奖 1 项，教育部技术奖发明一等奖 1 项。

中国石油大学(华东)开发了催化柴油加氢与催化裂化耦合技术，完成了中试验证，达到降低柴汽比的目的。中国石油石油化工研究院自主开发了多产高辛烷值汽油降柴汽比的柴油催化裂化成套工艺(DCP)技术，先后在国内 4 套催化裂化装置进行了工业应用，取得了催化装置汽油收率提高 1 个百分点以上、催化汽油 RON 提高 0.4~1 个单位的效果。

中国石油大学(华东)开发了 TMP 技术和 MEP 技术，丙烯产率为 18%~21%，在大庆炼化改造建设的 12×10^4t/a TMP 工业试验装置上进行工业试验，在 1 家山东地炼企业进行工业应用。中国石油合作开发了高效重油催化裂解(ECC)工艺技术并完成中试验证，开发了 200×10^4t/a 催化裂解装置 ECC 工艺基础数据工艺包，具备了工业推广的条件，丙烯产率为 18%~21%，干气+焦炭产率比国内同类工艺低 1.5 个百分点。

4. 劣质重油加氢技术

劣质重油加氢是重油预处理和轻质化的重要手段，根据反应器类型，分为固定床渣油加氢处理、沸腾床加氢裂化、浆态床(悬浮床)渣油加氢裂化和移动床加氢处理4种工艺。中国石油在固定床渣油加氢处理和浆态床(悬浮床)渣油加氢裂化技术研究与应用方面取得重要进展。

1）固定床渣油加氢处理技术

固定床渣油加氢处理技术是在高温、高压和催化剂、氢气存在下，通过加氢反应脱除渣油中的硫、氮、金属等有害杂质，降低残炭值，改善油品品质。该技术比较成熟，已实现大规模工业应用，截至2018年，全球投产和在建的固定床渣油加氢装置约100套。国外代表性的固定床渣油加氢工艺技术有Chevron公司的RDS/VRDS工艺，UOP公司的RCD Unifining工艺，Exxon公司的Residfining工艺，IFP的Hyvahl工艺技术等。国内在渣油固定床加氢处理技术的研究和应用方面虽起步较晚，但发展较快，已全面实现国产化，具有自主设计、建设大型固定床渣油加氢装置的能力，以及多套装置应用业绩，主要工艺技术有中国石化开发的S-RHT技术、RHT技术以及中国石油开发的PHR技术。单套渣油加氢脱硫装置双系列最大规模为400×10^4t/a，单系列最大规模为200×10^4t/a。

中国石油针对劣质高硫原油高效加工以及国内20余套装置需求，提出了杂质分步脱除、功能级配过渡、催化剂同步失活的技术思路，自2008年开始，历时6年，开发了催化剂形状级配、孔结构级配、活性级配的设计与制备技术，研制出PHR系列催化剂包括保护剂、脱金属剂、脱硫剂、脱残炭剂等4大类12个牌号催化剂及配套工艺，解决了催化剂性能协同发挥和装置长周期运行难题；通过了中国台湾省中油股份有限公司A级认证及8000h长周期寿命测试，各项性能表现优异。2015年6月，在200×10^4t/a装置首次成功应用，装置实现了“安稳长满优”运行；以中东渣油为原料(S 3.0%~4.2%，CCR 9.5%~15.0%，Ni+V 50~70μg/g)，在相同加工量和提温操作相同的条件下，PHR系列催化剂累计脱除的硫、氮、残炭，分别高出另一系列进口剂2.8%，24.7%及6.2%；装置运行中，总压降始终低于进口剂列0.2~0.4MPa；在油品增产、油品性质提升、节能降耗等方面创造了良好的经济效益。2019年4月起，在300×10^4t/a装置上，以含70%~80%的俄罗斯减压渣油为原料，实现稳定运转18015h，运行周期远超出合同指标(12000h)，为东北地区炼厂原油结构调整和转型升级提供强有力的技术支撑。2021年7月，在中国台湾省中油股份有限公司75×10^4t/a装置成功应用，各项指标均满足装置要求，市场竞争力和品牌影响力进一步提高。PHR系列催化剂已在3套装置累计工业应用4次。“PHR系列渣油加氢催化剂工业应用试验获得成功”被评为2016年度中国石油十大科技进展。“固定床渣油加氢催化剂(PHR系列)研制开发与工业应用”获得2018年度中国石油科学技术进步一等奖。

中国石油在全面掌握了固定床渣油加氢催化剂及级配技术的同时，稳步开展成套技术开发，开发了PHR固定床渣油加氢成套技术，采用该技术建设的锦州石化150×10^4t/a、锦西石化150×10^4t/a两套装置将于2022年建成投产。

2）浆态床(悬浮床)渣油加氢裂化

浆态床(悬浮床)渣油加氢裂化技术是在氢气、充分分散的催化剂和/或添加剂存在的条件下，渣油在高温、高压下发生热裂解与加氢反应的过程，所用催化剂或添加剂的粒度较细，悬浮在反应物中，可有效抑制焦炭生成。该技术具有原料适应性强、工艺简单、操作灵活、转化率高等特点，能够加工其他渣油加氢技术难以加工的原料，如油砂沥青等，是一种非常有前景的渣油临氢热转化技术。

国外典型技术主要有 Eni 公司的 EST 工艺、BP 公司的 VCC 工艺、UOP 公司的 Uniflex 工艺等。催化剂由不均匀固体粉末催化剂向均匀分散的催化剂方向发展，其中油溶性催化剂由于可以均匀分散在渣油中，并且具有更高的加氢抑制生焦性能，成为当前的研究热点。

国内北京三聚环保公司开发了超级悬浮床加氢 MCT(Mixed Cracking Treatment)技术，主要加工全馏分高中低温煤焦油、重质劣质石油基原料等。在河南鹤壁建立了 15.8×10^4t/a 首套工业装置，2016 年 2 月 21 日开工，加工新疆高钙稠油，在 460℃、20MPa 反应条件下，浆态床单元总转化率达到 95%以上，轻油收率为 90%以上。

中国石油的浆态床渣油加氢裂化技术开发始于 1995 年，2002 年底成功地开发了具有工业应用前景的新型环流反应器和具有良好防结焦性能的第二代催化剂，2004 年 8 月建成 5×10^4t/a重油浆态床加氢裂化工业示范试验装置并投入试验。在 2004 年至 2007 年间进行了三个阶段工业化试验，打通了工艺流程，以新疆稠油常压渣油和辽河稠油常压渣油为原料，在 430~435℃、压力 9~11MPa 下连续运转 32d。通过工业示范试验，中国石油深化了对浆态床加氢反应系统的理论认识，取得了宝贵的催化剂、工艺与工程化研究经验，有力推动了新一代自主浆态床渣油加氢裂化技术开发。

四、劣质重油生产特色产品技术

利用劣质重油中沥青质含量高、碳/氢比高的特点，生产特种沥青、高品质针状焦是实现重油高值化利用的重要途径。

1. 特种沥青生产技术

国内辽河油田、新疆油田的稠油和海外委内瑞拉、加拿大油砂等重油，富含沥青质、胶质，蜡含量低，是生产高等级道路沥青等特色产品的优势资源。中国石油针对辽河曙光超稠油的特性开发了改质—蒸馏工艺，解决了闪点低、蒸发损失大技术难题，直接生产出了高等级道路沥青；利用辽河劣质稠油开发出了高性能机场跑道沥青产品，在昆明新机场实现应用；开发出了特种水工沥青，在呼和浩特抽水蓄能电站等工程中应用，填补了国内空白，极大地提升了中国石油沥青品牌形象。另外，在阻尼沥青、道路养护沥青、高模量沥青等产品开发和应用上也实现了广泛推广。

2. 优质针状焦生产技术

针状焦由催化油浆等富芳烃原料经过延迟焦化工艺制备，主要用于生产高功率(HP)和超高功率(UHP)石墨电极以及锂电池负极材料。代表企业主要有日本的水岛制油所、兴亚株式会社，美国的碳/石墨集团海波针状焦公司和康菲公司，中国的中国石油、中国石化、京阳科技、益大新材料、宝钢化工、平煤鞍山开炭等，截至 2020 年底，针状焦产能约 200×10^4t/a。

中国石油是国内第一家生产石油系针状焦的企业，1995 年 11 月，原料加工能力为 15×10^4t/a 的第一套针状焦装置开车成功，生产出合格产品，填补了国内空白。2019 年 9 月，加工能力为 25×10^4t/a 的第二套针状焦装置开车成功，成为国内最大的油系针状焦生产企业。该装置采用美国 Mott 过滤技术，实现油浆灰分降低至 100μg/g 以下，生焦回转窑煅烧技术，产品满足冶金、机械、电子等行业的不同需求，形成了锂电负极焦、石墨电极焦系列产品，得到市场广泛认可。

此外，中国石油在重油电脱盐、减压深拔和加工过程环境保护等方面也取得较大进展：开发的智能响应调压电脱盐技术实现对盐含量193.6mg/L、密度0.948g/cm^3(23℃)、黏度246mPa·s(50℃)的劣质Merey16原油高效脱盐，脱后盐含量小于3.0mg/L，在2000×10^4t/a重质原油加工装置上成功应用；开发的炉管油膜温度控制、深拔防堵塞液体分布器、规整填料传热传质优化设计等减压深拔技术实现大规模应用，渣油切割点570~620℃，并保证了装置长周期运行；开发的微生物强化VOCs处理、活性污泥周期循环污水处理CAST工艺等环保技术实现了重油加工过程的污染物达标排放。

过去的十年，世界石油科技工作者在劣质重油改质、加工及高附值产品开发利用方面取得了一系列重要成果，有效支撑了重油炼制工业的技术进步。目前，人类社会已经进入信息化、智能化时代，实现"碳达峰""碳中和"目标已成共识，新能源领域相关技术迅猛发展，这些重大变革对炼油工业带来深远影响，既是挑战又充满机遇。要加快炼油技术进步的步伐、进一步提升油品规格、进一步降低能耗提高过程清洁化，劣质重油的深加工要以分子炼油的概念，总体考虑碳氢元素平衡，发挥重油中碳元素丰富的属性，加大重油特色产品、石油基碳材料和氢气低排放制备技术开发力度，注重生产过程减碳、产品固碳与析氢结合，并与新材料、氢能产业有效融合，实现重油加工技术的转型发展。

参考文献

[1] BP statistical review of world energy 2020[R]. 2020-06.

[2] 梁文杰，阙国和，刘晨光，等．石油化学[M]. 2版．东营：中国石油大学出版社，2009.

[3] 侯经纬．委内瑞拉超重油改质技术方案[J]. 石化技术与应用，2015，33(5)：441-445.

[4] Wood Mackenzie. PDVSA-Eastern Basin[R]. 2017-05.

[5] 黄飞洋，刘保磊，王恺，等．委内瑞拉油气资源现状既石油危机影响分析[J]. 当代化工，2020，49(4)：649-653.

[6] Statistical handbook for canada's upstream petroleum industry[R]. Canada：Canadian Association of Petroleum Producers，2020-02.

[7] 吴青．加拿大油砂沥青产业现状与发展思考[J]. 炼油技术与工程，2020，50(5)：1-6.

[8] Atkins L，Warren M，Barnes C，et al. Heavy crude oil：a global analysis and outlook to 2035[R]. USA：Hart Energy，2011.

[9] Murray R G. Knowledge gaps for bitumen partial upgradingtechnology[R/OL]. [2020-09-14]. https：//albertainnovates. ca/wp-content/uploads/2019/03/PUB-Knowledge-Gaps-Report-March-2019. pdf.

[10] 郭崇华．辽河盆地杜813块超稠油开发技术研究[D]. 大庆：东北石油大学，2015.

[11] 胜利油田实现边际难动用稠油油藏有效动用[EB/OL]. [2021-10-21]. http：//www. sinopecnews. com. cn/b2b/content/2015-06/02/content_1526962. shtml. 2015-06-02.

[12] 蒋琪，游红娟，潘竟军，等．稠油开采技术现状与发展方向初步探讨[J]. 特种油气藏，2020，27(6)：30-39.

第二章　劣质重油分子组成结构表征与认识

重油组成极其复杂，含有大量的胶质、沥青质及非烃类劣质组分，且金属含量较高，加工过程中容易引起设备结焦和催化剂中毒，并严重影响产品质量，给重油轻质化和清洁化利用带来诸多技术难题。基于宏观性质的传统研究方法已经无法满足重油加工工艺设计与过程优化的实际需求，因此，分子工程和分子管理技术逐渐发展成为当前炼油技术升级的主要理念和趋势。当前，对于重油的分子组成及转化机理的认识并不明确，严重阻碍着相关技术的发展。

在中国石油两期重大科技专项“劣质重油轻质化关键技术研究”和“劣质重油加工新技术研究开发与工业应用”支持下，中国石油石油化工研究院和中国石油大学（北京）面向重油加工的重大技术需求，以实现重油组成结构解析并从分子层次指导加工利用为目标，针对委内瑞拉超重油、加拿大油砂沥青、辽河稠油、新疆风城超稠油等国内外典型重油，从分子层面开展了深入的研究。以重油“非破坏性”精细分离为先导，以非烃类分子化学衍生转化为突破点，以选择性电离—高分辨质谱定量表征为主要手段，通过定性定量表征重油分子热转化及催化转化过程中结构变化，建立组成性质与加工性能关联预测模型，并在此基础上进一步开发了数据挖掘和加工性能预测模型，构建重油性质数据和分子信息数据库平台。所建立的劣质重油组分分离分析及分子识别新方法，深化了重油化学理论认识，为海外重油资源开发及国内重油高效加工提供了重要的理论基础，指导开发了劣质重油供氢热裂化改质降黏技术、渣油延迟焦化技术及梯级分离技术；揭示了劣质重油催化转化和热转化特性，指导了催化转化工艺及催化剂的优化设计。所形成的研究成果“重油非烃类大分子结构解析及反应行为研究”获得2020年度中国化工学会基础研究成果奖一等奖。

第一节　劣质重油原油及馏分油基本性质

一、劣质重油原油的基本性质

劣质重油或稠油、油砂沥青的原油一般具有高密度（低API度）、高黏度、高酸值、高沥青质含量、高金属含量、高硫氮含量等特性。有些重油具有以上大部分特征，如辽河稠油，其他性质均具有以上特征，但硫含量不高；新疆风城超稠油，其API度高于10°API，硫含量低，但黏度极高，酸值及金属含量都很高。有些重油或稠油具有以上全部特征，如加拿大油砂沥青、委内瑞拉超重油和塔河稠油。高密度和高黏度是劣质重油或稠油、油砂沥青的共同特征。表2-1列出了中国石油近年来重点研究和关注的几种劣质重油原油性质，包括新疆风城超稠油、辽河稠油、委内瑞拉超重油。劣质重油原油从馏分收率上也体现了偏重的特征(图 2-1)，一般石脑油收率很低甚至没有，沸点高于 500℃的渣油收率高，一般高于 50%甚至 60%。

表 2-1 四种重质原油性质

项 目 名 称	新疆风城超稠油	辽河稠油	委内瑞拉超重油	加拿大油砂沥青
密度(15℃)，g/cm^3	0.9593	1.004	1.0148	1.0138
运动黏度(100℃)，mm^2/s	242.1	845.1	429.1	238.6
分子量	546.8	603.6	583.4	515
倾点,℃	27	42	51	14
灰分,%	0.101	0.165	0.098	0.06
盐含量，mg/L	86	60	111	14
水含量,%(体积分数)	1.125	0.750	0	—
总酸值，mg KOH/g	5.87	11.23	4.00	1.32
残炭,%	8.0	15.7	15.1	14.5
闪点,℃	134	136	136	—
胶质,%	22.87	—	—	30.3
沥青质,%(质量分数)	0.25	3.8	9.5	10.7
蜡含量,%(质量分数)	3.71	<5	<5	—
碳含量,%(质量分数)	86.4	86.2	84.3	83.0
氢含量,%(质量分数)	12.2	11.0	10.6	10.5
总硫,%(质量分数)	0.25	0.40	4.00	5.07
总氮，μg/g	5923	7966	5414	5200
碱氮，μg/g	2713	3236	1781	—
镍含量，μg/g	45	120	80	82
钒含量，μg/g	<1	2	404	203
钠含量，μg/g	38.0	4.0	45.0	6.3
铁含量，μg/g	28	37	6	—
钙含量，μg/g	144.0	347.0	5.0	15.8
砷含量，μg/kg	243	306	104	—

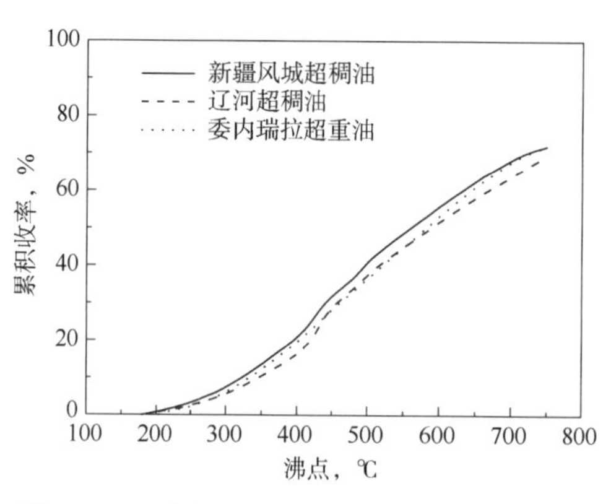

图 2-1 几种超稠油的模拟蒸馏沸点分布曲线

二、柴油馏分性质

四种重油柴油馏分性质见表 2-2。总体来看，柴油馏分收率低；苯胺点低，说明其烷烃含量低，低温流动性好；但十六烷值很低，且黏度很大，酸值很高，铜片腐蚀不合格，特别是委内瑞拉超重油和加拿大油砂沥青的柴油馏分硫含量很高，加氢处理难度大。

表 2-2　柴油馏分性质

项　　目	新疆风城超稠油 200~350℃馏分	辽河稠油 200~350℃馏分	委内瑞拉超重油 200~350℃馏分	加拿大油砂沥青 200~350℃馏分
质量收率,%	11.8	8.4	10.9	15.22
体积收率,%	12.8	9.3	12.3	—
密度(15℃)，g/cm^3	0.886	0.9044	0.9021	0.8970
苯胺点,℃	64.5	53.5	46.3	—
折光射率(20℃)	1.4826	1.4923	1.4928	1.4916
运动黏度(20℃)，mm^2/s	11.080	12.490	9.687	10.860
运动黏度(40℃)，mm^2/s	5.811	6.004	5.117	5.67
总酸值，mg KOH/g	2.38	3.69	2.34	1.77
闪点,℃	109	109	99	105
凝点,℃	-49.7	<-60	<-60	-51
倾点,℃	-51	-54	<-60	—
单环芳烃,%(质量分数)	12.2	23.7	25.7	—
双环芳烃,%(质量分数)	3.3	5.7	12	—
三环芳烃,%(质量分数)	0.4	0.6	1.7	—
多环芳烃,%(质量分数)	3.7	6.4	13.7	—
碳含量,%(质量分数)	86.7	86.6	85.5	83.2
氢含量,%(质量分数)	13.20	12.50	12.60	11.82
总硫,%(质量分数)	0.117	0.219	2.190	2.880
总氮，μg/g	271	434	132	200
铜片腐蚀	1a	1a	3b	3a
十六烷值	41.5	36.4	37.2	32.7

三、减压馏分油(VGO)性质

四种重油 VGO 性质组成见表 2-3。总体来看，VGO 馏分收率低，酸值高，黏度很低，不适合生产高黏度指数要求的润滑油基础油；委内瑞拉超重油和加拿大油砂沥青 VGO 硫含量高于 3.0%，不适宜直接作为催化裂化原料。总体来看可以考虑作为加氢裂化的原料，或深度加氢处理后作为催化裂化原料。

表 2-3　VGO 性质组成

项　　目	新疆风城超稠油 350~520℃馏分	辽河稠油 350~500℃馏分	委内瑞拉超重油 350~520℃馏分	加拿大油砂沥青 350~520℃馏分
质量收率,%	28.9	26.4	27.0	21.9
体积收率,%	29.6	27.1	28.1	21.4
密度(15℃), g/cm^3	0.9359	0.9818	0.9766	0.9594
运动黏度(60℃), mm^2/s	122.80	309.80	87.52	47.66
运动黏度(100℃), mm^2/s	18.00	27.28	14.27	10.34
苯胺点,℃	82.8	57.7	44.8	60.4
芳烃,%(质量分数)	30.4	44.2	27.8	57.5
胶质,%(质量分数)	5.8	6.3	5.2	3.2
总酸值, mg KOH/g	4.59	7.33	5.09	1.66
倾点,℃	0	21	3	0
闪点,℃	206	222	202	202
分子量	411.7	361.9	375.5	354.4
特性因数 K	11.8	11.4	11.2	11.3
碳含量,%(质量分数)	87.2	87.9	85.1	85
氢含量,%(质量分数)	12.7	11.8	11.3	11.6
总硫,%(质量分数)	0.1821	0.3390	3.5900	3.2100
总氮, μg/g	1960	2978	2331	1400
镍含量, μg/g	<1	<1	<1	<1
钒含量, μg/g	<1	<1	<1	<1
钠含量, μg/g	<1	1	<1	<1
铁含量, μg/g	<1	<1	<1	<2
钙含量, μg/g	1	<1	1	<3

四、渣油性质

四种重油常压渣油和减压渣油性质见表 2-4。总体来看，常压渣油和减压渣油的收率高，是劣质重油的共同特征，除预期裂化产物液收低外，由于重金属含量极高，难以作为催化裂化原料，主要出路是通过焦化等手段实现轻质化，但委内瑞拉超重油和加拿大油砂沥青生产的高硫焦，硫含量可能高达 7%，在未来可能成为难以出厂的固体产品；沸腾床和浆态床加氢裂化可能是实现高液收轻质化的途径，国内目前正在积极研发；用于生产道路沥青则存在拔出温度低、蒸发损失较大等问题，不适宜采用常减压蒸馏工艺直接生产直馏沥青。

表 2-4　渣油性质组成

项 目 名 称	新疆风城超稠油		辽河稠油		委内瑞拉超重油		加拿大油砂沥青	
	>350℃馏分	>520℃馏分	>350℃馏分	>500℃馏分	>350℃馏分	>520℃馏分	>350℃馏分	>520℃馏分
质量收率,%	87.5	62.4	91.2	64.8	89.1	65.2	84.9	59.6
体积收率,%	86.4	60.6	90.2	63.1	87.7	62.8	84.1	57.4

续表

项目名称	新疆风城超稠油		辽河稠油		委内瑞拉超重油		加拿大油砂沥青	
	>350℃馏分	>520℃馏分	>350℃馏分	>500℃馏分	>350℃馏分	>520℃馏分	>350℃馏分	>520℃馏分
密度(15℃)，g/cm^3	0.9746	0.984	1.0172	1.03	1.0328	1.0563	1.024	1.045
运动黏度(100℃)，mm^2/s	1183	18432	4320	—	2308	NA①	842	15747
运动黏度(135℃)，mm^2/s	202.4	1366	616.1	8797	252.8	3570	133.6	NA①
残炭,%(质量分数)	9.1	13	16.7	23.6	17.3	24.6	15.5	21.8
灰分,%(质量分数)	0.109	0.148	0.178	0.26	0.102	0.127	0.055	0.079
总酸值，mg KOH/g	4.59	3.1	5.49	3.51	3.02	1.3	1.1	0.72
碳含量,%(质量分数)	86.8	87	87.1	86.8	84.3	84.1	83.1	82.5
氢含量,%(质量分数)	12.1	11.8	10.7	10.3	10.4	10.1	10.4	10
总硫,%(质量分数)	0.274	0.311	0.453	0.492	4.29	4.52	>4.6	>4.6
总氮，μg/g	6524	8329	8363	10595	6107	7706	5100	6800
胶质,%(质量分数)	30.4	36	35.5	42.7	27.2	32.4	26.6	31.5
沥青质,%(质量分数)	0.25	0.35	4.2	5.8	11	15.5	13.9	19.9
针入度(25℃)，1/10mm	NA①	32	56	1.6	128.7	3.3	>500	22
软化点,℃	31.4	59.8	50.6	79.2	41.4	74.8	<30	61
延展性(15℃)，cm	>150	>150	>150	6	>150	NA①	NA①	>150
闪点,℃	242	335	260	342	234	334	242	300
倾点,℃	45	81	75	111	57	99	54	84
镍含量，μg/g	46	76	138	192	112	165	86	120
钒含量，μg/g	<1	<1	2	3	503	747	228	317
钠含量，μg/g	31	54	7	11	7	47	<1	<1
铁含量，μg/g	36	54	50	71	7	16	24	37
钙含量，μg/g	144	216	387	548	6	17	<3	<3

① not available(超出测定范围)。

第二节　石油分子组成结构表征国内外进展

2008年，Marshall和Rogers等提出了石油化学的新概念“石油组学”(Petroleomics)[1]，即在精细分析出石油分子组成基础上，研究石油化学组成与其物理、化学性质及加工性能的关系。傅里叶变换离子回旋共振质谱仪(FT-ICR MS)是一种具有超高质量分辨能力的新型质谱仪，在石油组分分子量范围(200~1000Da)内其分辨率能够达到几十万甚至上百万，这种分辨能力可以精确地确定由C，H，S，N，O以及它们主要同位素所组成的各种元素组合，实现从分子组成层次上研究石油组成，特别是最近建成的磁场强度高达21Tesla的FT-

ICR MS[2]，更是将分辨率和分子识别率提高到新高度。

但石油中单体化合物的理论数量非常多，高分辨质谱也只能从元素组成上对不同石油分子进行分类，目前的处理方法是将石油中的化合物按照“类”(class)和“组”(type)划分，即含有相同数目的杂原子化合物为一类，同类化合物分子中环烷数和双键数之和相同者为一组，每组化合物存在一个不同碳原子数的分子式序列。

不考虑微量金属元素，石油由 C，H，O，S 及 N 等元素组成，除^{12}C 的分子量为整数外，其他元素及它们的同位素的分子量都不是整数，且小数部分各不相同，可以根据精确分子质量确定其元素组成，由此可以将石油分子分为不同的类，化合物的分子式可以表示为 $C_cH_hN_nO_oS_s$。定义等效双键(DBE)为双键与环数之和，计算公式如下：

$$DBE = C - \frac{H}{2} + \frac{N}{2} + 1 \tag{2-1}$$

具有相同杂原子数目和相同 DBE 的化合物组成属于同一组，亚甲基($—CH_2—$)数目的不同使化合物分子量表现为相差 14.0156 的整数倍，由此可以在鉴定出某一个元素组成后，在整个谱图范围内确定其同组化合物。

一、石油全组分和碳氢化合物表征技术

McKenna[3]等采用大气压光电离源(APPI)和电喷雾电离源(ESI)结合的 15.4 Tesla FT-ICR MS 对 HVGO 组分中的烃类和非烃进行了详细、全面的组成分析，探索了烃类和非烃类与分子量、芳香性和沸点之间的关系，为 Boduszynski 早在 1992 年提出的石油组分连续分布模型提供了有力证据[4]。鉴于石油馏分中化合物组成的连续化分布，沥青质的分子量并不是太高(>2000Da)，否则不能解释沥青质的宏观性质，但是也有可能连续性分布模型并不适用于非挥发性的沥青组分[5]。周西斌等[6]采用 RICO 反应将渣油饱和分中的链烷烃和环烷烃氧化成醇类化合物，并采用 ESI FT-ICR MS 进行了分析，结果表明，渣油中链烷烃碳数达 100 左右，环数最高可达 10 以上，使得人们对石油中烃类有了全新的认识。

二、石油环烷酸表征技术

环烷酸的检测通常采用衍生化反应，将极性酸类转化为非极性的酯类，采用液相色谱—质谱进行检测。由于羧酸类化合物极性较强，可以不经过预处理而直接采用 ESI FT-ICR MS 进行分析。Qian 等[7]采用低分辨 ESI-MS 分析方法对石油中的酸值、酸值—沸点分布进行了关联，这种方法得到的结果与传统的滴定法测酸值的结果基本一致。Shi 等[8]采用负离子模式下的 ESI FT-ICR MS 分析了大港原油及其按照沸点进行切割的窄馏分中的酸性分，结果表明，随着窄馏分沸点升高，酸值不断增大，大部分酸性化合物存在于减渣馏分中，随着沸点升高，酸性化合物的缩合度和碳数不断升高。

Smith 等[9]采用负离子模式下的 ESI FT-ICR MS 对预先经过离子交换树脂分离和不经分离的阿萨巴斯卡(Athabasca)沥青及其重减压蜡油进行分析，结果表明，可以不经过预分离直接精确表征石油酸分布，但是经过离子交换树脂预分离脱除酸性分后，得到了非碱性氮化物的详细组成信息。

三、石油含氮化合物表征技术

由于碱性氮和中性氮带有一定的极性，可以分别在正离子、负离子模式下直接采用 ESI FT-ICR MS 进行分析，使得采用 ESI FT-ICR MS 技术测定石油中的含氮化合物的分子组成相对容易[10-16]。朱晓春等[17]采用传统的 SARA 分离方法将焦化蜡油分为饱和分、芳香分、胶质和沥青质，并采用液相色谱将胶质分成 6 个窄馏分，通过高分辨质谱进行表征发现胶质中 N_1 类化合物占主导地位，且吡咯类的非碱性氮化物相比吡啶类的碱性氮化物分子量较低。

四、石油含硫化合物表征技术

由于石油中硫化物极性较小，无法在 ESI 电离源中电离，可以直接在 APPI 电离源中电离。但是通过甲基衍生化预处理，将含硫化合物转化成强极性的硫盐，就可以采用 ESI FT-ICR MS 进行分析。刘鹏等[18-20]基于选择性氧化结合以 ESI FT-ICR MS 为主要手段在正离子模式下对 Venezuela 原油及其 SARA 组分、加拿大油砂沥青减渣以及焦化蜡油中的含 S 化合物进行了系列研究。王萌等采用甲基化和去甲基化等化学衍生法研究了石油及其组分中的各类硫化物组成[21-23]，获得硫化物类型新认识。Purcell 等[24]分别采用化学衍生法结合 ESI FT-ICR MS 和 APPI FT-ICR MS 分析石油减压渣油中的含硫化合物组成。

Andersson[25]的研究团队采用气相色谱—质谱(GC-MS)、串联质谱(MS/MS)和 FT-ICR MS 对石油中的含硫化合物进行了分析。采用 3-丙硫醇-3 甲氧基硅烷改性硅胶与 $PdCl_2$ 反应形成的键合硅胶 PdⅡ-MPSG，将石油样品分离成三个窄馏分(Pd-1、Pd-2、Pd-3)。采用配有原子发射检测器的气相色谱(GC-AED)和 GC-MS 进行分析。再将 Pd-2、Pd-3 进行甲基衍生化反应生成硫盐，进行高分辨质谱分析。结果表明，噻吩和硫醚类化合物得到很好的分离，在分离窄馏分中检测到 DBE 范围在 4~12 之间的缩合度相对较小的含硫化合物。

五、金属化合物表征技术

石油中金属化合物的定性、定量分析历来都是石油领域的难点。Soin 等[26]采用电感耦合等离子体质谱(ICP-MS)对样品中的金属化合物类型进行定性定量分析。Qian 等采用正离子模式下 APPI FT-ICR MS 直接对未经过预分离富集的样品进行分析，检测出其中的钒卟啉(VO)和含 S 的钒卟啉(VOS)，在石油样品中检测出含 S 的钒卟啉化合物还是首次。McKenna 等[27]采用同样的手段首次在未经处理的天然沥青中直接检测出钒卟啉，并通过分析 DBE 的趋势鉴定出五种卟啉的四氢吡咯核心结构和同系物，指出脱氧叶红初卟啉和初卟啉是石油中相对丰度最高的两种卟啉类型。之后，Qian 等通过硅胶柱富集并首次检测出镍卟啉，在研究中也发现了更高缩合度的带稠环芳香分的镍和钒卟啉[28]。Zhao[29]等采用柱色谱分离结合高分辨质谱分析，发现委内瑞拉超重油中除常见的六类卟啉钒化合物，还有三类含有含氧取代基上的卟啉 $C_nH_mN_4VO_2$、$C_nH_mN_4VO_3$ 和 $C_nH_mN_4VO_4$。Chen[30]等开发了低含量金属 Ni、V 卟啉的 ESI FT-ICR MS 直接强化氧化电离方法，在不需要分离富集的情况下鉴别了含量 52μg/g 的 Ni 卟啉化合物。

六、石油沥青质组成分析

对沥青质的组成分析主要采用 ESI/APPI FT-ICR MS 进行。Smith 等[9,16,31-32]在 ESI 电离源上对沥青质的组成做了一系列的研究。结果表明，沥青质中富集了一些含多个氧的化合物类型。以两个不同产地的原油及其各自的沥青质为例，采用正负离子模式下的 ESI FT-ICR MS 检测了两种沥青抑制剂的化合物特性，结果表明，沥青质抑制剂的作用与原油中杂原子的含量和极性分子组成密切相关。Witt 等采用 APPI FT-ICR MS 和 LDIFT-ICR MS 分析不同正庚烷/原油比沉淀的沥青质[33]，得到沥青质 DBE 和碳数分布规律，结果表明，沥青质碳数 80 以内，DBE 在 40 以内为主，平均值与其他分析结果一致。Pudenzi[34]分析了 10 种原油的戊烷和庚烷沥青质，发现戊烷沥青质酸性更强，检测到的杂原子离子复杂度更高，但芳香性弱。Chacón-Patinõ 等认为质谱不能表征全部沥青质[35-36]，采用不同溶剂萃取色谱分离沥青质，离子化效率高的组分以孤岛结构为主，其余组分以群岛结构为主。

Purcell[37]等采用正离子模式下的 APPI FT-ICR MS 对沥青质深度加氢过程中烃类分子和含硫化合物的变化进行了研究，结果表明随着加氢脱硫程度的增加，尽管含硫化合物的组成上变化不大，但是油品的化学多分散性下降。随着反应苛刻程度的增加，烃类的芳香性明显增加，表明稠环芳烃发生了脱烷基反应，同样也表明体系中有焦炭生成。

七、重油结构特征

碰撞解离诱导(CID)结合质谱技术研究重油的分子结构是近两年发展起来的一种新思路。其核心思想是通过将重油的烷基链打碎，观察原料分子和产生的碎片的芳香度的变化情况，来验证重油分子到底是以“孤岛”还是“群岛”结构存在。

两步激光解吸/激光电离(L^2 MS)结合 CID 技术可用于研究沥青质和模型化合物的结构特征[38-40]。与热解技术相比，CID 技术具有能够精确控制解离能和尽可能消除干扰因素的优点。Qian 等[41]首次采用配备了 APPI 电离源的 FT-ICR MS 结合 CID 技术对重油馏分及其产生的碎片进行了表征。APPI 电离机理较为复杂，几乎能够对所有的烃类及非烃化合物进行电离，导致谱图非常复杂，而且不同类型化合物的碎片峰进行叠加，对重油中化合物的结构分析带来困难。Zhang 等[42]采用配备了 ESI 电离源的 FT-ICR MS 和 CID 技术对苏丹稠油减渣中的碱性氮化物进行了分析，得出苏丹减渣中碱性氮化物倾向于以“孤岛”结构存在的结论。由于非碱性氮化物与石油酸能够同时在 ESI 电离源中电离，且存在相互抑制，因此目前还未采用 CID 技术进行结构研究。Rüger 等结合热重和高分辨质谱[43]，认为所分析的 Petrophase 2017 协作沥青质是“群岛”结构占主导地位。WITTRIG 采用单位分子量 CID 研究渣油的沥青质和脱沥青油结构[44]，但并没有获得有效的结构信息。

第三节　劣质重油非烃类分子组成

2008 年以来，中国石油大学(北京)就石油分子组成的表征开展了系统的工作。在中国石油两期重大科技专项“劣质重油轻质化关键技术研究”和“劣质重油加工新技术研究开发与工业应用”支持下，中国石油石油化工研究院和中国石油大学(北京)以分子层次解析重油组成结构及其转化规律为目标，解决重油大分子精细分离分析、转化行为定量描述的关键科学问题，实现分子组成信息与反应特性有效关联，创建了重油非烃类大分子组成表征新方法，开发了一系列重油特征组分的分离富集方法。基于高分辨质谱技术，实现不同类型化合物选择性高效电离，解决了重油中含硫、氮、氧及金属杂原子化合物分子组成定量表征这一世界难题，在超过8000个分子规模上，表征了52种重油的组成结构；针对分子组成与油品性质内在关系的科学问题，构建了全球首个重油性质—分子数据平台。

一、重油分子组成表征新方法

重油由于其分子组成复杂性，需要采用分离及分子表征手段对不同化合物进行选择性表征，才能综合获得分子组成的全貌。为此，开发了一系列重油特征组分的分离富集方法，基于高分辨质谱技术，通过衍生化及化学增敏技术实现不同类型化合物选择性高效电离，解决了重油中含硫、氮及金属杂原子化合物分子组成定量表征这一世界难题。

针对重油中含氧、氮化物和含硫化物，开发了选择性分离与分子组成分析方法，获取了重油及其组分中杂原子化合物的定量分布规律。加拿大油砂沥青减渣VTB被分离成极性由弱到强的四个组分，占约92%(质量分数，下同)的V1为非酸性组分，而占约3.3%的V4是酸性组分，V2和V3收率非常低，为非酸及酸性组分的过渡组分。图2-2是其负离子模式下ESI FT-ICR MS全谱图。图2-3是加拿大油砂沥青减渣VTB及其萃取色谱亚组分V1~V4在负离子模式下单质量点质荷比为491处ESI FT-ICR MS质谱放大图，其中可见重油中除含有各种单S、N、O杂原子化合物，还含有多杂原子化合物。图2-4是基于组合表征超高分辨质谱的重油分子类型表征结果，表示烃类及杂原子化合物类型及各类化合物等价双键加环数DBE相对含量分布。

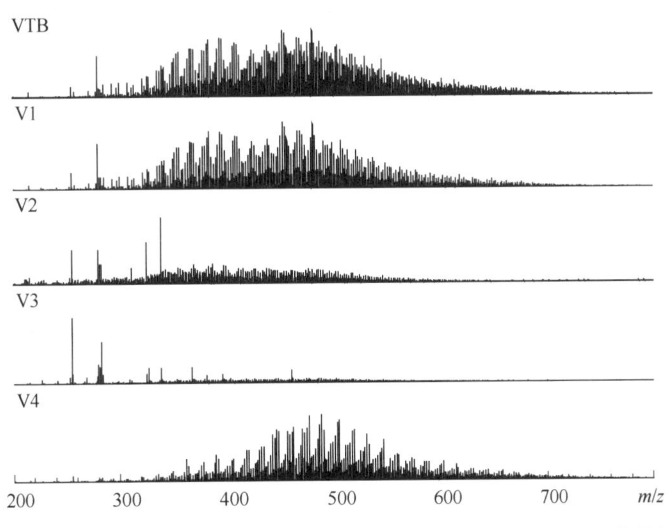

图2-2　VTB及V1~V4组分的负离子模式下ESI FT-ICR MS全谱图

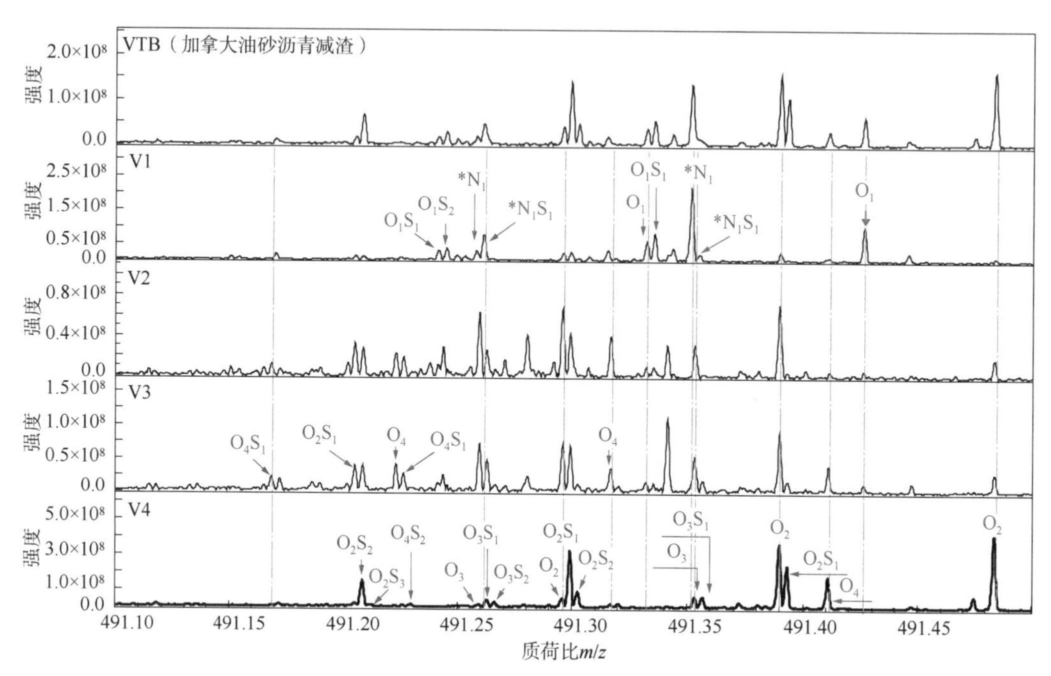

图 2-3　VTB 及其亚组分 V1～V4 在负离子模式下 m/z 为 491 处 ESI FT-ICR MS 质谱放大图

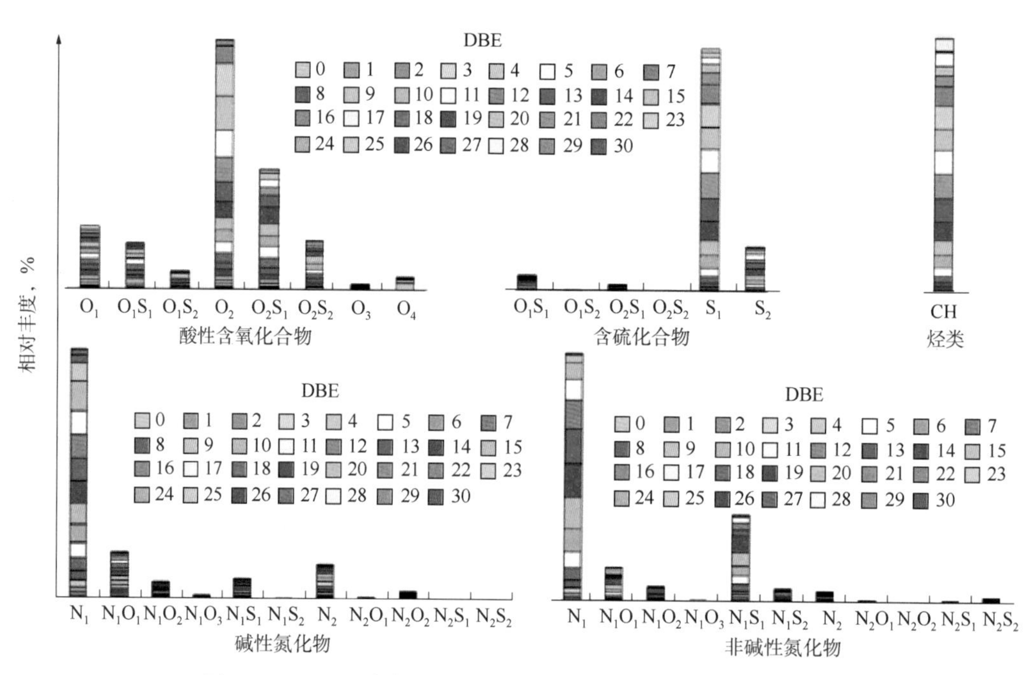

图 2-4　基于组合表征超高分辨质谱的重油分子类型表征结果

二、劣质重油非烃组成

1. 含氧化合物

以加拿大油砂沥青减渣（VTB）为例，O_2 类化合物是加拿大油砂沥青减渣及亚组分中相对丰度均较高的化合物类型，且主要集中在 V2 及 V4 组分中，其 DBE 碳数分布如图 2-5 所示。从图中可以看出，加拿大油砂沥青减渣中的 O_2 与酸性分 V4 中的 O_2 的 DBE 分布相似，为羧酸类化合物，包括 DBE 为 3~6 的环烷酸(2~5 个环烷环)和 DBE>5 的芳羧酸类化合物，其中 DBE 分布范围为 3~4，即 2~3 环的环烷酸类化合物相对丰度最高。环烷酸类化合物是石油中丰度较高的酸性组分，在 ESI 电离源中电离效率较高。V2 中化合物 DBE 分布重心较高，碳数分布重心较低，与以酚羟基为中心官能团的 O_1 类化合物的分布特征类似，沿左上角分布，将 V2 组分中的 O_1、O_2 类化合物的 DBE 碳数分布图进行叠加，见图 2-6 上部。可以看到，左上角区间的部分化合物重叠得很好，因此，在增加了一个 O 原子后，并没有对 DBE 做出贡献，可以初步推断这部分沿斜线分布的 O_2 类化合物为以双酚羟基为中心官能团的高缩合的双酚类化合物。O_2 类化合物碳数分布范围较广，另一个氧原子可以其他形式的官能团存在，如存在于呋喃环中。

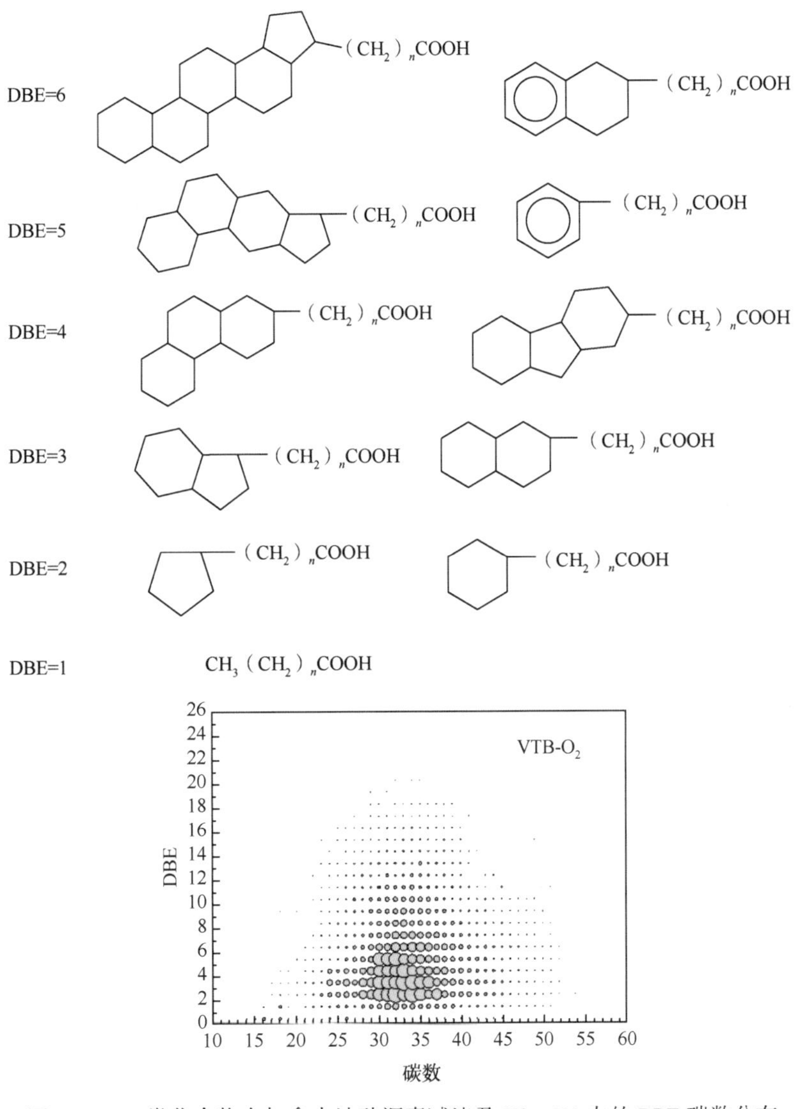

图 2-5 O_2 类化合物在加拿大油砂沥青减渣及 V2、V4 中的 DBE 碳数分布

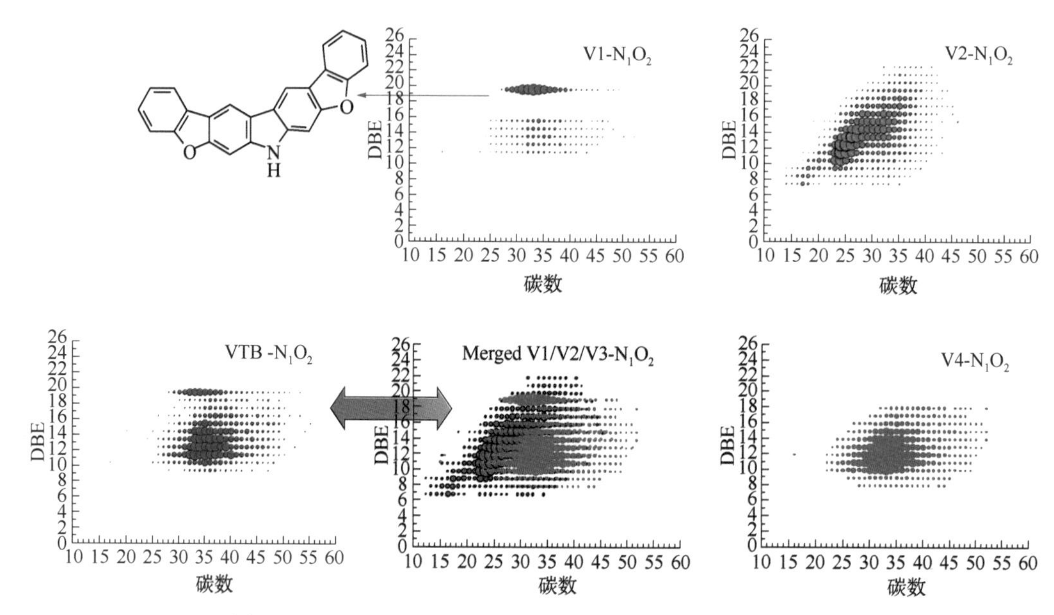

图 2-6 VTB 及亚组分中 N_1O_2 类化合物的 DBE 碳数分布图

N_1O_2 类化合物也是一种较特殊的化合物类型，在四个组分中均有分布，其 DBE 碳数分布如图 2-6 所示。首先看原料中的 N_1O_2，有两个 DBE 分布重心，包括 DBE = 19 和 DBE = 10～15 之间的化合物。对比其他组分中 N_1O_2 类化合物发现，V1 组分富集了 DBE = 19 的化合物。V1 组分应是含有吡咯氮官能团的化合物，而 VTB 中 DBE = 15 的二苯并咔唑类化物的相对丰度较高，因此，推测 DBE = 19 的 N_1O_2 类化合物是二苯并咔唑并了两个呋喃环的一种结构。V4 组分中的 N_1O_2，与原料中缩合度较低的 N_1O_2 类化合物碳数分布相似，是以羧基为中心官能团的化合物类型，其中 N 原子的存在形式暂不能确定，可以是非碱性氮或碱性氮。V2 中的 N_1O_2 类化合物与 V2 中 N_1O_1 的 DBE 碳数分布非常相似，进行叠加，发现，DBE 及碳数分布重心重合得很好，均在靠近左上角斜线的位置。由此进一步确定了 V2 中 O_2 类化合物含有双酚羟基为官能团中心的结构类型。由此看来，渣油中化合物的组成、结构非常复杂多样，具有多种官能团中心，辅以有效的分离手段对渣油的全面表征有重大意义。

2. 含氮化合物

为了探索检测到的杂原子化合物的官能团类型，以确定其主要结构，对组成较简单的 N_1 类化合物及其同时带有 S、O 原子的多杂原子化合物进行细致分析。以酸改性硅胶为固定相，CH_2Cl_2 洗脱的物质包括烃类和中性氮化合物分离得到的 F1 组分，采用甲醇、CH_2Cl_2 以及甲醇和 CH_2Cl_2 的混合溶剂一次抽提硅胶中吸附的碱性组分和极性物质 F2 组分。由于 VTB 是减压渣油，在考察分离条件时，发现单纯依靠甲醇洗脱得到的碱性组分收率较低，损失了原料中的重质组分。因此在具体分离过程，在洗脱碱性组分时，加入了 CH_2Cl_2 溶剂。从元素组成看，F1 中包含了饱和分和芳香分组分，H/C 较高，N/C 较低；而 F2 中主要是碱性和极性化合物，H/C 低，N/C 较高。

图 2.7 至图 2.9 显示了负离子、正离子模式下 ESI FT-ICR MS 在 VTB，F1 及 F2 组分中检测到的 N_1，N_1O_1 及 N_1S_1 类化合物的 DBE 碳数分布和 DBE 分布。负离子模式下 ESI

电离源检测到的 N_1，N_1O_1 及 N_1S_1 类化合物是含有吡咯氮官能团的非碱性氮化物。从图 2-7 中可以看出，该三类化合物在 F1 组分中的 DBE 碳数分布与原料中的均基本相同，说明原料直接分析能被检测的非碱性氮化物通过萃取色谱得到了有效的分离，富集在 F1 组分中。原料和 F1 组分中 N_1O_1 与 N_1S_1 两类化合物的 DBE 及碳数分布也非常相似，碳数分布中心比 N_1 类的稍低。从图 2-8 上部可以看出，N_1 和 N_1O_1、N_1S_1 两类化合物的 DBE 分布中心均相差 2，这说明氧原子、硫原子处于呋喃环和噻吩环中，相对丰度最高的化合物可能的核心结构标示于图 2-9 中。F2 组分中无 N_1 类非碱性氮化物的响应，而 F2 组分中的 N_1O_1 以酚羟基为中心官能团，N 原子主要位于吡啶环中。F2 组分中仍检测到相对丰度非常低的以吡咯氮为中心官能团的 N_1S_1 类化合物，可能是吸附在硅胶柱上未被洗脱下来的非碱性组分。

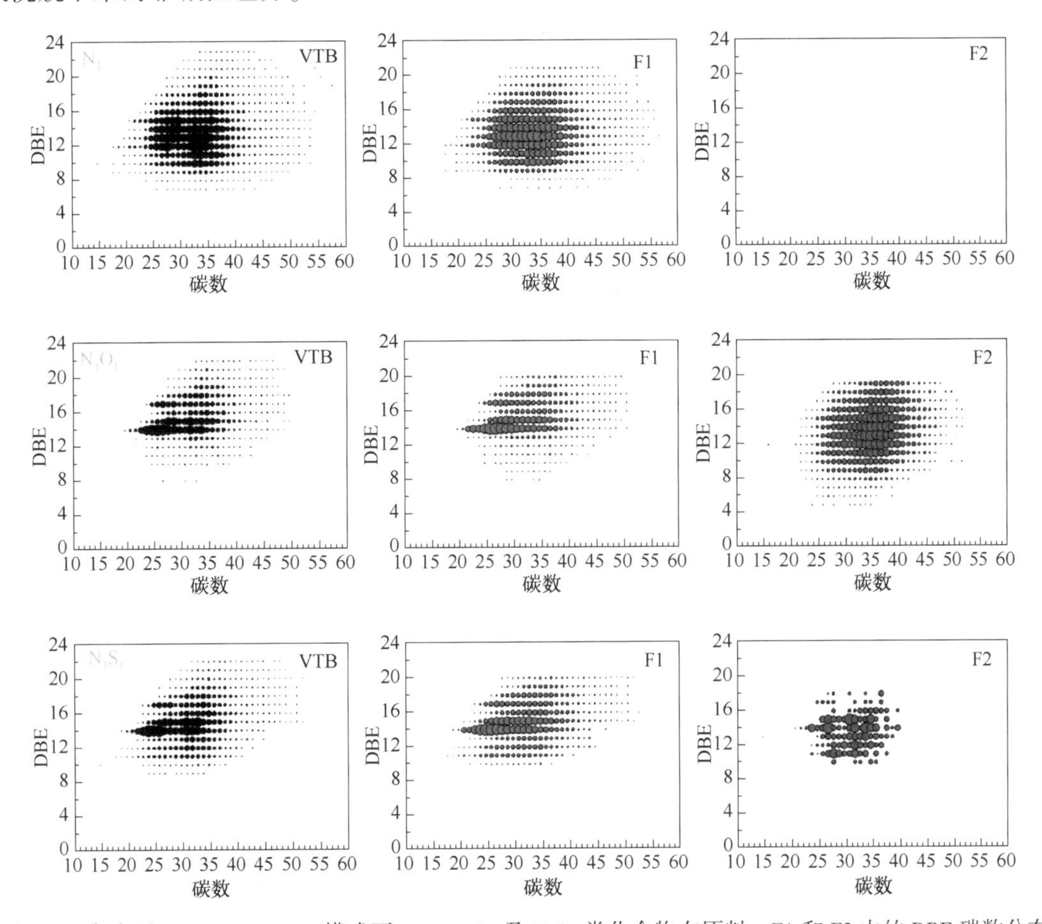

图 2-7　负离子 ESI FT-ICR MS 模式下 N_1，N_1O_1 及 N_1S_1 类化合物在原料、F1 和 F2 中的 DBE 碳数分布

正离子模式下检测到的 N_1，N_1O_1 及 N_1S_1 类化合物是含有吡啶氮官能团的碱性氮化物。从图 2-8 中可以看出，该三类化合物在 F2 组分中的 DBE 碳数分布与原料中的均基本相同，说明原料直接分析能被检测的碱性氮化物通过萃取色谱得到了有效分离，富集在 F2 组分中。由于仅含 O 及 S 原子的结构在正离子 ESI FT-ICR MS 中无法检测，因此 F1 组分中检测到的 N_1O_1 与 N_1S_1 两类化合物也是以吡啶氮为中心官能团的化合物类型。F2 组分中 N_1O_1

类化合物在正负离子模式下 DBE 碳数分布比较相似，说明其中心官能团相似，是同时带有酚羟基和碱性氮官能团的化合物，在负离子模式下因酚羟基存而被检测，在正离子模式下因碱性氮被检测，其可能结构在图 2-9 标出。从上面分析可知，在 F1 组分中残留少量的碱性氮组分，从 DBE 碳数分布可以看出，其分布在 F1 的左上角，具有高 DBE、低碳数分布中心，为高缩合度的碱性氮化合物。F1 组分中检测到的 N_1S_1 类化合物 DBE 分布重心较高，碳数分布并不十分连续，以碱性氮伴体形式存在，因未被完全吸附到酸改性硅胶上，被洗脱到 F1 组分中。跟 VTB 与 F2 组分中的 N_1O_1 类化物相比，F1 组分中的 N_1O_1 的 DBE 分布重心较低，DBE<10 的化合物也具有较大的相对丰度。这部分除了因残留的少量碱性氮被检测外，存在其他以氧原子为官能团中心的化合物，例如以羰基形式存在的碳。

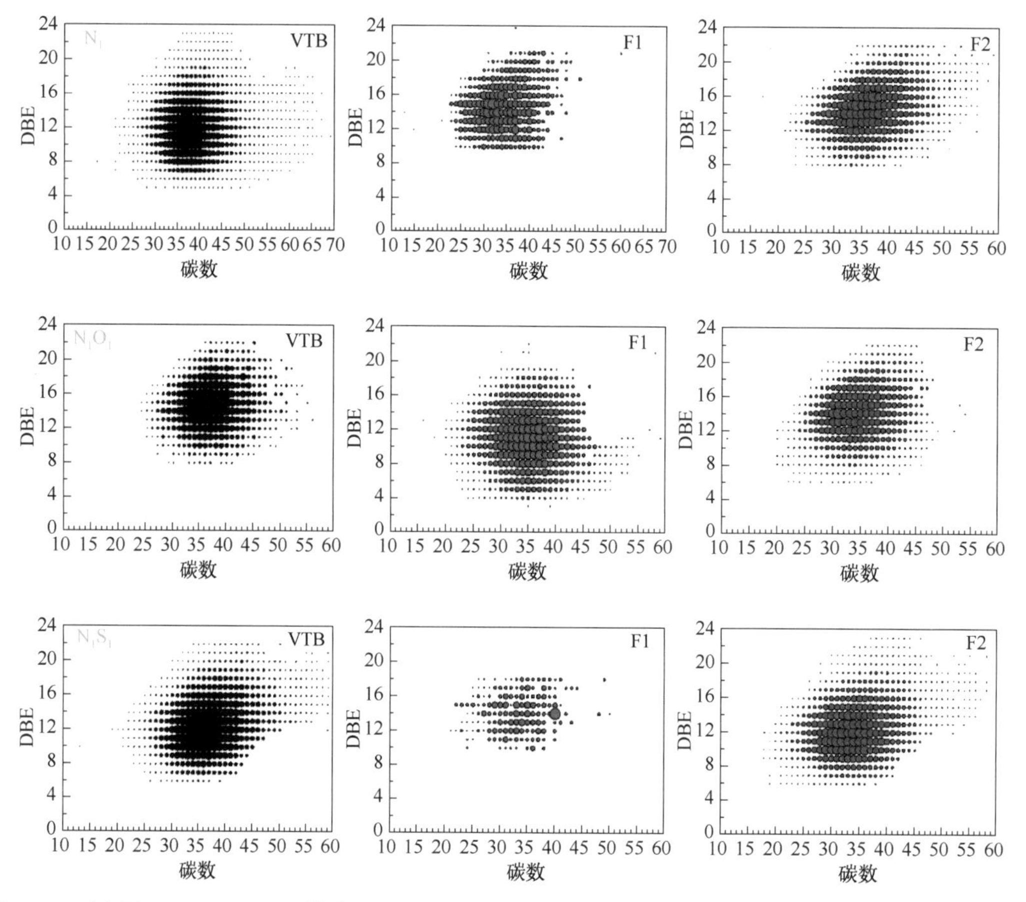

图 2-8 正离子 ESI FT-ICR MS 模式下 N_1，N_1O_1 及 N_1S_1 类化合物在原料、F1 和 F2 中的 DBE 碳数分布

图 2-10 和图 2-11 为正负离子模式下，在 VTB，F1 及 F2 组分中检测到的 N_2 类化合物的 DBE 碳数分布和 DBE 分布。N_2 类化合物的 DBE 分布范围为 9~20，DBE 分布重心在 15 左右，一个碱性吡啶环与一个非碱性吡咯环的 DBE 贡献分别为 3 和 2。因此与 N_1 类化合物的 DBE 分布重心相比，N_2 类化合物的 DBE 分布重心在负离子模式下升高约 3 个单位，在正离子模式下升高约 2 个单位。N_2 类化合物可能以两个中性氮、两个碱性氮，或具有中性、碱性氮双官能团中心的形式存在。从图中可以看出，在正负离子模式下，均未在 F1 组分中

检测到 N_2 类化合物，说明在 VTB 中的 N_2 类化合物可能不会以两个中性氮的形式存在。在正负离子模式下，N_2 类化合物均在 F2 组分中被检测出来，且 DBE 碳数分布模式基本相同，说明 VTB 中的 N_2 类化合物以中性、碱性氮双官能团中心的形式存在。推测其可能的结构如图 2-11 所示。在分离过程中，碱性氮中心起作用，基本被完全吸附到酸改性硅胶上而分离到 F2 组分中。

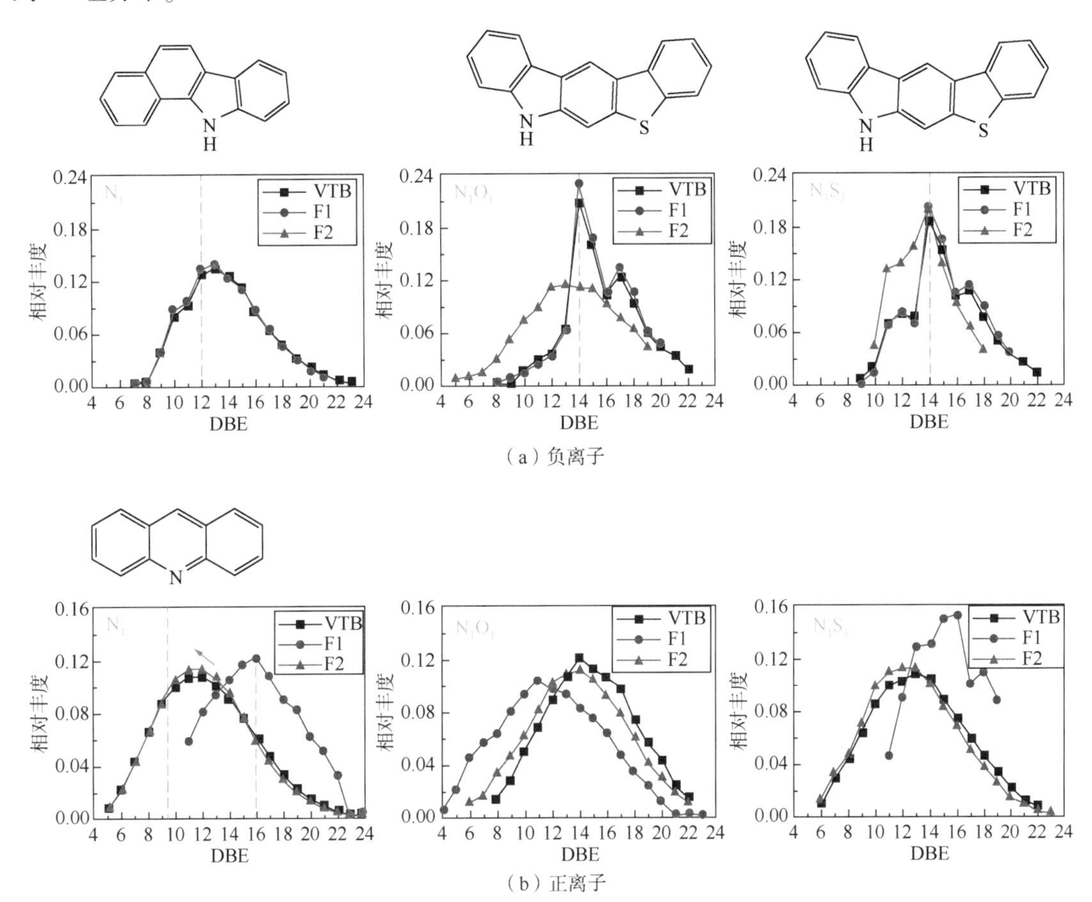

（a）负离子

（b）正离子

图 2-9 正负离子 ESI FT-ICR MS 模式下 N_1 及 N_2 类化合物在原料、F1 和 F2 中的 DBE 分布

对比图 2-8、图 2-9 和图 2-11，N_1，N_1O_1，N_1S_1 及 N_2 类化合物在 F1 组分和(或)F2 组分中的 DBE 碳数分布表明，ESI FT-ICR MS 检测到的含氮类化合物不仅分子组成上具有连续性，其结构也具有连续性，可能是以“孤岛”形式存在的结构，这点可以通过在 ESI FT-ICR MS 上通过碰撞诱导解离(CID)实验来进一步验证。

3. 含硫化合物

石油中的大部分硫化物由于极性较弱无法直接被 ESI 电离源电离，一种常见的处理方法是使用甲基化反应将硫化物转化成对应的极性甲基锍盐以促进电离，甲基化过程如式 2-2 所示。在甲基化及去除未反应的油相之后，甲基化的硫化物可以被正离子 ESI FT-ICR MS 检测到。

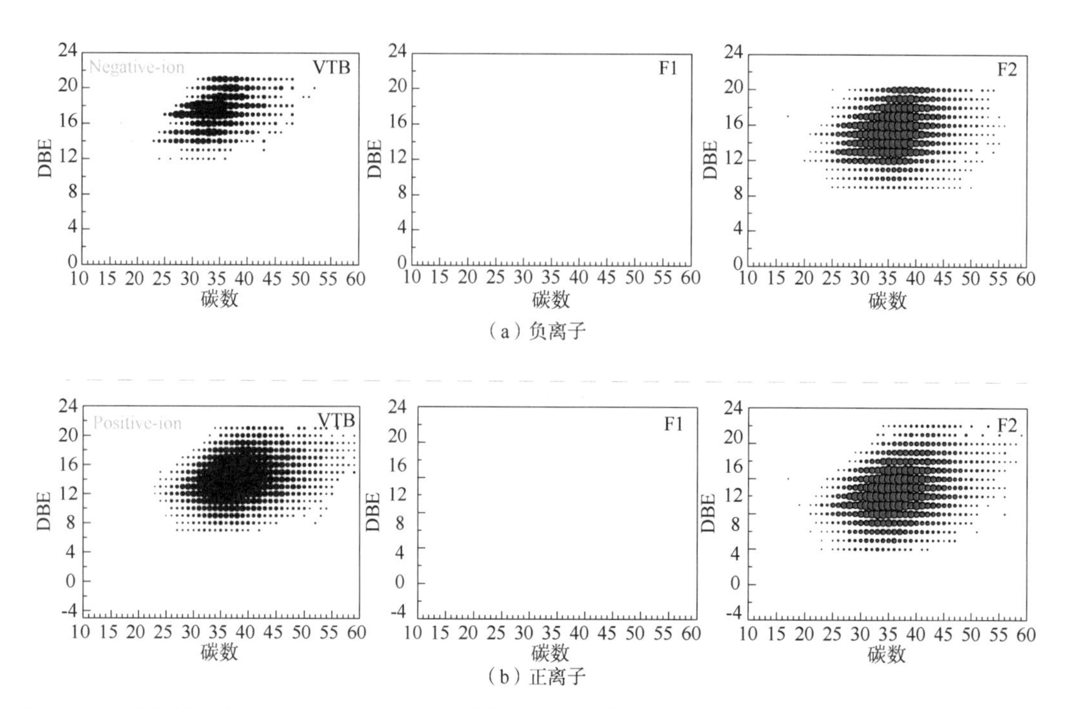

（a）负离子

（b）正离子

图 2-10　正负离子模式下 ESI FT-ICR MS 检测到的 N_2 类化合物在 VTB，F1 和 F2 中的 DBE 碳数分布

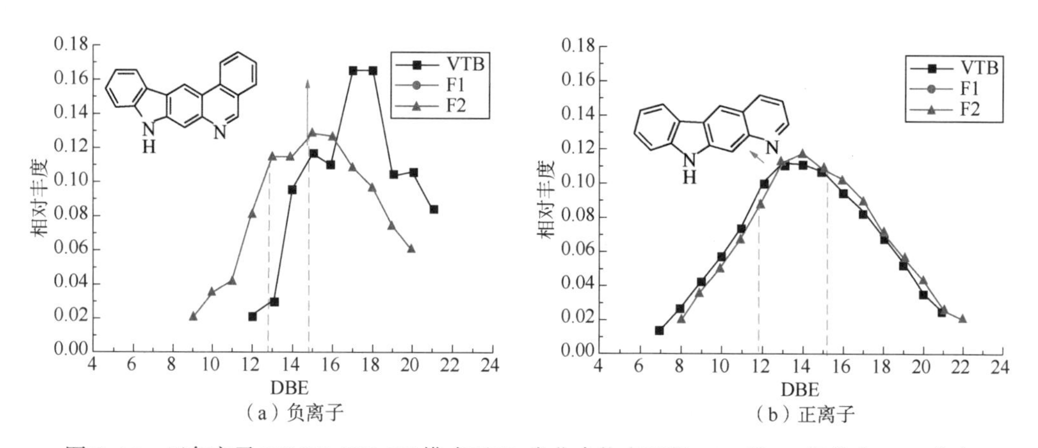

（a）负离子　　（b）正离子

图 2-11　正负离子 ESI FT-ICR MS 模式下 N_2 类化合物在原料、F1 及 F2 组分中 DBE 分布

$$\text{二苯并噻吩} + CH_3I \xrightarrow[\text{二氯乙烷}]{AgBF_4} \text{S-甲基二苯并噻吩}^{+}\ BF_4^- \tag{2-2}$$

中国石油大学（北京）重质油国家重点实验室开发出一套基于超临界流体萃取分离（SFEF）技术对重油进行深度清洁化分离的方法，可通过改变超临界流体的溶剂种类、比例、操作温度和压力来快速改变其溶解性。由于该分离方法主要针对石油及相关产物，通常使用小分子烷烃如丙烷、丁烷或戊烷作为超临界流体溶剂，可以获得良好的溶解效果。超临界流体萃取分馏（SFEF）[45-46]将石油按照不同的溶解度进行分离，可将减压渣油分离成

多个可抽出的窄馏分以及一个残渣馏分，用于研究石油的详细分子组成及相关的反应动力学。已经有不少学者对这些窄馏分的相关性质进行了研究，例如扩散性、加氢转化效率、催化裂化收率、溶解度参数和含硫化合物研究等[47]。此外，提出了用重油特征化指数 K_H[48] 来评价被分离组分的二级加工能力。也有关于烷基侧链及平均结构组成等相关报道发表。然而，由于重油的组成过于复杂，目前仍没有真正达到从分子水平研究表征 SFEF 窄馏分。

本部分主要以 SFEF 窄馏分为主要研究对象进行详细的分子组成分析，通过先甲基化再结合正离子 ESI FT-ICR MS 对其中的含硫化合物进行表征，并分别使用正、负离子 ESI FT-ICR MS 对 SFEF 窄馏分中的酸性和碱性化合物进行分析，结合样品的整体性质以期对其有更深入的了解和认识。

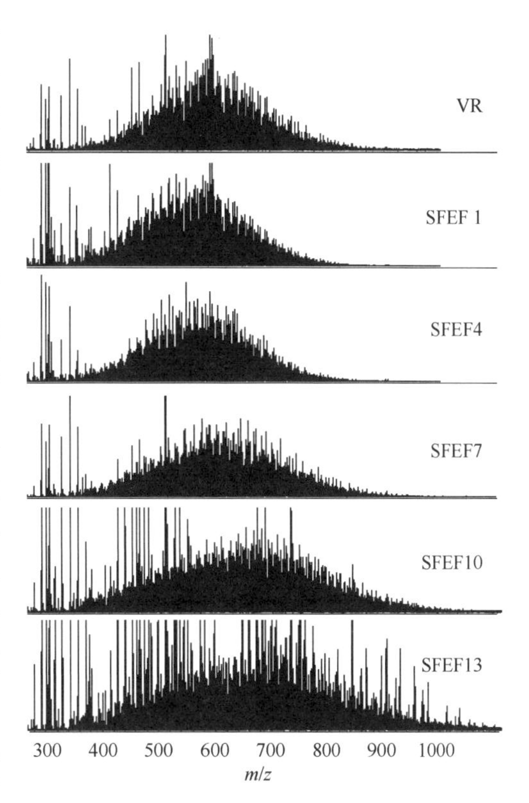

图 2-12　委内瑞拉减压渣油及其超临界窄馏分正离子 ESI FT-ICR MS 谱图

图 2-12 是正离子 ESI FT-ICR MS 谱图。与极性化合物相似，非极性硫化物的平均分子量也随着 SFEF 窄馏分变重而逐渐增大，但幅度较小。VR 中的硫化物分子量分布范围在 300~1000Da。SFEF 1 中硫化物的质量中心在 600Da 处，而 SFEF 13 中在 700Da 处。由于 SFEF 残渣中硫化物在甲基化过程中的转化效率较低，最终并未检测这部分硫化物。图 2-13 和图 2-14 分别是 S_1 类化合物和 S_2 类化合物的分布图。图 2-13 给出了部分硫化物对应的 DBE 与结构图示，可见重油中的 S_1 类化合物以多苯环并噻吩类为主，随着 SFEF 窄馏分逐渐变重，DBE 的分布重心有少许上升，但碳数分布基本不变。在 VR 及 SFEF 窄馏分中，所有的 S_2 类化合物的 DBE 分布都比对应窄馏分的 S_1 类化合物 DBE 分布大 2，其组成结构更为复杂。

4. SFEF 分离中杂原子化合物递变规律

图 2-15 给出了 VR 及其 SFEF 窄馏分在负离子 ESI FT-ICR MS 下检测到的所有杂原子化合物的相对丰度图。在质谱图中共鉴定出 14 种化合物类型：N_1，N_1O_1，N_1O_2，N_1S_1，N_1S_2，N_2，N_2S_1，N_2O_1，O_1，O_1S_1，O_1S_2，O_2，O_2S_1 和 O_2S_2 等。在较轻的 SFEF 窄馏分中，主要的杂原子化合物是只含单一类型杂原子的化合物，如 N_1(吡咯及衍生物)和 O_2(羧酸类)等。但在较重的 SFEF 窄馏分中，多杂原子化合物丰度逐渐上升，如 N_2，N_1S_1 和 N_1S_2 系列化合物。

吡啶结构和亚砜结构已确定可被正离子 ESI 源电离。如图 2-16 所示，共有 11 种不同类型的杂原子化合物被检测到：N_1，N_1O_1，$N_1O_1S_1$，N_1O_2，N_1S_1，N_1S_2，N_2，N_2O_1，N_2S_1，O_1S_1 和 O_1S_2 等，主要为吡啶系列和亚砜类化合物及这二者与其他杂原子结构杂化形成的多杂原子化合物。在 SFEF1 中，N_1 类化合物占据了 55%的丰度，但在 SFEF13 中，该比例下降至 20%。随窄馏分逐渐变重，多杂原子化合物的相对丰度快速上升。与负离子 ESI 电离源不同，在正离子 ESI 电离源中，检测到的 O_1S_1 类化合物应是亚砜类，而 O_1S_2 类应是亚砜的衍生物(负 ESI 模式下，O_1S_1 和 O_1S_2 分别是酚类杂化了一个或两个硫原子)。这类化合物的相对丰度较低(总含量小于 7%)，但仍可观察到明显的随 SFEF 窄馏分变重而逐渐下降的趋势。

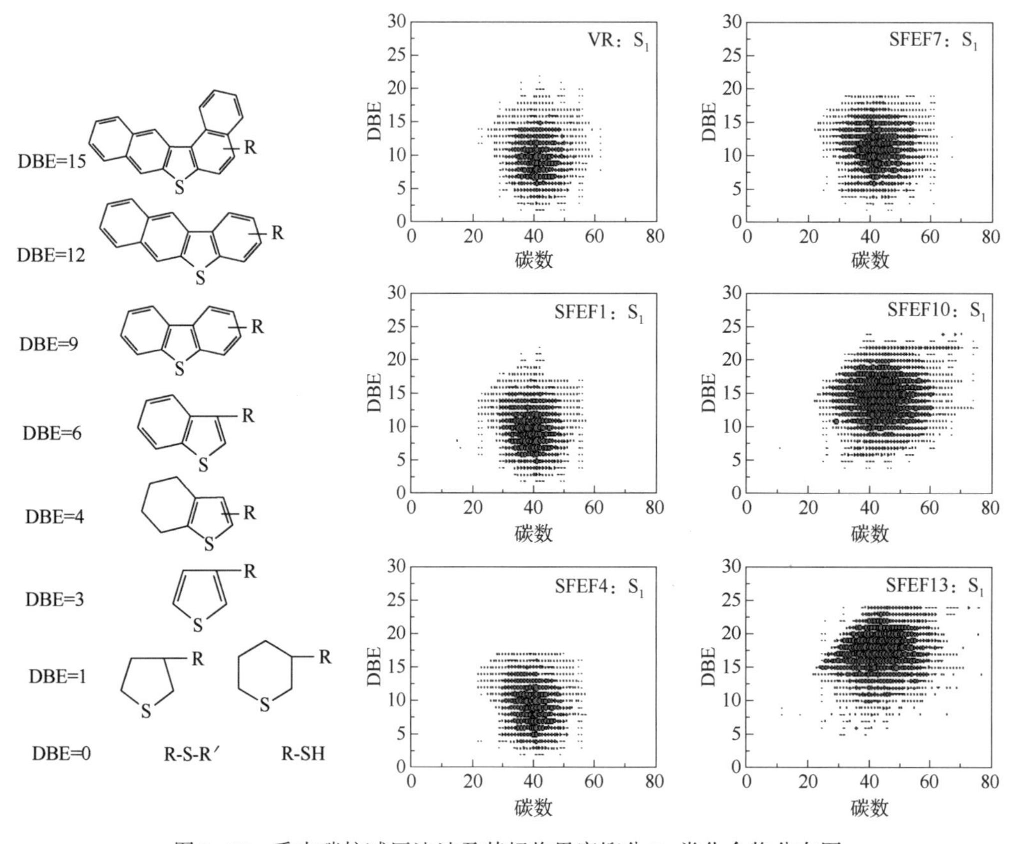

图 2-13　委内瑞拉减压渣油及其超临界窄馏分 S_1 类化合物分布图

如图 2-17 所示，可在重油的甲基化产物中检测到 S_1，S_2 和 S_3 等化合物。虽然在甲基化结束后使用甲苯去除了重油中未反应的部分，但仍有少许碱性氮化物残留在样品中并可被正离子 ESI 电离源电离并被质谱检测到(N_1 系列)。除 S_1，S_2 和 S_3 类化合物等，还检测到含硫原子的多杂原子类型化合物，主要包括 N_xS_y 和 O_xS_y 两大系列。这部分多杂原子化合物主要来自硫化物与含氮基团(吡啶或吡咯)或含氧基团(如酚类等)共同存在于一个分子而形成，且在 SFEF 的重组分中硫原子数量明显较多。

在 VR 及其 SFEF 窄馏分的正、负离子 ESI FT-ICR MS 结果中，N_1 类化合物都是丰度最高的。图 2-18 显示了吡咯和吡啶系列化合物在不同 SFEF 窄馏分中的 DBE 分布，每个 SFEF 窄馏分中的 DBE 分布都基本呈钟形曲线，随着 SFEF 窄馏分变重，DBE 的分布发生明显的右移。SFEF13 的吡啶类化合物 DBE 分布比较特殊，有大量 DBE 分布在 5~15 的低缩合度的吡啶类化合物存在。在 FT-ICR MS 检测过程中已确认了该部分化合物并不是由大分子吡啶类化合物碎裂而来，这部分化合物很有可能是来自与较轻的 SFEF 组分(如 SFEF12)，在抽提过程中并未完全流出，而是残留在操作釜或管路中，随着最后一个抽出组分 SFEF13 一起流出。虽然有一定的特殊性，但 SFEF13 的 DBE 分布仍符合整体右移的规律。

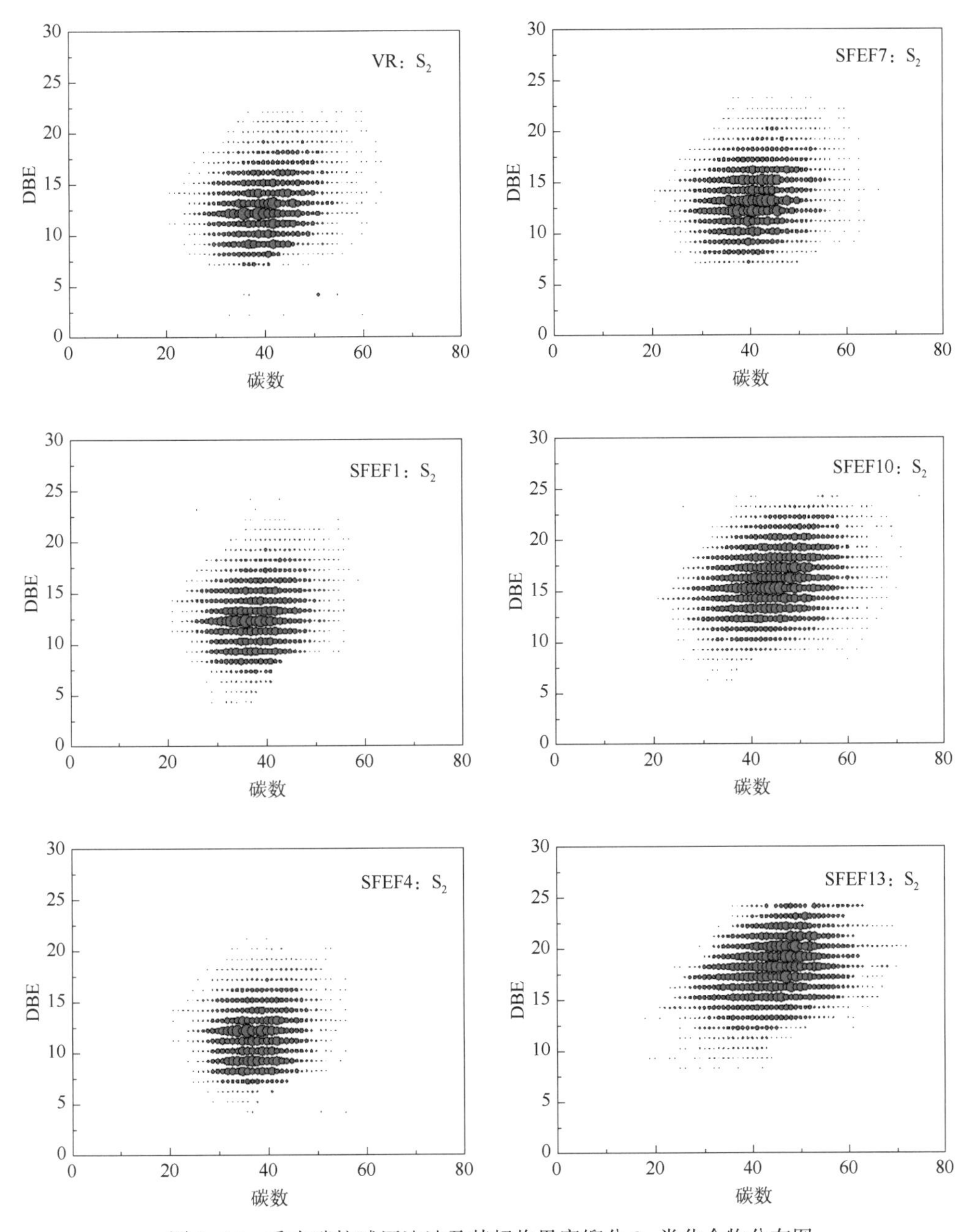

图 2-14 委内瑞拉减压渣油及其超临界窄馏分 S_2 类化合物分布图

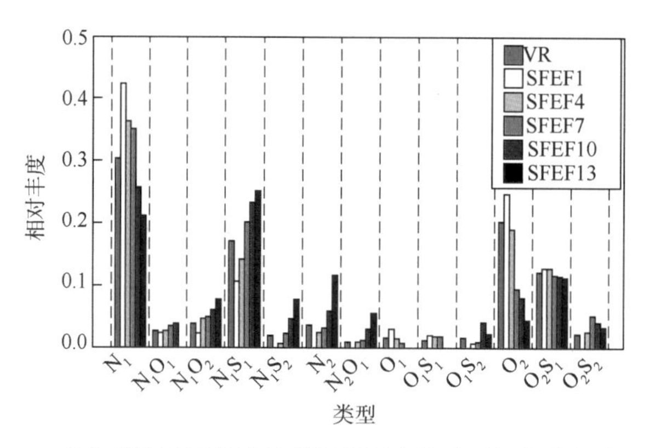

图 2-15　委内瑞拉减压渣油及其超临界窄馏分酸性化合物类型分布

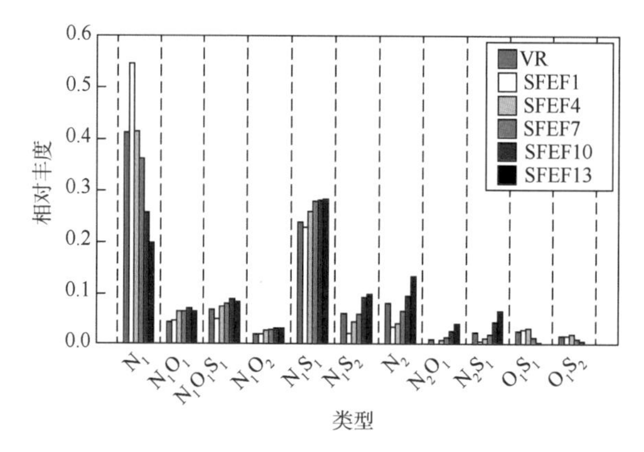

图 2-16　委内瑞拉减压渣油及其超临界窄馏分碱性化合物类型分布

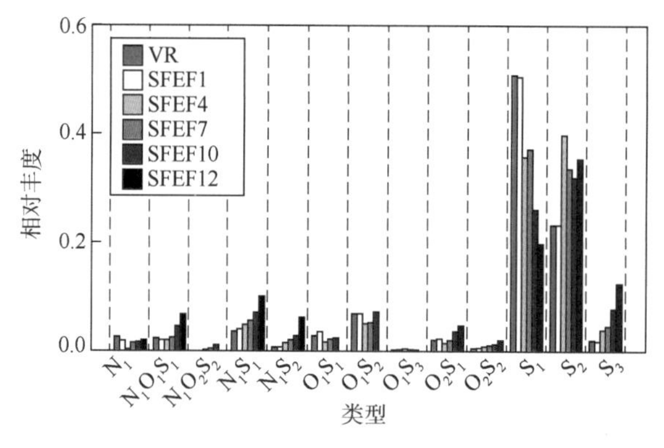

图 2-17　委内瑞拉减压渣油及其超临界窄馏分含硫类化合物类型分布

由上面结果可估算出在 SFEF 萃取过程中每提高 1MPa 压力，氮化物的 DBE 中心值上升两个单位。同时，由于较重的 SFEF 组分中含有更多的芳香环结构，而且这些组分的沸点也受其所含芳香环数量影响，因此，有理由认为化合物的芳香性是决定其在 SFEF 过程中流向的主要影响因素。

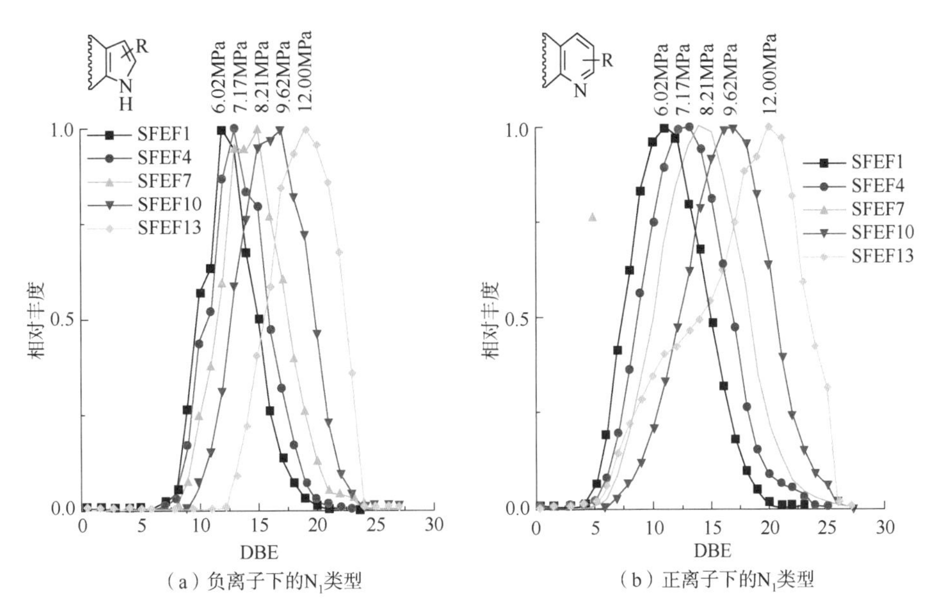

（a）负离子下的N_1类型　　（b）正离子下的N_1类型

图 2-18　正负离子 ESI FT-ICR MS N_1 类化合物 DBE 分布图

另一方面来说，这些极性杂原子化合物在 SFEF 窄馏分中的变化规律也可归因于芳香性的增长。随着萃取压力的增大，诸如N_1O_1，N_1S_1 及 N_1S_2 这些在正、负离子 ESI FT-ICR MS 下都可检测到的由吡咯、酚或硫化物等杂化形成的多杂原子化合物丰度逐渐增大。吡咯环和酚环结构都具有芳香性，也有研究表明石油中 65%～80%的硫是以噻吩结构形式存在的。在 SFEF 分离过程中，这些多杂原子化合物也会倾向于进入芳香性更高的窄馏分中。

三、重油芳香环系结构解析

重油馏分的特性之一就是其具有高芳香性，其高芳香性会导致开采及加工过程中的沥青质分相、不稳定性以及结垢结焦等现象。因此，重油分子中的芳香结构被广泛关注。尽管芳香环细微结构千变万化，但是在整体上按照其呈现的环系群数目的区别，可以被分为两种类型："孤岛"和"群岛"结构。在"孤岛"结构中，整个系统中只有一个芳香环核心和若干烷基侧链与之相连；在"群岛"结构中，芳香环系统形成了几个相连的芳香环为核心。这两种构型的裂解行为截然不同，因而在研究中，重油分子究竟属于哪种构型广受关注。

"孤岛"和"群岛"结构的差别在于桥链结构，研究芳香环体系架构的方法之一就是确定核心间的桥链结构是否存在，或者说，在裂解过程中是否会发生由于桥链结构断裂而导致的芳香环系的分离。质谱(MS)中的碎裂解离技术提供了研究重油馏分结构特征的简捷方法，通过将离子导入碰撞池，使离子和中性分子(如氩气及氮气分子)产生碰撞诱导解离(CID)，使离子在弱键处解离而产生碎片。通过对碎裂后的碎片离子结构进行分析，可以获得芳香环系的结构信息。

本部分将以低硫减压渣油(VR)作为研究对象，通过正离子电喷雾电离源着重研究吡啶类化合物的芳香环系结构特征。值得说明的是，由于含 N 和同时含 N 及 S 的化合物的分子量差距过小，为了实现对化合物的单点隔离，本部分选择了低含硫的重油样品，所研究的结果主要反映含 N 化合物的结构特征。

1.“孤岛”和“群岛”分子结构及碰撞诱导解离

由于原油中基本不含有胺类化合物，在正离子 ESI 电离过程中，所检测到的化合物主要是吡啶化合物(N_1 类)或同时含有其他杂原子的化合物(N_1S_1、N_1O_1 类)，吡啶环是质子化过程中电离电荷的主要载体。

图 2-19 展示了典型的“孤岛”和“群岛”分子结构的吡啶类化合物 CID 过程示意图。在图中，母离子有相同的分子式($C_{54}H_{59}N_1$)，却具有不同的环系结构特征，芳香环聚合在一个核心的为“孤岛”分子，芳香环聚合在不同核心的为“群岛”分子。尽管高分辨质谱有能力区分每个离子的元素构成，但是无法通过 DBE 值区分两种不同的结构特征。然而，这两种分子结构所对应的 CID 过程及碎片产物是截然不同的。由于芳香环比烷基侧链或者连接桥稳定的多，CID 过程中键的断裂通常不发生在芳香环核心中，而连接的桥链会在脱烷基反应中断裂，多核心(“群岛”)的母离子的碎片离子会出现 DBE 值的明显降低。相反地，“孤岛”结构分子经过 CID 碎裂不会有明显的 DBE 值改变，因为所有的芳香环都被分布在同一个核心中而不会发生断裂。

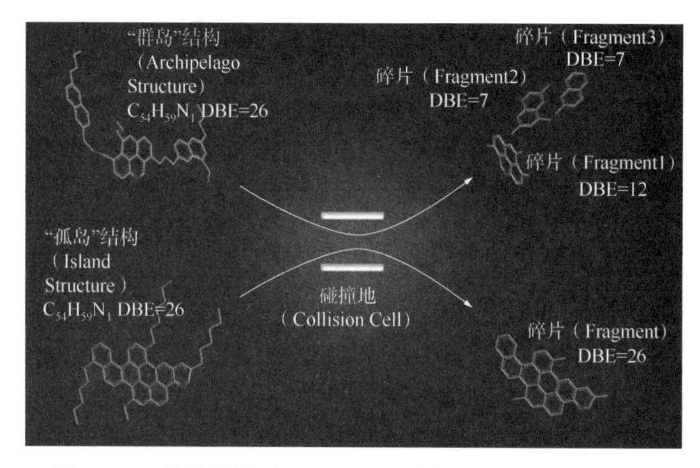

图 2-19　碰撞诱导解离(CID)对不同离子的选择性碎裂机理

CID FT-ICR MS 可以在宽范围和隔离窄范围两个模式下运行。在宽范围模式下的重油含氮化合物 CID 前后的质谱分析结果见图 2-20。在宽范围模式下，母分子的质量峰在 m/z=400~1200 之间分布，中心处约在 m/z=850，反之那些 CID 过程后生成的碎片离子 m/z 一般小于 500，而中心位置在 m/z=300。在 CID 过程前，由于正离子模式下所有的母离子都是通过加合质子实现电离，其离子均是奇数电($[M^{+}H]^{+}$)。CID 之后，谱图中同时出现了奇数电和偶数电($[M]^{+}\cdot$)的碎片离子，推测是在 CID 过程中，键的解离同时遵循了均裂的和异裂两种机理。

图 2-21 显示了吡啶类化合物在 CID 过程中的两种键断裂的机制及其典型特征产物。在异裂过程中，偶电子数的母离子$[AB+H]^{+}$会生成一个中性的碎片分子[B]和一个偶电子数的碎片离子$[A+H]^{+}$，同时在[B]或$[A+H]^{+}$上生成一个额外的双键(C═C)。而在键的均裂途径中，偶电子数的母分子$[AB+H]^{+}$会生成一个碎片分子$[B]^{\cdot}$和一个带奇电子的碎片离子$[A]^{+\cdot}$，所有碎片都带有一个附着一个电子在断裂位上。

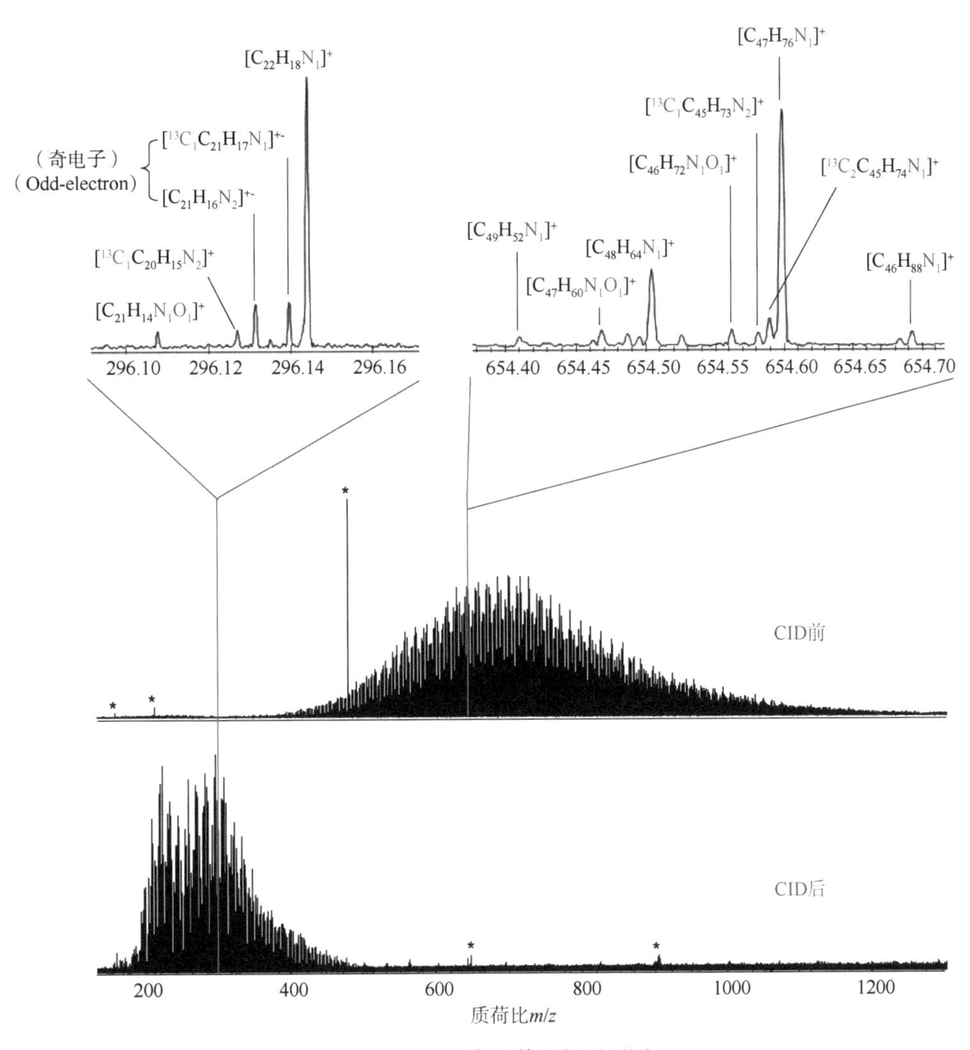

图 2-20 CID 前后谱图的展开图

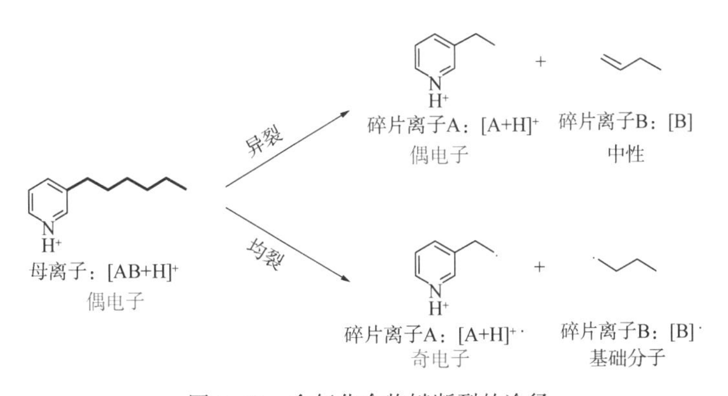

图 2-21 含氮化合物键断裂的途径

在正离子 ESI 电离后的减渣中的 N_1，N_1O_1 及 N_2 类的 FT-ICR MS 结果及 CID 碎片结果见图 2-22。从结果中可以看出，在碱性化合物中，N_1 类化合物占主导(>80%)，而母分子和碎片分子中均可以观察到 N_1，N_1O_1 及 N_2 类碎片峰。CID 过程后奇数电碎片离子占据主导，说明异裂是 CID 过程中主要的键断裂途径。此外，在碎片中观察到了烃类碎片峰(HC 类)，由于 ESI 只离子化极性分子，烃类碎片离子是经过 CID 产生的。

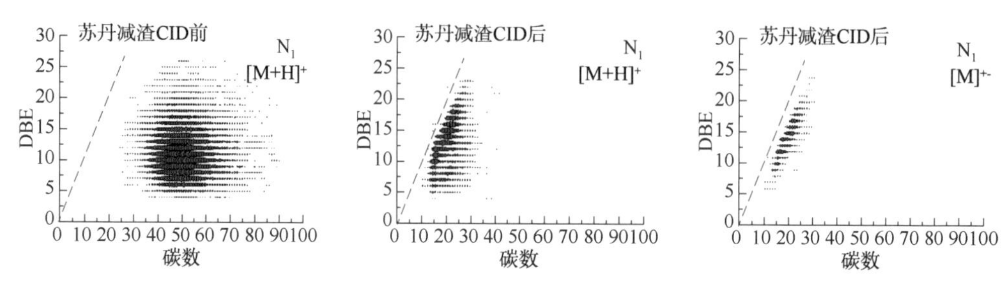

图 2-22　CID 前后 N_1 类化合物的结构分布图

2.“孤岛”及“群岛”结构比例

图 2-23 中可以观察到四种油品经由 CID 后在高碰撞能量下都产生了少量的 HC 和 S_1 类碎片离子。进一步对 CID 产物中的 HC 及 S_1 类化合物进行定性分析，绘制 DBE 及碳数分布图，发现这部分 HC 及 S_1 类化合物分布在纯芳香化合物的“90%”边界线附近[44]，说明这部分化合物的芳碳率高、侧链少，推测其结构为不带侧链或者带有少量侧链的芳香核心。由

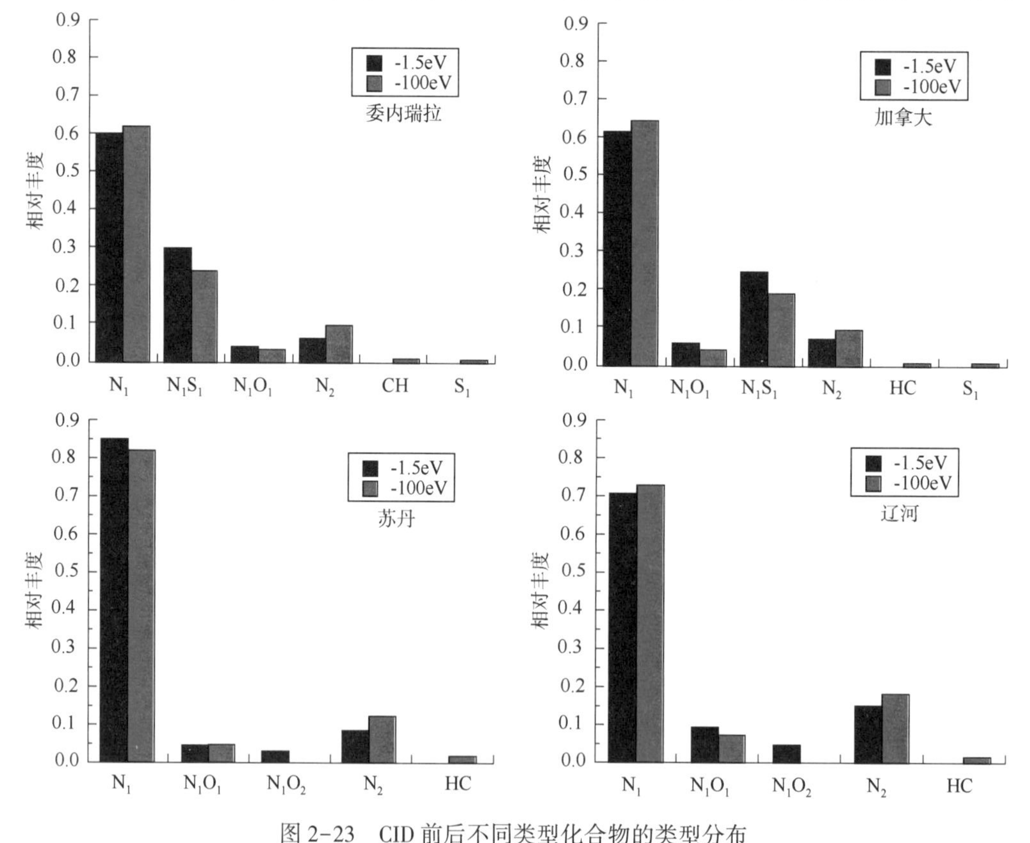

图 2-23　CID 前后不同类型化合物的类型分布

于在 CID 反应前并没有检测到这两种离子，因此这部分 HC 及 S_1 类离子只能是 CID 过程的产物，对于其来源的探究有助于推进对重油结构以及 CID 过程的解离机理的解析。第一种是杂原子“孤岛”型化合物断烷基侧链产生的，第二种是“群岛”型化合物断桥链产生的，由其 DBE 及碳数分布图可知其芳碳率较高，排除了第一种可能性，进一步印证了前文关于重油中存在“群岛”结构化合物的推测。

通过对生成的 HC 及 S_1 类碎片进行统计，可计算各重油中“群岛”结构的比例。结算结果如图 2-24 所示，可知四种重油中“群岛”结构的比例均在 1.5%~1.7%之间。值得注意的是，这一结果仅为能产生 HC 及 S_1 类碎片的“群岛”结构化合物的最小比例值，重油中实际存在的“群岛”结构的比例应高于以上数值。

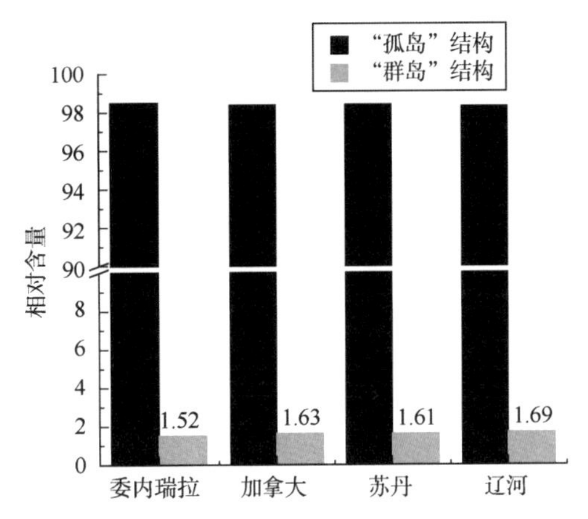

图 2-24　委内瑞拉减渣、加拿大油砂沥青、苏丹减渣、辽河超稠油中“孤岛”结构和“群岛”结构相对含量

四、分子组成表征数据库

基于发展重油精细分离及分子组成分析新手段，综合形成重油分子层次化学组成的定性定量解析方法，从深层次认识油砂沥青的特性，获得其化学性质、组成与结构变化规律关系，系统认识了其化学转化特性，以及从分子层次表征其化学性质和转化性能；形成完善的全球重油数据库，包含典型重油的分子组成数据，图 2-25 为其示意图。

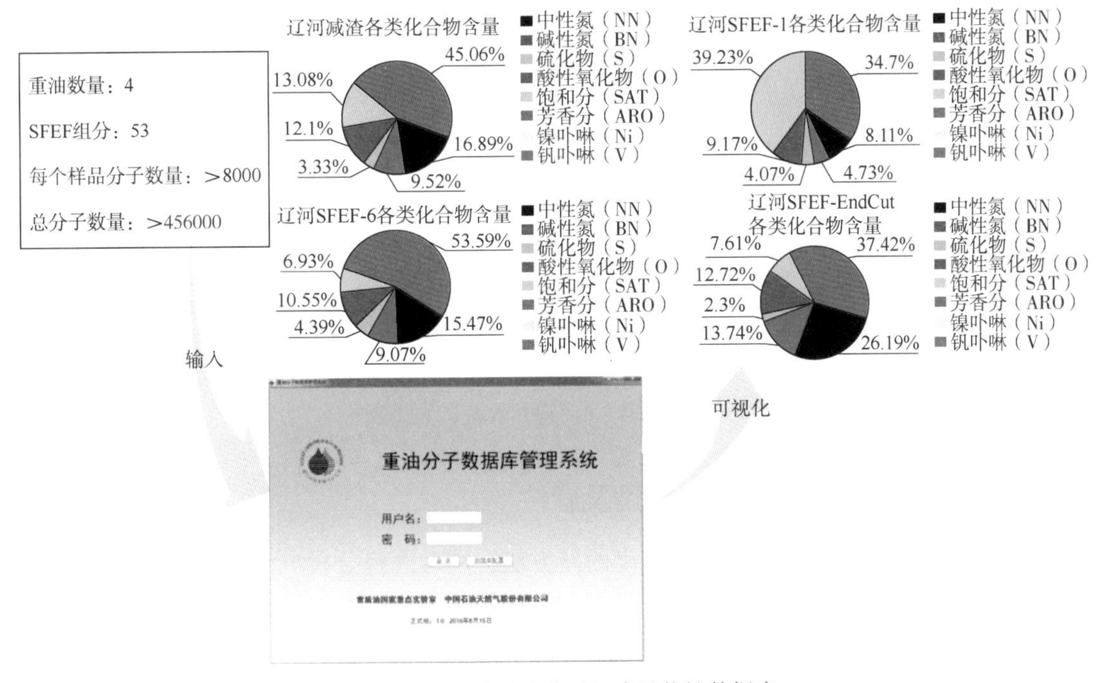

图 2-25　全球重油分子组成及物性数据库

第四节　重油加工分子层次转化模型

针对定向调控特征组分转化路径的科学问题，通过对原料和产物分子组成的深入研究，揭示了不同类型化合物在典型加工过程中的转化规律，阐明了沥青质超分子结构特征及生焦特性，指导了重油转化过程提高液收抑制生焦等新技术开发。

针对分子组成与油品性质内在关系的科学问题，构建了全球首个重油性质和分子数据平台，开发了基于分子组成的重油性质预测模型以及典型加工过程的转化模型。

一、重油转化组分层次关联模型

对劣质重油非烃进行定量分析，获得重油中烃类及非烃化合物的分子组成及其分布规律，确定各类重质油化合物类型在加工过程中的分布与转化规律，实现从分子水平认识重质油组成、结构与加工性能，为劣质重油加工技术新突破提供有效理论支撑。结合化学计量学模式识别技术 K-Nearest Neighbor Classification(KNN)和 Supervised Self Organizing Maps (SSOM)建立重油组分催化裂化反应性能关联模型，建成重油转化产物大数据模型数据库，其功能示意图如图 2-26 所示，具有较好的预测效果。

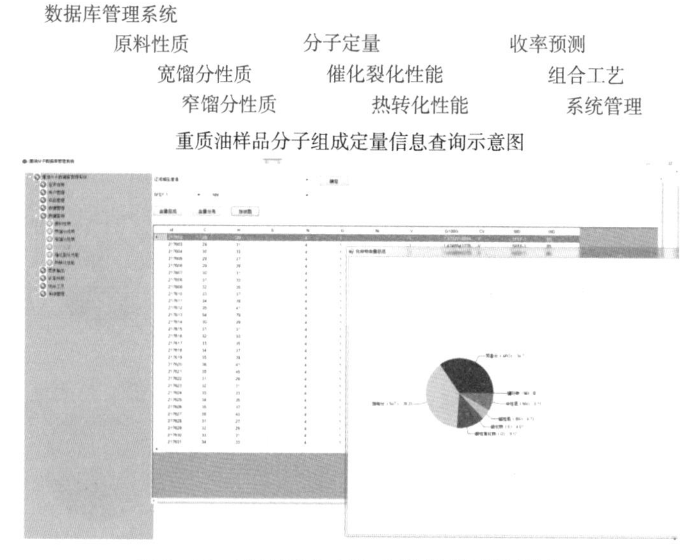

图 2-26　重油转化产物大数据模型数据库

二、重油加工分子层次转化模型及软件

建立模拟重油分子组成、加工和分离的新方法，同时进行分析方法和模拟方法两方面的研究。探索开发系统性表征重油分子组成和结构的新方法，并取得分子层次重油转化模型所需要的分子层次信息。构建的组成模型综合了所有分析数据，以此为基础构建了数十万个虚拟分子来表征石油分子组成。过程模型覆盖了分离和反应这两个炼厂中的主要加工

体系，克服了组成复杂度造成的计算性难题。图 2-27 简要描述了从分子层次构建重油加工分子模拟的全流程示意图，可以看出，从分子层次构建加工转化模型主要包括如下几个步骤：获得重油性质及分子组成，构建分子层次的反应规则，构建反应网络和动力学参数的确定方法，动力学模型的求解，根据反应产物的分子组成预测产物性质。因此，重油加工分子层次转化模型方法和传统集总动力学方法的主要区别在于，分子层次的转化模型不但可以预测产物收率，更重要的是可以预测产物组成，从而预测产物性质，可实现根据重油分子组成特征采用不同的优化加工技术路线。

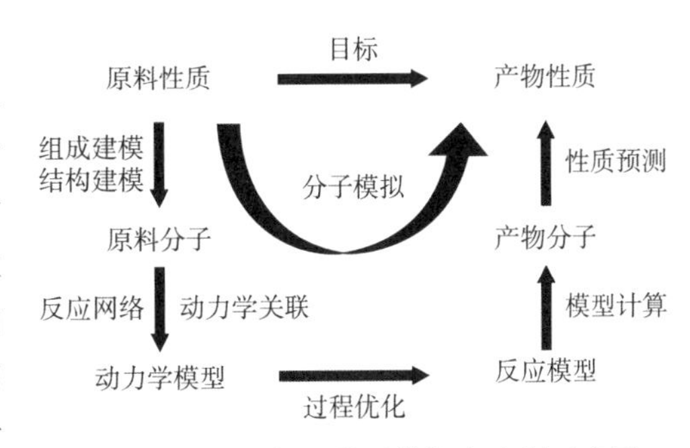

图 2-27　重油加工分子模拟全流程示意图

基于重油分子组成和结构研究结果，中国石油大学(北京)开发了“重油分子尺度动力学模拟”系列软件，软件界面如图 2-28 所示，在软件中实现数据录入、维护、计算、结果输出和绘图操作。根据软件中已有的动力学参数以及反应网络，用户可以通过输入反应条件直接计算得到反应产物的收率以及各种宏观性质，通过软件还可以考察反应条件对产物收率及性质的影响。软件的输出表达主要有三个方面：一是展示产物收率的结果，如汽油、柴油、重油的收率等；二是获得各馏分产物随反应时间的变化情况；三是获得各馏分的性质，如蒸馏曲线、密度、分子量等。

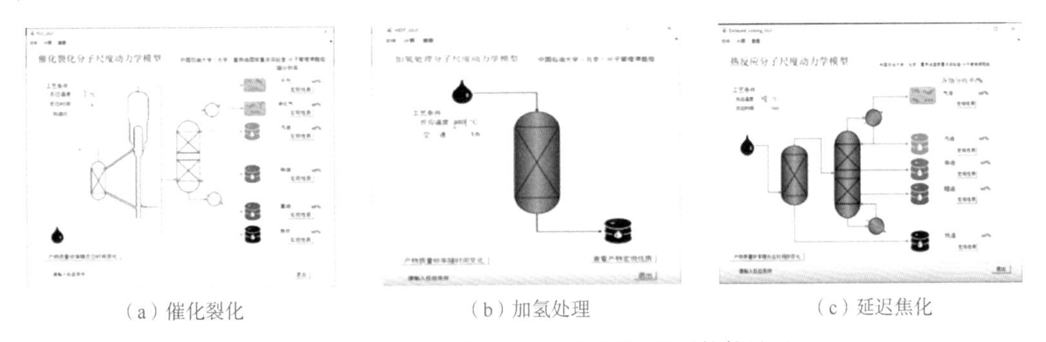
(a) 催化裂化　　(b) 加氢处理　　(c) 延迟焦化

图 2-28　“重油分子尺度动力学模拟”系列软件界面

第五节　技术展望

随着对石油资源化利用及油品清洁化的持续推进，重油的深度精细化加工技术日益受到重视。不管是新工艺的开发，或是对传统工艺的改进优化，都需要建立在详细认知重油组成及其结构特性的基础上。对于汽油和柴油馏分的加工利用，目前的工艺都已基本实现了分离耦合选择性加工生产高品质油品或者化学品。然而对于重油的加工利用普遍进行整体加工，较少通过选择性分离加工利用，这既有分离手段的缺失和工程化难度较高的原因，更重要的是对于重油的组成结构分布认识依然不清楚，普遍停留在传统理化性质层面。

尽管重油是高度复杂的烃类及非烃类化合物所组成的混合物，但随着分离技术和先进测量手段的发展，尤其是高分辨、高精度的分析技术的出现，使得从组成层面乃至分子结构层面认识和理解重油化学特性成为可能。目前的研究主要集中在整体的重油分析，虽然取得了一定的认识，但距离对重油真正分子层次的全面准确认识还有很长的路要走。其中包括几个关键的难题需要解决，多基团化合物的组成解析、重油分子层次的定量分析和重油沥青质结构的分析等。通过对重油进行选择性分离和选择性化学衍生等手段，并对原料和产品通过尖端分析技术进行分子层次的系统性探究，对所获得的产物进行转化特性研究，有望极大推进人们对于重油的化学特性及转化性能的理解。

重油的高效利用以加工转化过程为核心，从分子层次认识并构建重油加工转化模型，对有效指导重油加工技术和催化剂研究开发具有重要意义。重油分子层次转化规律的研究尚需进一步系统化，更多重油体系转化数据将显著提升检验转化反应规则及动力学模型的普适性；目前重油催化转化模型一般只能适用给定的催化剂，在催化转化模型中引入催化剂关键性质，使模型具有更广泛的预测性，是未来的一个重要挑战。

可以预见，对重油分子层次的组成结构研究将受到广泛关注，针对分子组成特征开发新型的加工工艺及过程转化模型将更受重视，重油的优化加工利用将进入新的阶段。

参 考 文 献

[1] Marshall A G, Rodgers R P. Petroleomics: The next grand challenge for chemical analysis[J]. Acc Chem Res, 2003, 37(1): 53-59.

[2] Smith D F, Podgorski D C, Rodgers R P, et al. 21 tesla FT-ICR mass spectrometer for ultrahigh-resolution analysis of complex organic mixtures[J]. Anal Chem, 2018, 90(3): 2041-2047.

[3] Mckenna A M, Purcell J M, Rodgers R P, et al. Heavy petroleum composition. 1. Exhaustive compositional analysis of athabasca bitumen HVGO distillates by fourier transform ion cyclotron resonance mass spectrometry: A definitive test of the boduszynski model[J]. Energy Fuels, 2010, 24(5): 2929-2938.

[4] Boduszynski M M, Altgelt K H. Composition of heavy petroleums. 4. Significance of the extended atmospheric equivalent boiling point(AEBP) scale[J]. Energy & Fuels, 1992, 6(1): 72-76.

[5] Rodgers R P, Mckenna A M. Petroleum analysis[J]. Analytical chemistry, 2011, 83(12): 4665-4687.

[6] Zhou X, Shi Q, Zhang Y, et al. Analysis of saturated hydrocarbons by redox reaction with negative-ion electrospray fourier transform ion cyclotron resonance mass spectrometry[J]. Anal Chem, 2012, 84(7): 3192-3199.

[7] Qian K, Edwards K E, Dechert G J, et al. Measurement of total acid number(TAN) and TAN boiling point distribution in petroleum products by electrospray ionization mass spectrometry[J]. Analytical Chemistry, 2008, 80(3): 849-855.

[8] Shi Q, Zhao S, Xu Z, et al. Distribution of acids and neutral nitrogen compounds in a Chinese crude oil and its fractions: characterized by negative-ion electrospray ionization fourier transform ion cyclotron resonance mass spectrometry[J]. Energy & Fuels, 2010, 24(7): 4005-4011.

[9] Smith D F, Schaub T M, Kim S, et al. Characterization of acidic species in athabasca bitumen and bitumen heavy vacuum gas oil by negative-ion ESI FT-ICR MS with and without acid-ion exchange resin prefractionation[J]. Energy & Fuels, 2008, 22(4): 2372-2378.

[10] Qian K, Robbins W K, Hughey C A, et al. Resolution and identification of elemental compositions for more

than 3000 crude acids in heavy petroleum by negative-ion microelectrospray high-field fourier transform ion cyclotron resonance mass spectrometry[J]. Energy & Fuels, 2001, 15(6): 1505-1511.

[11] Hughey C A, Rodgers R P, Marshall A G. Resolution of 11000 compositionally distinct components in a single electrospray ionization fourier transform ion cyclotron resonance mass spectrum of crude oil[J]. Analytical Chemistry, 2002, 74(16): 4145-4149.

[12] Wu Z, Hendrickson C L, Rodgers R P, et al. Composition of explosives by electrospray ionization fourier transform ion cyclotron resonance mass spectrometry[J]. Anal Chem, 2002, 74(8): 1879-1883.

[13] Klein G C, Angström A, Rodgers R P, et al. Use of saturates/aromatics/resins/asphaltenes (SARA) fractionation to determine matrix effects in crude oil analysis by electrospray ionization fourier transform ion cyclotron resonance mass spectrometry[J]. Energy & Fuels, 2006, 20(2): 668-672.

[14] Klein G C, Kim S, Rodgers R P, et al. Mass spectral analysis of asphaltenes. I. compositional differences between pressure-drop and solvent-drop asphaltenes determined by electrospray ionization fourier transform ion cyclotron resonance mass spectrometry[J]. Energy & Fuels, 2006, 20(5): 1965-1972.

[15] Stanford L A, Kim S, Rodgers R P, et al. Characterization of compositional changes in vacuum gas oil distillation cuts by electrospray ionization fourier transform-ion cyclotron resonance (FT-ICR) mass spectrometry [J]. Energy & Fuels, 2006, 20(4): 1664-1673.

[16] Smith D F, Rahimi P, Teclemariam A, et al. Characterization of athabasca bitumen heavy vacuum gas oil distillation cuts by negative/positive electrospray ionization and automated liquid injection field desorption ionization fourier transform ion cyclotron resonance mass spectrometry[J]. Energy & Fuels, 2008, 22(5): 3118-3125.

[17] Zhu X, Shi Q, Zhang Y, et al. Characterization of nitrogen compounds in coker heavy gas oil and its subfractions by liquid chromatographic separation followed by fourier transform ion cyclotron resonance mass spectrometry[J]. Energy & Fuels, 2010, 25(1): 281-287.

[18] Liu P, Xu C M, Shi Q A, et al. Characterization of sulfide compounds in petroleum: selective oxidation followed by positive-ion electrospray fourier transform ion cyclotron resonance mass spectrometry[J]. Anal Chem, 2010, 82(15): 6601-6606.

[19] Liu P, Shi Q, Chung K H, et al. Molecular characterization of sulfur compounds in venezuela crude oil and its sara fractions by electrospray ionization fourier transform ion cyclotron resonance mass spectrometry [J]. Energy & Fuels, 2010, 24(9): 5089-5096.

[20] Liu P, Shi Q, Pan N, et al. Distribution of sulfides and thiophenic compounds in VGO subfractions: characterized by positive-ion electrospray fourier transform ion cyclotron resonance mass spectrometry[J]. Energy & Fuels, 2011, 25(7): 3014-3020.

[21] Wang M, Zhao S, Chung K H, et al. Approach for selective separation of thiophenic and sulfidic sulfur compounds from petroleum by methylation/demethylation[J]. Anal Chem, 2015, 87(2): 1083-1088.

[22] Wang M, Zhu G, Ren L, et al. Separation and characterization of sulfur compounds in ultra-deep formation crude oils from tarim basin[J]. Energy Fuels, 2015, 29(8): 4842-4849.

[23] Wang M, Zhao S, Liu X, et al. Molecular characterization of thiols in fossil fuels by michael addition reaction derivatization and electrospray ionization fourier transform ion cyclotron resonance mass spectrometry [J]. Anal Chem, 2016, 88(19): 9837-9842.

[24] Purcell J M, Juyal P, Kim D-G, et al. Sulfur speciation in petroleum: atmospheric pressure photoionization or chemical derivatization and electrospray ionization fourier transform ion cyclotron resonance mass spectrometry[J]. Energy & Fuels, 2007, 21(5): 2869-2874.

[25] Muller H, Andersson J T, Schrader W. Characterization of high-molecular-weight sulfur-containing aromatics in vacuum residues using fourier transform ion cyclotron resonance mass spectrometry[J]. Analytical Chemistry, 2005, 77(8): 2536-2543.

[26] Maryutina T A, Soin A V. Novel Approach to the elemental analysis of crude and diesel oil[J]. Anal Chem, 2009, 81(14): 5896-5901.

[27] Mckenna A M, Purcell J M, Rodgers R P, et al. Identification of vanadyl porphyrins in a heavy crude oil and raw asphaltene by atmospheric pressure photoionization fourier transform ion cyclotron resonance (FT-ICR) mass spectrometry[J]. Energy & Fuels, 2009, 23(4): 2122-2128.

[28] Qian K, Edwards K E, Mennito A S, et al. Enrichment, resolution, and identification of nickel porphyrins in petroleum asphaltene by cyclograph separation and atmospheric pressure photoionization fourier transform ion cyclotron resonance mass spectrometry[J]. Anal Chem, 2009, 82(1): 413-419.

[29] Zhao X, Liu Y, Xu C M, et al. Separation and characterization of vanadyl porphyrins in venezuela orinoco heavy crude oil[J]. Energy & Fuels, 2013, 27: 2874-2882.

[30] Chen X, Zhang Y, Han J, et al. Direct nickel petroporphyrin analysis through electrochemical oxidation in electrospray ionization ultrahigh-resolution mass spectrometry[J]. Energy & Fuels, 2021, 35(7): 5748-5757.

[31] Smith D F, Klein G C, Yen A T, et al. Crude oil polar chemical composition derived from FT-ICR mass spectrometry accounts for asphaltene inhibitor specificity[J]. Energy & Fuels, 2008, 22(5): 3112-3117.

[32] Smith D F, Rodgers R P, Rahimi P, et al. Effect of thermal treatment on acidic organic species from athabasca bitumen heavy vacuum gas oil, analyzed by negative-ion electrospray fourier transform ion cyclotron resonance(FT-ICR) mass spectrometry[J]. Energy & Fuels, 2008, 23(1): 314-319.

[33] Witt M, Godejohann M, Oltmanns S, et al. Characterization of asphaltenes precipitated at different solvent power conditions using atmospheric pressure photoionization(APPI) and laser desorption ionization(LDI) coupled to fourier transform ion cyclotron resonance mass spectrometry (FT-ICR MS)[J]. Energy & Fuels, 2018, 32(3): 2653-2660.

[34] Pudenzi M A, Santos J M, Wisniewski A, et al. Comprehensive characterization of asphaltenes by fourier transform ion cyclotron resonance mass spectrometry precipitated under different *n*-alkanes solvents[J]. Energy & Fuels, 2018, 32(2): 1038-1046.

[35] ChacóN-PatiñO M L, Rowland S M, Rodgers R P. Advances in asphaltene petroleomics. part 1: asphaltenes are composed of abundant island and archipelago structural motifs[J]. Energy & Fuels, 2017, 31(12): 13509-13518.

[36] ChacóN-PatiñO M L, Rowland S M, Rodgers R P. Advances in asphaltene petroleomics. part 2: selective separation method that reveals fractions enriched in island and archipelago structural motifs by mass spectrometry[J]. Energy & Fuels, 2018, 32(1): 314-328.

[37] Purcell J M, Merdrignac I, Rodgers R P, et al. Stepwise structural characterization of asphaltenes during deep hydroconversion processes determined by atmospheric pressure photoionization(APPI) fourier transform ion cyclotron resonance(FT-ICR) mass spectrometry†[J]. Energy & Fuels, 2010, 24(4): 2257-2265.

[38] Borton D, Pinkston D S, Hurt M R, et al. Molecular structures of asphaltenes based on the dissociation reactions of their ions in mass spectrometry[J]. Energy & Fuels, 2010, 24(10): 5548-5559.

[39] Pinkston D S, Duan P, Gallardo V A, et al. Analysis of asphaltenes and asphaltene model compounds by laser-induced acoustic desorption/fourier transform ion cyclotron resonance mass spectrometry[J]. Energy & Fuels, 2009, 23(11): 5564-5570.

[40] Sabbah H, Morrow A L, Pomerantz A E, et al. Evidence for island structures as the dominant architecture of asphaltenes[J]. Energy & Fuels, 2011, 25(4): 1597-1604.

[41] Qian K, Edwards K E, Mennito A S, et al. Determination of structural building blocks in heavy petroleum systems by collision-induced dissociation fourier transform ion cyclotron resonance mass spectrometry[J]. Anal Chem, 2012, 84(10): 4544-4551.

[42] Zhang L, Zhang Y, Zhao S, et al. Characterization of heavy petroleum fraction by positive-ion electrospray ionization FT-ICR mass spectrometry and collision induced dissociation: Bond dissociation behavior and aromatic ring architecture of basic nitrogen compounds[J]. Science China Chemistry, 2013, 56(7): 874-882.

[43] RüGer C P, Grimmer C, Sklorz M, et al. Combination of different thermal analysis methods coupled to mass spectrometry for the analysis of asphaltenes and their parent crude oils: comprehensive characterization of the molecular pyrolysis pattern[J]. Energy & Fuels, 2018, 32(3): 2699-2711.

[44] Wittrig A M, Fredriksen T R, Qian K, et al. Single dalton collision-induced dissociation for petroleum structure characterization[J]. Energy & Fuels, 2017, 31(12): 13338-13344.

[45] Sawarkar A N, Pandit A B, Samant S D, et al. Petroleum residue upgrading via delayed coking: A review [J]. The Canadian Journal of Chemical Engineering, 2007, 85(1): 1-24.

[46] Gary J H, Handwerk G E. Petroleum refining: technology and economics[M]. M. Dekker, 1975.

[47] Maples R E. Petroleum refinery process economics[M]. PennWell Corporation, 2000.

[48] 陈俊武. 石油炼制过程碳氢组成的变化及其合理利用[J]. 石油学报, 1982(2): 90-102.

第三章　劣质重油热加工技术

劣质重油作为非常规石油资源，集输与加工难度大，一般通过调入轻质油制备成掺稀油或通过调入水制备成乳化油进行集输。委内瑞拉超重油和加拿大油砂沥青是最典型的劣质重油，具有黏度高、密度大、残炭高、沥青质含量高、金属含量高、硫氮氧等杂原子含量高等特点，集输和加工难度均非常大[1]。但是由于这两种劣质重油储量大，是重要的战略性资源，实现其高效转化利用非常关键。而利用此类资源首先要解决的就是集输问题，除掺稀或乳化油方案外，就地改质降低黏度也是实现长距离集输或船运的重要方案。以减黏裂化、延迟焦化为主的热加工技术，对原料适应性强，加工成本低，被广泛应用于劣质重油改质和深加工领域[2-3]。

减黏裂化是一种缓和液相热裂化过程，一般以渣油为原料，以不生成焦炭为前提，其目的是：减少重质燃料油产量、提高燃料油质量(减小黏度，改善倾点)和最大化地增产馏分油。减黏裂化工艺流程简单，投资费用和操作费用低，技术成熟，除生产燃料油之外，还可作为其他工艺的预处理手段，由此发展出减黏—溶剂脱沥青、溶剂脱沥青—催化裂化—脱油沥青减黏、稠油破乳—减黏、减黏裂化—气化、减黏裂化—加氢处理等组合工艺，以满足更多的重油加工需求。随着原油重质化、劣质化趋势加剧，减黏裂化技术在改善重油储运、生产清洁船用燃料油方面也有应用。

焦化是当今炼厂重油特别是劣质重油加工的主要手段之一。延迟焦化由于具有对原料适应性强、工艺技术成熟、装置的投资和运行费用低的突出特点，一直是主流的重油焦化技术，在世界焦化加工能力中占比高达85%左右，也是国内外运用最多的重质渣油转化技术(全世界1/3的重质渣油通过延迟焦化工艺加工)。目前全球共有170余套渣油延迟焦化装置，总加工能力在4×10^8t/a以上。随着世界经济结构的调整、市场需求的变化和对环境保护的重视，充分发挥延迟焦化装置在炼油厂的作用，在生产交通运输燃料的同时，制备出各种等级的石油焦产品，是重要的发展趋势[4-7]。

本章介绍国内外减黏裂化、延迟焦化和针状焦的生产技术进展，重点介绍中国石油在该领域的技术开发情况，并对未来技术发展做了展望。

第一节　劣质重油减黏裂化技术

减黏裂化工艺是在热裂化的基础上发展起来的一种缓和液相热裂化过程。减黏裂化一般以减压渣油为原料，也有用常压渣油的。减黏裂化的反应深度根据加工目的而定，反应温度一般在380~480℃之间，压力为0.5~1.0MPa，反应时间为几分钟至几小时。如果为了得到合格燃料油或者减少掺入的轻质馏分的量而达到燃料油标准，只需要进行低温长时间下的浅度热裂化为主。如果为了最大限度取得馏分油，则需要在高温短时间下的深度减黏裂化。随着原油重质化、劣质化趋势加剧，其常减压渣油的生焦倾向加剧，为了保持减黏裂化反应深度，甚至进一步提高，在传统减黏裂化技术基础上，做出进一步的技术创新，同时也在发展一些新型减黏裂化技术。

一、国内外减黏裂化技术进展

国外减黏裂化主体技术在20世纪90年代基本上已发展成熟。目前全球共有150余套减黏裂化装置，主要集中在美国和西欧。国内减黏裂化工艺起步较晚，但在吸收国外先进技术的基础上发展迅速，根据国内加工渣油特点和减黏产品需求，发展了适合自己的减黏技术，如中国石油锦西石化公司的上流式缓和减黏裂化工艺、石油化工科学研究院开发的延迟减黏裂化工艺。目前主流技术仍是加热炉—反应塔式减黏裂化技术。

1. 国外减黏裂化技术进展

传统的重质油减黏裂化反应工艺的形成和发展大致经历如下三个阶段：下行式反应塔减黏裂化工艺、管式反应炉减黏裂化工艺以及上流式反应塔减黏裂化工艺[8]。早期的减黏裂化反应大多在下行式反应塔或加热炉中完成，操作温度较高，停留时间较长，装置易结焦，开工周期短，后逐渐被淘汰。1962年，Shell公司开发了上流式反应塔减黏裂化工艺，标示着减黏裂化工艺取得较大进展，此后经过若干次工艺流程的改进，技术日趋成熟。

国外许多石油大公司都开发了各自的减黏裂化技术，如Exxson公司开发的加热—反应全炉管转化双室炉式减黏裂化技术。20世纪80年代Shell公司和Lummus公司联合开发了上流式减黏裂化反应器[8]，它的优越性在于液相反应多、反应温度低、开工周期长、操作弹性大、设备投资低，从而使减黏裂化工艺在国外得到迅速发展。该技术适用于常减压渣油，可显著降低原料黏度，全球有80余套装置采用该技术。1993年UOP和Foster Wheeler(F-W)公司联合开发了炉式减黏裂化技术，目前全球大约有50多套装置采用了此技术。典型的减黏裂化工艺流程如图3-1和图3-2所示。

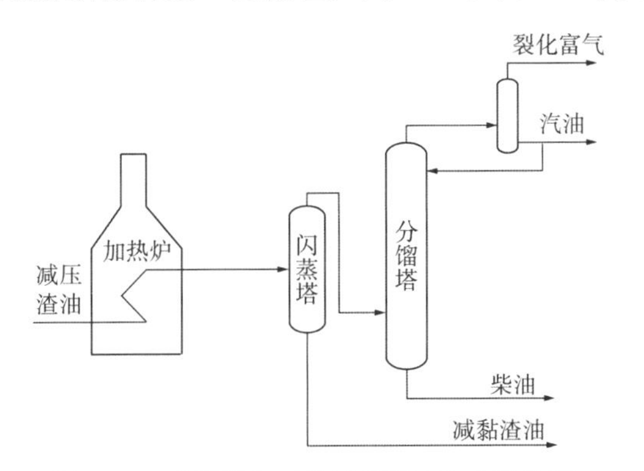

图3-1　减黏裂化工艺流程图(炉式反应器)

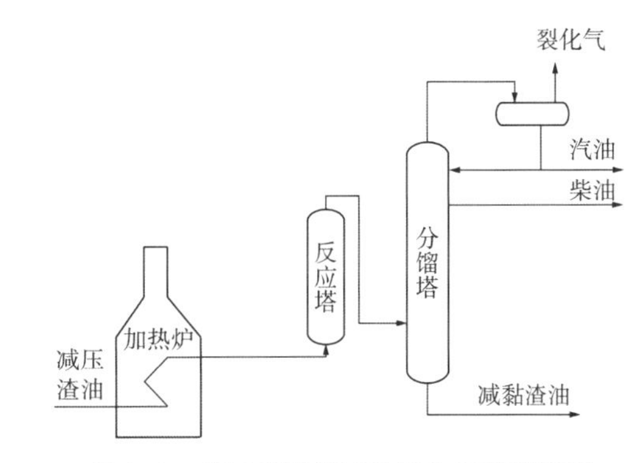

图3-2　带反应塔的减黏裂化工艺流程图

为了解决常规减黏裂化装置轻油产率低、装置操作周期短、结焦严重等问题，国外炼油工作者开发了新的减黏裂化工艺，主要取得以下几方面的技术进展。

1) 传统减黏裂化工艺的改进

为了使减黏原料在塔式反应器中实现平推流效果，通常设计一定的内构件，但即便如此，仍存在返混现象，导致进料和产物在反应塔内的停留时间不均匀，使裂化程度和效果变差。为了解决该问题，Total 开发了一种进料分布器。该分布器呈螺旋环形，置于减黏裂化塔底部，与塔壁同轴排列，且设计若干个规则的孔。减黏裂化原料经加热炉加热后利用压缩气送入导管，并从孔中喷出，射向减黏裂化塔顶部。这样可有效减少减黏塔内的死角和物料返混，减少物料生焦。

Fractal Systems 公司开发了 Enhanced JetShear 技术，技术核心是将减黏反应塔更换成一组高压喷嘴。在合适的温度条件下，加压后的原料在高速射出喷嘴时发生裂化反应。Enhanced JetShear技术工艺流程示意图如图 3-3 所示。

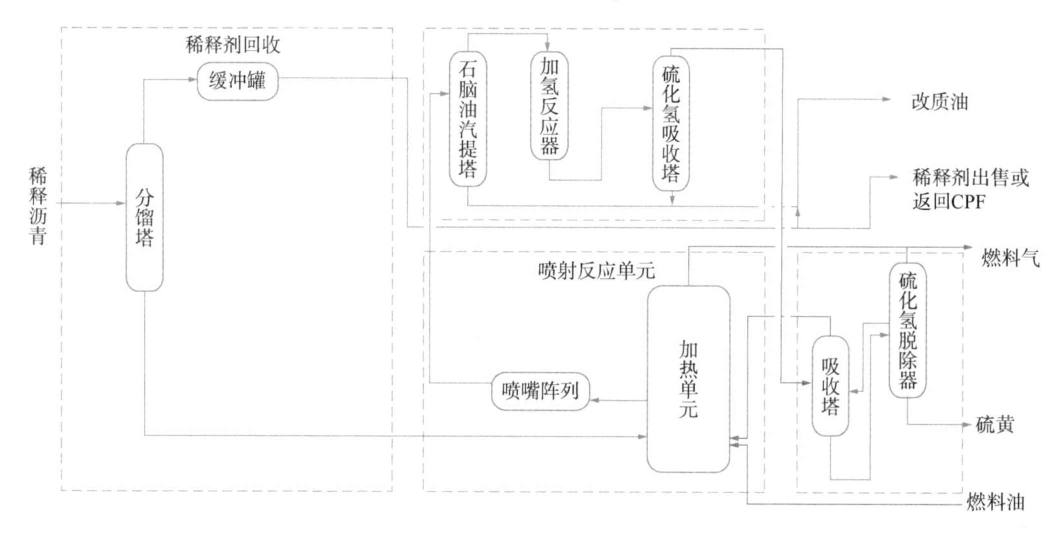

图 3-3　Enhanced JetShear 技术工艺流程图

Enhanced JetShear 技术的裂化反应温度低于 350℃，生焦倾向小，运行周期长。该技术进行了 1000bbl/d 的工业示范，工业示范加工处理稀释沥青总量超过 11.0×10^4bbl。该技术主要不足在于，单个喷嘴处理能力有限，约为 1～30bbl/d，需要较庞大的喷嘴阵列。

2）临氢减黏技术

临氢减黏裂化工艺是在氢气存在下进行的缓和热裂化反应，同常规减黏裂化一样，也为热激发的自由基链反应。氢气的存在可以有效捕获自由基而阻滞反应链的增长，起到抑制大分子缩合生成焦炭的作用。与常规减黏裂化相比，该技术可提高反应深度，从而增产中间馏分油。在临氢条件的基础上，再加入一些高活性分散型的催化剂，可进一步提高馏分油的产率。Axens 公司开发的 Tervahl 工艺主要用于处理重质原油[9]，减黏后生成的合成原油黏度降低，倾点改善，易于输送，稳定性提高。Tervahl 工艺有两种形式：一种是 Tervahl T，该工艺仅包括热回收段、加热炉、反应塔和稳定塔部分，反应塔流出物的急冷油来自稳定塔部分；另一种是 Tervahl H，该工艺包括高压分离器、循环氢压缩机和补充氢压缩机，部分循环氢用于反应塔流出物的急冷。全球有 20 余套装置采用该技术。

日本千代田化工建设公司开发了沥青质渣油的临氢减黏裂化（VisABC）工艺技术[10]，并与日本矿业有限公司联合开发了重油超裂化（SOC）工艺。临氢减黏工艺的优点是可以有效抑制结焦，提高裂化反应苛刻度，缺点是设备投资和生产操作费用较高。

Phillips 石油公司采用钼基化合物与二羟基苯(或其他多酚类)化合物制备出分散型加氢催化剂。在减黏裂化过程中，催化剂先与渣油原料混合，再与氢混合从反应器底部进入上流式减黏反应器反应。以常压渣油为原料，催化剂加入量(以钼计算)为 40~50mg/kg 时，在 427℃、13.7MPa 氢分压下进行加氢反应，结果显示，生焦率得到显著抑制，从无催化剂时的 10%降低至 2.9%。

3）催化水热减黏技术

UOP 公司、Foster Wheeler 公司和 PDVSA Intevep 公司联合开发了 Aquaconversion® 工艺[11]，渣油在蒸汽和新颖的油溶性双金属催化剂存在的条件下加热，发生热裂化和中度加氢反应。该工艺不需要外接氢气，以水蒸气作为氢源把水中的氢催化转化成活性氢自由基，抑制减黏裂化过程中缩合反应的发生，从而提高裂化苛刻度。在相同的温度条件下，该工艺生产出的渣油要比减黏产物稳定性高、沥青质含量低，对转化率没有明显的影响。在高苛刻度操作条件下，与减黏相比，馏出油收率可从 11%增加到 25%，>350℃渣油质量改进明显。该工艺在荷属安第利斯群岛 Curacao ISLA 炼厂的 200×10^4t/a 的热减黏装置上进行了工业示范。

4）供氢热裂化技术

在渣油中加入一定量的具有供氢能力的化合物，不但可以起到与氢气存在时同样的效果，还可以避免系统由于引入氢气带来的诸多不利因素。供氢剂起初用于煤直接液化工艺中，20 世纪 80 年代初期，Exxson 公司建成投产的 250t/d 煤液化装置采用此技术[12]。随后，将供氢剂应用到渣油加工中，提出供氢剂减黏裂化技术。美国 Mobil 公司和加拿大石油公司分别用四氢萘作为供氢剂开发了各自的供氢减黏裂化工艺技术，添加的四氢萘需要分离回收后加氢精制才能循环使用，这样就会增加设备投资及操作费用，因而限制了这类技术的工业应用。国外在选择四氢萘代用品方面曾做了大量的工作(表 3-1)，但这些技术未实现工业化应用。

表 3-1　几种典型的供氢剂减黏裂化的操作条件及转化率

公司名称	工艺名称	操作条件			供氢剂	原料油	转化率,%
		压力，MPa	温度,℃	空速，h^{-1}			
埃克森公司	HDDV 过程	2.5~3.0	415~480	2~5	催化裂化重馏分油	渣油	50
加拿大海湾公司	HDDV 过程	3.5~5.5	410~460	—	催化裂化轻馏分油	渣油	<67
鲁奇公司	DSHV 过程①	14~15	—	1.0	馏分油(200~500℃)	渣油	90
科诺科公司	HDDC 过程	1.4~7.0	482~523	—	馏分油(315~537℃)	减压馏分油	70
日本石油公司	供氢剂减黏裂化②	3~15	380~470	<1.0	催化裂化循环油	渣油	84~85

① 反应中通入氢气；

② 采用催化剂，并通入氢气。

此外，美国DM国际公司也曾用焦化蜡油作供氢剂进行减黏裂化生产焦化原料的研究。

东洋工程公司和三井物化公司共同开发的在过热水蒸气接触下渣油过热转化的过程，称作HSC减黏裂化工艺[13]。该工艺在德国Schwedt炼油厂应用，经该工艺处理后，其中大于500℃馏分的转化率大于50%，据推测，过热水蒸气起到供氢作用。

结合目前的白色污染防治，Mobil公司提出了将废塑料与渣油混炼减黏的方法[11]。2%左右的废聚烯烃塑料熔在渣油原料中一起进入减黏装置，可以提高减黏产物的中间馏分收率。在减黏裂化原料中掺入聚烯烃塑料后，与常规减黏不同的是，能在生焦不增加的前提下提高操作苛刻度，增加轻组分产率。

对供氢减黏裂化工艺来说，开发出供氢效果好、来源广泛的工业供氢剂已成为亟待解决的问题。

2. 国内减黏裂化技术进展

国内茂名石化、金陵石化、燕山石化、抚顺石化、高桥石化和广州石化等企业的减黏裂化装置都属于上流式减黏裂化反应器形式。中国石油在苏丹六区建设的2套40×10^4t/a减黏裂化装置，为上流式反应器，解决了稠油管输难题。国内上流式减黏裂化主体技术与国外成熟技术大体相同，但存在转化率不高、轻油产率低等问题。中国石化石油化工科学研究院对国内各种渣油的减黏裂化特性系统研究后发现，国内渣油的减黏裂化最佳转化率(汽油+气体的产率)为5.5%~7.0%，低于国外的8%~10%。表3-2列出了国内几套典型减黏裂化装置的操作条件及转化率数据[14]。可以看出，除广州石化和辽阳石化外，其他装置的转化率都明显小于最佳值，轻油产率也不高。

表3-2　国内几套减黏裂化装置的主要操作条件

装置所在地		锦西	广州	茂名	安庆	辽阳
原料名称		辽河减压渣油	胜利减压渣油	大庆减压渣油	鲁宁管输减压渣油	辽河减压渣油
加工能力，10^6t/a		1.0	1.0	0.4	0.7	0.7
操作条件	温度，℃	390~395	450~451	约439	365	440~465
	压力，MPa	0.28	0.70	0.55	0.2~0.4	0.2
	反应时间，min	108	23	49.6	120~180	20~45
转化率，%		0.28	4.68	3.91	0.54	7.6
轻油产率，%		0.50	7.51	2.13	1.29	12.3
备注		1989年6月标定	1989年11月标定	柴油未拔出	1987年2月标定	设计值

随着原油加工深度的不断提高，以重油或渣油改质为目的的深度减黏裂化技术有了一定的发展，生产出的部分中间馏分油可以作为催化原料。国内研究者对一些新型减黏裂化技术研究十分重视。

1）传统减黏裂化技术改进

石油化工科学研究院开发的延迟减黏裂化工艺技术，在1980—1983年期间在安庆石化进行了小试，后期又完成了工业中试(处理量为100kg/h)和工业放大试验(处理量为100t/h)。延迟减黏裂化工艺技术是一种浅度热裂化工艺，减压渣油原料在延迟减黏罐中停留一定的时间而达到降低黏度的目的。该工艺只有几个串联的上流式反应罐，反应时间长约3h[15]。该技术反应温度低(370℃以上)，反应时间较长，一般为1~3h，且反应器台数较多，占地面积大，投资费用较高，尤其是最后的反应器几乎不发生反应，造成投资的浪费。

安庆石化于1986年利用美国Mobil公司开发的专利技术(减黏裂化—延迟焦化联合工艺)，通过延迟减黏—延迟焦化联合装置的加工，能使劣质残渣油较多地转化成轻质油产品，从而减少了焦炭的产量[16]。目前，国内有安庆石化、锦州石化和武汉石化3套减黏裂化装置采用这类工艺技术。

减黏裂化反应器的高径比一般为4~15，锦州石化、锦西石化以及安庆石化减黏裂化反应器的设计高径比大于15，在减黏裂化反应器内安装筛板，有效地避免渣油返混，从而提高转化率约1%，提高渣油安定性约1级。锦西石化成功开发了上流式缓和减黏裂化工艺技术，其特点是有加热炉和反应器。加热炉不注水，不注气，炉温低，热强度低，反应温度和反应时间匹配合理[17-18]。用闪蒸罐代替分馏塔，用换热方式代替急冷油冷却而终止反应，开停工用蜡油循环过渡，以防止系统结焦。该减黏裂化装置已运行几年，生产250号重质燃料油，可节省11.5%的调和用柴油。

随着IMO限硫令及船用燃料油新国标的出台，2020年船燃市场开启低硫元年，面对低硫船用油市场机遇，各大石油公司争先布局。传统船用燃料油一般采用渣油、沥青、柴油等调和生产，为减少高价值轻油资源掺调量，增加船用燃料油生产经济效益，中国石油石油化工研究院开展了高黏重油热改质原料优选及混合改质生产合规清洁船用燃料油的研究工作，通过控制减黏裂化反应深度，生产符合GB 17411—2015指标要求的清洁船用燃料油。对同一原油不同切割点的减压渣油改质降黏研究结果表明，切割点适当前移，渣油降黏率基本可保持在98%左右，同时还可进一步提升反应深度，得到运动黏度满足RMG 380指标要求的改质产品，从而省去调和过程，实现清洁船燃的一步生产，改质结果见表3-3。此外，选用不同来源的减压渣油及其与催化油浆的混合油开展减黏改质研究，改质产品甲苯不溶物≤0.1%的条件下，通过控制反应深度，保持产品斑点试验在1级。经过减黏裂化过程，渣油降黏率均可达到95%以上，减压渣油与催化油浆混合改质降黏率超过91%，结果见表3-4。

表3-3　热改质产品性质

改质原料	反应条件	运动黏度(50℃)，mm^2/s	降黏率,%
>540℃减压渣油	条件1	2260.070	98.5
>520℃减压渣油	条件1	1230.065	98.9
>500℃减压渣油	条件1	625.780	98.2
>500℃减压渣油	条件2	334.240	99.0

表3-4　热裂化改质降黏结果

性　　质		L减渣	K减渣	H减渣	H减渣与催化油浆混合原料
原料性质	运动黏度(50℃)，mm^2/s	34245	8094	62273	10550.53
	倾点,℃	40	29	63	42

续表

性质		L减渣	K减渣	H减渣	H减渣与催化油浆混合原料
改质产品性质	运动黏度(50℃)，mm^2/s	334	391	3107	882.35
	倾点,℃	<30	<30	31	25
	甲苯不溶物,%	<0.10	<0.10	0.10	0.06
	斑点试验，级	1	1	—	—

2）供氢剂减黏裂化技术

近年来国内对供氢减黏裂化进行了大量研究。宋育红等[19]曾对辽河减渣采用含有α氢的多环芳香类化合物的石油馏分(炼厂副产品)作为供氢剂进行减黏裂化试验，发现具有明显的抑制结焦作用。加入3%~5%的供氢剂，同时加入25~50μg/g的其他添加剂，可多产4%~13%的轻油，同时节省1.6%~12%的调和用的常三线油(已扣除加入的供氢剂量)。洛阳石油化工工程公司利用350~550℃的石油馏分作为供氢剂抑制加热炉结焦也取得了良好的效果。

中国石油大学(华东)[20]以胜利减渣为原料，采用乙烯焦油作为减黏裂化过程的供氢剂，在不降低减黏裂化残渣燃料油质量的前提下，汽油与柴油总收率比目前常规减黏裂化工艺至少提高5%。工业试验结果表明，汽油与柴油总收率平均提高了4.55%，残渣燃料油的黏度能够满足船用燃料油的质量要求。该技术在齐鲁石化公司胜利炼油厂100×10^4t/a的减黏裂化装置上推广使用，每年净增经济效益3843万元。

尹依娜、谢传欣等[21]分别以四氢萘、环烷基直馏柴油、催化裂化澄清油为供氢剂对辽河欢喜岭减压渣油进行供氢减黏裂化的实验室研究。在相同或相似的实验条件下，四氢萘的供氢效果最好，环烷基直馏柴油次之，催化裂化澄清油效果最差。综合供氢剂的供氢效果以及对工艺过程的影响，认为环烷基直馏柴油作为工业供氢剂使用具有明显的优势。以环烷基直馏柴油作供氢剂，在不生焦的情况下反应温度可提高10℃、馏分油产率可提高8.52%、缩合反应转化率降低1.11%、反应选择性提高5.90%。

高芳烃重质石油馏分(HAP)经加氢处理得到的加氢芳烃型添加物(HHAP)，芳烃含量为74.4%，是优良的供氢剂和生焦基团捕捉剂，具有显著的抑制结焦效果，用于重油加氢处理能有效减少焦炭的生成[21]。该技术流程相对简单，供氢剂原料廉价易得，可单程通过，不需回收和再生处理，能够获得可观的经济效益。

二、中国石油减黏裂化技术

中国石油天然气集团有限公司积极实施“走出去”战略，加大海外油气资源开发，从20世纪90年代开始，历经20来年，建成了俄罗斯-中亚、中东、非洲、美洲和亚太5大油气合作区。南美的委内瑞拉超重油和北美的加拿大油砂沥青是重要的非常规超重油资源，非洲的乍得区块原油蜡含量高，均存在常温下不流动、无法直接管输的问题。经过分析原油流动性差的根源，中国石油开发了具有针对性的原油改质技术，为海外石油资源实现船运、管输提供了技术方案。

1. 劣质重油供氢热裂化技术(HDTC)

委内瑞拉超重油是劣质重油的典型代表，其密度高、黏度大，常温下不流动，运输和加工是世界级难题。随着委内瑞拉超重油开发产量日益提高，中国石油面临的最大问题是如何经济地将委内瑞拉超重油最大限度运回国内加工。中国石油联合中国石油大学(华东)开发了劣质重油供氢热裂化技术，先后在 40×10^4t/a、100×10^4t/a 装置上实现工业应用。技术成果专家鉴定委员会一致认为，供氢热裂化技术水平达到国际领先水平。该技术成果“劣质重油供氢热裂化改质降黏技术开发与工业应用”于 2013 年荣获中国石油天然气集团公司科学技术进步一等奖，包含供氢热裂化技术在内的“劣质重油改质、加工成套技术研究开发及工业应用”获得中国石油天然气集团公司科学技术进步特等奖。

1) 自供氢馏分筛选

研究发现，重油含有丰富的天然供氢结构——芳并环烷结构，这不仅使其内部氢转移在抑制受热生焦方面发挥重要作用，而且为从重油自身供氢馏分筛选提供了理论依据。其技术原理是根据原料的组成特点评价窄馏分供氢能力大小，确定最佳的供氢馏分，作为渣油原料混合组分一起进行减黏改质。

利用化学探针法评价委内瑞拉超重油馏分油 A、B(分别标记为 DA、DB)的供氢能力，图 3-4 和图 3-5 分别为 DA 和 DB 在 400℃和 425℃时受热氢转移指数的变化曲线。从图中可以看出，供氢馏分的氢转移能力与热反应条件紧密相关；反应温度 400℃时，随着反应时间延长，氢转移指数增大；反应温度 425℃时，随着反应时间延长，DA、DB 氢转移指数呈先增加后降低趋势。整体来看，DB 的供氢能力和氢转移指数均大于 DA，DB 更适宜作为供氢馏分。

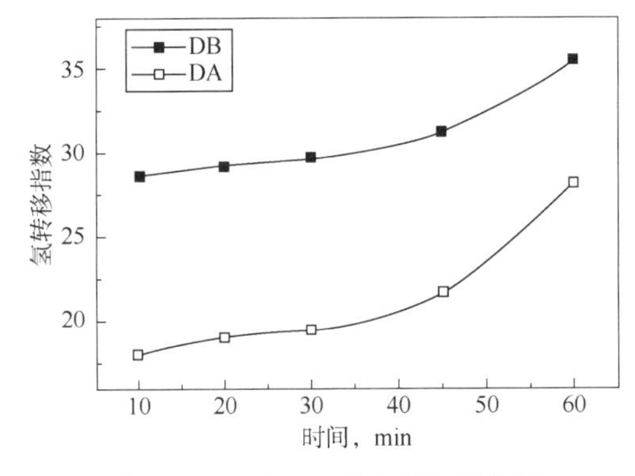

图 3-4 DA 和 DB 的氢转移指数随反应时间的变化(400℃)

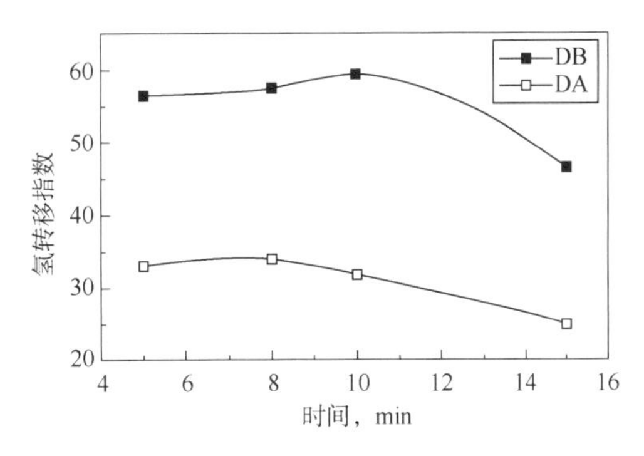

图 3-5 DA 和 DB 的氢转移指数随反应时间的变化(425℃)

除具有较强的氢转移能力外，供氢剂选取还需综合考虑混合体系的胶体稳定性问题。图 3-6 为 DA 和 DB 与委内瑞拉超重油(简称委油)减渣混合体系质量分率电导率的变化曲线。测定混合体系胶体稳定性的方法是，在一定量的渣油中加入一定量的正庚烷，混合均匀后形成具有一定浓度的混合溶液体系，测定该溶液体系的电导率，找出电导率趋于稳定时的正庚烷与渣油的质量比。图中横坐标为混合体系中正庚烷与减渣的质量比，纵坐标为混合体系的电导率，根据胶体稳定性参数的定义计算出两种混合体系的参数分别为 3.9 和 4.5。这表明委油减渣与 DB 的混合体系稳定性优于其与 DA 的混合体系稳定性。

反应温度 400℃时，委油减渣分别与 DA 和 DB 混合体系的胶体稳定性参数随反应时间的变化情况如图 3-7 所示。图中横坐标为正庚烷与减渣的质量比，纵坐标为混合体系的胶体稳定性参数，随反应时间延长，两种混合体系所得生成油的胶体稳定性均不断下降，但添加 DB 所得生成油的胶体稳定性参数更高，这表明在热转化过程中，后者混合体系的胶体稳定性也要强于前者。从胶体稳定性角度来看，DB 也更适宜用作供氢组分。

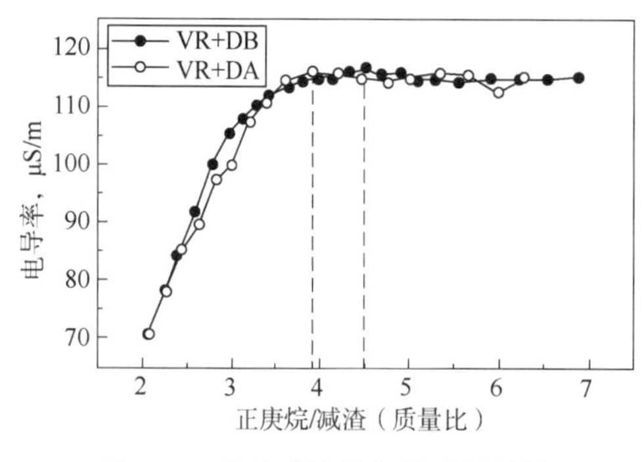

图 3-6　委油减渣供氢体系原料的质量分数电导率变化曲线

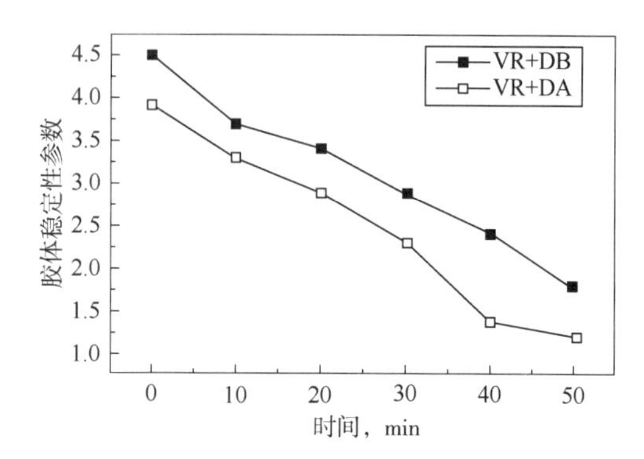

图 3-7　委油减渣供氢热转化体系胶体稳定性参数变化

开展了委油减渣在 DA 和 DB 作用下的供氢热转化试验，图 3-8 对比了两种受热体系的生焦趋势线。由图可知，在 DA 存在下供氢热转化的生焦率高于其在 DB 作用下的生焦率。这主要是由于 DB 的氢转移指数较 DA 大，且委油渣油与 DB 混合体系的胶体稳定性高于 DA，因此采用供氢剂 DB 的生焦率较 DA 低。

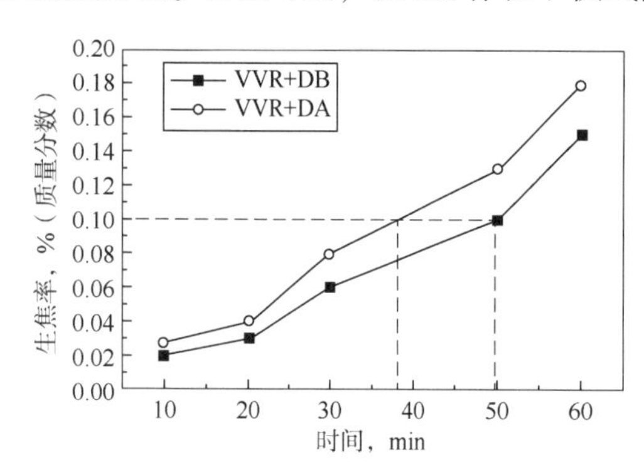

图 3-8　400℃下委油减渣供氢热转化生焦趋势

2）供氢热裂化小试及中试技术研究

在筛选出最佳自供氢馏分的基础上，开展了不同温度下的供氢热裂化小试研究。结果表明，在 390~425℃温度范围内，温度越高、时间越长，供氢热裂化减黏效果越好，黏度、密度随时间变化越敏感，但生成油安定性随之变差。对比减黏裂化和供氢热裂化，供氢热裂化改质油黏度明显低于减黏裂化改质油，API 度提高，安定性提高。

根据小试研究结果，在减黏裂化中试装置上开展的委内瑞拉超重油供氢热裂化的中试放大研究，原料油与小试研究保持一致。通过考察原料油与供氢剂的不同组合方案（减黏裂化、供氢热裂化），并对生成油及改质油进行性质分析，优化反应条件。

中试研究结果表明，改质油 API 度达到 11~12°API，50℃运动黏度低于 380mm^2/s，满足船运要求，建立了改质油长期储存稳定性试验方法。同时，在此基础上提出了工业化试验方案、装置主要操作参数及改质油管柱储存稳定性试验方案。

3）供氢热裂化工业试验

委内瑞拉超重油供氢热裂化工业试验在中国石油某炼油公司进行，该公司拥有 50×10^{4}t/a 和 80×10^{4}t/a 常减压装置各 1 套，40×10^{4}t/a 减黏装置 1 套。经中国石油工程建设公司华东设计分公司改造设计，对其 40×10^{4}t/a 减黏装置流程进行调整，增设供氢剂注入管线、供氢改进剂储罐及注入设备，新建供氢热裂化(HDTC)改质油调和装置和管柱稳定性试验设备。改质油储存稳定性试验装置示意图如图3-9所示。

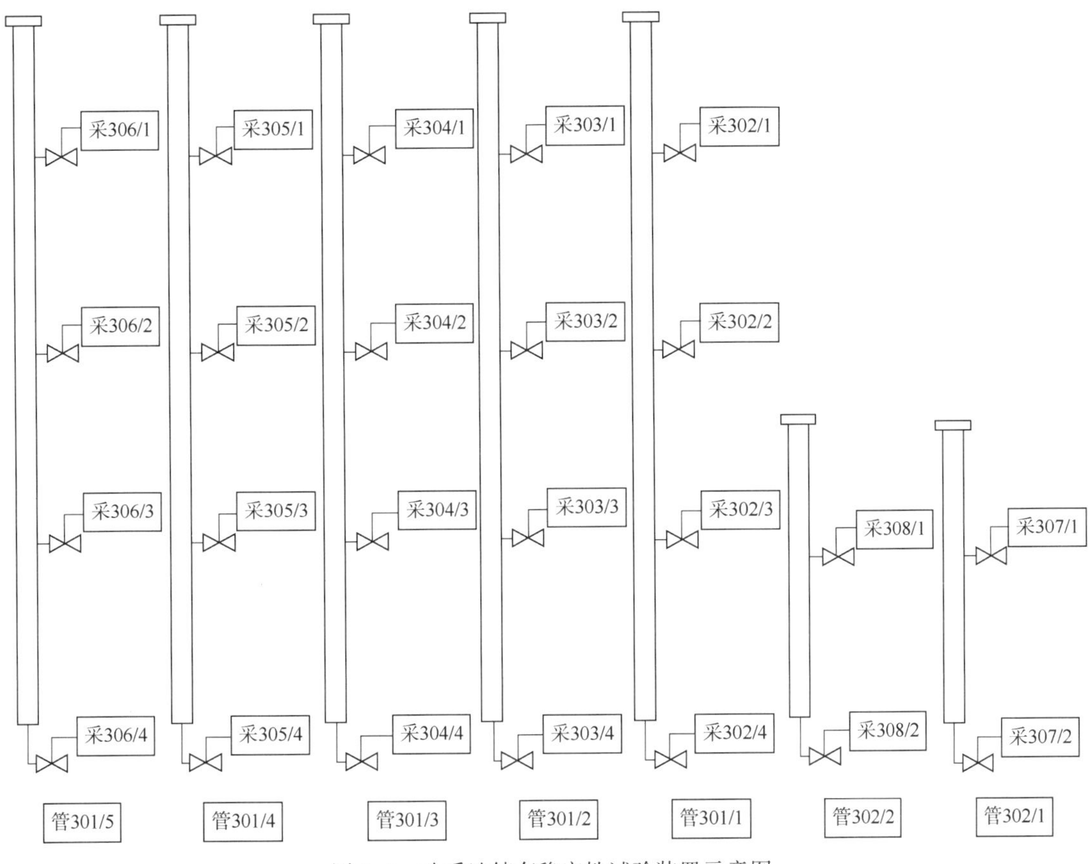

图3-9　改质油储存稳定性试验装置示意图

工业试验原料采用Merry16减压渣油，开展减黏裂化基准试验、供氢热裂化试验共计5组条件试验，对反应温度、供氢剂添加量分别进行考察。根据生成油性质及改质油储存稳定性数据，验证了小试及中试研究结论，并确定了适宜的供氢热裂化工业操作条件。采用该条件，液体收率98.5%，改质油50℃运动黏度降低至200mm^2/s以下，API度提高至12~13°API，甲苯不溶物小于0.1%，储存稳定性大于180天，可满足船运要求。原料性质及操作条件分别见表3-5、表3-6。

表3-5　原料性质

项　　目		委内瑞拉超重原油	委内瑞拉超重油减压渣油
密度(20℃)，g/cm^3		1.0129	1.0297
运动黏度，mm^2/s	80℃	3396	14380
	100℃	396	3327
残炭,%		17.08	18.73

表 3-6　供氢热裂化操作条件

项　目	参　数	项　目	参　数
进料	减压渣油	供氢剂加入量,%	5~10
反应器操作压力，MPa	0.6~1.0	注水量,%	0.5~1.0
反应器入口温度,℃	420~431	热停留时间，min	8~15

为获取更大规模工业装置应用数据，对中国石油某石化公司 100×10^4t/a 减黏工业装置进行改造后应用。改造方案由中国石油工程建设公司华东设计分公司提供，改造的主要内容包括新建 ϕ3000×22000mm 的减黏反应塔，新增减压系统，完善分馏塔柴油抽出流程，优化换热网络流程，增加供氢剂、供氢改进剂及稳定剂注入流程等，满足了委内瑞拉渣油供氢热裂化工业应用相关要求。工业装置流程图如图 3-10 所示。

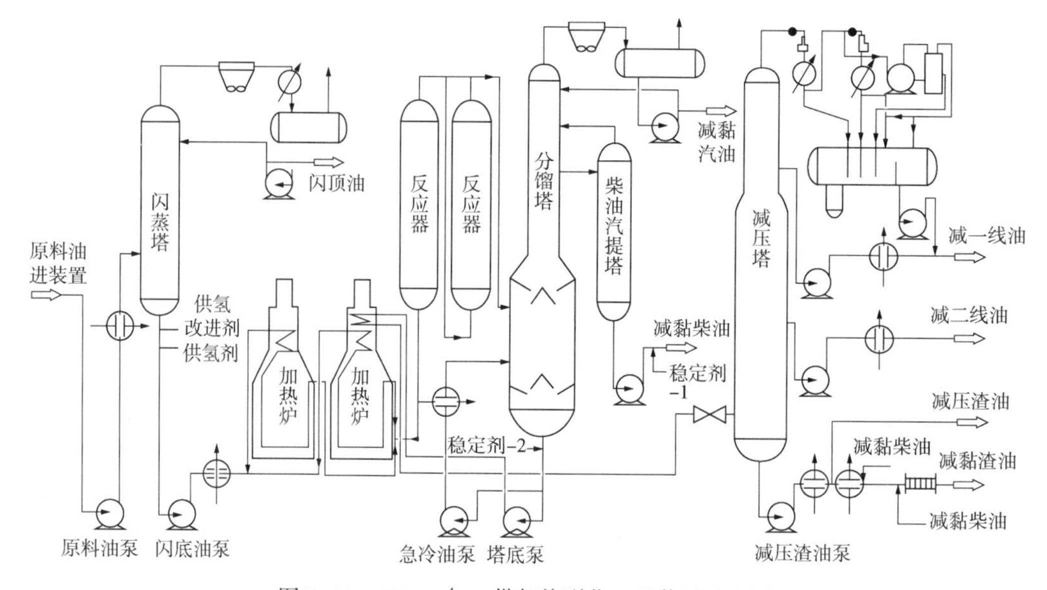

图 3-10　100×10^4t/a 供氢热裂化工业装置流程图

原料选用 Merry16 减压渣油，开展了三个条件下的试验。操作条件及产物性质分别见表 3-7 至表 3-9。从表 3-9 中的数据可以看出，改质油液收范围为 96.54%~97.42%，50℃运动黏度降低至 100~150mm²/s 之间，API 度由 7.8°API 提高至 12~13°API，甲苯不溶物小于 0.1%，S 值小于 0.3，储存稳定性大于 90 天，可满足船运要求和长期储存需要。

表 3-7　100×10^4t/a 供氢热裂化装置设计操作条件(一)

工 业 试 验	条件一	条件二	条件三
反应器入口温度,℃	420~425	420~425	420~425
反应器操作压力，MPa	0.7	0.7	0.7
停留时间(热流)，min	8~12	8~12	8~12
注水量(占进料)，kg/h	0.5~0.7	0.5~0.7	0.5~0.7
供氢剂加入量(占进料),%	6.0~8.0	6.0~8.0	6.0~8.0
供氢改进剂加入量，μg/g	—	—	300

表 3-8 100×10⁴t/a 供氢热裂化装置实际操作条件(二)

工业试验	条件一	条件二	条件三
反应器入口温度,℃	420	425	420
反应器操作压力, MPa	0.7	0.7	0.7
停留时间(热流), min	9.6	9.8	10.2
注水量(占进料),%	0.48	0.63	0.62
供氢剂加入量(占进料),%	6.6	7.6	8.0
供氢改进剂加入量, μg/g	—	—	300

表 3-9 100×10⁴t/a 供氢热裂化产物性质

工业试验		条件一	条件二	条件三
反应器入口温度,℃		420	425	420
生成油主要性质	黏度(50℃), mm^2/s	2191.0	956.9	1296.0
	稳定性, *S* 值	2.0	6.4	2.3
	斑点试验, 级	Ⅰ	Ⅰ+	Ⅰ+
	甲苯不溶物,%	0.01	0.03	0.09
改质油主要性质	黏度(50℃), mm^2/s	132.5	113.6	114.8
	稳定性, *S* 值	0.1	0.1	0.1
	斑点试验, 级	Ⅰ	Ⅰ+	Ⅰ+
	甲苯不溶物,%	0.007	0.02	0.07
	改质油液收,%	97.42	96.54	97.38

工业运行结果证明，设计的改造方案具有很好的适应性、完整性和可操作性，生产出的改质油达到攻关目标要求，并形成 300×10^4t/a 委内瑞拉超重油供氢热裂化技术工艺包。该技术选用自身供氢馏分进行供氢热裂化反应，在相同的反应条件下，改质油黏度降低幅度及改质油稳定性均优于常规减黏裂化。

4）供氢热裂化技术特点

（1）供氢馏分为自身馏分，无须注入催化剂和氢气，操作压力、温度较低；

（2）工艺流程简单，在常规减黏工艺基础上，仅需要利用上游的常减压装置；

（3）供氢减黏效果好，能够实现降低热裂化产品黏度、提高 API 度和改善储存稳定性的目标。

根据委内瑞拉超重油供氢热裂化(HDTC)工业试验验收报告，选择合理的反应温度、反应时间、加热炉注水量，并集成国内外有关装置减缓加热炉炉管、反应器、分馏塔下部等高温部位结焦有效措施和先进的工程技术，可确保装置长周期运行。该供氢热裂化技术，可对类似于委内瑞拉超重油的劣质重油进行就地改质处理，装置设备投资远低于延迟焦化等其他劣质重油改质方案。同时，供氢热裂化改质油液体产品收率高，可达 98%以上，可有效提高企业经济效益。

2. 高蜡原油改质降凝技术

非洲乍得高蜡原油的储量非常丰富，中国石油海外开发公司乍得项目公司在乍得拥有自己的几个区块，开采凝点为 24～33℃(倾点 27～36℃)的高蜡原油。因当地加工处理能力有限，绝大部分需要外输，管输要求倾点不大于 24℃，需要对原油进行改质降凝处理。

国内外对高蜡原油的输送主要采用物理方法和化学方法进行处理。物理方法主要包括掺稀法和加热法。加热法的原理是利用加热的方式降低原油倾点，通过加热的方式提高原油的流动温度，减少管路摩擦阻力，改善稠油流动性。但加热管输燃料动力消耗约占运输成本的1/3，建设具有伴热的原油运输管道花费巨大；添加化学降凝剂方法应用广泛，但乍得高蜡原油对市售降凝剂感受性不佳，需针对该油进行详细的组成分析以开发更有效的降凝方式。

1）技术原理及试验研究

直接从井口采集的乍得原油蜡含量接近25%，倾点为32℃，属于典型的石蜡基原油，流动性差的主要原因在于其中不能流动的高碳数固体蜡含量过高。随着温度下降，这些高熔点的正构烷烃类结晶不断析出，进而连接成结晶骨架，并把此时尚处于液态的油品包裹在骨架中，从而使整个油品失去流动性。乍得原油不同馏分碳数分布如图3-11所示。鉴于烷烃尤其是长碳链的正构烷烃中部位置碳碳键能较低，容易断裂，沥青质大分子上的烷基侧链以及桥键也容易断裂。采用热裂化方式，一方面使正构烷烃从长链烷烃裂化为短链烷烃，另一方面将大的沥青分子裂化成碎片小分子，使形成蜡晶的难度加大，起到降低倾点的作用。

对乍得原油进行综合性评价，基于重油热裂化反应规律，综合考虑窄馏分的凝点分布及其裂化反应特性，筛选出合适的加工原料，通过小试、中试试验，确定了最佳的工艺条件，开发了针对乍得高蜡原油降凝的组合加工技术。原料性质、反应工艺条件见表3-10和表3-11。从结果看，反应条件相对缓和，转化率达到25%以上，液体收率达到99.5%，达到降低原油倾点的目的，满足常温管输要求。裂化生成的汽柴油馏分不仅起到稀释作用，还优化了整个原油的产品分布。原料油及改质油性质及改质前后馏分分布见表3-12。

表3-10　乍得减黏裂化原料性质

分析项目	减压渣油	分析项目	减压渣油
收率,%	40.69	凝点,℃	46
API度,°API	16.44	倾点,℃	>20
黏度(80℃)，mm^2/s	1663	残炭,%	12.94
黏度(100℃)，mm^2/s	538.3		

表3-11　乍得原油热裂化反应操作条件

工业试验	反应条件	工业试验	反应条件
反应器入口温度,℃	420~425	停留时间(热流)，min	10~15
反应器操作压力，MPa	0.6	注水量(占进料),%	0.5

表3-12　乍得减黏裂化原料及产物性质

项目		原油性质	改质油性质
减压渣油凝点,℃		>46	
热裂化油倾点,℃			30
调和油倾点,℃			19
斑点试验			1级
馏程,%	HK~200℃	6.01	13.58
	200~350℃	18.38	28.51
	350~540℃	34.83	28.27
	>540℃	40.78	29.64

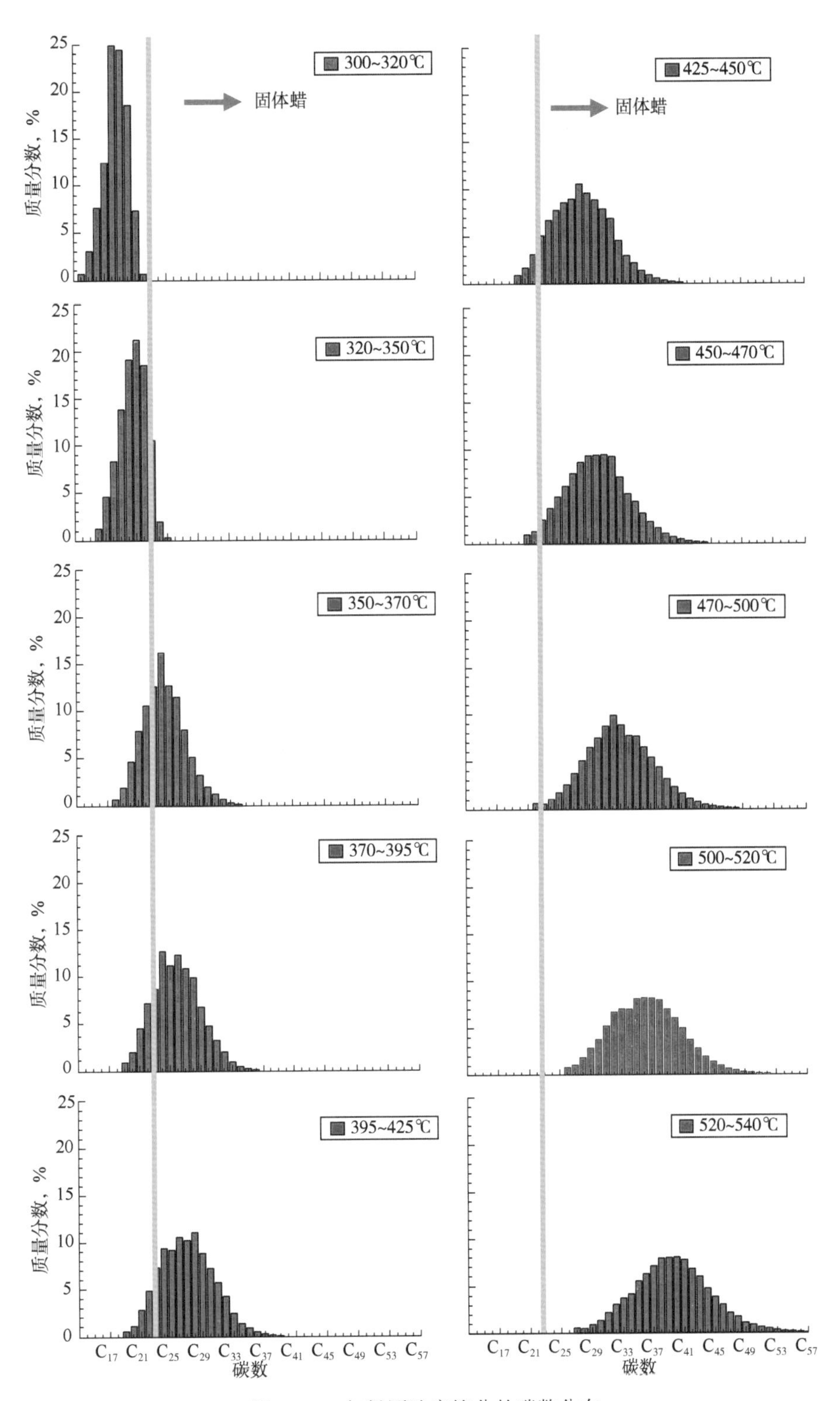

图 3-11 乍得原油窄馏分的碳数分布

2）技术方案设计

在完成乍得原油小试、中试基础上，按照改质油倾点低于24℃，长周期储存稳定性满足3个月，开发了600×10⁴t/a乍得原油改质降凝技术方案，该技术为蒸馏切割—热裂化—部分加氢组合工艺，如图3-12所示，物料平衡见表3-13。

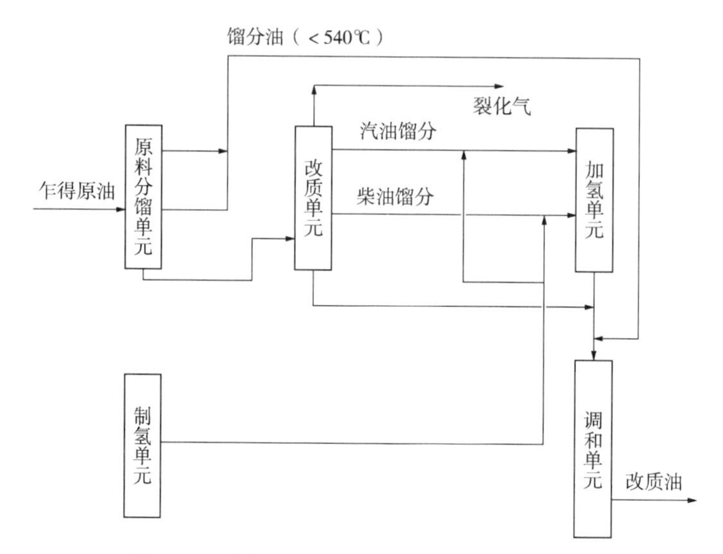

图3-12　乍得原油热裂化改质降凝工艺流程图

表3-13　物料平衡表

序　　号	项　　目	物料名称	占比,%
1	进料	乍得原料油	99.9428
		氢气	0.0572
		合计	100.0000
2	出料	改质油	99.6152
		燃料气	0.4075
		含水	-0.0227
		合计	100.0000

3）技术特点

（1）整个工艺过程包括常减压蒸馏、浅度热裂化、制氢、加氢和油品调和单元，可根据原油性质调整热裂化深度，在不影响调和原油品质的前提下优化产品分布；

（2）热裂化采用两段上流式反应器，操作灵活，热强度低，反应温度和反应时间匹配合理，运转周期长；

（3）该技术对原料适应性广，对全流程能量进行综合利用，装置能耗低，操作灵活性高。

乍得原油经蒸馏切割—热裂化—部分加氢组合工艺加工，凝点由34℃降至20℃以下，满足管输要求，对工艺过程进行了投资估算和技术经济性分析，吨油成本小于50元，与现行的添加降凝剂方法相比，具有巨大优势，可为乍得公司产能去瓶颈、经济效益提升提供技术支撑。

第二节　劣质重油延迟焦化技术

延迟焦化技术自从1930年在美国投入之后，发展迅速，在20世纪80年代，美国拥有当时最大的延迟焦化装置，加工能力达到3.01×10^6t/a；随着延迟焦化技术的不断发展，1993年，加拿大的一所炼油厂的延迟焦化装置加工能力达到5.03×10^6t/a[22]。

截至2007年，全世界657个炼油加工厂的焦化总加工能力为246×10^6t/a，其中美国是焦化能力最大的国家，产能高达134×10^6t/a，占全世界焦化能力的一半，拥有的延迟焦化设备也最多。由于重质油开采量日益增大，延迟焦化技术在劣质重油改质和加工过程中的重要作用越来越突出，截至2019年，全球延迟焦化加工能力增加近70%，达到411×10^6t/a，石油焦产能相应高达123×10^6t/a。全世界拥有延迟焦化装置的炼油厂占比超过35%，专家预测未来20年，全世界的焦化加工能力还将进一步增加。

一、国外延迟焦化技术进展

国外实际使用中较为成熟的延迟焦化新工艺技术主要是美国福斯特惠勒公司(Foster Wheeler)延迟焦化装置的在线清焦技术和可选择液体产率延迟焦化工艺技术，美国ABB鲁玛斯公司(ABB Lummus Global)的低循环比低压延迟焦化工艺技术，美国康菲石油公司(ConocoPhillips)的馏分油循环延迟焦化工艺技术以及美国凯洛格公司(Kellogg)的低循环比低压延迟焦化工艺技术。国外的多数延迟焦化装置采用这些专有技术进行设计和建设。这些技术在工艺流程和主要设备上大同小异，但又有各自的技术特点。

1. 福斯特惠勒公司的可选择液体产率延迟焦化(SYDEC)工艺技术

SYDEC技术的特点是采用低压、超低循环比设计以保证液体产品的高收率，并且该技术的焦炭塔操作周期短，一般12~18h，有利于减小焦炭塔尺寸和提高现有装置的处理能力。双面辐射加热炉和加热炉在线清焦技术、改进的分馏塔及内件设计、先进的自动化技术设计也是其焦化工艺技术的特点。目前，福斯特惠勒公司在焦化技术上处于领先地位，主要表现在收率预测、工艺设计、加热炉设计以及详细工程设计等方面。迄今全世界有80余套装置采用了福斯特惠勒公司的工艺技术，累计产能约137×10^6t/a，其中国内的中海油惠州炼化公司的4.20×10^6t/a延迟焦化装置以及中国石油广东石化炼化一体化揭阳项目的3.00×10^6t/a延迟焦化装置也采用该工艺技术。

2. ABB鲁玛斯公司的低循环比低压延迟焦化工艺技术

ABB鲁玛斯延迟焦化技术的主要特点是适应进料的变化、适应加工能力的变化以及工艺设备设计的灵活性。ABB鲁玛斯延迟焦化工艺采用标准室式加热炉，并且根据加热炉功率需要可以选用单燃烧室或双燃烧室。而且，ABB鲁玛斯在设计中广泛使用先进计算机控制、自动卸盖系统、加强的水/生焦处理系统。目前，已有60余套装置采用了ABB鲁玛斯的延迟焦化技术。

3. 康菲石油公司馏分油循环延迟焦化(Thru-Plus)工艺技术

康菲石油公司技术的主要特点是馏分油循环技术和一系列设计软件的应用。在流程上采用馏分油循环技术和零循环比后，可使液体收率提高3%～4%，焦炭收率下降约3%～4%。Thru-Plus工艺目前用于康菲自有公司及合资公司建设21套、对外许可装置约49套，加工能力累计约90×10^6t/a。

4. 凯洛格公司的低循环比低压延迟焦化工艺技术

凯洛格公司从事焦化装置工程设计40多年，共承建约37套延迟焦化装置。其技术的主要特点是采用低压、低循环比操作。目前，凯洛格典型的焦炭塔操作压力为0.10～0.14MPa，装置的循环比可按0.05设计。另外，凯洛格公司开发的焦炭塔底盖自动拆卸技术于1993年就已工业化应用。

二、国内延迟焦化技术进展

从1964年中国投产第一套可以连续生产的延迟焦化装置以来，我国延迟焦化产能也越来越大，技术越来越先进。截至2019年，我国延迟焦化装置加工能力达到133×10^6t/a，位居世界第二，占当年原油加工量的20%。延迟焦化技术在最近二十年间取得了长足进展，具体体现在形成了多种提高焦化液体产物收率的技术、重质稠油直接焦化技术、远程智能除焦技术、密闭除焦智能环保治理技术等方面。

1. 优化操作条件提高焦化液体收率技术

提高液体收率降低焦炭产率始终是延迟焦化技术发展的最重要目标。从炼油厂整体效益出发，延迟焦化装置在保证产品质量、开工周期等的前提下，会采取各种有效措施来提高液体产品收率，降低焦炭的产率。可采取的措施有：降低循环比、降低操作压力、提高操作温度和减压蒸馏采取深拔操作等。此外，采用馏分油循环流程也可以降低焦炭收率、提高液体产品收率。国内为提高液体收率在操作条件方面的改进体现在：(1)加热炉出口温度由较低的492～495℃升高到495～505℃；(2)循环比由较大的0.3～0.6降低至0.05～0.15；(3)焦炭塔顶表压由较高的0.17～0.22MPa降至0.12～0.15MPa；(4)最后实现液体产品收率提高2%～3%。

提高馏分油收率，尤其是提高焦化蜡油收率(HCGO)可为催化裂化和加氢裂化提供更多的裂化原料，也是提高炼厂轻油产量的有效措施。要注意的是，提高焦化蜡油产率可能带来焦化蜡油质量下降的结果。不过渣油加氢处理技术的发展为质量较差的焦化蜡油找到了出路。另外，对于沥青质含量高的原料，采用提温、降压和降低循环比时容易产生弹丸焦，尽管给生产带来一定的负面影响，但是弹丸焦的出现意味着焦化液收的最大化。

2. 焦化炉管外定向反射与管内深度裂解技术

该技术是由中国石油大学(华东)开发，通过提高加热炉给热量实现了提高液体收率的目的。技术背景主要是在国外引进的双面辐射焦化加热炉的基础上做出改进和创新。国外双面辐射炉的基本设计原则是采用短停留时间和高炉出口温度。由于高炉出口温度导致焦炭变硬，除焦困难，实际操作上并不会采取高炉出口温度，这就导致和过去单面辐射炉操作相比，焦炭收率偏高。具体技术手段有：(1)增加炉管数延长炉管内的停留时间，增加加热炉的给热量；(2)改变介质流向，辐射室由过去的上进下出改为下进上出；(3)加热炉墙由平面墙改为异形墙，改变辐射传热方向；(4)火嘴由垂直燃烧改为贴墙燃烧。针对既有装置的主要改造内容包括增加对流室的炉管数、增加辐射室的炉管数、扩大辐射室出口炉管管径、更换火嘴、重新安装加热炉衬里、改变辐射流向等。同改造前相比，应用效果显示可降低焦炭收率1%~2%、增加能耗约0.5kg/t(标油/原料)，并未大量出现炉出口严重结焦和弹丸焦生成等现象。该项技术已经在国内多套焦化装置上得到应用。

国内某大型石油化工公司在2010年11月装置大修期间，进行了18h生焦改造和加热炉改造。主要改造内容包括：(1)加热炉辐射室炉管改造，加热炉辐射管由原来的上进下出流程改造为下进上出流程，并增加32根辐射炉管及炉出口管扩径；(2)加热炉对流段增加2排共16根管(管内介质为渣油)；(3)炉内全部衬里更换；(4)加热炉炉墙、衬里、火嘴、火盘全部更换，火嘴改为对炉墙侧烧，避免火焰直扑炉管；(5)在原有热管式空气预热器的基础上，在高温烟气段串联一组扰流子空气预热器；(6)调整加热炉注汽流程和烧焦流程等。加热炉改造之后，焦炭收率降低1.28%、液体收率提高2.13%、轻油(汽柴油)收率增加5.18%、焦炭收率同残炭值的比值降低0.322，同时，加热炉排烟温度由改造前的220℃左右下降到130℃以下，进炉热风温度由改造前的170℃左右提高到280℃左右，炉效率增加了1.7%~2.5%，炉燃料气单耗由17.98kg/t(标油/原料)下降到16.20kg/t(标油/原料)。

3. 添加渣油改性剂提高焦化液体收率技术

渣油改性主要是在焦化原料中注入渣油改性剂，渣油改性剂的主要作用原理是：阻断自由基链反应，即与活性自由基形成惰性分子，终止自由基链反应，阻止和减少大分子有机聚合物的生成，减少干气和焦炭生成；破坏渣油超分子结构，使复杂结构单元半径和溶剂化层厚度最小，使渣油中较轻的馏分油气化出来，达到提高轻质油收率的目的；提供活泼原子可以抑制自由基缩合反应和聚合反应，抑制脱氢缩合从而抑制焦炭的生成；渣油改性剂中含有的抗氧剂和金属钝化剂能分别抑制微量氧引发的自由基链反应和过渡金属离子引发的链反应，从而抑制结垢物生成；渣油改性剂具有耐高温分散作用，在高温操作条件下能将生成的高聚物分散溶解在液体油品中，使其不能沉积在设备的表面上形成积垢；并且可以将已经吸附在设备上的漆膜和积炭洗涤下来，分散在油中，保持金属表面清洁。总之，渣油改性剂具有减少结焦和结垢的作用，不但可以提高液体收率，而且可以减少加热炉和分馏塔的结焦和结垢，降低装置能耗和延长开工周期。

渣油改性剂的加入量通常占新鲜原料的200μg/g左右，注入位置一般在加热炉的入口，也可以在分馏塔底或加热炉进料缓冲罐注入。不同性质的渣油改性剂针对同种原料的作用不同，同一种渣油改性剂针对不同的原料也会有不同的效果，因此，渣油改性剂的选用应有针对性，应通过试验装置或工业化装置的标定实验来筛选。目前国内的增液剂或阻焦剂的品种较多，承诺的效果一般为提高液体收率1%~2%，针对工业化焦化装置，由于产品的计量问题，1%~2%的液体收率变化很难标定，使渣油改性剂的具体应用效果受到质疑。因此在应用渣油改性剂前应通过实验进行评价和筛选，使注入的渣油改性剂真正起到提高液体收率的作用。

4. 重质稠油直接焦化技术

我国第一套1.00×10^6t/a重质稠油直接延迟焦化工业装置已于2004年建成并投产，所加工辽河超稠油性质很差，小于350℃馏分含量只有8%，20℃原油密度1.0698g/cm^3，

100℃运动黏度是821.3mm^2/s，酸值12.8mg KOH/g，凝点32℃，金属含量高，如钙含量为356μg/g。辽河超稠油采用常规炼油工艺加工意义不大，而直接采用焦化加工具有路线短、能耗低等优点。工业装置采用了多项先进焦化工艺技术：(1)超稠油深度电脱盐、脱钙技术；(2)抑制焦化加热炉炉管结焦技术；(3)轻质油回注技术，将轻质油回注到电脱盐前，可提高电脱盐效率，有利于降低焦化原料灰分，提高石油焦等级；(4)大循环比焦化技术等。

该重质稠油直接焦化工业装置投产以来，运行正常，在电脱盐不注脱钙剂情况下，石油焦灰分小于0.5%，达到1B级石油焦标准。各产品收率为焦化汽油15%、焦化柴油45%、焦化蜡油6%、石油焦25%。

重质稠油直接焦化技术不仅开发了一条稠油加工的工艺路线，而且也解决了稠油向外输运困难等问题。

5. 远程智能除焦技术

远程除焦是指把除焦操作由焦炭塔顶的操作平台移到地面的操作室或控制室。除焦系统是水力除焦安全联锁控制系统、塔顶/底盖机、自动切焦器、水力马达、钻杆机械保护系统、电动水龙头、钢丝绳张力检测系统、除焦状态检测系统、焦炭塔相关工艺阀门操作系统、除焦专家分析系统等的有机结合，在控制室完成完全自动化和智能化的水力除焦，彻底实现远程自动水力除焦，减少除焦过程对操作人员可能带来的危害，提高水力除焦的自动化程度和操作水平。目前该技术在多套焦化装置上已经成功应用。

6. 延迟焦化密闭除焦技术

延迟焦化异味治理技术在国内外已发展多年，但仍存在环保治理不达标、故障率高、能耗高、改造难度大、工期长、投资费用高、降低石油焦品质等问题。寻求经济可靠、满足环保排放要求的路线显得日益重要。中钢集团天澄环保科技股份有限公司(简称中钢天澄)针对石化企业采用敞开式冷焦处理流程的情况，对废气来源、废气综合治理系统的选择、废气治理工艺的选择、设备布置等进行了统筹考虑，在不改变主体生产工艺的前提下，采用“焦池密闭+废气收集与处理+智能行车抓焦”的工艺路线，研发了“延迟焦化密闭除焦智能环保治理技术”：对焦池进行封闭，在位于焦池封闭顶部、焦炭塔顶部以及溜焦槽设置可移动式翻盖抽风罩及多点风量平衡系统，以最小的风量实现装置现场废气排放的有效控制。收集后的废气经吸收处理后，将剩余含VOCs尾气焚烧处理，实现废气达标排放和绿色生产，且显著改善生产及周边环境，消除了周边环境中的异味。结合《石油炼制工业污染物排放标准》(GB 31570—2015)以及未来可能要面对的更为严格的排放限值，在现有工艺技术的基础上持续研发升级，为各项目量身定制最佳的工艺方案，在智能化、环保治理、工艺改动小、经济见效快等方面取得突出进展。投资约为现有国内外技术的60%~70%，建设周期短，总工期6个月左右，在一定程度上可以实现不停产改造。该技术于2021年5月在山东汇丰石化150×10^4t/a延迟焦化装置投入应用：与主生产装置结合紧密，基本保留了原有生产工艺，改造小，停工周期35d，成功解决了延迟焦化装置废气无组织排放的问题，排放指标远低于国家排放标准限值要求。

此外，延迟焦化技术的日益先进性还体现在装置大型化、加工原料重质化和劣质化、装置安全长周期运行、装置运行能耗不断降低、产品结构持续优化等方面。

我国首套延迟焦化装置于1964年12月在抚顺石油二厂一次投产成功，其加工能力为 0.3×10^6t/a。该装置在20世纪70年代初至80年代末进行了多次技术改造，加工能力提高到 1.0×10^6t/a。到2008年，随着我国对延迟焦化装置研究的不断加深，中国海洋石油集团有限公司惠州炼油厂投产的延迟焦化装置焦炭塔直径已经达到9800mm、单系列加工能力为 2.1×10^6t/a；该装置加工能力高达 4.2×10^6t/a，在当时属国内最大规模。我国单系列延迟焦化装置在产能方面，“三桶油”即中国石油化工集团有限公司、中国石油天然气集团有限公司及中国海洋石油集团有限公司的延迟焦化装置平均规模为 1.4×10^6t/a，而以中国化工、地方企业、兵器工业和冶金行业的炼油厂为主的其他延迟焦化装置，平均规模约为 0.7×10^6t/a。

为应对焦化原料重质化和劣质化越来越明显的趋势[23]，可以利用减黏裂化[24]、新型加氢技术[25]以及掺炼适宜的轻质进料，改善进料性质，提高装置运行性能。

总之，通过对延迟焦化技术的不断研发和延迟焦化装置的不断优化，延迟焦化技术与其他焦化技术相比都有显著的优势，尤其是在提高轻油收率和平衡炼油厂渣油等方面。双面辐射加热炉、加热炉在线清焦、焦化塔自动卸盖、低压超低循环比操作等先进技术的工业应用，使延迟焦化技术在加工灵活性、安全性、可靠性方面有了很大进展。密闭除焦系统的应用使焦化装置的环保情况有了很大改善。虽然我国延迟焦化技术的发展已经取得了一定的成果，但和国外的先进技术相比，还是有一定的差距，主要体现在焦化过程中的能耗高、产品分布调节灵活性差以及焦化原料劣质化程度低。因此，结合高温、低压、低循环比以及馏分油循环的操作方式，针对日益劣质化重油开发并应用高效延迟焦化新技术，是未来延迟焦化技术发展的重要内容[22]。

三、中国石油劣质重油延迟焦化技术

焦化原料一般采用减压渣油，其平均分子是环烷环、芳并环烷环结构和缩合芳香环系经由烷基链桥键交联起来的大分子，在500℃左右的焦化反应条件下，渣油分子发生深度裂解，烷基链发生断裂，生成以环烷烃、芳并环烷烃和低缩合度芳烃为主要成分的焦化馏分油，同时生成副产品焦炭和气体[26-28]。其中芳香环系如果带有短侧链自由基，可以相互缩合，生成焦炭大分子，但是如果有供氢剂的存在，供氢剂可以供氢而将这种自由基湮灭，生成馏分油分子，提高馏分油收率，降低生焦率，即实现了供氢减黏、供氢焦化反应[29]。减压渣油中的环烷环以及与芳香环并合的环烷环含量高，而环烷基原油的减压渣油芳并环烷环含量高是其突出特点，因而经过热裂解反应，在所得馏分油或其窄馏分中，具有环烷环和芳并环烷环的供氢特征结构的分子浓度相当高，供氢能力较强，是较好且易于获得的供氢源。

中国石油联合中国石油大学(华东)长期开展劣质重油焦化基础研究和技术开发，基于供氢馏分循环焦化策略，在改善劣质重油流变性、传热特性、弹丸焦的形成和抑制方面取得了一些新认识和成果，开发形成了劣质重油延迟焦化新技术，实现了工业应用。

1. 劣质重油热反应性能及流动传热模拟研究

由于委内瑞拉劣质重油的流动性和热反应生焦趋势都极大的劣于我国大量加工的其他重油，极易因加工原料流动性差，在焦化加热炉炉管内壁形成较厚壁膜，在高温条件快速结焦，堵塞炉管，即使采用延迟焦化加工仍然面临巨大挑战，国内通常采用掺炼方式进行焦化加工处理。针对全委油渣油延迟焦化技术难题，开展了渣油在加热炉管内的热反应性能、流动和传热特征等基础研究。

在延迟焦化过程中采用自然循环和不同沸点范围的馏分进行循环，可优化焦化原料反应体系的物理化学组成，改善物料在焦化炉管中的流变性，进而优化物料的流动传热特性，抑制炉管结焦，保证焦化装置的长周期运转，同时焦化产物分布也能得以优化[26-27,29-46]。柴油和蜡油馏分为典型的焦化馏分油，氢化芳烃含量高，黏度低，可作为循环馏分改善渣油流动性和抑制生焦。

1）委内瑞拉劣质重油流变性研究

（1）柴油馏分对委内瑞拉劣质重油流变性的影响。

图 3-13 为委内瑞拉劣质重油黏度随加入柴油质量分数的变化关系（40℃）。当在委内瑞拉劣质重油中加入柴油时，可有效降低委内瑞拉劣质重油的黏度，随着加入柴油质量分数的增加，降黏幅度呈现先小后大又变小的趋势。

（2）蜡油馏分对委内瑞拉劣质重油流变性的影响。

图 3-14 为委内瑞拉劣质重油黏度随加入蜡油质量分数的变化关系（40℃）。当在重油中加入蜡油时，所得的混合油样的黏度会明显下降，加入的蜡油质量分数越大，黏度下降幅度越大，试样黏度与加入蜡油的质量分数近似呈直线关系。

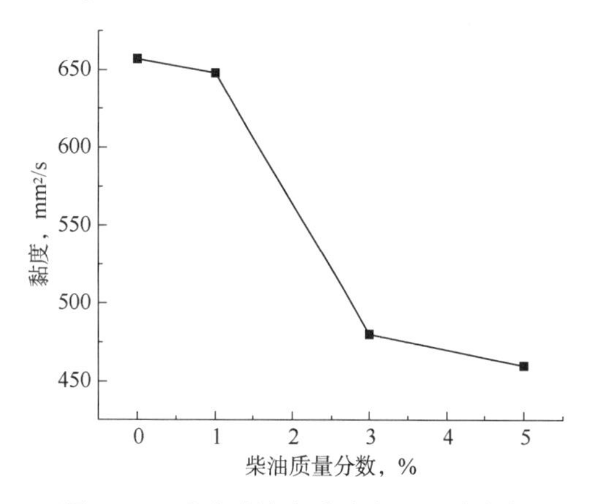

图 3-13 委内瑞拉劣质重油 40℃时黏度随柴油加入量的变化

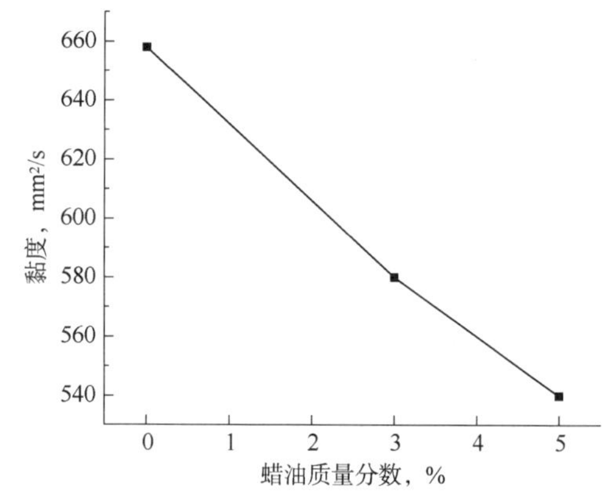

图 3-14 委内瑞拉劣质重油 40℃时黏度随蜡油加入量的变化

（3）柴油与蜡油对委内瑞拉渣油流变性的影响比较。

在 40℃时对掺加相同质量分数柴油馏分和蜡油馏分用坎农—芬斯克黏度计进行流变性测定，比较降黏效果，如图 3-15 所示。

在委内瑞拉劣质重油中加入相同质量分数的柴油馏分和蜡油馏分，均能降低委内瑞拉劣质重油的黏度，且掺加柴油馏分的降黏幅度显著大于掺加蜡油馏分。

2）重油流变性对热反应生焦的影响

测定不同流变性的委内瑞拉劣质重油在不同温度下的生焦率（即甲苯不溶物含量），研究流变性对热反应性能的影响。

（1）委内瑞拉劣质重油的热反应生焦趋势。

将原试样油品分别在 400℃、410℃、420℃下加热反应，在不同的反应时间测定生焦率，从而绘制不同温度下的生焦曲线。生焦率随加热时间的变化曲线如图 3-16 至图 3-18 所示。在 400℃下油样发生热反应时，生焦率随反应时间的增加而增加，且大体上呈现线性关系。410℃下油样发生热反应时，生焦率是随反应时间的增加而增加的，且开始时反应生焦速度较慢，随着反应的进行生焦速度变快，反应一段时间后由于生焦前驱物的减少，生焦速度变慢。420℃下反应的生焦率远高于 410℃和 400℃下反应相同时间的生焦率，410℃下的生焦率高于 400℃下的生焦率。由此总结出以下结论：相同的反应时间，温度越高时生焦率越大，生焦速度越快；且反应开始时生焦速度较慢，随着反应的进行，在一段时间内生焦速度加快。

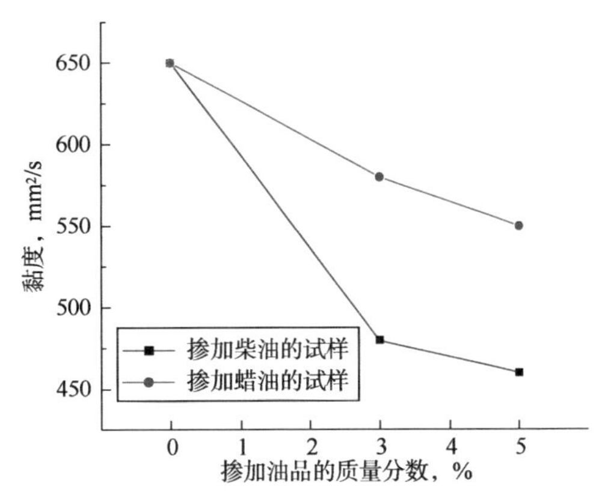

图 3-15 委内瑞拉劣质重油掺加相同质量分数的柴油与蜡油时试样黏度的比较

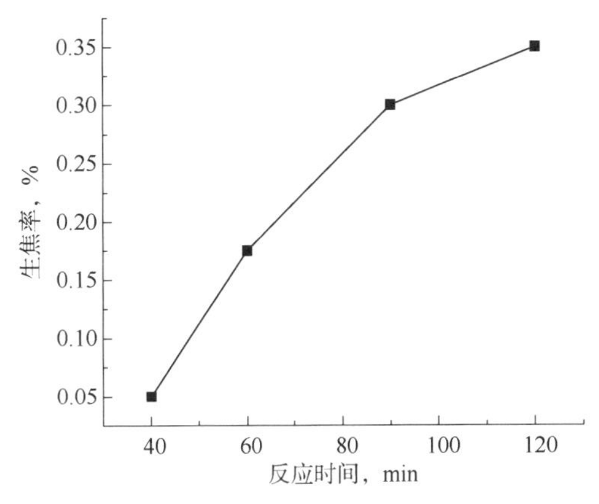

图 3-16 委内瑞拉劣质重油生焦率随反应时间的变化曲线（400℃）

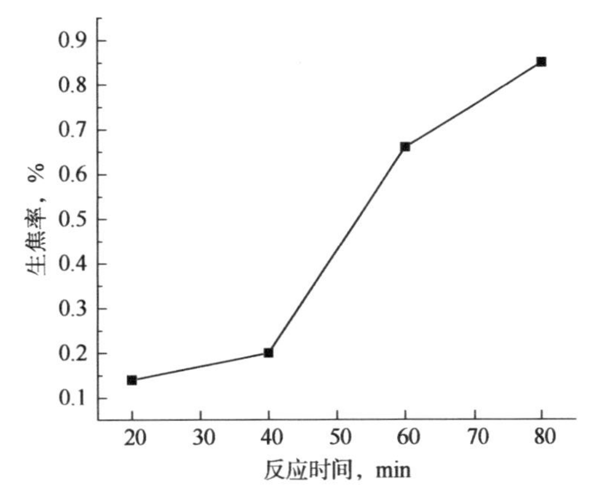

图 3-17 委内瑞拉劣质重油生焦率随反应时间的变化曲线（410℃）

（2）掺柴油馏分劣质重油生焦特性。

掺柴油馏分生焦率随时间的变化曲线如图 3-19 至图 3-21 所示，400℃时柴油质量分数为 5%的混合油品的生焦曲线如图 3-19 所示，400℃下掺柴油馏分重油的生焦率与相同反应时间下的重油试样相比明显增加了，特别是在生焦反应的前期，掺柴油馏分对生焦反应的促进作用更加明显。410℃下掺混不同质量分数柴油馏分劣质重油的生焦曲线显示掺柴油馏分重油的生焦量与相同反应时间的原重油试样相比明显增加，且掺加柴油的质量分数越大生焦量也越大。

420℃时掺 5%质量分数柴油馏分的劣质重油生焦曲线（图 3-21）表现出同样的规律。

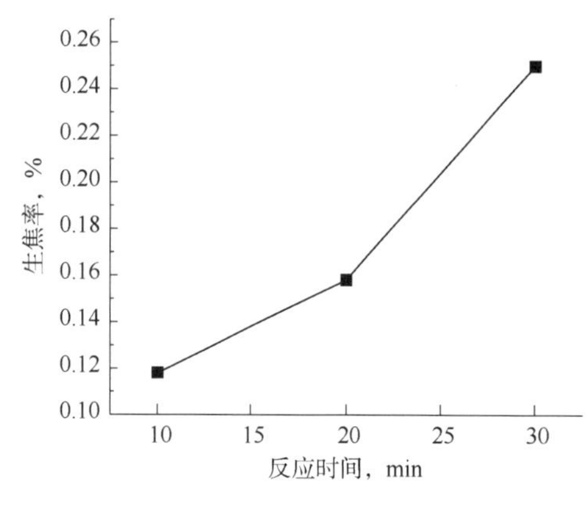

图 3-18　委内瑞拉劣质重油生焦率随反应时间的变化曲线(420℃)

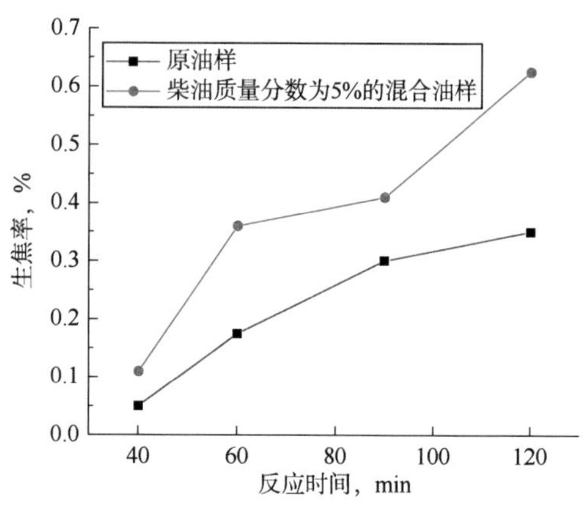

图 3-19　原油掺入柴油馏分前后生焦曲线对比图(400℃)

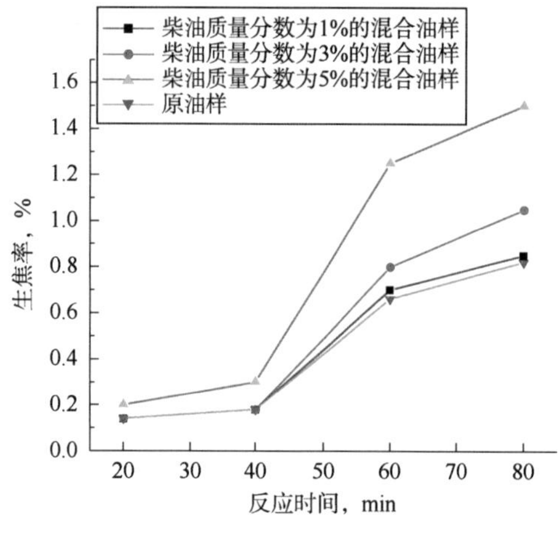

图 3-20　柴油馏分加入量对重油生焦率变化趋势的影响(410℃)

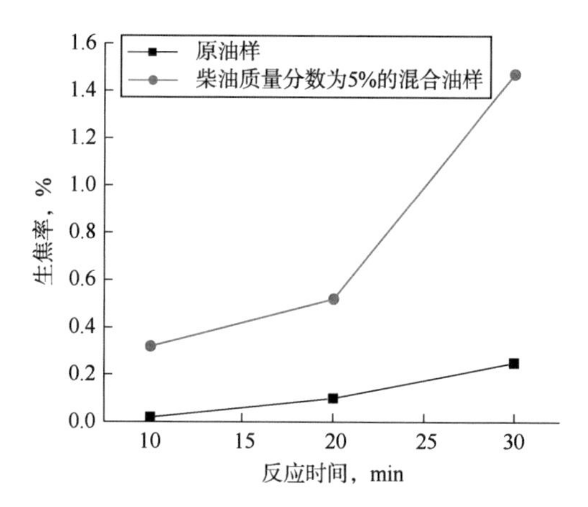

图 3-21　原油掺入柴油馏分前后生焦曲线对比图(420℃)

劣质重油在热反应时，掺入柴油馏分使生焦率增大，掺入柴油的质量分数越高，生焦率增加越多。一般认为石油是一种以沥青质为胶核，吸附在沥青质表面或溶剂化的胶质为稳定剂，油分和部分胶质为分散剂的胶体体系。这种胶体体系在热力学上是不稳定的，其稳定存在是因为存在动力学上的稳定性。这种稳定性与沥青质胶核的性质、表面胶质的性质及分散介质的芳香度有关且在一定范围内分散介质的芳香度越高，胶体体系越稳定。当在原渣油体系中掺入柴油馏分时，体系的分散介质发生变化，与原试样相比芳香度有所下降，使得体系的稳定性下降。在进行热反应时，胶体体系容易遭到破坏，分散的沥青质结合为更大的基团粒子，最终形成不溶于甲苯的焦炭，因而使得生焦率增加。

(3) 掺蜡油馏分劣质重油生焦特性。

掺蜡油馏分劣质重油生焦率随时间的变化曲线如图 3-22 所示。

由图 3-22 可得在 410℃下掺蜡油馏分劣质重油的生焦量与相同反应时间的劣质重油试样相比明显减少，掺加蜡油的质量分数越大生焦量也越小。掺入蜡油时改变的主要是试样胶体体系中分散介质的性质，由于所加入的蜡油的芳香性较高，同时具备供氢能力，使得反应体系的稳定性得到提高，胶体体系不容易被破坏，芳香性自由基缩聚引发成焦趋势受到抑制，生焦率有所下降。

柴油馏分和蜡油馏分循环对掺混体系生焦趋势影响不同，柴油馏分的掺入会促进体系生焦的提前，而蜡油馏分的掺入则会起到延后生焦的作用。

3）重油流变性对热反应产物分布的影响

（1）反应时间对重油热反应产物分布的影响。

将原油样在 420℃ 下加热不同时间，所得产物分布(质量分数)见表 3-14。

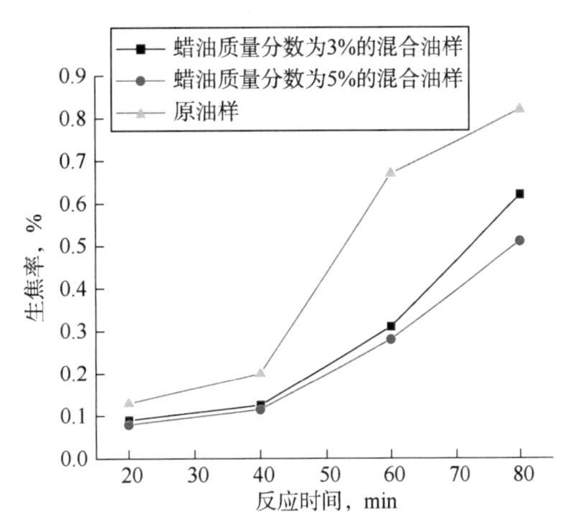

图 3-22 蜡油馏分加入量对重油生焦率变化趋势的影响

表 3-14 劣质重油不同反应时间的产物分布

项目名称	反应时间，min			
	30	60	90	120
汽油收率,%	12.54	22.97	38.05	39.85
柴油收率,%	19.97	27.33	31.12	30.84
常压渣油收率,%	66.26	47.21	26.79	23.18
生焦率,%	1.23	2.49	4.04	6.13

表 3-14 中数据可以看出随着反应时间的增加，汽油和柴油的收率增加，常压渣油的收率下降，焦炭生成率有所增加。在反应初中期，产物的收率变化较大；当反应到中后期时，产物的收率随时间变化的程度减小，特别是 90min 以后，各产物的收率变化都很小。

蒸馏后所得常压渣油四组分和生焦前驱物含量(质量分数)分析见表 3-15。

表 3-15 热反应常压渣油产物中的四组分和生焦前驱物含量

项目	饱和分,%	芳香分,%	胶质,%	沥青质,%	生焦前驱物,%
常压渣油 1(420℃，30min)	21.37	40.25	21.30	17.08	38.38
常压渣油 2(420℃，60min)	26.73	40.71	19.12	13.44	32.56
常压渣油 3(420℃，90min)	32.01	39.06	18.42	10.51	28.93
常压渣油 4(420℃，120min)	37.55	39.31	15.66	7.48	23.14

在表 3-15 中可以看到试样热反应后所得常压渣油四组分的变化及生焦前驱物的变化。随着反应的进行，饱和分的含量是增加的，胶质和沥青质的含量是减少的，而芳香分的含量变化不大。生焦前驱物却有明显减少，几乎呈直线关系。究其原因，可以认为反应刚开始时，渣油体系内进行两种反应，一种是由大基团粒子裂解为较小的粒子的反应，另一种为由大基团粒子发生缩合为更大基团粒子甚至焦炭的反应。刚开始时，参加反应的大基团

粒子较多，反应速率较快，随着反应大基团粒子的生成速率小于消耗速率，使得其浓度下降，热反应的速度也相应下降。

（2）流变性对劣质重油热反应产物分布的影响。

① 掺柴油劣质重油热反应产物的分布。将含不同质量分数柴油的混合油样在420℃下反应1h后，所得产物分布(质量分数)见表3-16。

表3-16　掺柴油劣质重油热反应产物分布

项目名称	油样1(柴油1%)	油样2(柴油3%)	油样3(柴油5%)
汽油收率,%	25.74	27.33	29.08
柴油收率,%	31.54	32.90	31.31
常压渣油收率,%	39.02	35.71	34.22
生焦率,%	3.70	4.06	5.39

由表3-16可得：随着重油试样中加入柴油质量分数的增加，汽油略有增加，但柴油的收率变化不大，常压渣油的收率先减少后略有增加。常压渣油四组分和生焦前驱物含量(质量分数)见表3-17，随着加入柴油质量分数的增加，饱和分、芳香分的质量分数略有增加，胶质变化不大，沥青质和生焦前驱物的含量有所减少。

表3-17　掺柴油劣质重油热反应常压渣油产物中的四组分和生焦前驱物含量

项目名称	饱和分,%	芳香分,%	胶质,%	沥青质,%	生焦前驱物,%
常压渣油(柴油1%)	31.28	37.39	19.46	11.87	31.33
常压渣油(柴油3%)	30.87	38.74	19.59	10.80	30.39
常压渣油(柴油5%)	32.81	39.41	18.74	9.04	27.78

② 掺蜡油馏分劣质重油热反应产物分布。将含不同质量分数蜡油的混合油样在420℃下反应1h后，所得产物分布(质量分数)见表3-18。

表3-18　掺蜡油劣质重油热反应产物分布

项目名称	油样5(蜡油3%)	油样6(蜡油5%)
汽油收率,%	19.54	14.60
柴油收率,%	23.32	20.39
常压渣油收率,%	55.93	63.64
生焦率,%	2.21	1.37

由表3-18可得：随着重油试样中加入蜡油质量分数的增加，产物中汽油、柴油的收率减少，常压渣油的收率明显增加。常压渣油四组分和生焦前驱物含量(质量分数)见表3-19。

表3-19　掺蜡油劣质重油热反应常压渣油产物的四组分和生焦前驱物含量

项　　目	饱和分,%	芳香分,%	胶质,%	沥青质,%	生焦前驱物,%
常压渣油(蜡油3%)	31.87	35.02	20.77	12.34	33.11
常压渣油(蜡油5%)	29.31	32.19	21.54	17.06	38.60

由表3-19可见，随着加入蜡油质量分数的增加，饱和分质量分数有所下降，芳香分略有增加，胶质略有增加，沥青质明显增加，同时生焦前驱物的含量有明显增加。

当在重油中加入蜡油时，由于混合油样体系的芳香度有所提高，使得体系的胶溶能力和内部化学供氢均有提高，发生热反应时不易成焦脱离胶体体系，同时裂解反应也受到一定的抑制，表现为轻质油品收率减少，常压渣油收率明显增加。与此同时，少量大基团粒子缩合为更大的基团粒子，使得胶质、沥青质及生焦前驱物的质量增加，这说明生焦前驱物继续转化进而脱离重油胶体体系形成微粒焦炭的进程受到了明显抑制，势必减少固体焦的生成，因而揭示了蜡油馏分油通过物理胶溶和化学供氢抑制生焦的综合效果。

4）重油流变性对传热特性的影响

采用委内瑞拉劣质重油在加热过程中反应釜内外的温度变化曲线，模拟考察流变性对加热炉管传热特性的影响，结果如图3-23至图3-28所示。图3-23为原重油试样反应时釜内外温度变化，加入质量分数为3%的柴油试样(图3-24、图3-25)后，与劣质重油试样相比，掺加柴油的混合试样釜内外的温度变化规律也与劣质重油相同，釜内外的温度差有所下降。加入质量分数为3%和5%的蜡油(图3-26、图3-27和图3-28)，掺加蜡油的混合试样釜内外的温度变化规律与劣质重油试样相同，釜内外的温度差有所下降，且加入的蜡油的质量分数越大，釜内外的温差越小。不论加入柴油馏分还是蜡油馏分来改变委内瑞拉劣质重油的流变性，委内瑞拉渣油的流变性改善后，釜内外温差变小，即热反应过程的传热情况都会有一定的改善。

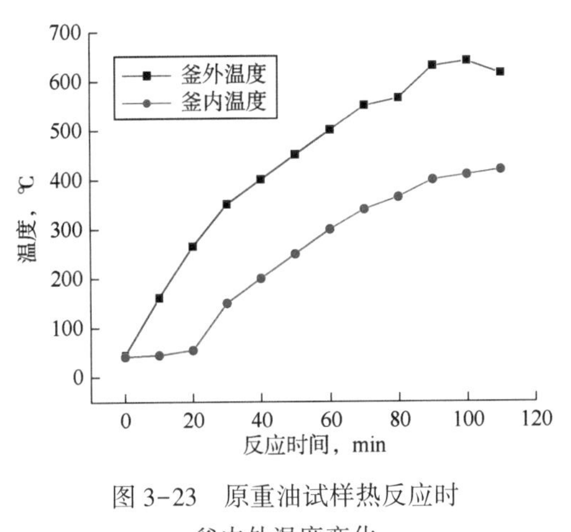

图3-23　原重油试样热反应时釜内外温度变化

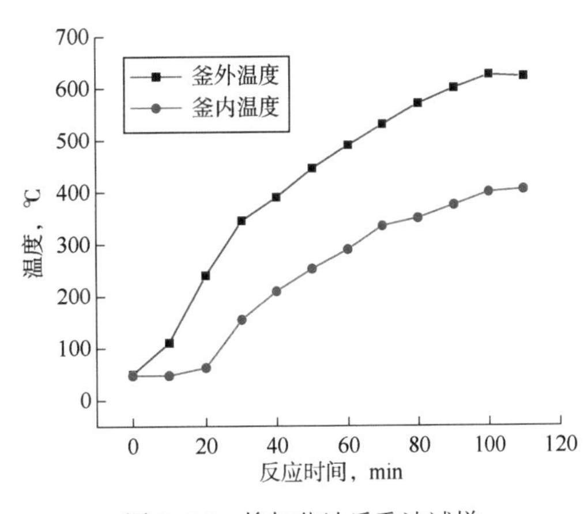

图3-24　掺加柴油后重油试样热反应时釜内外温度变化

以委内瑞拉劣质重油为原料，掺加不同性质稀油馏分改变其流变性，并就流变性对热反应生焦量和产物分布的影响进行分析，同时对热反应过程中流变性对传热的影响进行研究，结果发现：在委内瑞拉劣质重油试样中不论加入柴油还是蜡油，都会使试样黏度降低，流变性提高。加入的柴油或蜡油质量分数越大，流变性改善越明显。且当加入相同质量分数的柴油和蜡油时，加入柴油试样的流变性优于加入蜡油的试样。当在委内瑞拉劣质重油中加入柴油改善流变性时，产物中汽油、柴油的收率增加，常压渣油收率减少，同时生焦前驱物的质量分数减少，说明添加柴油馏分促进了生焦前驱物向焦的转化，促进了初期生焦，不利于焦化装置的长周期运行。当在委内瑞拉劣质重油中加入蜡油改善流变性时，产物中汽油、柴油的收率减少，常压渣油收率增加，生焦前驱物的质量分数是增加的，说明添加蜡油馏分有效抑制了初期生焦。不论加入柴油馏分还是蜡油馏分，委内瑞拉劣质重油的流变性都得以改善，因而热反应过程的传热情况都有一定的改善。

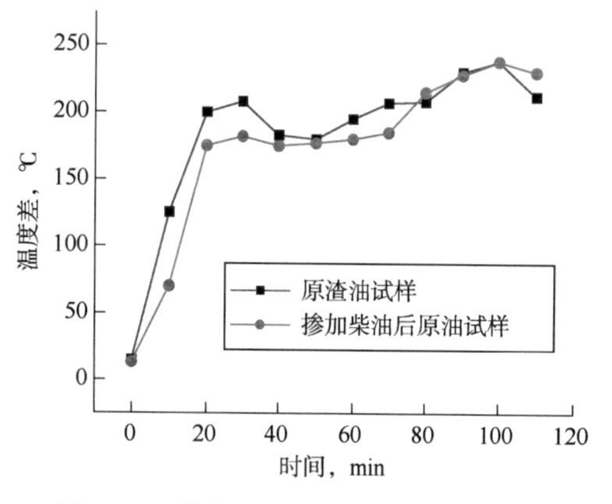

图 3-25 掺加柴油试样反应釜内外温差随时间的变化曲线与原试样对比

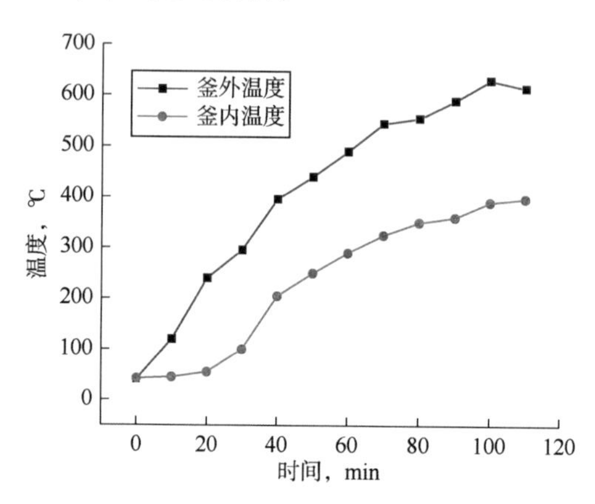

图 3-26 掺加蜡油质量分数为 3% 重油试样热反应时釜内外温度变化

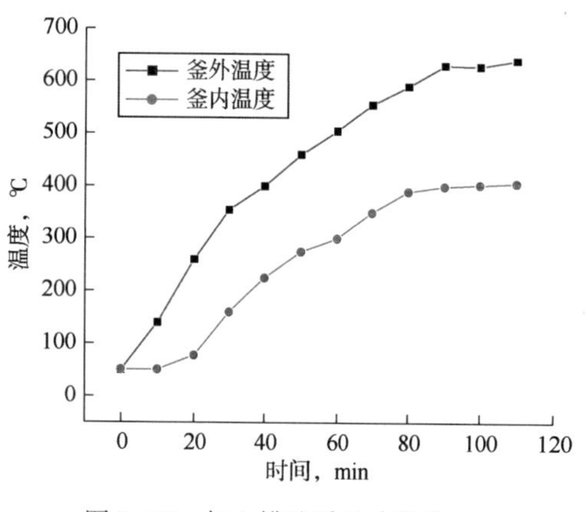

图 3-27 加入蜡油质量分数为 5% 重油试样热反应时釜内外温度变化

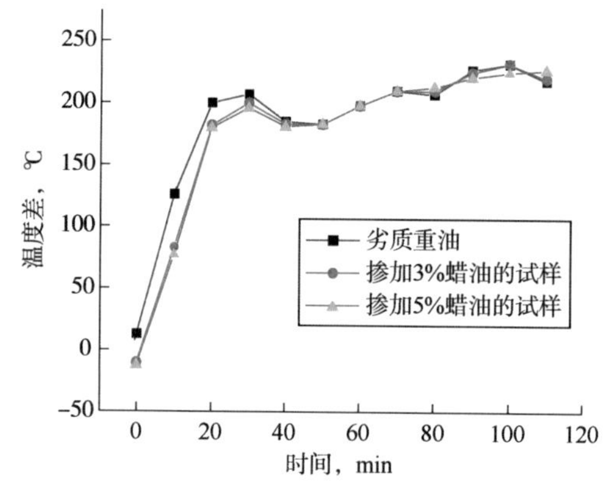

图 3-28 加入蜡油试样反应釜内外温差随时间的变化曲线与原试样对比

柴油馏分和蜡油馏分循环可以显著降低掺混体系黏度，从改善流变性、提高传热效果的角度出发柴油馏分要优于蜡油馏分循环。但是，研究表明，柴油馏分循环会使掺混体系生焦提前，势必促进炉管结焦，不利于委内瑞拉劣质重油延迟焦化加工长周期稳定运行，而蜡油馏分油具有较强的物理胶溶和化学供氢稳定能力，降低了掺混体系生焦趋势，有利于抑制炉管结焦，为形成全委内瑞拉劣质重油延迟焦化技术提供了支撑。掺混不同馏分油的流变性和生焦趋势研究表明，改善焦化原料流变性并不是降低炉管结焦趋势的关键核心要点，蜡油循环物料可以改善流变性，同时具备化学供氢能力，淬灭热过程产生的自由基，因而体现出较好的抑制炉管结焦趋势的物理/化学稳定能力。该研究揭示了馏分循环改善炉管结焦的本征机制，为委内瑞拉劣质重油改质、加工成套技术研究开发奠定了理论基础。

2. 劣质重油焦化过程中弹丸焦形成和抑制研究

随着重油的劣质化，其焦化性能也发生了很大的变化，在实际加工过程中容易出现弹丸焦。弹丸焦的出现对装置的长周期运行和安全生产带来了极大威胁[47-49]：如致使焦炭塔在生产过程中易产生“腾涌”现象而导致焦炭塔晃动；水力除焦时局部温度过高，可能导致焦块崩落，使得焦炭塔变形，并在拆卸底盖时容易塌方伤人；在给水冷焦阶段，冷焦水从弹丸焦的空隙中穿过，容易在焦炭塔内形成“热斑”，造成冷焦困难、除焦时焦层焦炭的过热蒸汽喷发并触发事故；冷焦水放出时容易堵塞管线进而导致装置停工；弹丸焦结构松散造成除焦时焦炭容易塌方而损坏钻头及钻杆等。同时，由于其形状类似弹丸，硬度高于正常的石油焦，国内焦炭市场难以销售，大大降低了焦化装置的经济效益，但由于弹丸焦含较低的挥发分，因此过程的生焦率低于常规焦化，国外加工高沥青质原料焦化装置中经常生产弹丸焦。总体而言，研究弹丸焦的形成与控制是焦化工艺的一个重要课题。

中国石油大学(华东)对委内瑞拉超重油减压渣油在焦化过程中的成焦情况做了研究，采用偏光显微镜对弹丸焦生成过程中光学组织结构变化进行了实时监控。从图3-29可以看出各向同性到各向异性的微观转变，经历了小球体的出现、长大、融并、增黏固化等阶段，生成各向异性组织单元尺寸小于10μm的弹丸焦显微结构，进而在气流冲刷力和重油黏结性的作用下，相继形成宏观概念上的初级弹丸焦和二级弹丸焦。因而揭示弹丸焦的生成历程为：原料→不稳定中间相小球体→镶嵌型中间相→初级弹丸焦→二级弹丸焦[47]。

延迟焦化工艺的操作条件是影响弹丸焦生成的外部因素，主要包括反应温度、反应压力、循环比以及气相流速。焦化原料性质及其组成是导致生成弹丸焦的重要内因；研究发现，沥青质残炭比大于0.5，氢碳原子比小于1.5，胶体稳定性参数小于3.5的焦化原料易生成弹丸焦[47]，而委内瑞拉超重油减压渣油的沥青质残炭比高达0.68，氢碳原子比和胶体稳定性参数分别仅仅为1.37和3.41[47]，表明该减压渣油作为焦化原料很容易生成弹丸焦。此外，高杂原子(硫、氮、氧和金属)含量的焦化原料也易生成弹丸焦[48-51]。需要指出的是，这里的胶体稳定性参数是指在往焦化原料中加入正庚烷的过程中，所形成混合体系中的沥青质开始出现沉淀时，混合体系中正庚烷和焦化原料油的质量比。

为了抑制弹丸焦的生成，可以从两个方面入手[52-54]：

第一是改善原料性质，因为焦化原料性质是生成弹丸焦的内因。延迟焦化装置加工易形成弹丸焦的原料时，应考虑掺炼其他高芳香性原料(如催化油浆)或性质较好的渣油，以降低焦化原料的沥青质、重金属含量及残炭值，并提高胶体稳定性，使沥青质不容易聚沉，从而改善进料质量，减缓生焦速度，从根本上抑制弹丸焦的生成。但是掺炼高芳香性的二次原料降低了减压渣油的处理能力。

第二是优化操作条件，因为焦化装置操作条件是生成弹丸焦的外因。在一定的原料条件下，采取降低反应温度、升高反应压力、选取适宜馏分油并增加其循环比等措施，有利于抑制弹丸焦的生成。但是反应温度如果降低太多，会导致反应深度不够，馏分油收率降低，同时有生成焦油的风险；循环比和压力的提高，会降低馏分油收率、增加焦炭产率，同时还会降低装置的加工量，增加能耗。因此，焦化装置操作条件的调整有一个适度的范围，实际生产中应根据原料性质、加工流程及产品分布要求等方面综合考虑，选择适宜工艺操作条件。

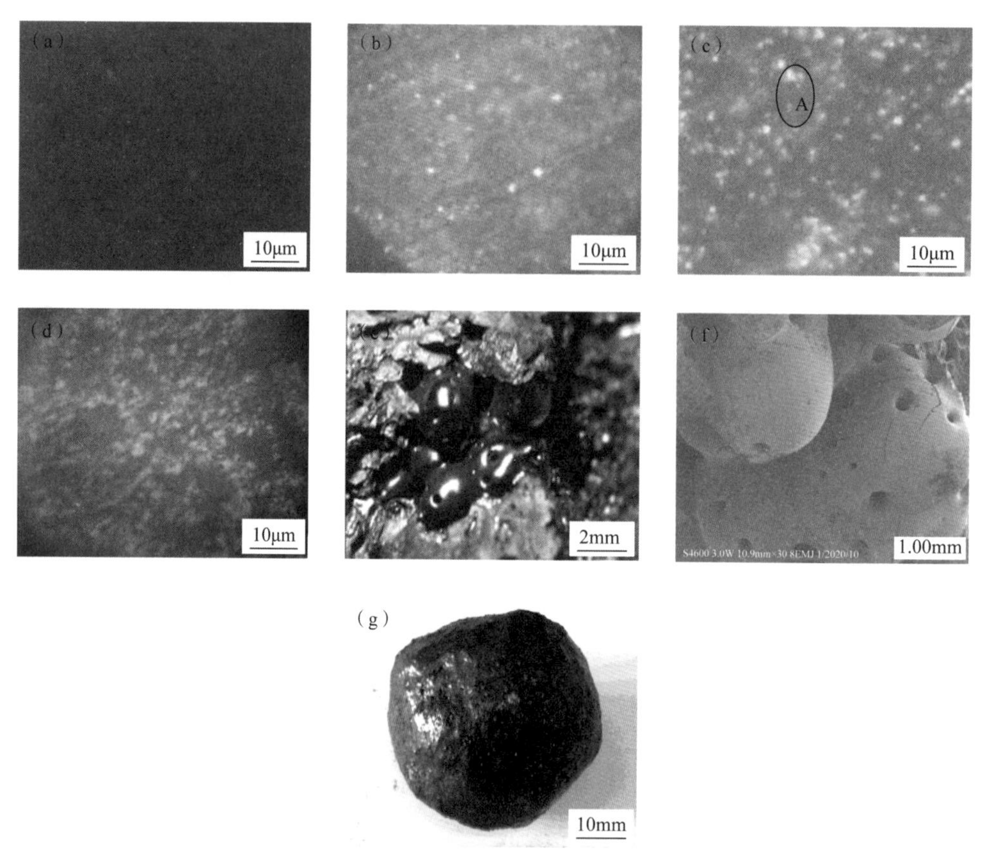

图 3-29　弹丸焦形成过程中的光学显微结构和宏观颗粒形貌

反应温度为 480℃，反应时间为：(a)0min；(b)15min；(c)30min；(d)60min。

(e)~(f)为取自重质油国家重点实验室焦化中试装置弹丸焦样品，(g)为取自工业装置弹丸焦样品。

(a)~(d)展示弹丸焦形成光学显微结构，(e)~(g)展示弹丸焦的宏观颗粒形貌

由于委内瑞拉超重油减压渣油的劣质化程度高，以其作为焦化原料时，在延迟焦化过程中抑制弹丸焦生成的措施是综合性的，一方面采用一定的自然循环比(0.1 及以上)使得加热炉进料的沥青质与残炭比降低、胶体稳定性参数升高；另一方面采用供氢体循环和相对较低的加热炉出口温度[47]。这些措施既可以有效抑制弹丸焦的生成，又可以得到焦化过程的高液体产物收率。

3. 劣质重油延迟焦化技术开发

以往面对诸如委内瑞拉超重油的减压渣油，在进行延迟焦化加工时，通常采用掺炼的办法，与劣质化程度较低的渣油掺炼后进行焦化加工。尽管这种办法有助于避免焦化加热炉管过快结焦和焦炭塔中生成弹丸焦，但是不利于劣质渣油的集中加工，而且采用传统焦化技术加工，液体产物收率也普遍较低。因此，需要针对性开发以委内瑞拉劣质重油为代表的劣质重油延迟焦化技术。研究开发过程是在前述劣质重油热反应性能及流动传热模拟研究以及弹丸焦生成与抑制研究的基础上，进行焦化试验原料性质和焦化特性研究、焦化中型试验研究以及焦化工业试验。

1）焦化试验原料性质研究

不同的焦化原料油由于组成性质存在差别，从而在一定程度上影响焦化转化性能。为了掌握委内瑞拉奥里诺科重油带不同批次原料的组成性质对焦化转化性能的影响程度，首先对焦化试验原料的主要性质和组成进行了分析，见表3-20。

表3-20　焦化试验原料主要性质和组成

项目名称	焦化原料A	焦化原料B	焦化原料C
馏程,℃	>420	>420	>420
API度,°API	7.2	5.0	5.6
密度(20℃)，g/cm^3	1.0167	1.0320	1.0251
运动黏度(100℃)，mm^2/s	2056	3598	4080
凝点,℃	48	>50	50
残炭,%	19.48	20.92	21.15
硫,%	3.48	3.90	3.64
H/C原子比	1.46	1.44	1.44
饱和分,%	20.43	16.51	19.14
芳香分,%	37.62	45.40	43.75
胶质,%	30.48	25.91	24.70
n-C_7沥青质,%	11.47	12.18	12.41
Ni+V，μg/g	505	650	522
沥青质/残炭质量比	0.59	0.58	0.59

由表3-20可见，三批焦化原料的性质较为接近，都是高密度(比水重)、高残炭(约20%)、高凝点、高硫(3%~4%)、高金属(Ni+V>500μg/g)和高沥青质含量(>12%)，以及沥青质/残炭质量比也很高的劣质重油渣油，在延迟焦化装置中容易造成加热炉管提前生焦、焦化液体产物收率偏低和生成弹丸焦的系列问题。

2）焦化试验原料的焦化产物分布研究

为了考察焦化原料的焦化产物分布，利用小试装置开展焦化反应研究。焦化反应条件如表3-21所示，不同批次焦化原料的焦化产物分布列于表3-22。由表可见，两种焦化原料经焦化得到的石油焦产率都为31%，而液体产物收率均为58%，这与试验原料的残炭值都较高有关。

表3-21　焦化特性研究的焦化反应条件(小试装置①)

操作参数	数值
循环比	0~0.6
焦化温度,℃	480~510
注水,%	0.5~2
焦炭塔顶压力，MPa	0.1~0.2

① 采用40g原料一次进料，下同。

表 3-22　不同批次焦化原料的焦化产物分布比较(小试装置)

项　　目		焦化原料 C	焦化原料 B
物料平衡,%	气体	10.49	10.65
	汽油(IBP~180℃)	12.27	12.43
	柴油(180~350℃)	31.89	31.56
	轻蜡油(350~430℃)	10.43	10.68
	重蜡油(>430℃)	4.02	3.36
	石油焦	30.90	31.32
	总计	100	100
	液体产物	58.61	58.03
柴汽比		2.60	2.54

3）焦化中试研究

焦化小试的进料方式是间歇式，装置规模与工业过程也有很大差别。为了给工业焦化试验提供更有参考价值的试验条件和产物分布数据，需要开展中试研究，主要考察循环比和不同性质试验原料对焦化产物分布的影响，进而提出工业试验主要操作条件。

焦化中试的操作条件见表 3-23，产物分布见表 3-24。

表 3-23　焦化中试反应的操作条件①

实验条件	焦化原料 B	焦化原料 A
循环比	0~0.6	0~0.6
炉出口温度,℃	480~510	480~510
焦炭塔顶压力，MPa	0.1~0.2	0.1~0.2
注水量,%	0.5~2	0.5~2

① 采用 2kg/h 原料连续进料，下同。

表 3-24　焦化中试反应的产物分布

项　　目		焦化原料 B				焦化原料 A
循环比		0	0.1	0.3	0.6	0.3
物料平衡,%	气体	8.25	9.02	11.12	11.45	11.11
	汽油(IBP~180℃)	11.53	11.75	12.02	13.27	12.67
	柴油(180~350℃)	30.11	30.85	31.78	35.43	31.77
	轻蜡油(350~430℃)	13.22	12.94	10.59	4.11	11.13
	重蜡油(>430℃)	11.55	8.25	3.25	2.36	3.15
	石油焦	25.34	27.19	31.24	33.38	30.17
	总计	100	100	100	100	100
	液体产物	66.41	63.79	57.64	55.17	58.72
柴汽比		2.61	2.63	2.64	2.67	2.51

由表 3-24 可知，对同一焦化原料(焦化原料 B)，较低循环比(低于 0.3)时的液体产物

收率较高，而较高循环比的汽柴油收率较高；循环比升高时，焦化加热炉进料性质逐渐改善，加热炉结焦倾向得到缓解，而且不易生成弹丸焦。

通过中试研究，提出了工业试验主要操作条件，见表3-25。

表3-25　工业试验主要操作条件

序　　号	工艺操作参数	建议试验值
1	进料负荷,%	90~100
2	焦炭塔顶油气压力，MPa	0.1~0.2
3	焦化油出炉温度,℃	480~510
4	加热炉注汽量,%	0.5~2
5	混合循环比	0.1~0.6
6	供氢体循环比	0~0.1
7	生焦周期，h	18
8	试验标定时间，h	48

4）焦化工业试验研究

2011年10月28日至11月4日，委内瑞拉超重油减压渣油延迟焦化工业试验在辽河石化公司 100×10^4 t/a工业装置上进行，试验取得成功，实现安全平稳运行。工业试验研究时，选择表3-25建议的操作条件和焦化原料C，得到的产物分布(质量分数)见表3-26。

表3-26　工业试验产物分布

项　　目		基准①	基准①+0.2	基准①+0.4
物料平衡,%	干气	7.99	9.49	10.04
	液态烃	1.95	2.13	2.57
	汽油馏分	11.71	13.26	14.43
	柴油馏分	31.03	37.28	38.33
	蜡油馏分	11.12	5.86	2.20
	焦炭	27.25	29.30	31.50
	总计	99.29	99.01	99.07
	轻油收率	42.74	50.54	52.76
	液体收率	61.23	58.70	57.53
焦炭/残炭质量比②		1.288	1.385	1.489

① 循环比基准值。

② 焦炭产率和焦化原料残炭的质量比值。

工业试验中调整了循环比，可以得到不同蜡油产物收率的焦化工艺条件，为具有不同焦化蜡油深加工能力的石化企业提供更多的焦化参数选择。

工业试验结果表明：产物分布与中试评价结果较为一致；工业试验运转平稳，未见装置加热炉管发生结焦现象，也没有生成可能会危及生产安全的弹丸焦；焦化液体产物收率较高，显示该特点的“焦炭/残炭质量比”参数低于1.5，远低于1.6~1.8的传统值，尤其是在基准循环比条件下，“焦炭/残炭质量比”只有1.29，达到国际先进水平(1.2~1.3)。

全委内瑞拉超重油减压渣油延迟焦化工业试验的成功，标志着中国石油在国内率先开发和掌握了全委内瑞拉超重油劣质渣油的延迟焦化技术，解决了非掺炼条件下委内瑞拉超重油减压渣油延迟焦化加工这一世界级难题，使中国石油成为在这一领域拥有自主知识产权的公司，对中国石油劣质稠油加工技术的提升具有重要现实意义。

由委内瑞拉劣质重油延迟焦化技术开发所形成的研究成果“高液收的延迟焦化(HLDC)新技术开发与工业应用”获得2016年度中国石油天然气集团公司科技进步一等奖，“劣质重油改质、加工成套技术研究开发及工业应用”获得2017年度中国石油天然气集团公司科技进步特等奖。

第三节 针状焦生产技术

炼化企业重质油加工过程中副产大量催化裂化油浆、富芳蜡油等炼化“黑油”，其中催化裂化油浆中含有丰富的带短侧链的芳烃，可用于生产性能独特、附加值高的针状焦，实现高值化利用。

针状焦是银灰色、有金属光泽的多孔固体，其结构具有明显流动纹理，孔大而少且呈椭圆形，颗粒有较大的长宽比，有纤维状或针状的纹理走向，摸之有润滑感[55]，针状焦外观如图3-30所示。针状焦具有热膨胀系数低、杂质含量低、导电率高及易石墨化等一系列优点，主要用于生产高功率(HP)和超高功率(UHP)石墨电极，以及锂电池负极材料。

图3-30 针状焦实物图

一、针状焦生产工艺

针状焦制备采用液相炭化技术，焦化原料在液相炭化过程中逐渐经热解及缩聚形成中间相小球体。中间相小球体再经充分长大、融并、定向，最后固化为纤维状结构的炭产物，即针状焦。从工艺过程看，针状焦生产可以划分为原料预处理、延迟焦化和煅烧三个单元过程。下面介绍原料预处理单元和延迟焦化单元。

1. 原料预处理单元

油系针状焦的原料一般采用催化裂化油浆，而市场上催化裂化油浆不适合直接生产针状焦，因此也必须对针状焦原料进行预处理。催化裂化装置外甩油浆量约占原料量的5%，全国每年产生的催化油浆超过750×10^4t，中国石油大约260×10^4t。催化油浆中固含量一般为2000~10000μg/g，高值化利用首先需要降低固含量，如针状焦一般要求原料灰分低于100μg/g，碳纤维要求灰分低于50μg/g。炼化企业都有催化油浆脱固的需求，表3-27列出了目前国内已进行工业试验或实现工业应用的油浆脱固技术情况。

表 3-27 国内实现工业化的油浆脱固技术

脱固技术	原料灰分要求,%	清洗方式	滤后灰分，μg/g	滤液收率,%
沉降脱固	无要求	人工清罐底泥、固	≤500	≥98
金属网过滤	≤滤网罐底	柴油在线反冲，2~4h/次	≤100	≥98
陶瓷膜过滤	≤滤膜线	在线清洗，堵塞严重时拆卸处理	≤50	≥90
柔性过滤	—	氮气反吹	≤50	≥90

除了需要脱固之外，还需要进行组分调控以适应针状焦原料要求，常用的有蒸馏法、萃取法、加氢法等。蒸馏法是利用不同组分在馏程分布中的差异，通过蒸馏的方法富集理想成分和去除非理想成分；萃取法是利用芳香分与沥青质、胶质在糠醛等有机溶剂中的溶解性不同，通过萃取—分离的方法进行分离；加氢法旨在通过高温高压加氢反应，脱除硫、氮等不理想成分。在大多数情况下，一种方法并不能满足需求，往往需要采用两种方法组合使用。

2. 延迟焦化单元

焦化过程是针状焦生产的关键阶段，在此阶段，经过预处理的针状焦原料温度快速升高后，进入焦炭塔发生裂解、缩合等反应，在成焦时进行加压处理可以使油品中的小分子以液体状态存在于体系中，降低体系黏度，促进中间相小球体的成长和融并，得到高性能的针状焦，也称为生焦[56]。在针状焦生产时，需要对焦化温度、成焦压力、焦化循环比、煅烧温度等工艺参数进行精确控制，国内外针状焦生产企业均将生产过程的操作条件视为高度机密并严格保密，焦化温度、系统压力等具体工艺参数从未公布。

1）工艺流程

国外针状焦生产方法为少数几个公司垄断，其中油系针状焦以康菲(ConocoPhillips)公司技术为代表。康菲公司的针状焦生产装置为延迟焦化与热裂化联合过程，流程如图 3-31 所示。

延迟焦化生产针状焦的操作条件应该严格控制，温度一般在 488~493℃，有时也高达 510℃，操作压力一般 300~800kPa，最高达 1MPa。

国内针状焦最早实现连续化生产的是锦州石化。近几年，国内针状焦发展迅猛，山东京阳科技有限公司、山东益大新材料有限公司规模、产品质量已经与锦州石化相当。国内针状焦生产采用延迟焦化工艺，与普焦相比，一般配套原料预处理装置，工艺流程示意如图 3-32 所示。

实际针状焦生产过程中，原料应进行预处理，以降低原料中杂质的影响，除焦部分及冷焦水部分、主分馏塔可以与普焦共用，反应压力及时间可单独控制。

2）操作条件及控制

(1) 温度。

焦化温度是影响针状焦质量的最关键因素之一，在较低的温度下很难发生中间相转化；而当温度过高时，小球一旦生成即刻融并，没有充分生长的机会，难以得到广域中间相，无法制得低膨胀系数的针状焦，必须反复试验以确定最适宜的热转化温度。

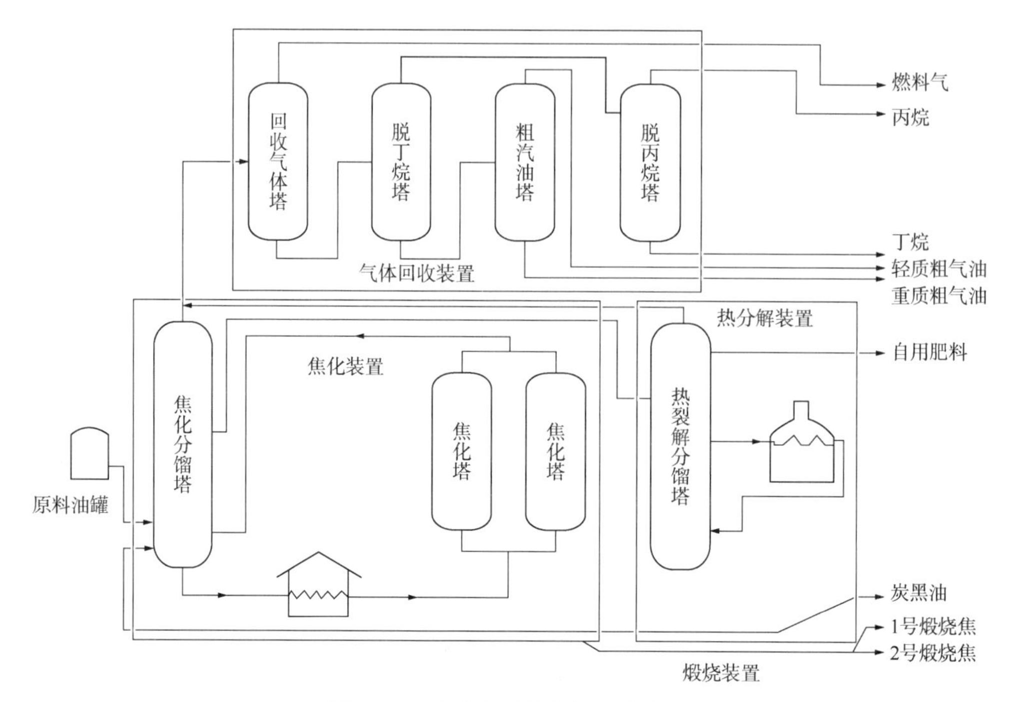

图 3-31　康菲公司针状焦工艺流程

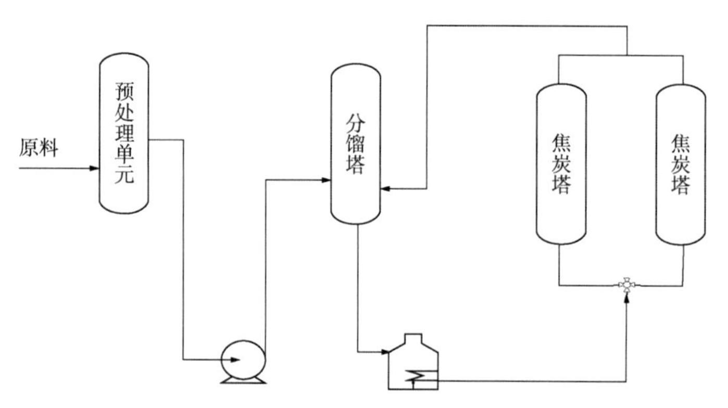

图 3-32　国内带原料预处理的针状焦工艺流程

针状焦的优异性能是由针状焦制备过程中形成中间相的含量和中间相的状态决定的，而炭化反应温度是制备中间相沥青的重要参数。研究表明，精制沥青热转化中间相为一级反应动力学，随着温度升高，反应速率常数增加，中间相生成速度加快。如果反应温度太高，体系的反应速率就会很快，自由基的形成和增长非常快，这些自由基在短时间内不会被氢转移反应所稳定，缩合反应快速发生以致使中间相分子没在所需时间达到所需尺寸。在这样的条件下，气体的逸出发生在焦固化阶段，芳烃化合物分子随机排列不易形成针状焦，而是生成片状焦和含有大量气体的多孔焦。如果反应温度太低，体系黏度太高，中间相融并受到限制而不能生成大尺寸光学结构，多相系统也不能产生，相应的中间相区域的扩展和平行排列是不可能的[57-60]。

温度对中间相的变化历程起着决定性的作用，要得到优良的针状焦，就必须选择适宜的反应温度。

（2）压力。

压力对针状焦结构组织的影响因大小而异。如果压力太大，不是生成针形而是形成广域组织，也就是各向异性组织单位扩大，取向性下降。研究发现中间相体区域形成之后，通过减小压力可提高针状各向异性组织的取向性。但是如果原料中氧或硫含量较高或组织发达不良，加压也不能改善针状焦的组织与结构。压力的改变也直接影响气体的逸出速率，通过压力的调整使气体按一定途径放出，以均匀气速“拉焦”，形成结晶度好的针状焦。

（3）反应时间。

反应时间的延长有利于中间相生成、成长和融并等步骤之间的平衡，从而有利于形成大面积规整的各向异性单元，即广域中间相。这是由于反应时间的延长可以使体系积聚更大的能量，使生成的中间相小球及聚合而成的中间相大分子进一步聚合和融并，形成更大的球体，多相体系中的中间相充分发展融并，其液相存在时间较长，在体系中有足够长的时间使可流动的组织保持最低黏度，它有助于体系中的中间相有充分的时间来完成结构上的转变，有利于生成较大融并体尺寸的光学各向异性组织。值得注意的是，时间往往同温度一起相互作用来影响中间相变化。在适宜的温度范围内，反应时间越长，越有利于小球的生长和融并。

石油化工科学研究院利用中试装置，进行了原料筛选、工艺条件选择、针状焦产品性质测试等一系列试验，最终确定采用变温操作工艺，进行低温、长时间的液相焦化反应，经过充分的广域中间相阶段生产针状焦[61-62]，其代表性数据见表 3-28。

表 3-28 针状焦的工艺数据

项目名称		热裂化焦油	催化裂化澄清油	润滑油抽出油
工艺条件	温度，℃	400～500	460～500	460～500
	压力，kPa	150	196	150
	循环系数	1.2	1.51	1.87
产品分布 %（质量分数）	气体	6.5	12.1	7.6
	汽油	10.1	11.6	13.4
	柴油	35.6	23.7	30.3
	蜡油	33.6	13.9	18.7
	焦炭	14.2	38.7	30.0

二、国内外针状焦生产技术进展

针状焦的生产技术开发来源于海外。最早的生产技术针对油系针状焦，在 1950 年由美国大湖碳素公司开发出，油系针状焦实现工业化生产是在 1968 年之后，那时炭质中间相理论也迅速发展。但之后人们逐渐意识到原料供应不稳定：一方面油系针状焦原料逐渐减少，另一方面 20 世纪 70 年代出现了两次石油危机。自此以日本为代表的各国开始致力于煤系针状焦生产技术的开发，1979 年煤系针状焦实现工业化生产，使得油系和煤系针状焦在市场共存。生产油系针状焦的公司主要有日本的水岛制油所、兴亚株式会社，美国的碳/石墨集团海波针状焦公司和康菲公司；而煤系针状焦的生产技术主要由日本三菱和新日铁公司掌握。截至2020年，国外针状焦总产能约110×10^4t/a。

国外针状焦生产企业集中在美国、英国、日本等几个国家。2013年，日本新日铁公司(煤系针状焦代表企业)与国内方大炭素新材料公司联合，在江苏邳州市经济开发区成立方大喜科墨(江苏)针状焦科技有限公司，建设6×10^4t/a针状焦项目，然而核心技术仍由日本掌握。

近几年，国内针状焦技术水平随着研发投入的增加而稳步提升，并取得不错的突破。目前国企代表中有锦州石化、宝钢化工、平煤鞍山开炭、茂名石化和金陵石化；民企代表中有山西宏特、京阳科技、益大新材料等。截至2021年底，国内外针状焦产能统计见表3-29及表3-30。

表3-29 国外针状焦企业及产能

序号	国外针状焦生产企业	产能，10^4t/a	所在国家	类别
1	康菲(Conoco Phillips)	37	英国/美国	油系
2	海波(Seadrift)	25	美国	油系
3	水岛(日本水岛制油所)	8	日本	油系
4	JX控股(JX holdings)	6	日本	油系
5	兴亚(KOA)	8	日本	油系
6	新日化(C-Chem)	14	日本	煤系
7	三菱化学	6	日本	煤系
8	浦项PMC(Pmctech)	6	韩国	煤系
	合计	110		

表3-30 国内针状焦产能列表

类型	企业	设计产能，10^4t/a	状态
煤系	山西宏特	15	2018年部分恢复生产
	上海宝钢	5	2019年投产
	旭阳兴宇	5	2019年投产
	喜科墨	6	2018年投产，自用
	宝泰隆	5	2018年投产，自用
	山西福马	4	2020年投产
	金州化工	10	2019年投产
	唐山东日	10	2020年投产
	鞍钢股份	4	2019年投产
	宝舜化工	5	2019年投产
	乌海宝化万辰	5	2020年投产
	平煤神马	4	2020年投产
	宁夏百川	10	2020年投产
	枣庄振兴炭材	4	2019年投产
小计		92	

续表

类型	企　业	设计产能，10^4t/a	状　态
油系	锦州石化	15	稳定生产
	京阳科技	15	稳定生产
	益大新材料	15	稳定生产
	茂名石化	12	2021 年投产
	金陵石化	15	2021 年投产
	山东联化	7	2020 年投产
	潍坊孚美	8	2020 年投产
小计		87	
总计		179	

随着国内石化企业对针状焦的持续关注，大量针状焦项目开工建设，存在产能过剩风险。但是，国产针状焦尚不能完全满足超高功率石墨电极生产的需求，未来一段时期高品质针状焦将会处于短缺状态。

三、中国石油针状焦生产技术进展

锦州石化公司针状焦生产装置是国内第一套生产石油针状焦的装置，原料加工能力为 15×10^4t/a，采用石油化工科学研究院（RIPP）的针状焦生产技术，以辽河催化裂化澄清油为原料，每年可生产油系针状焦生焦约 7×10^4t。1995 年 11 月，锦州石化针状焦装置一次开车成功，并生产出合格的针状焦，填补了我国在针状焦领域的空白，对于缓解国内制造高功率电极及超高功率电极的针状焦需要进口的局面、打破国外对针状焦生产技术的垄断起到积极的作用。2019 年锦州石化第二套针状焦装置建成，装置加工能力为 25×10^4t/a，生焦产能约 12×10^4t/a，2019 年 9 月份一次开车成功，使公司成为国内最大的油系针状焦生产企业。图 3-33 为锦州石化的两套针状焦装置现场图。

（a）第一套装置

（b）第二套装置

图 3-33　锦州石化针状焦装置现场图

锦州石化针状焦原料采用催化裂化油浆，引进美国 Mott 过滤器，过滤后的油浆灰分可降至 100μg/g 以下，针状焦生产采用延迟焦化工艺，生焦煅烧采用回转窑煅烧，煅烧温度可达1400℃左右。2002年锦州石化公司专门建了一套4×10^4t/a回转窑煅烧装置，用于针状焦煅烧，2019年配合第二套针状焦生产装置新建7×10^4t/a回转窑煅烧装置。锦州石化公司已建立并公布中国石油锦州石化公司煅烧针状焦企业标准(Q/SY JZSH 0009—2012)，产品广泛应用于冶金、机械、电子等行业，其技术要求见表3-31。

表3-31　锦州石化公司煅烧针状焦企业标准

项目名称	UHP	HP-1	HP-2	试验方法
真密度，g/cm^3	≥2.13	≥2.12	≥2.10	GB/T 6155—2008
硫含量,%	≤0.5	≤0.6	≤0.6	GB/T 387—1990
挥发分,%	≤0.4	≤0.5	≤0.5	ASTM D3175—2011
灰分,%	≤0.2	≤0.3	≤0.4	GB/T 1429—2009
固定碳,%	≥99.5	≥99.5	≥99.2	—
水含量,%	≤0.15	≤0.15	≤0.15	GB/T 2288—2008
CTE，10^{-6}/℃	≤1.3	≤1.4	报告	GB/T 3074.1—2008

经过20多年的发展，锦州石化针状焦已形成锂电负极焦、石墨电极焦系列产品，得到市场认可。

第四节　技术展望

一、发挥减黏裂化技术在劣质重油原料预处理方面的作用

随着原油重质化、劣质化趋势加剧，渣油生焦趋势变强，改质深度与产品质量之间的矛盾更加突出，单一的减黏裂化技术已无法满足现代石油加工及改质的技术需求。从目前研究现状和产品需求看，未来发展方向有以下方面：

(1) 继续优化供氢热裂化、临氢热裂化技术，来提高原料油的加工深度和改质油的产品质量，大力推广其在高黏、高蜡原油就地改质领域的应用。

(2) 发展减黏与焦化、溶剂脱沥青、渣油加氢等工艺的组合技术，来实现原料拓展、多产轻油、低硫高黏渣油生产清洁船用燃料油的目的。

二、发挥焦化装置在劣质重油加工过程中的核心配置作用

创新组合工艺，发挥延迟焦化在低成本加工高金属、高残炭劣质重油和渣油的优势，结合其他重油加工手段优势，提高渣油的资源利用率和轻质油收率。典型组合技术包括：常减压蒸馏—延迟焦化—气化技术、常减压蒸馏—脱沥青—延迟焦化技术、常减压蒸馏—脱沥青—延迟焦化—气化技术、常减压蒸馏—加氢处理—脱沥青—延迟焦化技术、煤焦油延迟焦化—催化加氢制备航煤技术等。

灵活焦化技术是基于传统流化催化裂化和流化焦化工艺发展的连续焦化技术，反应温度高，停留时间短，能显著提高液体收率，降低生焦率，解决高硫石油焦出路的同时生产

高含量合成气，实现劣质重油高效转化。因此，发展新型热载体制备技术、高温和短接触时间的反应技术、焦炭气化制备高含量合成气技术，以及包括反应器、气化炉在内的关键装备设计制造技术，形成新型灵活焦化成套技术也是发挥焦化在劣质重油加工领域核心作用的一个发展方向。

三、发展环境友好、清洁、高效的延迟焦化生产技术

最大限度地减少废水、废气排放物，减少焦粉的污染。同时，延迟焦化还能够处理污水处理场的含水污油和“三泥”(炼油厂污水处理场的生化污泥、池底污泥、浮渣，通常含油率3%~15%)，发挥出环保功能。

优化操作条件，在增加产能的同时追求最大可能的液体产物收率并尽可能地处理劣质原料，主要包括：高液收延迟焦化生产技术、弹丸焦防治技术、短周期延迟焦化生产技术、智能化焦炭塔盖自动装卸技术、加热炉管在线清焦技术。

四、开发高硫原料生产低硫石油焦技术

延迟焦化过程的焦炭产率一般在25%~30%，低硫的石油焦经煅烧处理后可作为制铝用电极焦或针状焦原料。当加工含硫原油时，所产石油焦的硫含量往往高于其原料油，高硫石油焦的用途是抑制焦化发展的主要因素；通过开发和增设渣油加氢脱硫、氧化脱硫、特种还原脱硫、灵活焦化、石油焦煅烧和石油焦气化等新技术、新装置，全面解决高硫石油焦的生成和出路问题。因此应着重开发低硫石油焦生产的延迟焦化技术。

五、发展高端炭材料用优质焦的生产技术

电炉炼钢是十分节能和环保的废钢回收形式，需要用到以优质焦(即针状焦)为主要原料的石墨电极；同时，锂离子动力电池人造石墨负极需求量的逐年增加，也进一步助推了市场上优质焦的需求。生产优质石油焦进一步加工成高端炭材料以满足市场需求，是延迟焦化工艺的一个重要发展趋势。

总之，21世纪中国炼油化工产业将面临发展和风险共存的局面。受交通运输燃料和石油化工制造业的驱动，石油对外依存度已超过70%，并有逐年升高的趋势。大力发展以焦化为核心平衡装置的重质(超重质)原油加工是规避石油资源风险的一个重要措施，同时开发和发挥延迟焦化装置的环保功能和高端优质焦炭材料制备功能，提高炼油厂装置灵活度以增加机会利润，并利用石油焦制氢获取炼油厂氢资源的新途径，自主探索和发展流态化焦化技术，在新时代石油化工产业的绿色高效发展进程中大有可为。

参考文献

[1] 段斐，李玉辉，范海玲．劣质重油延迟焦化的工艺优化[J]．中国石油和化工，2016，23(S1)：150.

[2] 李雪静，乔明，魏寿祥，等．劣质重油加工技术进展与发展趋势[J]．石化技术与应用，2019，37(1)：1-8.

[3] 侯芙生．发挥延迟焦化在深度加工中的重要作用[J]．当代石油石化，2006，14(2)：3-7，12，49.

[4] 吴全．加拿大油砂产业发展趋势以及中加油砂项目合作面临的挑战[J]．国际石油经济，2014，22(3)：77-81，121-122.

[5] 李出和，李晋楼．国内延迟焦化技术面临的挑战和发展方向[J]．石油化工设计，2015，32(4)：56-61.
[6] 李出和，李蕾，李卓．国内现有延迟焦化技术状况及优化的探讨[J]．石油化工设计，2012，29(1)：10-12.
[7] 钟英竹，靳爱民．渣油加工技术现状及发展趋势[J]．石油学报(石油加工)，2015，31(2)：436-443.
[8] Vezirov RR. Visbreaking-technologies tested by practice and Time[J]. Chemistry and Technology of Fuels and Oils，2011，46：367-374.
[9] Humphries A，et al. NPRA，AM-88-71，1988.
[10] 徐先盛，竺宝英．渣油减黏裂化[M]．北京：烃加工出版社，1986.
[11] 邢颖春．国内外炼油装置技术现状与进展[M]．北京：石油工业出版社，2006.
[12] 杜宏水．缓和减黏裂化工艺的开发和应用[J]．炼油设计，1992，22(3)：24-27.
[13] 郑嘉惠．跨世纪国内外炼油新技术的发展动向[J]．石油炼制与化工，1996，27(12)：6-10.
[14] 李出和．进一步发挥减黏裂化装置的作用[J]．炼油设计，1993，23(4)：11-16.
[15] 金钟廉．延迟减黏装置设计与生产应注意的问题[J]．炼油设计，1985，15(5)：10-12.
[16] 龚维妮．延迟减黏—延迟焦化联合提高焦化装置效益[J]．石油炼制，1988(12)：19-24.
[17] 张殿升．缓和减黏裂化技术的探讨[J]．炼油设计，1992，22(3)：28-32.
[18] 杜宏水．缓和减黏裂化工艺的开发和应用[J]．炼油设计，1992，22(3)：24-27.
[19] 宋育红，等．辽河渣油供氢减黏裂化研究[J]．石油炼制与化工，1994，25(12)：15-19.
[20] 邓文安，等．加供氢剂的减压渣油减黏裂化工艺的开发[J]．炼油技术与工程，2006，36(12)：7-10.
[21] 尹依娜，等．辽河欢喜岭减压渣油供氢剂减黏裂化反应的研究[J]．石油与天然气化工，2003，32(1)：31-32.
[22] 佟家兴，时东风．浅谈延迟焦化技术进展[J]．工程技术(引文版)，2016，55：15.
[23] 崔正军．蒸馏装置减压深拔技术应用和减少结焦探索[J]．炼油技术与工程，2016，46(3)：14-19.
[24] 黄新龙，李节，王少锋，等．劣质重油浅度热裂化中试研究[J]．石油学报(石油加工)，2014，30(3)：434-438.
[25] 刘建锟，杨涛，方向晨，等．沸腾床渣油加氢—焦化组合工艺探讨[J]．石油学报(石油加工)，2015，31(3)：663-689.
[26] 王治卿，王宗贤，郭爱军．渣油中沥青质分子颗粒尺寸及其胶粒模型研究[J]．燃料化学学报，2004，32(4)：429-434.
[27] Guo A，Wang Z，Zhang H. Hydrogen transfer and coking propensity of petroleum residues under thermal processing[J]. Energy & Fuels，2010，24(5)：3093-3100.
[28] 郭爱军，张宏玉，沐宝泉，等．焦化原料的表征与延迟焦化性能[J]．石油化工高等学校学报，2003，16(1)：14-19.
[29] 王宗贤，耿亚平，郭爱军，等．馏分循环对延迟焦化加热炉管结焦规律影响的实验研究[J]．石油炼制与化工，2010，41(9)：65-69.
[30] 王宗贤，郭爱军，阙国和．辽河渣油热转化和加氢裂化过程中生焦行为的研究[J]．燃料化学学报，1998，26(4)：326-333.
[31] 王宗贤，何岩，郭爱军，等．辽河和孤岛渣油供氢与生焦趋势[J]．燃料化学学报，1999，27(3)：251-255.
[32] 王宗贤，郭爱军，阙国和．渣油中沥青质的缔合状况与热生焦趋势研究[J]．石油学报(石油加工)，2000，16(4)：60-64.

[33] 郭爱军，王宗贤，阙国和．饱和烃促进渣油热反应初期生焦的考察[J]．燃料化学学报，2001，29(5)：408-412.
[34] 郭爱军，王宗贤，阙国和．利用供氢剂探讨石油渣油的热转化机理[J]．燃料化学学报，2002，30(1)：1-5.
[35] Guo A，Ren Z，Tian L，et al. Characterization of molecular change of heavy oil under mild thermal processing using FT-IR spectroscopy[J]. Journal of Fuel Chemistry and Technology，2007，35(2)：169-175.
[36] 郭爱军，王宗贤，张会军．减压渣油掺炼工业供氢剂缓和热转化的基础研究[J]．燃料化学学报，2007，35(6)：667-672.
[37] Guo A，Zhang X，Zhang H，et al. Aromatization of naphthenic ring structures and relationships between feed composition and coke formation during heavy oil carbonization[J]. Energy & Fuels，2009，24(1)：525-532.
[38] 王齐，郭磊，王宗贤，等．内瑞拉减渣供氢热转化中沥青质结构变化研究[J]．燃料化学学报，2013，41(9)：1064-1069.
[39] 郭爱军，薛鹏，陈建涛，等．超稠油掺炼供氢剂的减黏裂化研究[J]．炼油技术与工程，2013，43(5)：28-32.
[40] 刘贺，陈坤，王宗贤，等．1H-NMR 评价不同重油缓和热转化过程中的相对供氢能力[J]．燃料化学学报，2013，41(10)：1191-1198.
[41] Guo A，Zhou Y，Chen K，et al. Co-processing of vacuum residue/fraction oil blends：effect of fraction oils recycle on the stability of coking feedstock[J]. Journal of Analytical & Applied Pyrolysis，2014，109：109-115.
[42] 王齐，王宗贤，庄士成，等．劣质渣油热改质与供氢热改质[J]．石油学报(石油加工)，2014，30(3)：439-445.
[43] Liu H，Mu J，Wang Z，et al. Transformation of petroporphyrins-enriched subfractions from atmospheric residue during noncatalytic thermal process under hydrogen by positive-ion electrospray ionization FT-ICR mass spectrometry[J]. Energy & Fuels，2016，30(3)：1997-2004.
[44] Wang Z，Ji S，Liu H，et al. Hydrogen transfer of petroleum residue subfractions during thermal processing under hydrogen[J]. Energy Technology，2015，3(3)：259-264.
[45] Wang Z，Liu H，Sun X，et al. Compatibility of heavy blends evaluated by fouling and its relationship with colloidal stability[J]. Petroleum Science & Technology，2015，33(6)：686-693.
[46] 刘朝仙，郭爱军，陈坤，等．热改质过程中渣油结构及其重组分溶剂化变化规律研究[J]．燃料化学学报，2016，44(3)：366-374.
[47] Guo Aijun，Lin Xiangqin，Liu Dong，et al. Investigation on shot-coke-forming propensity and controlling of coke morphology during heavy oil coking[J]. Fuel Processing Technology，2012，104：332-342.
[48] Wang Zongxian，Xue Peng，Chen Kun，et al. Correlation of temperature-programmed oxidation with microscopy for quantitative morphological characterization of thermal cokes produced from pilot and commercial delayed cokers[J]. Energy Fuels，2015，29(2)，659-665.
[49] 李春年．渣油加工工艺[M]．北京：中国石化出版社，2002.
[50] 王敬波．掺炼丙脱沥青对焦化装置安全运行及产品的影响[J]．炼油技术与工程，2005，35(8)：15-17.
[51] 杨长文．辽河超稠原油不产生弹丸焦工艺条件探索[J]．炼油技术与工程，2009，39(3)：28-32.
[52] 林祥钦，李雪，陈坤，等．延迟焦化工艺中弹丸焦生成与抑制的研究进展[J]．石化技术与应用，

2010，28(5)：434-438.
[53] 高涵，马波，王少军，等．石油中镍、钒的研究进展[J]．当代化工，2007，36(6)：572-576.
[54] 张孔远，燕京，吕才山．重油加氢脱金属催化剂的性能及沉积金属的分布研究[J]．石油炼制与化工，2004，35(8)：30-33.
[55] 苗勇，李锐，王玉章，等．石油针状焦的生产[J]．炭素技术，2005，24(3)：31-37
[56] 李太平，王成扬．针状焦技术研究进展[J]．碳素，2004，3(119)：11-16.
[57] 丁宗禹、申海平．石油针状焦生产技术[J]．炼油设计，1997，27(1)：10-13.
[58] 刘长明，洪强，李忠瑞，等，煤系针状焦煅烧工艺[J]．炭素技术，2012(3)：8-9.
[59] 刘鑫，张保申，周志杰，等．高温热处理对石油焦结构及气化活性的影响[J]．石油学报(石油加工)，2011，27(1)：138-143.
[60] 单长春，张秀云，刘春法．煅烧温度对宝钢针状焦性能影响的研究[J]．煤化工，2009(6)：15-17.
[61] 张毅峰．针状焦与石墨电极[J]．炭素技术，2013，32(1)：17-18.
[62] 吴世锋，靳艳菊．钢铁—石墨电极—石油焦市场分析与展望[J]．炭素技术，2013，32(1)：19-21.

第四章 劣质重油溶剂脱沥青技术

溶剂脱沥青(SDA)是基于萃取分离过程和相似相溶原理，使混合物中待分离的组分溶解于溶剂中形成萃取相，将沥青质富集浓缩形成萃余相。萃取相和萃余相分别回收溶剂后得到杂质含量低、裂化性能较好的脱沥青油(DAO)和沥青质、金属、杂原子含量高的脱油沥青(DOA)，从而实现目的组分与其他组分分离[1-4]。在常见的溶剂脱沥青过程中，溶剂多采用沸点较低、分子量较小、非极性的烃类，如丙烷、丁烷、戊烷或这类溶剂的混合物等。

在炼油工业中，典型的溶剂脱沥青过程[5]通常以减压渣油等作为原料，用上述的烷烃作为溶剂，两者在抽提塔中逆流接触，将油品的轻组分抽提形成萃取相，并从抽提塔顶部出来[6-7]，再将溶剂分离后得到目标产物 DAO；难以溶解的重组分形成萃余相，并从抽提塔底部出来，再将少量夹带的溶剂分离后得到副产物 DOA；经过分离回收的溶剂通过换热冷却工艺得以回收循环利用[8-9]。溶剂脱沥青工艺除典型的一段抽提法外，还有两段抽提法和抽提沉降法两种工艺，其分别对脱油沥青和脱沥青油再次进行溶剂抽提，使整个工艺生产出轻脱沥青油、重脱沥青油和脱油沥青三种产品，从而实现产品质量最佳化[10-17]。

本章简要回顾溶剂脱沥青技术发展历程，重点介绍中国石油相关技术进展。

第一节 溶剂脱沥青技术进展

相比传统蒸馏技术，溶剂脱沥青技术对沸点接近的、易形成共沸物的、热敏性差、易发生化学变化的各组分分离效果显著；相比渣油加氢技术，脱除胶质和沥青质的难度和成本更低，胶质和沥青质的脱除率较高[18]。这项技术经过 85 年的工业实践，作为有效的重油预处理手段，在现代炼厂仍然发挥着重要作用。

一、国外溶剂脱沥青技术进展概况

世界上第一套溶剂脱沥青工业装置诞生于 1936 年，由 M. W. Kellogg 公司(现为 KBR 公司)建成投产，至今世界投产规模已发展到 120 套以上，代表性的工艺有 ROSE 工艺、Demex 工艺、LEDA 工艺和 Solvahl 工艺等[19]。

1. ROSE 技术

超临界抽提(ROSE)技术[20]最初由科尔—麦吉公司(Kerr-MCGee)开发。该技术可使用从丙烷到己烷作溶剂，以常压渣油或减压渣油为原料，生产润滑油料、催化裂化料、加氢裂化料、胶质和沥青质[21]，工艺流程示意如图 4-1 所示。

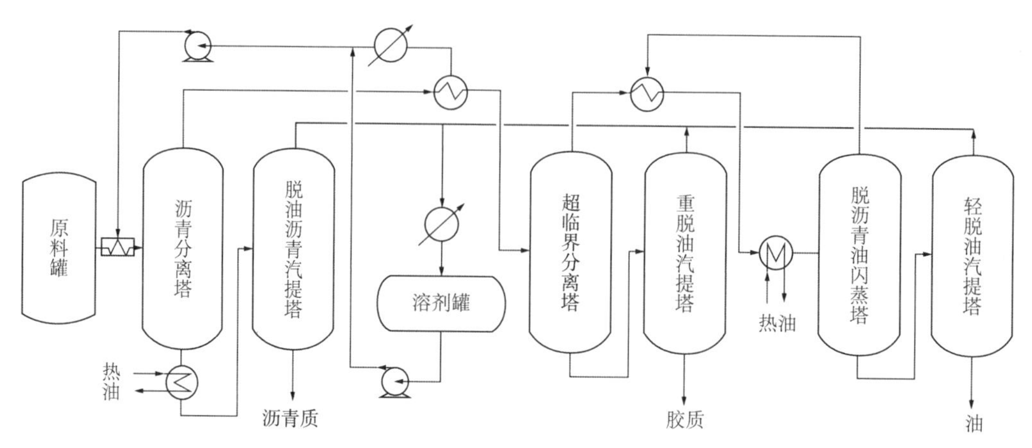

图 4-1 ROSE 工艺流程示意图

2. Demex 技术

抽提脱金属(Demex)技术[22]由美国 UOP 公司开发，采用较重的烷烃溶剂，如丁烷或丁烷—戊烷混合物，以沉降法两段脱沥青工艺为基础，应用静态混合器——沉降塔，实现渣油两组分或三组分分离[23]。此技术可以从减压渣油中分离出用于下游转化装置的原料、生产润滑油基础油组分或者沥青，可以从渣油中回收芳烃和可加工的胶质组分，将高金属含量的渣油分离成含金属相对较少的脱金属油和脱油沥青副产品，采用超临界溶剂回收技术[24]。

3. 国外其他代表技术

美国 Foster-Wheeler 公司的 LEDA(Low Energy Deasphalting)技术[25]以 C_2—C_7的各种配比为溶剂进行抽提，通常用以分离制备催化裂化和加氢裂化原料、优质光亮油原料以及胶质、沥青质。LEDA 工艺与国内常用的丙烷脱沥青工艺相似，抽提部分采用转盘抽提塔，塔内维持稳定的温度梯度，对原料进行预稀释，采用低剂油比和连续蒸发回收技术来降低能耗。1996 年该工艺与 UOP 的 Demex 联合推广，在世界范围内已建成工业装置约 50 套。

法国石油研究院(IFP)的 Solvahl 技术[25]以 C_4或 C_5为溶剂，采用特殊设计的萃取塔，物料逆流接触单段抽提，极大程度地提高脱沥青油的收率，同时该技术在处理减渣时沥青质脱除率高，脱沥青油产品质量较好，所需溶剂体积比一般为(4~6)：1，超临界溶剂回收。20 世纪工业化以来，世界上有十余套采用不同溶剂的 Solvahl 装置在运行。

除以上典型工业技术外，其他机构对溶剂脱沥青技术也开展了深入研究。埃克森美孚研究与工程公司(EXXON MOBIL)在 2015 年开发了集成水力空化的溶剂脱沥青系统，该系统能进一步提高脱沥青油收率和质量，降低残炭和镍、钒含量。莫斯科物理与技术研究所(国立研究大学)开展了二氧化碳—甲苯混合物对减压渣油进行溶剂脱沥青的研究，利用二氧化碳的有效抗溶剂特性，限制了甲苯对极性胶质—沥青质的溶解，使得此溶剂体系可以提供较高的金属和残炭去除率[26]。韩国高丽大学同样开展了溶剂脱沥青工艺中二氧化碳对溶剂选择性分离的研究，可以在相对较低的温度下，获得较高的溶剂回收率[27]。俄罗斯科学院沃尔纳德斯基地球化学和分析化学研究所开展了纳米氧化铁对溶剂脱沥青效果影响的研究。哥伦比亚国立大学也开展了 SiO_2纳米颗粒强化溶剂脱沥青工艺的研究，在渣油溶剂脱沥青过程中加入纳米颗粒，纳米颗粒原位形成的前体溶液可以显著减少脱沥青油中金属和沥青质含量，增大残炭脱除率，同时纳米粒子进入脱油沥青，对脱沥青油无污染[28-29]。

二、国内溶剂脱沥青技术进展概况

1958 年，我国首套溶剂脱沥青装置在兰州炼油厂建成投用，随着科技进步逐渐发展完善，目前国内约有 30 套溶剂脱沥青装置[30]，以丙烷脱沥青为主，丁烷脱沥青装置约有 8 套，总年产能超过 900×10^4t，主要生产润滑油以及加氢裂化原料[31]，同时生产催化裂化原料和沥青[32]。我国溶剂脱沥青技术的主要进展见表 4-1[33]。

表 4-1　我国溶剂脱沥青技术的主要进展

年份	单位	主要技术进展
1958	兰州炼油厂①	第一套 0.1×10^6t/a 丙烷脱沥青装置投产
1965	石油化工科学研究院	两段法脱沥青工艺研究成功
1965	石油五厂②	两段法脱沥青工艺工业应用试验，之后进行了水力驱动式转盘萃取塔、二次萃取塔改造
1966	兰州炼油厂① 石油化工科学研究院	丙烷临界回收工业应用成功
1972	南充炼油厂	异丙醇脱沥青工艺成功
1972	上海炼油厂	丙烷萃取塔上使用沥青界面计
1973	东方红炼油厂③	萃取塔沉降段加热方式改造
1987	吉林炼油厂	我国第一套 0.2×10^6t/a 混合 C_4 溶剂脱沥青新工艺装置建成投产
1990	石油大学	1.5×10^4t/a 超临界溶剂脱沥青中试装置试验成功
1992	大连石油化工公司	丙烷脱沥青装置模式识别优化技术
1992	燕山石油化工公司	双螺杆泵在丙烷脱沥青装置中应用
1995	上海石油化工股份有限公司	混合 C_4 溶剂脱沥青装置建成投产
1996	济南炼油厂	增压泵应用变频调速器
1996	上海石油化工股份有限公司、 华东理工大学	筛板塔渣油 C_4 溶剂脱沥青中试成功
1998	锦西炼油化工总厂 清华大学	新型高效萃取塔改造成功
2001	中国石化茂名分公司	化学消泡剂在溶剂回收过程中应用
2009	华东理工大学、 中国石化洛阳分公司	首次采用 Aspen Plus 软件高精度模拟丙烷溶剂脱沥青过程
2009	中国石油辽河石化公司	1.5×10^4t/a 重油梯级分离耦合萃余残渣造粒工业示范装置建成开车
2010	中海油青岛中心	戊烷溶剂脱沥青装置开车成功
2019	中国石油石油化工研究院	油砂沥青改质技术研究成功

①现中国石油兰州石化公司；
②现中国石油锦西石化公司；
③现中国石化燕山石化公司。

在苏联的技术援助下，我国建成了第一套溶剂脱沥青装置。此后，我国持续投入自主研发，石油化工科学研究院先后开发出两段沉降法丙烷脱沥青工艺、临界回收技术、转盘塔及分布器技术，形成了与催化裂化、热裂化、加氢裂化以及气化过程的组合工艺。石油大学在超临界流体技术研究的基础上，开发了超临界溶剂脱沥青技术，并建成了一套 1.5×10^4t/a的工业示范性超临界抽提装置。随着技术和装备水平不断进步，溶剂脱沥青的功能由生产润滑油发展为重油脱碳手段，工艺过程由初期的混合—沉降演进到转盘塔等先进萃取技术，单效蒸发溶剂回收方式被多效蒸发和超临界分离所替代，分离效率和过程能耗指标均有实质性提升。进入 21 世纪，原油劣质化和节能环保严格化的加剧，推动了溶剂脱沥青技术的相关研究不断深入，在溶剂脱沥青工艺单元结构、溶剂体系、溶剂回收、产品优化等方面取得了大量的创新成果。基于劣质重油预处理需要，根据抽提体系温度、压力变化的特点[34-35]，以及产物不同的用途等因素，中国石油开发出了劣质重油梯级分离技术[36]、灵活高效分离固化沥青质工艺等技术。在双碳目标驱动下，低碳减排的溶剂脱沥青工艺将发挥更加重要的作用。

第二节　劣质重油梯级分离技术

一、重油梯级分离技术概况及发展

劣质重油轻质化技术的研究具有非常重要的意义[37]。重油是由种类众多的分子量较大的化合物组成的复杂混合物，含有大量的非烃类分子(S、N、O 化合物及金属有机化合物)，存在着多尺度、多分散结构的胶状和沥青状分子聚集体，而如何处理这些非烃化合物和分子聚集体是重油加工的核心问题[38-42]。若可以找到一种有效的非烃化合物和大分子聚集体脱除方法，并在脱除分离后得到杂质含量低、裂化性能好的脱杂轻油，将大幅提高劣质重油的利用率，从而实现重油的轻质化，解决重油的高效加工问题，将为重油资源的开发带来更多机遇。

鉴于超临界抽提技术可以非破坏性分离或浓缩重油中的非烃化合物和分子聚集体，中国石油联合中国石油大学(华东)和中国石油大学(北京)重质油国家重点实验室利用超临界精密分离新方法[43-46]，对包括常规石油渣油、重质原油渣油、加拿大油砂沥青、悬浮床加氢裂化尾油等在内的国内外 30 余种代表性重油进行分离表征的基础上，提出了劣质重油梯级分离新工艺，即在超临界条件下，以正构烷烃为溶剂对重油进行梯级分离，得到较高收率的脱沥青油(DAO)和高软化点的脱油沥青(DOA)。与传统溶剂脱沥青工艺相比，梯级分离技术所得脱沥青油胶质、沥青质减少，饱和分、芳香分增多，残炭和黏度降低，金属和 S、N 等杂原子化合物含量大幅减少，性质得到明显改善[47-53]，可适用于多种后续炼化加工工艺。同时为了最大限度地提高脱沥青油对后续加工设备的适配性及目标产品(汽柴等轻质馏分油)的收率，可对脱沥青油进行二次分离，得到性质更好的轻脱沥青油(LDAO)和重质组分进一步浓缩的重脱沥青油(HDAO)。所得轻脱沥青油可直接作为催化裂化原料，重脱沥青油经加氢处理后也作为催化裂化原料进行加工处理[54-57]。

以工艺技术设备简单、原料适应性广的梯级分离工艺为先导，将性质较好的轻质产品脱沥青油作为原料进行催化裂化或加氢精制等后续加工所形成的组合工艺，可为重油的轻质化加工提供更多的选择[58-59]。

劣质重油经梯级分离处理，在得到性质明显改善的脱沥青油的同时，脱油沥青却因富集了重油中约50%残炭、70%金属及90%沥青质，而导致其含碳量超过80%，软化点高达180℃，沥青—胶体体系稳定性高，常温硬而脆，高温呈黏稠状半流体。此种硬沥青性质较之传统沥青更差[25]，并因其主体组分——胶质、沥青质中硫、氮等杂原子及金属含量很高，使得脱油沥青的排放、输运、加工均存在着较大的问题[60]。

针对于此，重油梯级分离项目团队研发出了梯级分离脱油沥青喷雾造粒技术[61-63]，即将硬沥青喷雾造粒与萃取过程耦合，实现了硬沥青的造粒成型，解决了硬沥青从抽提塔底释放并回收沥青夹带溶剂的问题，于2009年在中国石油辽河石化公司成功建成重油梯级分离示范装置。

重油梯级分离装置由溶剂脱沥青质系统和沥青造粒系统组成，溶剂脱沥青质系统包括溶剂抽提沉降、溶剂超临界分离回收、溶剂低压汽提回收等，沥青造粒系统包括造粒塔、压缩机、溶剂回收等，装置流程如图4-2所示。

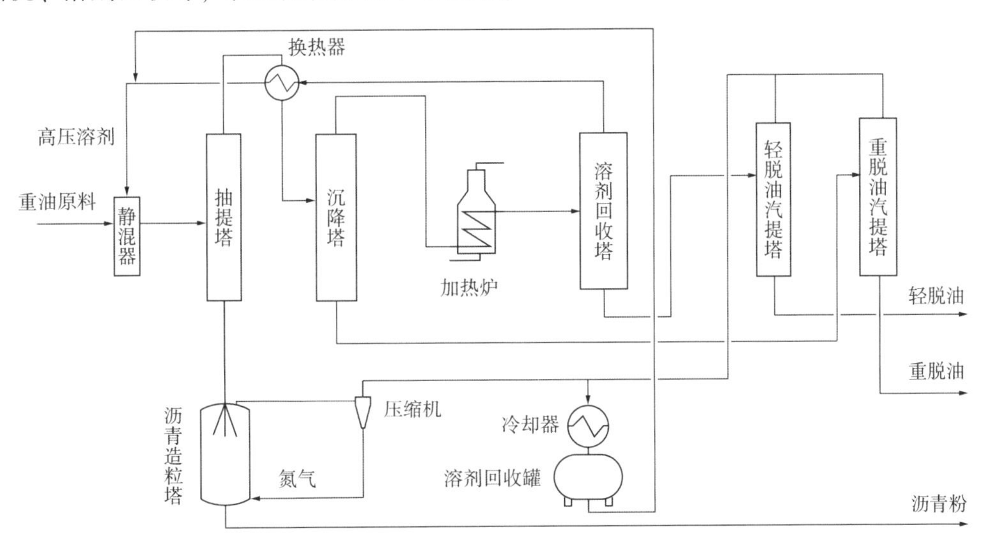

图4-2 连续式重油梯级分离装置流程图

待处理重油于静态混合器内按一定溶剂比混合萃取溶剂后进入抽提塔，经深度萃取，重油中油相和沥青相得以分离。油相从抽提塔顶部流出，经加热炉加热后进入沉降塔，分离得到轻脱沥青油相和重脱沥青油相。重脱沥青油相自沉降塔底部流出，经汽提后得到重脱沥青油；轻脱沥青油相自沉降塔顶部流出，流经溶剂分离器，分离出的溶剂冷却后进入溶剂回收系统循环使用，脱溶剂轻油相则从溶剂分离塔底部流出，经汽提后得到轻脱沥青油。沥青相从抽提塔底部流出，进入造粒塔喷雾造粒，造粒后产生的沥青粉沉降至造粒塔底，经螺旋输送器送至卸料罐，同时回收造粒塔顶混合气中的溶剂进入系统，循环利用。

二、重油梯级分离工业试验

2009年10月，中国石油辽河石化公司的1.5×10^4t/a重油梯级分离耦合萃余残渣造粒工业示范装置建成中交，并以委内瑞拉超重油减压渣油为原料，进行了万吨级重油梯级分离耦合萃余残渣造粒工业试验，打通了梯级分离装置全流程，实现了溶剂脱沥青质系统连续稳定运转以及沥青相连续喷雾造粒。

表4-2、表4-3、表4-4列出了工业试验期间连续加工委内瑞拉超重油减压渣油的运行数据，梯级分离工业试验装置运转结果表明，经分离后，轻、重脱沥青油收率总计超过70%，其中轻脱沥青油收率62.98%，原料中大部分的残炭、沥青质、重金属都富集到了沥青粉中，实现了提高轻、重脱沥青油产品质量的目标。

表4-2　梯级分离工业试验物料平衡数据

物料名称	收率,%(质量分数)	物料名称	收率,%(质量分数)
轻脱沥青油	62.98	损失	0.03
重脱沥青油	11.37	合计	100.00
脱油沥青(沥青粉)	25.62		

表4-3　梯级分离工业试验产品性质

项目	轻脱油	重脱油	沥青粉
密度(20℃)，g/cm³	0.9967	1.0363	1.1140
运动黏度(100℃)，mm²/s	295.0	2635.2	—
残炭,%(质量分数)	9.92	19.75	48.19
饱和分,%(质量分数)	21.28	14.15	1.71
芳香分,%(质量分数)	51.48	40.49	8.01
胶质,%(质量分数)	26.41	37.99	35.38
沥青质,%(质量分数)	0.83	7.37	54.90
硫含量,%(质量分数)	3.50	3.90	5.95
氮含量,%(质量分数)	0.30	0.49	0.96
碳含量,%(质量分数)	81.67	83.56	—
氢含量,%(质量分数)	10.48	10.36	—
氢碳比	1.54	1.49	—
软化点,℃	—	—	179
铁含量，μg/g	9.4	62.4	—
镍含量，μg/g	39.3	144.8	402.0
钠含量，μg/g	6.1	26.7	—
钙含量，μg/g	11.1	60.9	791.0
钒含量，μg/g	147.7	510.0	1804.0

表 4-4 委内瑞拉超重油梯级分离工业试验轻脱油杂质脱除率

项目	收率,%	沥青质,%	残炭,%	金属含量，μg/g				
				Fe	Ni	Na	Ca	V
原料油	100.00	12.16	20.05	17.5	117.8	26.5	39.7	486.0
轻脱沥青油	62.98	0.83	9.92	9.4	38.3	6.1	11.1	147.7
重脱沥青油	11.37	7.37	19.75	62.4	144.8	26.7	60.9	510.0
轻脱沥青油杂质脱除率,%	—	95.70	68.83	66.17	79.52	85.60	82.40	80.86

表 4-5 列出了工业试验沥青粉的粉体性质。从该表中可以看出，在相同的试验条件下，沥青粉粉体性质重复性较好。

表 4-5 工业试验的沥青粉粉体性质

项目	表面积 m^2/g	孔体积 $10^{-2}cm^3/g$	平均孔径 nm	真密度 g/cm^3	堆积密度 g/cm^3	软化点 ℃	溶剂含量 %
1#	8.239	1.737	8.435	1.114	0.08569	178	0.385
2#	8.610	1.839	8.545	1.118	0.08419	180	0.323
3#	6.647	1.455	8.757	1.114	0.08652	177	0.416

对于脱油沥青喷雾造粒而言，造粒成功与否主要取决于脱油沥青的软化点，而沥青软化点的高低则由沥青中胶质、沥青质含量所决定[64]。沥青胶质、沥青质含量较少，则其软化点较低，造粒过程易发生黏结凝聚，难以实现造粒成型；胶质、沥青质含量较高，则其软化点较高，易形成颗粒，但软化点较大时沥青颗粒堆积密度较小、蓬松性较大(平均颗粒粒径 200~250μm，松装堆积密度 0.10~0.30g/cm^3)，存在着流化和输送性能较差等一系列问题[65]。

虽然脱油沥青喷雾造粒技术存在着一定的制约，但切实解决了高软化点沥青的排放问题，且经造粒后的沥青颗粒具备制备沥青水浆、生产道路沥青等多种用途，结合了沥青喷雾造粒技术的重油梯级分离工艺，为劣质重油高效连续加工处理提供了新的路线及方向。

第三节 油砂沥青改质技术

一、油砂沥青改质技术概况及需求

开发利用加拿大油砂沥青等非常规资源是保障我国能源安全的战略选择。国内多家公司投入巨资进行海外重油资源开发，仅中国石油投资的加拿大麦凯河(MacKay River)和多佛(DOVER)两个区块，可采储量达到 51×10^{8}bbl。所采原油进入公用管道必须满足加拿大石油工程师协会(CAPP)和当地管道公司的标准要求：原油 API 度达到 19°API，运动黏度(11.5℃)低于 350mm^2/s，且烯烃含量低于 1%。加拿大油砂沥青 API 度为 7~8°API，常温不流动，需要通过掺调轻油或者就地改质降黏，方可满足严格的输送要求。而在当地建改质装置成本过高；直接与稀释剂掺稀后产品价差过高，经营压力巨大。因此，油砂资源开发迫切需要降低掺稀比例，解决油砂沥青降黏、储运问题。

研究表明，油砂沥青具有分子规模大、结构单元复杂、结构单元之间桥键链接等特征。油砂沥青中含有10%~20%甚至更高比例的沥青质，沥青质分子单元与胶质分子单元之间存在很强缔合作用力，甚至可能比沥青质分子单元之间自缔合作用力更强。这部分组分作为黏度和密度的载体，从存在形态上来看，以类固体的形态胶溶在体系中，同时形成胶结聚集中心，使整个体系的可输送性变得更差。因此，沥青质的转化或者脱除，是降低油砂沥青油黏度并提高API度的首选措施。

中国石油开发了“分质分运理念为基础，产品高值化为关键，硬组分固化成型为保障”的灵活高效分离固化沥青质(PriFERAs)部分改质工艺，即把油砂沥青分离成液相油品和固相沥青质组分，油品部分掺稀达到管输要求，固相沥青质组分成型并开发高价值添加剂后采用铁路或船运外销。经过经济性分析评估，部分改质工艺符合加拿大油砂开发实际需求。

二、油砂沥青部分改质中试结果

1. 脱沥青改质效果

以加拿大油砂沥青乳液脱水原油常减压蒸馏所得减压渣油(以下简称VTB)为原料，进行萃取分离试验，产物性质对比见表4-6。由表中数据可见，经过复合溶剂分离后，DAO的API度明显提高，由进料的4.81°API提高到10.26°API，沥青质脱除率98%以上，重金属(Ni+V)的脱除率为83.8%，残炭值降低幅度为64.2%。

表4-6　油砂沥青VTB及其DAO主要物性

项目名称	VTB	DAO
密度(20℃)，g/cm^3	1.038	0.994
API度,°API	4.81	10.26
动力黏度(50℃)，mPa·s	1461000	11100
动力黏度(80℃)，mPa·s	88700	890
动力黏度(100℃)，mPa·s	11900	348
残炭,%(质量分数)	19.17	6.86
碳含量,%(质量分数)	82.79	83.66
氢含量,%(质量分数)	10.05	10.94
硫含量,%(质量分数)	5.96	4.49
氮含量,%(质量分数)	0.55	0.33
氧含量,%(质量分数)	0.80	0.40
铁含量，μg/g	25.22	1.46
镍含量，μg/g	97.10	20.76
钠含量，μg/g	65.38	2.13
钙含量，μg/g	33.05	0.96
钒含量，μg/g	291.80	42.22

续表

项目名称	VTB	DAO
饱和分,%(质量分数)	9.3	17.4
芳香分,%	41.9	56.7
胶质,%(质量分数)	32.7	25.8
沥青质,%(质量分数)	16.1	0.1

以萃取分离得到的VTB-DAO作为基础油样，进行还原回调试验，即与沥青原料蒸馏所得轻油(IBP-350℃馏分)、蜡油，按蒸馏比例混合还原得到改质油。表4-7对比了改质油与改质前沥青原油在物理性质上的差异，可以看出，脱除沥青质后的原油密度、黏度、残炭、金属含量、沥青质含量等均显著降低，性质得到了明显改善，其中，API度提高至13.6°API，显然，在此基础上进行的后续掺稀调和试验势必将大幅降低稀释剂的使用量。

表4-7　油砂沥青原油及其脱沥青改质油物性

项目名称	油砂沥青原油	脱沥青改质油
质量收率,%	100.00	65.69
体积收率,%	100.00	69.95
密度(20℃)，g/cm^3	1.0143	0.9712
API度,°API	7.5	13.6
动力黏度(80℃)，mPa·s	1215	184
残炭,%(质量分数)	14.34	4.35
碳含量,%(质量分数)	83.44	84.30
氢含量,%(质量分数)	10.63	11.41
硫含量,%(质量分数)	4.99	3.78
氮含量,%(质量分数)	0.46	0.24
氧含量,%(质量分数)	0.50	0.30
铁含量，μg/g	32.32	20.00
镍含量，μg/g	73.15	11.30
钠含量，μg/g	52.57	1.76
钙含量，μg/g	26.41	7.43
钒含量，μg/g	211.60	25.40
饱和分,%(质量分数)	19.2	31.7
芳香分,%(质量分数)	37.6	47.4
胶　质,%(质量分数)	32.2	20.9
沥青质,%(质量分数)	11.0	<0.1

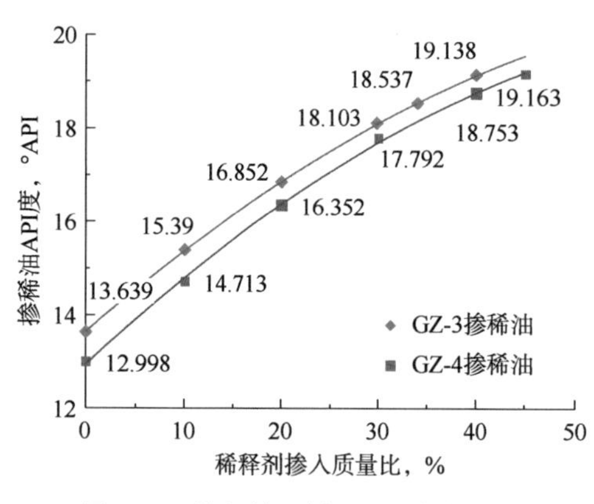

图 4-3　稀释剂比例—API 度变化图

2. 脱沥青改质油掺稀调和生产达标原油

为满足加拿大油品管输要求，使用 API 度为 32.9°API 的 SCO 作为稀释剂，对脱沥青改质油(性质见表 4-7)开展掺稀试验，测得不同掺稀比例掺稀油的 API 度结果如图 4-3 所示。可以看出，随着稀释剂加入量的增加，稀释油的 API 度升高，在稀释剂掺入质量比达到 45∶100时，API 度达到 19°API，满足加拿大油品管输的指标要求。

3. DOA 性质评价及产品开发结果

油砂沥青 DOA 以其优异的高温性能和黏附性能，可以作为特种沥青改性材料。着眼于长远沥青硬质化的发展趋势，油砂沥青 DOA 将逐渐被市场接受，需要扩大产能和应用半径。而大部分沥青生产基地原料中硬组分不足，高低温性能难以均衡。选择中国西北地区某代表性的 70#沥青作为基础，以加拿大油砂沥青分离得到的高软化点(大于 100℃)油砂沥青 DOA 为添加剂，进行了沥青调和试验，经过 150℃条件下 30min 搅拌后，分析产品性质见表 4-8。

表 4-8　加拿大油砂 DOA 调和生产 20 号沥青试验结果

测试项目		基础沥青	50%DOA+50%基础沥青	参比样品	技术等级	
					10/20	15/25
针入度(25℃)，1/10mm		60~80	20	19	10~20	15~25
软化点,℃		≥44.0	≥67.6	≥66.0	≥58~78	≥55~71
动力黏度(60℃)，Pa·s		≥150	≥5362	≥4968	≥700	≥550
TFOT 后	质量变化,%	0.80	≤0.02	≤0.03	—	≤±0.5
	残留针入度比,%	≥59.0	≥75.0	≥95.0	—	≥55
	软化点,℃	55.0	72.2	70.0	≥Orig. Min.+2	—
	软化点增加,℃	≤6.0	≤4.6	≤4.0	≤10	≤8
脆点,℃		—	≥-9	≥-12	≥3	≥0
闪点,℃		≥260	≥253	≥324	≥245	≥235
溶解度,%		≥99.9	≥99.7	≥99.8	—	≥99

调和沥青综合评价表明：产品高低温性能符合 EN13924，SHRP 分级达到 PG94-12E。与某国际公司高品质 20 号沥青对比可见，产品各项指标相当，加拿大油砂沥青 DOA 可作为性能优异的高模量沥青添加组分，附加值将大幅提升。结合我国道路沥青和防水卷材沥青等产品需求，以油砂沥青 DOA 作为调和组分生产硬质沥青、防水卷材沥青、强黏结力乳化沥青以及直投式改性沥青产品，提升加拿大油砂沥青的应用价值，具有重要的经济和社

会意义。

三、DOA 固化成型技术研究

1. DOA 固化性能评价

对于油砂开发过程而言，高软化点沥青价值实现的关键在于输送性能和应用性能，适宜的固化成型，为后继分散包装运输和产品应用带来极大的便捷。采用连续式间接冷却造粒成型法，对萃取分离的 DOA 进行固化成型模拟试验。造粒成型模拟试验情况见表 4-9，预热温度、预热时间会直接影响沥青造粒效果，针对不同软化点的 DOA，控制适宜的预热温度、预热时间，保证良好的流动性，可以顺利实现造粒，形成均匀的颗粒和规则的外形。随着沥青软化点的不同，预热温度应该至少比软化点温度高 80℃ 以上，可形成较均匀且不拉丝的沥青颗粒，沥青造粒效果如图 4-4 所示。

图 4-4　沥青造粒效果图

表 4-9　造粒成型模拟试验情况表

序号	软化点,℃	预热温度,℃	预热压力，kPa	预热时间，s	成型情况
1	144.8	240	100	30	均匀颗粒
2	136.7	200	100	20	颗粒带丝
3	136.7	200	100	40	颗粒带丝
4	136.7	210	100	50	均匀颗粒
5	108.4	195	50	13	均匀颗粒

2. 高软化点沥青造粒成型设备设计

在前期试验基础上，采用回转钢带滴落式干法冷却工艺，开发了固化成型装置。针对加拿大油砂沥青 DOA 特性和应用条件限制，专门开发了高效脱气、三级冷凝、近零排放的造粒设备。造粒设备由脱气罐、原料泵、分布器、回转钢带、第一冷却区、第二冷却区、产品仓、供风机、空气冷却区、抽风机和尾气吸附塔等组成，设备的主体结构如图 4-5 所示。

来自溶剂脱沥青装置的液态 DOA 进入脱气罐中，依次流过脱气罐内的文丘里管、集液槽和气液分离器，其中夹带的轻烃溶剂因压力突变和薄膜状流动进行二次脱气；脱气后的 DOA 用原料泵送入分布器中，依靠分布器内部构件的旋转以液滴的形式均布在回转钢带的上表面；在回转钢带的下表面设置两个冷却区，分别采用常温循环水和低温循环水冷却，另在回转钢带的上面设置一个空气冷却区，以冷空气对沥青颗粒上表面进行强制冷却；从而完成 DOA 固化过程，堆积密度可达 0.6~0.9kg/L，保证了良好的输送性能和应用性能。

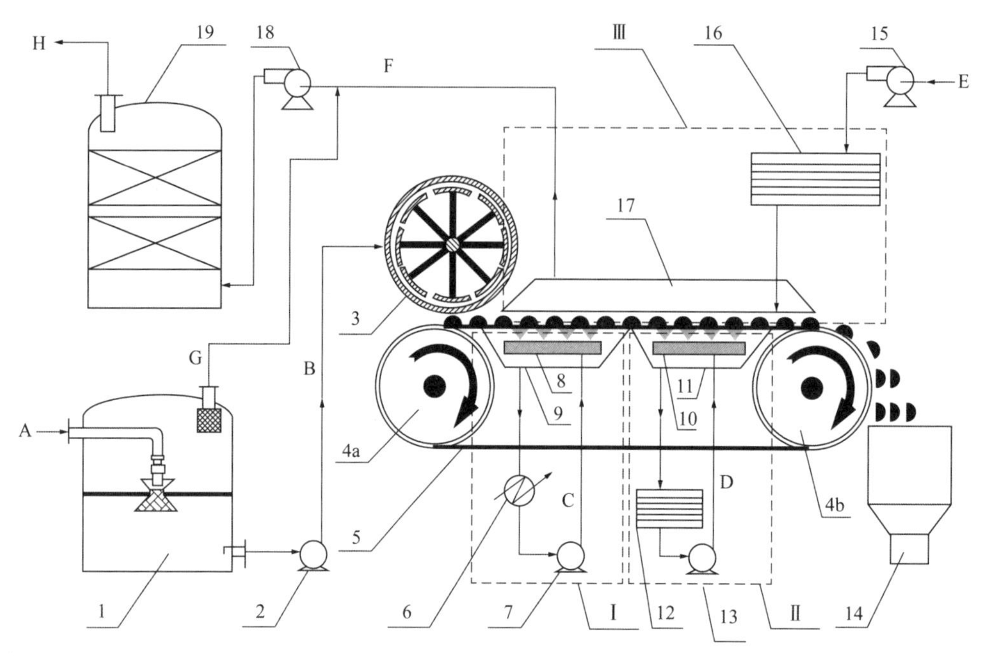

图 4-5 脱油沥青造粒设备流程示意图

Ⅰ—第一冷却区；Ⅱ—第二冷却区；Ⅲ—空气冷却区；A—液态 DOA；B—脱气后的 DOA；C—一区循环冷却水；D—二区循环冷却水；E—空气；F—造粒废气；G—脱气罐尾气；H—尾气吸收塔的尾气；1—脱气罐；2—原料泵；3—分布器；4a，4b—转子；5—回转钢带；6—换热器；7—一区水泵；8—一区水喷淋系统；9—一区集水槽；10—二区水喷淋系统；11—二区集水槽；12—制冷机；13—二区水泵；14—产品仓；15—供风机；16—空气冷却器；17—钢带风罩；18—抽风机；19—尾气吸附塔

第四节 技术展望

溶剂脱沥青技术以其非破坏性的高效分离作用，且在全过程中无须使用催化剂或氢气，也无须较高的操作温度，逐渐发展成为重质油加工的重要手段，在润滑油基础油或催化裂化/加氢裂化的原料生产以及不同种类的沥青产品开发中发挥着重要作用。该技术工艺简单、投资低、建设周期短、操作简便，对重质、劣质油预处理、加工具有独特优越性。

经过 80 多年的发展，溶剂脱沥青这项高效的脱碳工艺在劣质重油加工中的应用日益成熟和完善。随着炼油技术朝着油化一体化方向发展，尤其是“双碳”战略目标的提出和“分子炼油”理念的广泛认同，溶剂脱沥青技术将会在如下几方面继续提升：

(1) 作为加工过程的先导，“重油加工调节器”的作用将更加凸显。溶剂脱沥青与催化裂化、延迟焦化、渣油加氢等其他工艺技术灵活组合，实现组分分类加工，可显著提高渣油的转化率和渣油加氢裂化装置的操作稳定性，降低装置的操作苛刻度以及投资和运行成本，提高产品结构的灵活性，从而提高经济效益。

（2）过程多尺度强化，溶剂分离效率将持续提高。在成熟工艺的基础上，添加相分离助剂、传质扩散能量场介入以及宏观尺度的设备升级，将有助于溶剂脱沥青过程分离效率进一步提高，压力等级、剂油比例等耗能参数进一步下降。

（3）工艺深度耦合，过程—产品一体化结合更为紧密。进入新的历史时期，结合上游应用场景限制及终端产品需求，适应油田、炼厂及化工企业特点，尤其是新型材料领域对原料的细分要求，是溶剂脱沥青技术进步的新动力。

参　考　文　献

[1] 曲涛，郭皎河，高鲜会．进口油溶剂脱沥青技术优化研究[J]．石油沥青，2011，25(2)：65-68.

[2] 龙军，王子军，黄伟祁，等．重溶剂脱沥青在含硫渣油加工中的应用[J]．石油炼制与化工，2004，35(3)：1-5.

[3] 李晓文．溶剂脱沥青的技术进展与工艺优化[J]．中外能源，2007(2)：68-75.

[4] 徐晓胜，王利平，李青松，等．溶剂脱沥青工艺优化研究进展[J]．应用化工，2019，48(2)：402-406.

[5] 徐晓胜，王利平，李青松，等．溶剂脱沥青工艺优化研究进展[J]．应用化工，2019，48(2)：402-405.

[6] Rana M S，Sámano V，Ancheyta J，et al. A review of recent advances on process technologies for upgrading of heavy oils and residua [J]. Fuel，2007，86(9)：1216-1231.

[7] Liu X，Yang Y，Lin X，et al. Deoiled asphalt as carbon source for preparation of various carbon materials by chemical vapor deposition [J]. Fuel Processing Technology，2006，87(10)：919-925.

[8] 谷振生，王晓明. 国内外重油加工技术新进展 [J]. 炼油与化工，2010，21(1)：6-8.

[9] 梁文杰，阚国河，刘晨光，等．石油化学[M]．东营：中国石油大学出版社，2009.

[10] 梁文杰．石油化学[M]．东营：石油大学出版社，1995.

[11] 水恒福，沈本贤，高晋生等．混合 C_4 溶剂脱沥青工艺研究 DAO 与 DOA 影响因素考察 [J]．华东冶金学院学报，2000，17(1)：36-42.

[12] 徐春明，杨朝合．石油炼制工程 [M]．4 版．北京：石油工业出版社，2009.

[13] Zou X Y，Dukhedin-Lalla L，Zhang X，et al. Selective rejection of inorganicfine solids，heavy metals，andsulfur from heavy oils/bitumens using alkanesolvent [J]. Industrial and Engineering Chemistry Research，2004，43：7103.

[14] Hocker J，Vogelpohl A. Continuous deasphalting of heavy petroleum residues with ethyl acetate[J]. Chemical Engineering and Technology，1987，10：125.

[15] Mustafa Al-Sabawi，Deepyamanseth，Theo de Bruijn. Effect of modifiers in n-pentane on the supercritical extraction of Athabasca bitumen[J]. Fuel Processing Technology，2011，92：1929-1938.

[16] Hong E，，Paul W. A study of asphaltene solubility and precipitation[J]. Fuel，2004，，83：1881-1887.

[17] subramanian M，Hanson Fv. supercritical fluid extraction of bitumen from Utah oil sands[J]. Fuel Processing Technology，1998，45(3)：25-28.

[18] 王德会，庞新迎，王振元，等．探讨溶剂脱沥青技术在当今炼厂中的地位和作用[J]．当代石油石化，2018，26(3)：28-34.

[19] 张翠侦，王凯，张海洪，等. 溶剂脱沥青技术浅析[J]．广东化工，2013，40(16)：93-94.

[20] 张彤．国内外溶剂脱沥青技术与能耗[J]．润滑油，1999，14(2)：10-11.

[21] 李德飞. 溶剂脱沥青专利技术及应用[J]．当代化工，2005，34(1)：4-4.

[22] 谢英奋．Demex 溶剂脱沥青装置试生产小结[J]．炼油设计，1992，22(5)：33-35.

[23] 张福诒，胡强华．美国三个炼油厂 DEMEX 装置简介[J]. 炼油设计活页文选，1989，3，1-5.

[24] 叶培德．广石化引进的 DEMEX 工艺简介[J]. 石油炼制，1989，68.

[25] 韩长虹．大港减压渣油溶剂脱沥青轻质化加工方案研究[D]. 东营：中国石油大学(华东)，2004.

[26] Rustam N. Magomedov, Artemv. Pripakhaylo, Daniyarsh. Dzhumamukhamedov, et al. Solvent deasphalting of vacuum residue using carbon dioxide-toluene binary mixture[J]. Journal of CO_2 Utilization, 2020, 40.

[27] Soo Ik Im, Sangcheol Shin, Jun Woo Park, et al. Selective separation of solvent from deasphalted oil using CO_2 for heavy oil upgrading process based on solvent deasphalting[J]. Chemical Engineering Journal, 2018, 331: 389-394.

[28] Magomedov R. N, Pripakhailo A. V, Maryutina T. A. Effect of iron oxide nanoparticle addition on the efficiency of solvent deasphalting of oil residue with subcritical pentane[J]. Russion Journal of Physical Chemistry B, 2020, 14(7): 1098-1102.

[29] Juan D. Guzmán, Camilo A. Franco, Farid B. Cortés, et al. An enhanced-solvent deasphalting process: effect of Inclusion of SiO_2 nanoparticles in the quality of deasphalted oil[J]. Journal of Nanmaterials, 2017: 1-14.

[30] 张董鑫，李京辉，徐鲁燕．溶剂脱沥青技术研究进展[J]. 当代石油石化，2018(26)：34-37.

[31] 任满年，柴志杰．沥青生产与应用技术问答[M]. 北京：中国石化出版社，2005.

[32] 李春霞，徐泽进，乔曼，等．催化裂化油浆超临界萃取组分热缩聚生成中间相沥青的定量研究[J]. 石油学报(石油加工)，2015，31(1)：145-152.

[33] 沈本贤．我国溶剂脱沥青工艺的主要技术进展[J]. 炼油设计，2000，30(3)：5-9.

[34] 徐春明，赵锁奇，卢春喜，等．重质油梯级分离新工艺的工程基础研究[J]. 化工学报，2010，61(9)，2393-2399.

[35] 涂政伟．加拿大油砂沥青减压渣油梯级分离逆流萃取工艺基础[D]. 北京：中国石油大学(北京)，2017.

[36] 赵锁奇，张霖宙，陈振涛，等．重质油超临界溶剂萃取梯级分离工艺的化学基础[J]. 中国科学：化学，2018，48(4)：369-386.

[37] Shah A, Fishwick R, Wood J, et al. A review of novel techniques for heavy oil and bitumen extraction and upgrading[J]. Energy and Environmental Science, 2010, 3(6), 700-714.

[38] Zhao S Q, Kotlyar L S, Woods J R, et al. A benchmark assessment of vacuum residue: comparison of Athabasca bitumen with conventional and heavy crudes[J]. Fuel, 2002, 81 (6): 737-746.

[39] Zhao S Q, Kotlyar L S, Sparks B D, et al. Solids contents, properties and molecular structures of asphaltenes from different oil sands[J]. Fuel, 2001, 80: 1907-1914.

[40] Zhang Z G, Guo S H, Yan G G, et al. Distribution of polymethylene bridges and alkyl side chains in Dagangvacuum VR asphaltene and SFEF tailing asphaltene[J]. Journal of Chemical Industry and Engineering (China), 2007, 58 (10): 2601-2607.

[41] Li S, Liu C, Que G, et al. Colloidal structures of three Chinese petroleum vacuum residues[J]. Fuel, 1996, 75 (8): 1025-1029.

[42] 陈文艺，刘永民．焦化蜡油结构族组成的预测[J]. 石油化工，1999(3)：49-52，35.

[43] Shi T P, Hu Y X, Xu Z. M, et al. Characterizing petroleum vacuum VR by supercritical fluid extraction and fractionation[J]. Ind. Eng. Chem. Res. , 1997, 36 (9): 3988-3992.

[44] Yang G H, Wang R A. The supercritical fluid extractive fractionation and the characterization of heavy oils and petroleum residua[J]. Journal of Petroleum Science and Engineering, 1999, 22 (1): 47-52.

[45] Shi T P, Xu Z M, Cheng M, et al. Characterization index for vacuum residua and their subfractions[J]. Energy & Fuels, 1999, 13 (4): 871-876.

[46] 徐春明，赵锁奇，卢春喜，等．研究论文重质油梯级分离新工艺的工程基础研究[J]．化工学报，2010，61(9)：2393-2400.
[47] Brons G，Yu J M. Solvent deasphalting effects on whole cold lake bitumen[J]. Energy &Fuels，1995，9(4)：641-647.
[48] Rose J L，Monnery W D，Chong K，et al. Experimental data for the extraction of Peace River bitumen using supercritical ethane[J]. Fuel，2001，80 (8)：1101-1110.
[49] Xu C，Hamilton S，Mallik A，et al. Upgrading of athabasca vacuum tower bottoms（VTB）in supercritical hydrocarbon solvents with activated carbon-supported metallic catalysts[J]. Energy & Fuels，2007，21 (6)：490-3498.
[50] Sangcheol Shin，Jung Moo Lee，Ji Won Hwang，et al. Physical and rheological properties of deasphalted oil produced from solvent deasphalting[J]. Chemical Engineering Journal，2014(257)：242-247.
[51] Cao F h，Jiang D，Li W d，et al. Process analysis of the extract unit of vacuum residue through mixed C_4 solvent for deasphalting[J]. Chemical Engineering and Processing: Process Intensification，2010，49(1)：91-96.
[52] Ashley Z，Arno D K. Partial upgrading of bitumen：impact of solvent deasphalting and visbreaking sequence[J]. Energy and Fuels，2017，31(9)：9374-9380.
[53] Mannistu K D，Yarranton H W，Masliyah J H. Solubility modeling of asphaltenes in organic solvents[J]. Energy & Fuels，1997，11 (3)：615-622.
[54] Pérez H R，Mendoza A D，Mondragón G G，et al. Microstructural study of asphaltene precipitated with methylene chloride and n-hexane[J]. Fuel，2003，82 (8)：977-982.
[55] Scott D S，Radlein D，Piskorz J，et al. Upgrading of bitumen in supercritical fluids[J]. Fuel，2001，80 (8)：1087-1099.
[56] Trejo F，Ancheyta J，Rana M S. Structural Characterization of asphaltenes obtained from hydroprocessed crude oils by SEM and TEM[J]. Energy & Fuels，2009，23 (1)：429-439.
[57] 赵渊杰，王会东，关毅．减压渣油掺炼催化裂化油浆丁烷脱沥青—糠醛精制组合工艺研究[J]．石油炼制与化工，2007，38(8)：23-27.
[58] 蔡智．溶剂脱沥青—脱油沥青气化—脱沥青油催化裂化组合工艺研究及应用[J]．当代石油石化，2007，15(4)：16-20.
[59] 张德勤．石油沥青的生产与应用[M]．北京：中国石化出版社，2001.
[60] 刘智强．脱油硬沥青的利用途径[J]．石油沥青，1994(1)：58-67.
[61] 范勐，孙学文，赵锁奇，等．加拿大油砂沥青 VTB 加工组合工艺[J]．化工进展，2011，30：91-95.
[62] Zhao S，Xu Z，Wang R A. Production of de-aspalted oil and fine aspalt particles by supercritical extraction[J]. Chinese J. Chem. Eng，2003，11(6)：691-695.
[63] 范勐，孙学文，许志明，等．脱油沥青喷雾造粒过程影响因素分析[J]．高校化学工程学报，2011，25(5)：888-892.
[64] 徐春明，赵锁奇，卢春喜．重质油梯级分离新工艺的工程基础研究[J]．化工学报，2010，61 (9)：2393-2399.
[65] Subramanian M，Hanson F V. Supercritical fluid extraction of bitumens from Utahoil sands[J]. Fuel Processing Technology，1998，55：35-53.

第五章　重油催化裂化技术

催化裂化是现代炼化企业最重要的原油二次加工过程之一，是重油轻质化的主要工艺技术。自1936年世界上第一套固定床催化裂化工业装置诞生以来，在80余年的发展历程中，催化裂化技术经历了20世纪40~50年代的移动床工艺和流化床工艺的平行发展时期，以及20世纪60年代的流化催化裂化(Fluid Catalytic Cracking，FCC)工艺的快速发展阶段。20世纪70年代以后，伴随着分子筛催化剂的开发成功和不断改进，提升管流化催化裂化工艺逐渐成为催化裂化过程的主导工艺技术。中国第一套固定床催化裂化工业装置由苏联设计，于1958年在兰州炼油厂建成投产，以直馏柴油为原料生产航空汽油或车用汽油；第一套自主设计的密相流化床催化裂化工业装置于1965年在抚顺石油二厂建成投产；第一套提升管反应器流化催化裂化工业装置于1974年在玉门炼油厂成功运转[1-3]。

催化裂化工艺技术的发展与催化裂化催化剂的进步密不可分。催化裂化催化剂由最初的天然片状酸性白土、粉状硅酸铝、微球硅酸铝，发展到合成硅酸铝，以及目前普遍采用的分子筛催化剂。分子筛催化剂也在随着催化裂化原料、工艺、产品需求的变化而变化，各种功能化的催化裂化催化剂不断开发成功，其活性、选择性和稳定性不断提升。分子筛催化剂中的活性分子筛组分包括X型分子筛、Y型分子筛、超稳Y型分子筛(USY)、稀土Y型分子筛(REY)和择形分子筛ZSM-5等，其他组分包括各种基质、黏结剂和助剂等[3-4]。

催化裂化过程所加工的原料从最开始的柴油馏分和减压馏分油到掺炼脱沥青油、焦化蜡油、页岩油、常压渣油、减压渣油、渣油加氢脱硫装置的常压渣油，原料适应性不断增强。中国于1983年在石家庄炼油厂建设了第一套大庆常压渣油催化裂化工业化装置，1984年在九江炼油厂建成了第二套RFCC工业化装置。20世纪80年代后期中国的重油催化裂化装置发展迅速，至今中国催化裂化过程的总加工能力已超过200×10^6t/a[3,5-7]。

近年来，由于原油性质劣质化、重质化趋势加剧，催化裂化原料性质不断变差，尤其是重油催化裂化，其密度、残炭、硫和重金属含量越来越高，对重油催化裂化催化剂及工艺技术提出了更高的要求。中国石油围绕满足高辛烷值清洁汽油生产、提高目的产品收率、催化裂化反应系统油气和催化剂接触强化与高效快速分离、汽油质量升级、成品油产品结构调整和炼化转型升级等市场需求，与中国石油大学(华东)、中国石油大学(北京)、清华大学等知名高校合作开展科技攻关，形成了重油催化裂化系列催化剂技术、催化裂化反应系统关键装备技术、重油催化裂化/裂解系列工艺技术，取得了多项科技成果。本章将进行详尽地阐述。

第一节　重油催化裂化催化剂

催化裂化作为我国重油加工的主要手段，产能达到2×10^8t/a以上，加工了我国约30%的重油，承担了大约70%汽油、35%柴油和40%丙烯的生产任务。重油分子的直径一般在

3~15nm，难以直接进入裂化催化剂分子筛活性中心的微孔（孔直径 0.7~0.8nm）内进行裂化反应，一般认为重油分子的转化首先在催化剂的大孔（孔直径大于 10nm）和中孔（孔直径 2~10nm）内外表面裂化，预裂化烃分子再在中孔内裂化，适中烃分子在分子筛的微孔内进一步裂化。同时，重油中有较高的金属含量，其中某些金属元素，特别是镍、钒会造成催化剂失活和选择性下降，从而严重影响产品的性能及分布，直接影响着炼厂的经济效益，因此开发抗重金属的重油裂化催化剂有重要意义。

中国石油针对重油裂化，在大孔载体材料和介微孔、活性稳定性分子筛材料开发、抗重金属污染等方面形成了专利技术，开发的催化剂包括清洁汽油生产（降低硫、降低烯烃）系列催化裂化催化剂、高轻收系列催化裂化催化剂（多产汽油、多产柴油）、低生焦重油催化裂化催化剂（低焦炭、抗重金属等）、高辛烷值系列催化裂化催化剂、多产低碳烯烃系列催化裂化催化剂、催化裂化系列助剂（高辛烷值、增产丙烯、抗金属污染、降低排放等）等，在降低汽油烯烃含量催化剂及部分催化材料技术方面处于国际领先的地位。

一、富 B 酸多级孔载体技术[8]

重油大分子因其大的分子直径，很难进入分子筛孔道内部，重油分子的裂化主要在催化剂载体上进行。目前国内催化裂化催化剂的活性基质主要以氧化铝为主，其中拟薄水铝石的孔径通常小于 5nm，主要含 L 酸活性位，基本不含 B 酸活性位。一般认为，重油裂化的最佳孔径在 10~60nm，L 酸活性位活性较低，易产生结焦，不能满足重油裂化需要；而载体中的 B 酸活性位可促进重油大分子的预裂化反应，提高反应选择性。

针对现有载体材料存在的上述问题，中国石油开发了具有富 B 酸特征的多级孔硅铝载体技术，工业牌号 APM-7，主要性能如下。

1. 孔结构表征

APM-7 的 N_2 吸附等温线为典型的Ⅳ型曲线，在相对压力 p/p_0 为 0.9~1.0 之间存在突跃，说明该材料存在大孔。N_2 吸附表征显示其孔体积为 1.54mL/g，比表面积为 112.5m^2/g。图 5-1 给出了 APM-7 的 N_2 吸附孔分布曲线，其最可几孔径在 63nm 左右，而计算得出的平均孔径为 35.3nm，介孔在 10~100nm 之间具有较广泛分布，大的孔径及多级孔的分布特点可适应各级大小的重油分子预裂化。

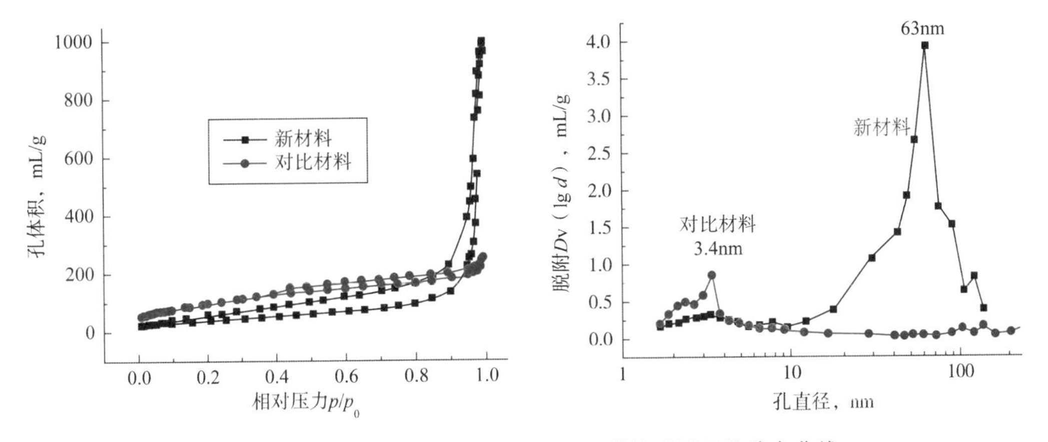

图 5-1　新型多孔材料 APM-7 的 N_2 吸附等温线及孔分布曲线

图 5-1 中对比材料为目前催化裂化催化剂普遍采用的拟薄水铝石。N_2吸附表征显示其孔体积为 0.35mL/g，比表面积为 316m^2/g，拟薄水铝石的 N_2吸附等温线也为典型Ⅳ型曲线，在 $p/p_0=0.4$ 左右开始出现滞后环，而从其孔分布来看，其最可几孔径约为 3.4nm。与拟薄水铝石对比，APM-7 材料孔体积为其 4.4 倍，最可几孔径为其 15 倍以上，是一种优良的孔结构改性材料。

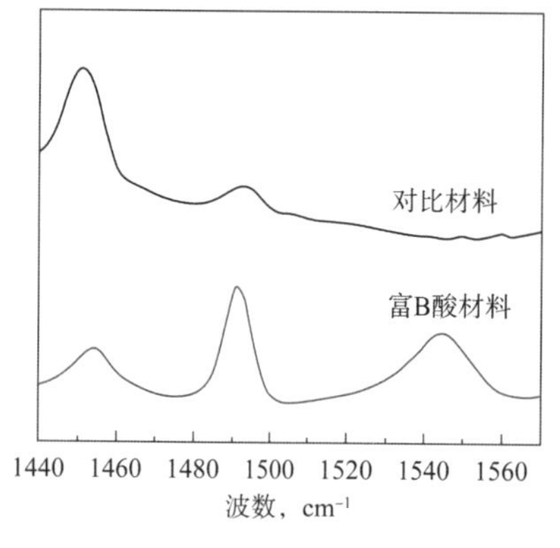

图 5-2 多级孔活性基质材料酸性表征

2. 吡啶红外酸性表征

APM-7 的吡啶红外酸性表征如图 5-2 所示，其中，在 1450cm^{-1}左右的峰为 L 酸中心的特征吸收峰，而 1540cm^{-1}左右的峰为 B 酸中心的特征吸收峰，由图 5-2 可知，APM-7 富含 B 酸中心，而对比的拟薄水铝石不存在 B 酸中心。

表 5-1 给出了所制备的 APM-7 与对比的拟薄水铝石酸性数据。从表中可以看出，APM-7 的 L 酸、B 酸总量分别为 91.50μmol/g 及 197.36μmol/g，B/L 酸比值高达 2.2。而对比的拟薄水铝石仅含有 L 酸中心，L 酸总酸量为 213.61μmol/g，总酸量低于 APM-7。

表 5-1 新型多级孔含 B 酸基质材料 APM-7 红外酸性表征

项目	酸量，μmol/g			
	200℃		350℃	
	L 酸	B 酸	L 酸	B 酸
APM-7	91.50	197.36	43.96	96.33
对比材料	213.61	0	64.09	0

二、高分散高稳定性 Y 型分子筛材料

采用分子筛分离前的预处理技术、分区焙烧和选择性脱铝等工艺对 Y 型分子筛进行改性，制备出高分散高稳定性 Y 型分子筛。采用分子筛分离前的预处理技术不仅使 NaY 分子筛的结晶度提高，也使分子筛的分散性大幅提高(图 5-3)，新型 Y 分子筛的粒径较小且比较均匀，晶粒之间界限较为清晰，无团聚现象；而对比剂稀土超稳 Y 分子筛颗粒大小不均，颗粒之间有黏结。采用分区焙烧及选择性脱铝方法，解决了金属阳离子交换效率、分子筛结晶度与晶胞收缩相互制约的技术难题，新型 Y 型分子筛的相对结晶度增加 8 个百分点，晶胞尺寸降低 0.005nm。

与常规 Y 型分子筛相比，新型 Y 型分子筛的 L 酸量降低，B 酸量明显增多，分子筛 B/L酸比例提高了 2 倍以上(表 5-2)。分子筛的比表面积和孔体积分析测试结果表明，新型 Y 型分子筛的比表面积和孔体积分别增加了 108m^2/g 和 0.04mL/g。

（a）常规Y分子筛

（b）新型Y分子筛

图 5-3　SEM 对比分析图

表 5-2　分子筛酸性对比分析

项目	L 酸，μmol/g	B 酸，μmol/g	B/L
常规 Y	74.401	26.084	0.35
新型 Y	49.452	54.736	1.11

三、抗重金属污染技术

1. 抗镍污染

催化裂化原料中的镍在催化剂表面大量沉积时，氢气和焦炭产率将显著增加。在 FCC 催化剂制备过程中引入活性氧化铝基质材料(其理化性质见表 5-3)，在催化裂化过程，金属镍与活性氧化铝反应生成稳定的镍铝尖晶石，实现了催化剂对金属镍的有效捕集，降低了金属镍的脱氢活性，达到了改善催化剂焦炭选择性的目的。

表 5-3　理化性质对比

项目	常规拟薄水铝石	活性氧化铝
Al_2O_3,%	72.8	82.8
比表面积，m^2/g	—	106
孔体积，mL/g	—	0.73

由表 5-3 可以看出，该氧化铝材料具有较大的孔体积。孔体积的增大一是增加还原态镍的聚集程度，即减少镍在催化剂表面的分散；二是减少易被还原的镍，即尽量使镍与铝形成更多的不易被还原的 $NiAl_2O_4$。

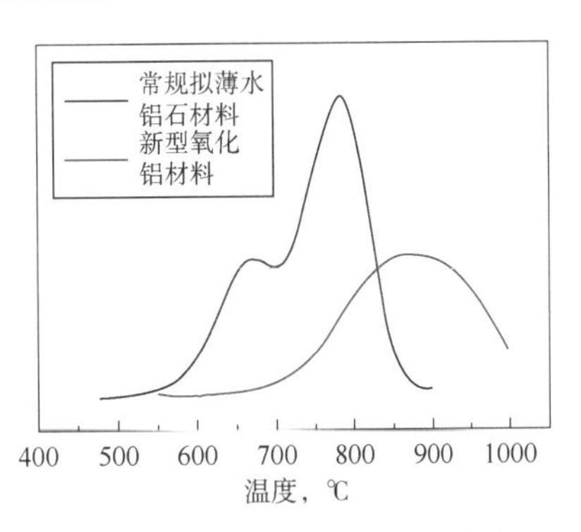

图 5-4　镍负载样品的 TPR 曲线

镍负载样品的 TPR 曲线如图 5-4 所示(图中横坐标为程序升温还原温度，纵坐标为该样品还原峰相对强度)。可见，常规拟薄水铝石样品的 TPR 曲线在 500~900℃温度范围内出现了两个还原峰，低温还原峰约为 650℃，明显低于高结晶度氧化铝样品的还原峰。一般认为，高温条件下，拟薄水铝石首先脱水生成吸附有阳离子的 $\gamma-Al_2O_3$，然后 $\gamma-Al_2O_3$ 进一步和附着在表面的 Ni 离子反应生成低温难以被还原的镍铝尖晶石相。

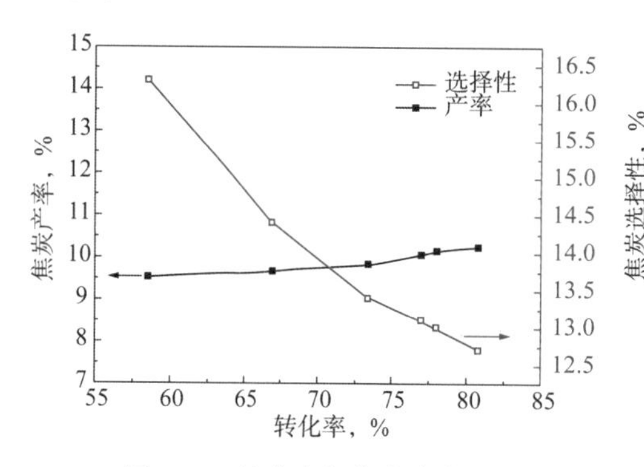

图 5-5　转化率与焦炭产率、焦炭选择性的变化(6000μg/gV)

2. 抗钒污染

针对钒对催化剂活性中心的破坏作用，中国石油石油化工研究院采用多种方法研究了钒对分子筛的破坏机理，提出了一种预设高效钒阱的抗钒污染新技术，通过削弱钒捕集组分与催化剂活性位点之间的强相互作用，在提高催化剂钒捕集性能的同时，最大限度地保留了其反应选择性。与传统技术相比，采用新型抗钒污染技术制备的催化剂，评价结果表明(图 5-5)：在相同钒污染条件下，新催化剂的转化率由 58.55%大幅提高至 80.84%，焦炭产率由 9.53%增加至 10.24%，而焦炭选择性则由 16.3%下降至 12.7%。也就是说在催化剂转化率大幅增加的同时，焦炭产率基本维持不变。

四、重油催化裂化催化剂系列

在富 B 酸多级孔硅铝载体材料、高分散高稳定性分子筛材料、抗重金属污染技术、催化剂中大孔孔道结构构建技术等平台基础上开发了系列重油催化裂化催化剂，改善了催化剂油气分子的扩散，增强了大分子对催化剂活性位的可接近性，增强了催化剂抗重金属镍钒污染的能力和重油转化能力，降低了焦炭产率。

1. 降低柴汽比催化剂[9]

为了适应国内市场油品消费结构的变化，2017 年国内某炼厂的 3.0×10^6t/a 重油催化裂化装置主要目标是提高汽油产率、降低柴汽比。针对该装置工艺技术特点，中国石油开发出降低柴汽比的 LPC-70 型催化剂，于 2017 年 4 月 24 日开始进行工业应用试验。表 5-4 给出了工业试验期间装置的产品分布变化情况，其中标定Ⅰ、Ⅱ、Ⅲ分别为 LPC-70 催化剂占系统催化剂体积藏量约 30%，50%和 80%时的产品分布。

表 5-4　物料平衡

项目		空白标定	标定Ⅱ	标定Ⅲ
产品分布,%	干气	4.32	4.32	4.36
	液态烃	16.21	16.45	16.57
	汽油	47.06	49.03	49.59
	柴油	21.86	19.36	19.09
	油浆	3.74	3.19	3.03
	焦炭+损失	6.81	7.65	7.36
总液收,%		85.13	84.84	85.25
转化率,%		74.40	77.45	77.88
柴汽比		0.46	0.39	0.39

试验期间，原料重金属含量整体呈上升趋势，尤其试验中后期 Ca，Fe 及 V 含量大幅上升；与空白标定相比，标定Ⅱ、Ⅲ期间的原料残炭也有所上升。标定期间的主要操作参数变化不大。

从表 5-4 中可以看出，在原料残炭及重金属上升的情况下，装置平均剂耗下降 12%，但从产品分布来看，催化剂标定Ⅲ与空白标定相比，油浆产率下降 0.71 个百分点，汽油产率增加 2.53 个百分点，柴油产率下降 2.77 个百分点，而总液收及液态烃产率变化不大，装置柴汽比从 0.46 下降到 0.39，显示出 LPC-70 催化剂具有良好的降低柴汽比性能。

2. 提高汽油辛烷值催化剂

中国石油在小颗粒 ZSM-5 分子筛制备及改性技术、高分散高稳定性 Y 型分子筛制备技术、富 B 酸大孔活性基质材料等平台技术基础上，先后开发了 LDR、LOG、LCC 等系列催化剂产品。

通过上述平台技术，提高了 ZSM-5 分子筛的利用效率，优化了催化剂的氢转移活性，平衡了提高汽油辛烷值、增产丙烯和重油高效转化之间的矛盾。同时，通过采用创新的制备工艺，提高了催化剂抗磨性能，优化了催化剂孔径分布与酸性的匹配性，调变了油气分子在催化剂孔道中的吸附—扩散速度，实现了高汽油辛烷值、多产丙烯以及重油高效转化的目的。

2014 年 4 月，LDR-100HRB 催化剂在国内 0.6×10^6t/a 催化裂化 B 装置进行工业应用。表 5-5为 LDR-100HRB 催化剂使用前后产品分布对比。

表 5-5　LDR-100HRB 催化剂在哈尔滨石化 0.6×10^6t/a 装置的使用

项目		使用前	使用后	差值
产品分布,%	干气	4.45	4.07	-0.38
	液态烃	14.34	17.86	+3.52
	汽油	45.51	43.22	-2.29
	柴油	22.72	23.12	+0.40
	油浆	5.25	4.58	-0.67
	焦炭	7.44	6.86	-0.58
	丙烯	5.58	6.00	+0.42
转化率,%		71.74	72.01	+0.27
总液收,%		82.57	84.20	+1.63
汽油辛烷值	MON	79.6	81.1	+1.5
	RON	89.8	91.1	+1.3

终期标定结果表明，LDR-100HRB 使用后，焦炭产率降低 0.58 个百分点，干气产率降低 0.38 个百分点，总液收增加 1.63 个百分点，汽油研究法辛烷值增加 1.3 个单位。

3. 塔底油转化催化剂

针对塔底油稠环芳烃含量高、难裂化、重金属含量高等特点，采用新型高活性超稳 Y 型分子筛制备技术、催化剂中大孔孔道结构构建技术、抗重金属污染技术等多项技术，提高了催化剂的重油转化能力、抗重金属污染能力和产品选择性。2009 年 LDO 系列塔底油转化催化剂开发成功，由于其具有强的重油转化能力和优异的产品选择性，迅速在国内外30余套装置推广应用，该系列催化剂可使装置目的产品收率普遍增加1个百分点，装置剂耗降低10%。截至2017年底，该系列催化剂已累计销售14.3×10^4t。

1）LDO-70催化剂在国内某石化公司1.2×10^6t/a化裂化装置工业应用

国内某石化公司重油催化裂化装置加工原料为直馏蜡油：减压渣油：焦化蜡油=50：40：10，为了进一步提高重油转化能力，2009年开始使用LDO-70催化剂，并进行了应用标定。表5-6为装置产品分布与性质，其中，空白标定是重油催化裂化装置加入LDO-70催化剂之前的产品分布与性质，标定1是LDO-70催化剂占系统藏量100%时的产品分布与性质。

表5-6 产品分布与性质

项目		空白标定	标定1
产品分布，%	气体	基准	-0.5
	液化气	基准	+0.24
	汽油	基准	+2.28
	柴油	基准	-0.83
	油浆	基准	-0.35
	生焦	基准	-0.77
	损失	基准	-0.06
轻收，%		基准	+1.45
总液收，%		基准	+1.69
丙烯（液化气），%		基准	+7.72
丙烯（对原料），%		基准	+1.1
辛烷值		基准	+1.7
烯烃，%（体积分数）		基准	+1.1

从表5-6分析数据可以看出，与空白标定相比，当LDO-70催化剂藏量为100%时，催化装置油浆产率降低0.35个百分点，轻收增加1.45个百分点，总液收增加1.69个百分点，焦炭和干气收率降低1.27个百分点，丙烯收率（对原料）增加1.1个百分点，汽油辛烷值增加1.7个单位，汽油烯烃增加1.1个单位，LDO-70催化剂产品选择性优于装置在用催化剂，满足了装置生产实际需求。

2）LDO-75催化剂在国内某公司3.5×10^6t/a装置工业应用

某石化公司3.5×10^6t/a重油催化裂化装置加工原料为加氢渣油，为了提升炼厂经济效益，降低油浆产率，提高总液收，降低催化剂消耗，2010年7月开始试用LDO-75重油催化裂化催化剂。

LDO-75催化剂使用期间，原料油残炭略有上升，密度有所下降。从产品分布来看，当反应—再生系统中LDO-75催化剂含量大于50%以后，与加剂前相比，油浆产率下降1.36个百分点，液化气产率增加1.18个百分点，总液收提高1.42个百分点（表5-7）。

表 5-7 产品分布变化

项目		应用前	应用后	差值
产品分布,%	干气	3.43	3.40	-0.03
	液化气	14.07	15.26	+1.18
	汽油	39.16	39.21	+0.05
	柴油	24.78	24.96	+0.18
	油浆	9.84	8.48	-1.36
总液收,%		78.01	79.44	+1.42

4. 多产丙烯催化剂

增产丙烯催化剂包括 LCC-1、LCC-2、LCC-200、LCC-300 等产品，已在大庆炼化、大连石化等 10 多家炼厂 10 余套催化裂化装置上使用。

2008 年，LCC-300 催化剂在某炼厂 0.12×10^6t/a 两段提升管裂解多产丙烯工业化试验装置上进行了工业应用试验，结果见表 5-8。表 5-8 表明，在相近的原料和操作条件下，使用 LCC-300 催化剂后，汽油收率下降了 7.26 个单位，柴油收率上升了 5.43 个百分点，丙烯产率达到了 20.31%，增加 6.33 个百分点，丙烯选择性提高了 17.90 个单位，催化汽油辛烷值(RON)在 95 以上，表明该催化剂具有丙烯选择性好和汽油辛烷值高的特点。

表 5-8 LCC-300 在某炼厂 0.12×10^6t/a 试验装置的应用

项目		使用前	使用后	差值
产品分布,%	液化气	37.99	37.13	-0.86
	丙烯	13.98	20.31	+6.33
	汽油	35.99	28.73	-7.26
	柴油	11.36	16.79	+5.43
	油浆	2.89	2.56	-0.33
	干气+焦炭	11.16	14.28	+3.12
轻收,%		47.35	45.52	-1.83
总液收,%		88.23	85.22	-3.01
丙烯选择性,%		36.80	54.70	17.90

第二节 重油催化裂化反应系统关键装备技术

催化裂化是最重要的二次加工工艺之一，在我国石油加工业中占有举足轻重的地位[10]。催化裂化反应属于典型的快速平行顺序反应，所需目的产品(如汽油、柴油和液化气等)是反应的中间产物，而主反应只需 2~3 秒的时间[11]。因此，强化提升管反应器的油剂接触效率，最大限度缩短后反应系统油气停留时间以及实现油气和催化剂的高效快速分离是获得理想产品分布、实现装置长周期运行的关键。

催化裂化反应系统主要由预提升部分、进料区、提升管反应区和用于终止反应的快速分离系统以及汽提部分组成，各部分对催化剂颗粒的流动要求不同。在预提升部分，要求以快速床的流动形态改善由再生斜管流入催化剂的分布，实现均匀输送，保证催化剂与原料的充分混合反应[12]；在进料区，催化剂与雾状油滴需要迅速达到全返混流动，从而有效提高油剂接触效率，使喷雾进入的油滴迅速汽化[13]；在提升管反应区，油剂要实现平流推进操作，即以一种活塞流的形式进行流动，以满足与快速平行顺序反应动力学的协同；在反应器出口位置，需要通过快速分离系统实现反应快速终止、高效回收催化剂[14]；汽提部分通过水蒸气置换出吸附和夹带在催化剂间的油气，因此需要强化汽—固间接触，实现用最少蒸汽量达到高效汽提的效果[15]。由于催化裂化反应时间极短，所以需要在毫秒时间内实现这一系列不同流动状态的转换达到与反应环境的高效协同。因此，通过多区域的协控强化，实现催化裂化反应系统的高效协同是最大限度提高产品分布和反应性能的根本途径。

一、进料混合区强化技术及设备

提升管反应器主要由底部预提升段、中部进料混合段、上部反应段和出口快速分离段四部分组成[16]。催化裂化反应的产品分布和目标产品收率与中部进料混合段内油剂接触形式及效率有着密切关系，而油剂的接触效率和形式，除了受喷嘴进料雾化效果的影响，还与预提升段出口处催化剂的预分配密切相关[17-18]。因此，形成了两项创新技术，即传统进料段二次流的优化调控—进料喷嘴的“气体内构件屏幕汽”技术和斜向下进料—油剂逆流接触的新型进料段技术用于强化进料混合区汽固接触效率，实现全混流到平推流的瞬间过渡，提高目标产品收率。

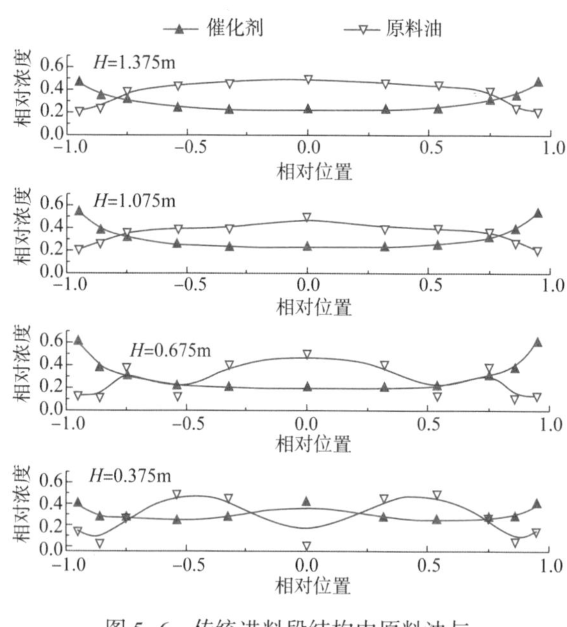

图 5-6 传统进料段结构中原料油与催化剂的浓度径向分布

现有研究表明[19-20]，传统进料段结构内传递环境和反应环境明显不匹配。如图 5-6 所示，某些区域的催化剂浓度高(低)，原料油浓度却较低(高)(图中横坐标为提升管径向相对位置；纵坐标为催化剂和原料油的相对浓度)。其原因在于，传统结构原料油斜向上喷入提升管反应器(通常角度为斜向上 30°~40°)，原料射流、催化剂流以及预提升蒸汽沿轴向—径向的速度梯度产生了类似于空气动力学中库塔—茹科夫斯基(Kutta-Joukowski)升力的现象，从而在提升管壁面与原料射流“背面”之间的区域产生了非常强的原料射流二次流，如图 5-7 所示。二次流存在利弊两方面影响：一方面促进了油剂之间的混合；另一方面则在原料主射流的“背面”——二次流影响区域内油剂停留时间长，易于形成结焦[20-21]。

为了有效调控二次流，最简单的方法是在喷嘴上部加设一个内构件。研究表明[20,22]，增设内构件能够有效消除二次流，使油剂匹配效果更好，如图5-8所示(图中横坐标为提升管径向相对位置；纵坐标为催化剂和原料油的浓度的比值)。然而实际工业过程中，在较高射流速度下，内构件会加剧催化剂的破损，因此这种有形内构件难以保证装置长周期安全运行。为解决这一问题，范怡平等[20]将喷嘴的设计与内构件结合起来，对二次流实现“用其利，抑其弊”。在研发喷嘴过程中，引入“气体内构件”，即在不增加汽耗且保证雾化效果的前提下，在喷头处另外引出一股蒸汽以一定角度喷入提升管中，形成一个“气体内构件”代替实体的内构件，用以控制和利用二次流[20,23]。

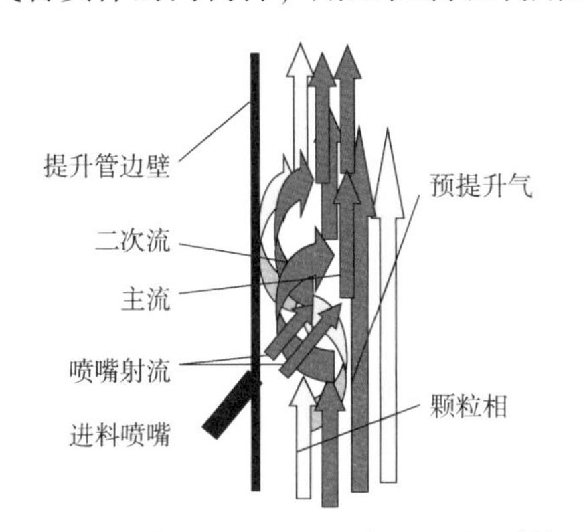

图5-7 传统进料段结构中的二次流[20]

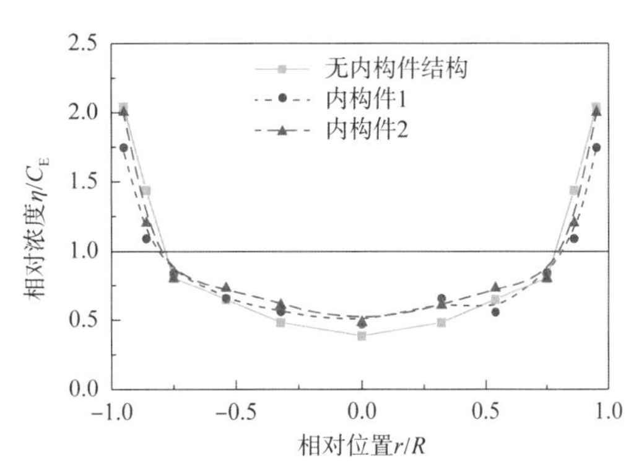

图5-8 带有内构件进料段结构中催化剂与原料油浓度比的径向分布[25]

“气体内构件”方向与传统进料段中二次流方向一致——内构件蒸汽“紧贴着”原料喷出。由于蒸汽—油气之间的弛豫时间远小于蒸汽—催化剂颗粒之间的弛豫时间，即蒸汽与油气之间比蒸汽与催化剂颗粒更容易“融合”，则气体内构件“带走”油气的速度比其“带走”催化剂的速度更快，因此能有效地增加提升管二次流影响区内的剂油比，抑制提升管内结焦；且该“气体内构件”对原料射流在提升管内扩散速度的影响较小，促进了油—剂的混合，做到“用其利”。另外，“气体内构件屏幕汽”的引入，还可减弱二次流影响区内提升管边壁附近油气和催化剂的返混，缩短停留时间，减少结焦，做到了“抑其弊”。

基于此开发的内置“气体内构件”CS-Ⅲ型进料雾化喷嘴技术(图5-9)已得到了广泛工业应用，可有效提高轻油收率至少0.15~0.2个百分点[24]。

在提升管反应器内，进料段为全返混流动，需要在瞬间(毫秒级范围)过渡到活塞流流动。虽然气体内构件能够有效抑制二次流、保证装置长周期安全运行，但是加设内构件并不能完全解决进料段内存在的问题。所以，进一步对进料方式进行了优化，即由原来的倾斜向上进料改为倾斜向下进料方式，这样即可缩短进料区的高度，还可强化撞击流的作用和气固间接触效率。

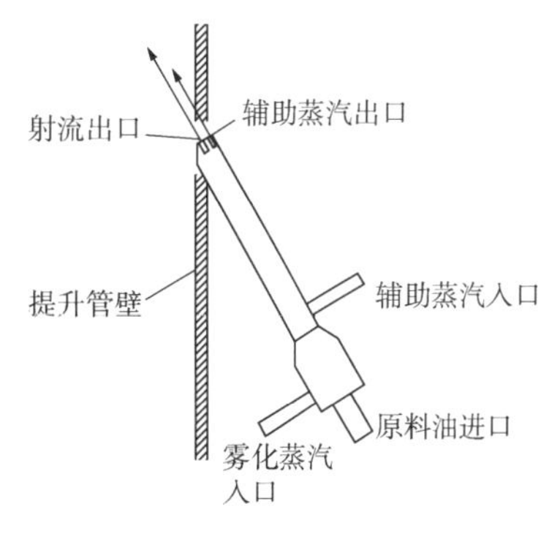

图5-9 内置“气体内构件”的进料喷嘴技术[12]

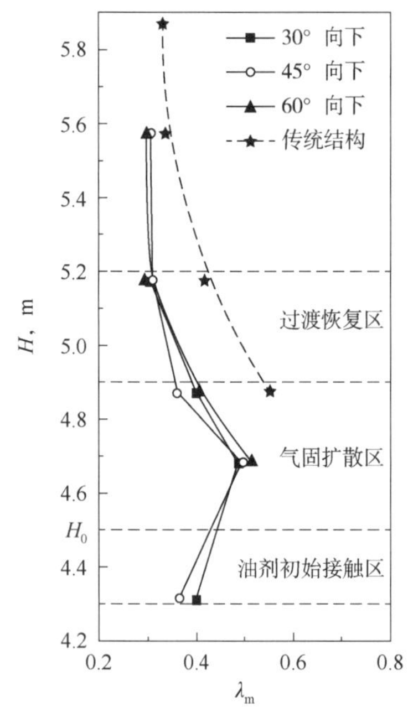

图 5-10　截面平均油剂匹配指数沿轴向的分布[25]

如图 5-10 所示，对比新型结构不同喷嘴安装角度的结果可以看出，随着喷嘴与提升管轴向夹角的增大，喷嘴以上截面的平均油剂匹配指数随之增大，这不利于油剂间的混合与反应。因此，提升管采用喷嘴向下安装的进料段结构时，进料喷嘴与提升管轴向的夹角不宜过大，较适宜的喷嘴安装角度为与提升管轴向呈 30°。

二、气固分离和汽提区关键技术及装备

油剂离开提升管后将直接进入气固分离和汽提区，该区域须具备四个功能，即快速终止主反应、高效回收催化剂、抑制二次裂化和结焦、催化剂的高效汽提，从而保证产品的分布和产率、避免不利的二次反应。为了能够同时达到上述四个目标，必须开发高效提升管快分技术和高效催化剂汽提技术来实现反应系统的整体优化设计。

1. 提升管出口油剂快速分离区的快分技术

传统工业过程通常采用正压差排料的粗旋快分技术，排料过程中料腿内部的压力高于沉降器外部的压力，这会导致部分油气通过粗旋料腿扩散到沉降器，该部分油气大致占提升管总油气量的 10%～15%。然而，由于沉降器内空间较大，这部分油气由料腿排出再经沉降器空间进入到顶旋将需要近 100s 的时间。加之沉降器内的温度较高，这部分油气将进一步裂化为干气和焦炭，导致轻油收率降低，经济损失巨大。

研究表明[26]，快分排出的油气直接进入庞大的沉降器空间，导致油气在后反应系统的停留时间长达 10～20s，若能将油气在后反应系统的停留时间降至 5s 以下，轻油收率可提高 1.0 个百分点。根据现有的年加工水平，相当于每年多产 200×10^4t 的汽油、柴油，经济效益巨大。同时，由于大量油气扩散至沉降器空间内，造成沉降器结焦严重，经常导致装置非计划停工。据统计[27]，因反应系统结焦引起的非正常停工次数几乎占总停工次数的一半以上。

基于上述分析可知，理想快分系统需要具有以下功能：(1)能够实现快速终止主反应，即油剂间的快速高效分离；(2)为了抑制二次裂化和结焦，要求分离催化剂的快速预汽提、油气的快速引出、高的油气包容率。然而，实现理想快分系统的难点在于，保证高操作弹性下，实现多种功能在同一台设备上高效耦合，即实现“三快”+“两高”五个方面的要求。实际上，这五个方面的要求是相互矛盾的。因此，为了达到既强化又协同的作用，需要通过高效离心分离强化实现油剂间的快速高效分离、通过简单且高效的快速预汽提实现分离催化剂的快速预汽提、采用承插式油气引出结构和微负压差排料结构实现油气的快速引出和高油气包容率。卢春喜等[14,28]经过多年的研究，最终形成了三项创新技术：高油气包容率技术、高效旋流分离技术和高效预汽提技术。在实际应用过程中，可根据实际工业装置特点和结构的不同，将这三项技术进行耦合，实现“量体裁衣”式的设计。

基于上述创新技术，构建了挡板汽提式粗旋快分系统（FSC 系统）、密相环流汽提粗旋系统（CSC 系统）[29-31]和带有预汽提的旋流式快分系统（VQS 系统）[32-33]。这三种快分系统均已得到广泛的工业应用，目前已成功应用于国内 50 余套工业装置。与国外的 UOP 公司的技术相比较，这三种快分系统无论是在汽提效率、分离效率，还是操作弹性及稳定性方面，都具有明显优势[14]，尤其在单套改造成本上，仅为国外的 1/4。

通过对旋流快分结构的实验和模拟研究，发现旋流头出口存在的短路流是影响快分效率的关键。因此，在大量流场实验和数值模拟研究的基础上，提出了气固旋流分离强化技术（SVQS 系统），如图 5-11 所示[14,28,34-35]。SVQS 系统通过在旋流头旋臂喷出口附近设置隔流筒，隔流筒跨过旋臂，隔流筒上部用一块环形盖板和封闭罩壁相连，以阻止气体直接从隔流筒和封闭罩之间的环隙上升逃逸。图 5-12 给出了增设隔流筒后的旋流分离器的气体速度矢量图，可以看出，增设隔流筒后，消除了旋流头喷出口附近直接上行的“短路流”，另外在隔流筒外部、旋流头底边至隔流筒底部的区域内，带隔流筒旋流快分的轴向速度全部变为下行流，消除了无隔流筒旋流分离器在该段区域内的上行流区，同时也强化了该区域的离心力场，延长了在下行流的有利条件下气固分离的时间，有利于提高颗粒的分离效率。

为了推广 SVQS 旋流强化技术工业应用，已建立了该技术的工程设计方法。自 2006 至今，已成功应用于 8 套工业装置，其中最大的工业装置为 360×10^4t/a 重油催化装置，该装置的封闭罩直径为 5.7m，采用 SVQS 系统实现了分离效率 99%以上，可使轻油收率提高 1.0 个百分点，同时，在操作周期内能够保证装置不因结焦而影响正常操作，使装置具有更大的操作弹性和更好的操作稳定性。

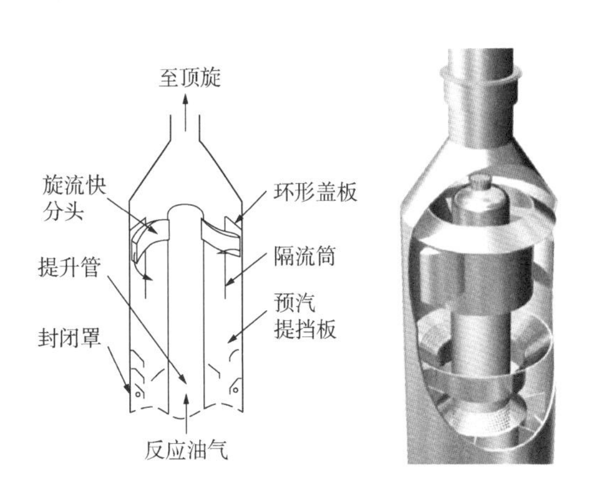

图 5-11　SVQS 系统[14]

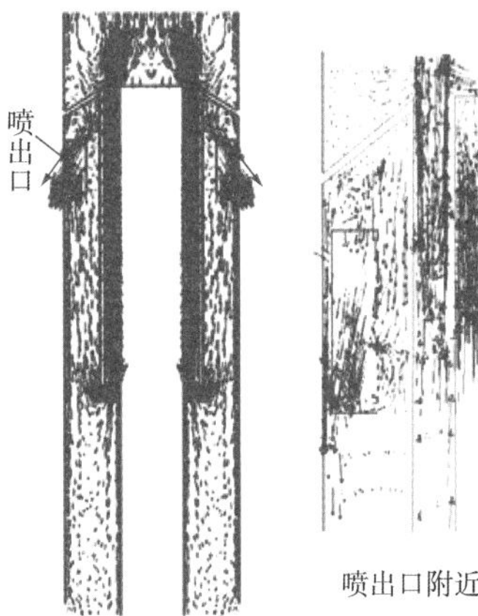

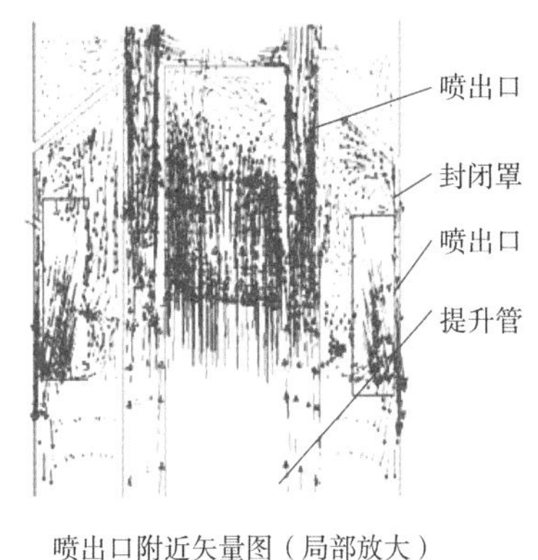

图 5-12　SVQS 系统喷出口处气体速度矢量图[28]

2. 汽提区破碎气泡与抑制返混的技术

在汽提区，待生剂夹带的油气有两种存在状态：约 75%的被夹带油气存在于催化剂的间隙内，约 25%的被夹带油气吸附于催化剂微孔内，针对这两种不同的油气存在状况，应采用有针对性的汽提技术。对于催化剂间隙内夹带的油气，其特点在于油气浓度较大、易于置换；对于微孔内吸附的油气，新鲜蒸汽需要历经多个扩散过程才能进入微孔将油气置换，置换出的油气又要经历多个扩散过程才能进入气相主体。因此，必须保证蒸汽与催化

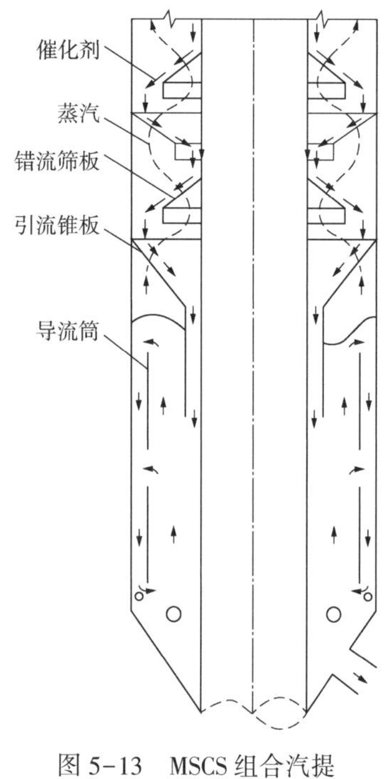

图 5-13　MSCS 组合汽提技术简图[37]

剂有足够的接触时间，在此基础上，为了提高置换速率，还要保证足够的新鲜蒸汽分压。如图 5-13 所示，提出了一种组合环流(MSCS)高效汽提技术[36]，汽提段上部为高效错流挡板汽提技术，用于置换出大部分催化剂间隙内夹带的油气，下部为高效环流汽提技术，通过催化剂的多次环流，使催化剂与新鲜蒸汽多次高效接触，保证了微孔内吸附催化剂的充分置换。目前，该技术已成功应用于多套重油催化裂化装置[37-39]，应用效果十分显著，其中轻收和液收可提高 0.5 个百分点以上，H/C降至 6%以下，再生温度和取热器负荷显著降低。

三、反应系统耦合强化技术及装备的工业应用

为了实现催化裂化反应系统的多区协控强化，必须将针对不同反应区的强化新技术通过集成优化方法形成成套技术并应用于同一套工业装置。目前，在某石化 140×10^4t/a 催化裂化装置上，已同时应用了提升管反应区的“内置式气体内构件技术”、提升管出口油剂快速分离区的“SVQS 技术”以及汽提区的“MSCS 技术”。工业标定结果表明，采用上述耦合强化技术之后，催化裂化反应系统各区域之间形成了“多区协控强化”。在混合原料性质相当、油浆收率没有明显变化的情况下，轻油收率增加了 3.46 个百分点，干气产率降低 0.58 个百分点，焦炭产率降低 0.72 个百分点，待生剂氢碳比降低幅度达到 20.62%，CO_2 直接减排 4.08×10^4t/a，有效降低了装置的能耗，年创经济效益 4970 万元。

第三节　两段提升管重油催化裂化工艺技术

由于石油资源的重质化和劣质化，以及对轻质油品需求的迅速增加，催化裂化所加工的原料越来越重，因此，提高目的产品产率和改善产品分布一直是催化裂化技术进步的主旋律。然而随着环保法规的日趋严格，汽柴油质量升级步伐加快，催化裂化特别是重油催化裂化目前面临着前所未有的困难，如何在保证目的产品收率和汽油辛烷值不减少的前提下降低催化汽油烯烃含量是当务之急。石油化工工业的快速发展，对丙烯的需求量大增，通过催化裂化工艺可以高效实现多产丙烯，并已成为炼油和化工原料生产相结合典范。简单地进行催化汽油回炼或使用降烯烃催化剂，以及延长反应物流在反应器中的停留时间实现汽油烯烃含量的降低，总是以牺牲汽柴油收率、总液体收率或柴油质量为代价[1]。

两段提升管重油催化裂化(TSR)技术，在中国石油天然气股份有限公司的支持下，由中国石油大学(华东)开发成功。与传统催化裂化技术相比，TSR 技术具有极强的操作灵活性，可显著提高装置的加工能力和目的产品产率，同时增加柴汽比，提高柴油的十六烷值，

或有效降低催化汽油的烯烃含量，或显著提高丙烯等低碳烯烃产率[2-7]。

一、TSR 技术工艺流程

TSR 技术反应系统的示意图如图 5-14 所示，打破了原来单一的提升管反应器形式和反应—再生系统流程，用优化的两段提升管反应器取代原来的单一提升管反应器，构成两路循环的新的反应—再生系统流程。TSR 技术与在常规催化裂化反应—再生系统基础上再设一个单独处理汽油的反应器的“双提升管技术”不同，根据对催化裂化过程的化学反应工程规律的研究，TSR 技术的两段提升管反应器得到优化设计。

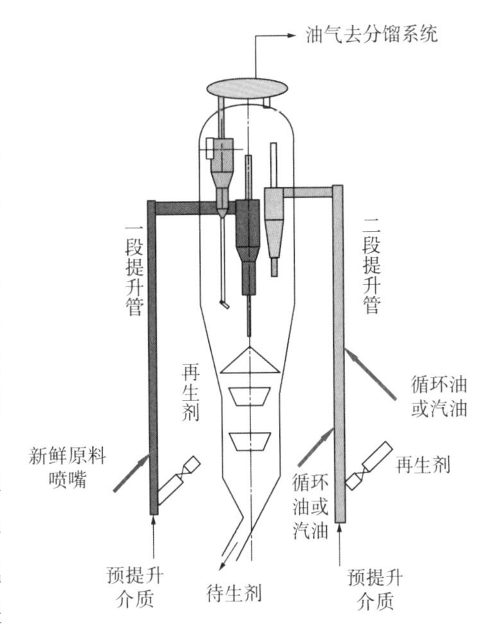

图 5-14 TSR 反应系统示意图

新鲜催化原料进入第一段提升管反应器与再生催化剂接触进行反应，油剂混合物进入沉降器进行油剂分离，油气去分馏塔，结焦催化剂经汽提后去再生器烧焦再生；循环油(包括在一段提升管未反应的催化原料，即一段重油，以及回炼油和油浆)和/或汽油馏分进入第二段提升管反应器与再生催化剂接触反应，油剂混合物进入沉降器进行油剂分离，油气去分馏塔，结焦催化剂经汽提后去再生器烧焦再生。第二段提升管反应器的进料除循环油外，根据生产目的不同可以包括部分催化汽油，如果生产目的为多产低碳烯烃或最大程度降低汽油烯烃含量时，催化汽油进料喷嘴在下，循环油进料喷嘴在上；当生产目的为多产汽柴油，适度降低汽油烯烃含量时，喷嘴设置则相反，汽油进料喷嘴在循环油之上。

二、TSR 技术基本原理

TSR 技术通过催化剂接力、分段反应、短反应时间和大剂油比操作，可有效强化催化裂化过程的催化反应，抑制不利的二次反应和热裂化反应。

所谓催化剂接力是指当原料经过一个适宜的反应时间、由于积炭致使催化剂活性下降到一定程度时，及时将其与油气分开并返回再生器，需要继续进行反应的中间物料在第二段提升管与来自再生器的另一路催化剂接触，形成两路催化剂循环。显然，就整个反应过程而言，催化剂的整体活性及选择性大大提高，催化反应所占比例增大，有利于降低干气和焦炭产率。

常规催化裂化的一个致命弱点就是不同性质的反应物在同一个提升管反应器内进行反应，富含芳烃、难以裂化的循环油容易汽化、扩散、吸附到催化剂的活性位上，而容易反应的新鲜原料却因难以汽化而抢占催化剂的活性位的能力较弱，二者混合物在同一个反应器内进行反应必然存在恶性竞争。此外，不同的反应物需要的理想反应条件是不同的，混在一起难以进行条件选择。所谓分段反应就是让不同的反应物在不同的场所和条件下进行反应。TSR 技术的第一段提升管只进新鲜原料，目的产物从段间抽出作为最终产品以保证收率和质量，而循环油单独进入第二段提升管。这样一来，可以优化不同反应物的反应条件；同时新鲜原料排除了回炼油和油浆的干扰，大大增加了反应物分子与催化剂活性中心的有效接触；对回炼油和油浆而言，不再有新鲜原料和先期所产汽油、柴油与之竞争，反应机会也大大增加，从而可以提高原料转化深度、改善产品分布。

TSR 技术采用分段反应，但要求每段的反应时间比较短，两段反应时间之和小于常规催化反应的时间，总反应时间一般为 1.6~3.0s。因为催化裂化是一种催化剂迅速失活的反应过程，反应时间缩短可有效控制热反应和不利二次反应，抑制干气和焦炭的生成。

TSR 技术采用两段反应，为提高目的产品，尤其是中间产物柴油的收率，需要控制第一段反应的转化程度，从而进入分馏塔再返回第二段提升管反应器的循环油的量明显增加，加之部分汽油回炼，故使循环催化剂对新鲜进料的剂油比得到大幅度提高，反应过程的催化作用进一步得到强化。

三、提高汽柴油收率的 TSR 技术

催化裂化装置提升管反应器的在线取样研究表明，在传统提升管反应器的前部已经达到柴油的最大收率。由于重油催化裂化为复杂的平行连串反应，中间目的产物柴油馏分中易裂化部分的进一步裂化反应将使其收率降低，由于不易进行裂化反应的组分为芳烃，最终还导致柴油十六烷值的降低。通过控制催化原料在提升管内的转化程度，可获得最大柴油产率，并使柴油的十六烷值提高。

提高汽柴油收率的 TSR 技术，即 TSR-MDG 技术根据原料和催化剂性质优化两段提升管的尺寸和操作条件，其反应再生系统的示意流程如图 5-15 所示。新鲜催化原料进第一段提升管反应器，循环油(回炼油和部分油浆)进第二段提升管反应器。使用该技术，可明显提高柴油产率和轻质油产率，降低干气和焦炭产率，并提高柴油的十六烷值，降低其后续加氢精制装置的负荷；对于新建装置，该技术还可以降低反应—再生系统的标高，减少投资和能耗。该技术在某炼厂 16×10^4t/a 催化裂化装置上应用前后产品分布见表 5-9。

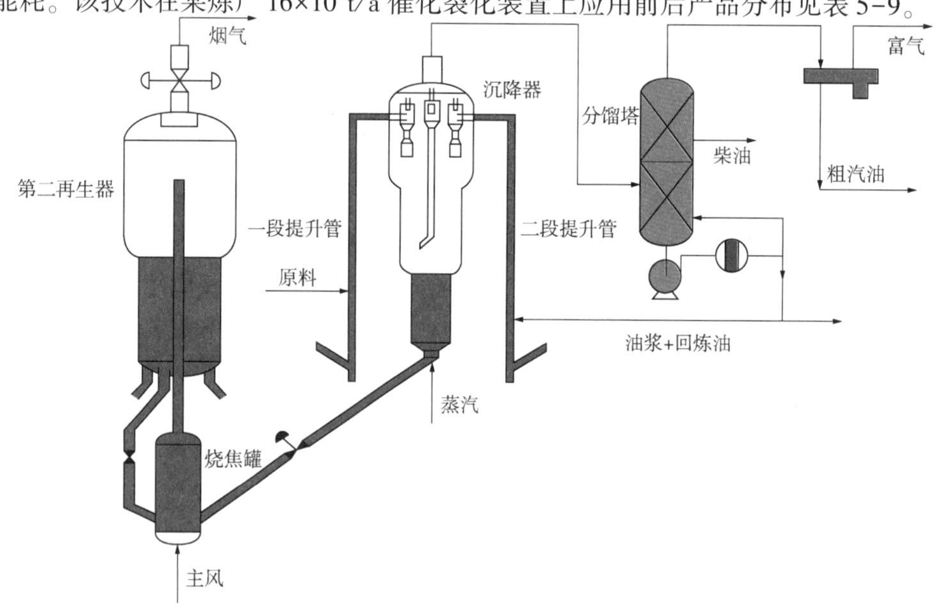

图 5-15　TSR-MDG 技术示意图

表 5-9 TSR-MDG 与常规催化裂化产物分布对比

项目	常规催化裂化	TSR-MDG
干气+焦炭产率,%	基准	-1.5
总液体产品收率,%	基准	+1.5
轻质油收率,%	基准	+2.0
柴油收率,%	基准	+3.0
柴油十六烷值	基准	+3.0

四、提高液体收率适度降烯烃的 TSR 技术

采用提高液体产品收率和适度降低催化汽油烯烃含量的两段提升管重油催化裂化技术（TSR-MF）可以在一定程度上解决改善产品分布和提高产品质量的矛盾。基础研究表明，汽油中的烯烃化合物具有极强的化学反应活性，即使在已经沉积一定焦炭的催化裂化催化剂的作用下，仍可以在短时间内得到有效转化。因此，以 TSR 技术为基础，兼顾目的产品产率提高和汽柴油质量改善，开发了 TSR-MF 技术。

TSR-MF 技术反应—再生系统的示意流程如图 5-16 所示，根据原料和催化剂性质，可以优化两段提升管的尺寸和操作条件。新鲜催化原料进入第一段提升管反应器，循环油（回炼油和部分油浆）进第二段提升管反应器底部，部分粗汽油在循环油喷嘴上方的合适位置也进入第二段提升管反应器。使用该技术，可提高柴油产率和柴油的十六烷值，提高目的产品产率，降低干气和焦炭产率，并可降低汽油的烯烃含量 10 个百分点左右；对于新建装置，该技术还可以降低反应—再生系统的标高，减少投资。表 5-10 为在实验室中型装置上得到的 TSR-MF 与常规催化裂化产物分布对比结果。

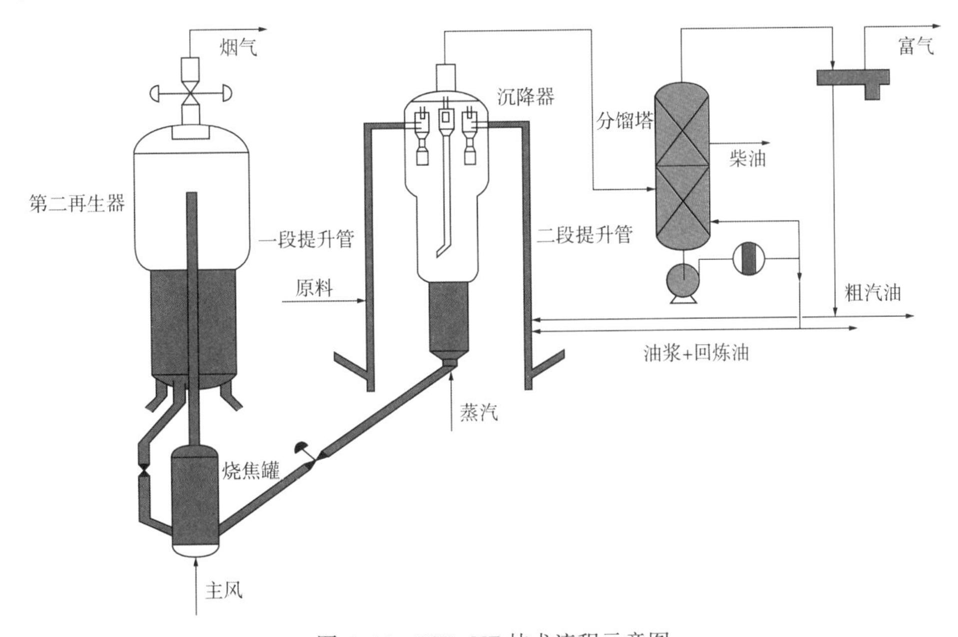

图 5-16 TSR-MF 技术流程示意图

表 5-10 TSR-MF 与常规催化裂化产物分布对比

项目	常规催化裂化	TSR-MF
干气+焦炭产率,%	基准	-1.0
总液体产品收率,%	基准	+1.0
轻质油收率,%	基准	+0.5
柴油收率,%	基准	+3.0
柴油十六烷值	基准	+3.0
汽油烯烃含量,%(体积分数)	基准	-10

五、催化汽油降烯烃的 TSR 技术

由于我国特殊的石油加工工艺流程，降低催化汽油的烯烃含量成为一些炼油企业生产的瓶颈问题，两段提升管重油催化裂化技术与适宜的降烯烃催化剂配合，可以在大幅度降低催化汽油烯烃含量(降低幅度最高达 25 个百分点)的前提下，同时保证目的产品产率不受损失，并使柴油的质量得到改善，该技术称为 TSR-LOG。

TSR-LOG 技术根据原料和催化剂的性质，可以优化两段提升管的尺寸和操作条件，其反应—再生系统示意流程如图 5-17 所示。新鲜催化原料进入第一段提升管反应器，部分粗汽油进第二段提升管反应器底部，循环油(回炼油和部分油浆)在粗汽油喷嘴上方的合适位置进入第二段提升管反应器。使用该技术，可有效降低汽油的烯烃含量 20 个百分点以上，同时提高柴油产率和柴油的十六烷值，降低干气和焦炭产率；对于新建装置，该技术还可以降低反应—再生系统的标高，减少投资。该技术在某炼厂 80×10^4t/a 催化裂化装置上应用前后的产品分布和主要质量指标变化见表 5-11。

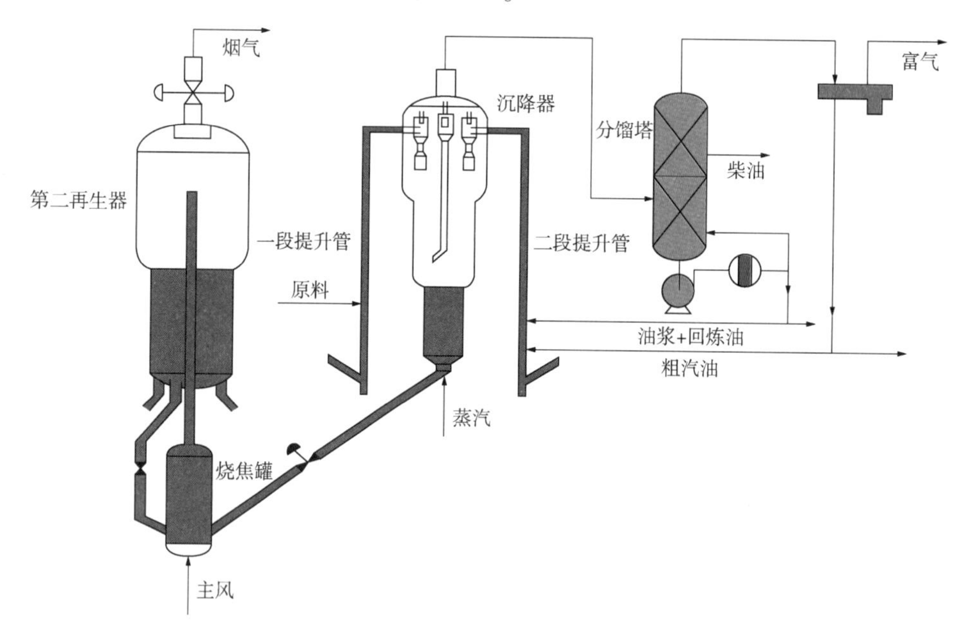

图 5-17 TSR -LOG 技术流程示意图

表 5-11 TSR-LOG 与常规催化裂化产物分布对比

项目	常规催化裂化	TSR-LOG
干气+焦炭产率,%	基准	-0.5
总液体产品收率,%	基准	+0.5
柴油收率,%	基准	+2.0
柴油十六烷值	基准	+2.0
汽油烯烃含量,%(体积分数)	基准	-20

六、多产丙烯的 TSR 技术——TMP

两段提升管重油催化裂解多产丙烯(TMP)技术采用与流化催化裂化技术相同的循环流化床反应技术，除反应温度高出 20~40 ℃ 以外，其他工艺操作条件与常规催化裂化相当。其特点是采用“两段提升管反应器”，每个提升管反应器均采取轻质原料(轻汽油、混合碳四)和重质原料(新鲜原料、回炼油)组合进料，通过与再生器优化耦合，构成具有两路催化剂循环的新型反应再生系统。其反应—再生系统示意流程如图 5-18 所示。

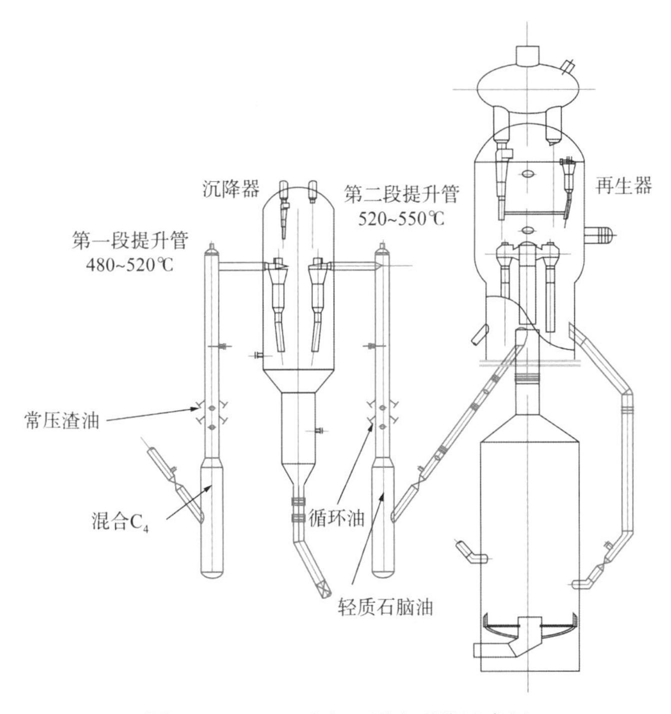

图 5-18 TMP 反应—再生系统示意图

TMP 技术的关键是在认识重油催化裂解过程的化学反应历程本质的基础上，针对不同的催化原料和生产目的确定理想反应条件和匹配催化剂，采用新型两段提升管反应器和设有多个反应区的反应工艺技术，通过组合进料和控制不同反应组分适宜的反应时间，实现反应工艺和催化剂的优化配合，达到增产丙烯、控制干气和兼顾轻质油品生产的目的。主要创新点如下：

(1) 认识了实现有效转化重油和高选择性生产丙烯的理想工艺条件和催化剂配方，掌握了丙烯二次转化的基本规律，提出了不同反应组分化学反应热的计算方法，为工程设计奠定了理论基础。

(2) 采取轻重原料组合进料+重油两段反应技术，在保证重油充分转化的同时，可较为精确地控制轻组分与催化剂的接触和反应，提高反应的丙烯选择性。

(3) 工程上成功设计了专用高密度输送床反应器，催化剂流化平稳，原料反应充分，可以有效减少干气的生成，保证原料的选择性转化。

(4) 成功开发了高结晶度 HZSM-5 生产技术，集成了小晶粒 HZSM-5、高活性稳定性的分子筛改性等催化剂制备新技术，成功开发了具有优异性能的 TMP 专用催化剂。

两段提升管催化裂解多产丙烯(TMP)技术可满足不同企业多方面的生产需求，可用于重油催化裂解多产丙烯、用于焦化汽油改质与重油催化优化组合、用于焦化蜡油催化裂解多产丙烯，以及页岩油催化裂解多产丙烯等目的。

自 2006 年 10 月开始，在中国石油大庆炼化公司改造建设的 12×10^4t/a TMP 工业试验装置上进行工业试验，至 2008 年 9 月完成多种操作条件下的工业试验任务。以大庆常渣为原料，丙烯收率达到 20.31%，总液收 82.66%，干气+焦炭的产率之和为 14.28%，汽油研究法辛烷值 96 左右。装置经受住了近两年的工业运行考验，试验结果完全达到了预想指标，取得圆满成功。

2011 年 9 月 4 日第二套 TMP 装置在山东恒源石油化工股份有限公司顺利投产，采用纯焦化蜡油和焦化石脑油进料。在 CGO 与焦化石脑油按质量比 2∶1 进料的情况下，总液体质量收率近 90%，液化气质量收率 20%左右，液化气中丙烯的体积含量达 47%以上，汽油的研究法辛烷值约为 90，为焦化蜡油的催化裂化直接加工利用开辟了一条新的途径。

两段重油提升管催化裂解多产丙烯(TMP)技术的产品分布及质量等相关技术指标均优于现有国内外同类技术，具体指标取决于原料性质和生产目的。两段提升管催化裂解多产丙烯(TMP)技术整体水平达到国际先进水平，在增产丙烯兼顾轻油生产方面达到国际领先水平。

七、多产低碳烯烃的 TSR 技术——TMPE

由于我国特殊的石油加工工艺流程，降低催化汽油的烯烃含量成为各炼油企业生产高质量汽油产品所必须解决的问题，同时我国某些地区汽油产量过剩，而目前对低碳烯烃的需求，尤其是丙烯的需求呈持续增长趋势。利用两段提升管重油催化裂化工艺所具有的非凡灵活性，对流程及操作条件进行合理调整，并与专用催化剂配合，可以实现多产低碳烯烃，尤其是多产丙烯的目的，同时得到低烯烃含量、高辛烷值的汽油组分，这种技术称为多产低碳烯烃的 TSR 技术，即 TMPE 技术。

根据原料和催化剂性质，TMPE 技术可以优化两段提升管的尺寸和操作条件，其反应—再生系统的示意流程如图 5-19 所示。新鲜催化原料仍进入第一段提升管反应器，在优化柴油生产的条件下反应。粗汽油进第二段提升管反应器下部，在较苛刻的反应条件下进行转化；循环油在粗汽油喷嘴上方的合适位置进入第二段提升管反应器；有条件的企业可以在第二段提升管的底部进行 C_4组分回炼，以进一步提高丙烯和乙烯产率。表 5-12 为在实验室中型装置上得到的 TMPE 的产物分布。

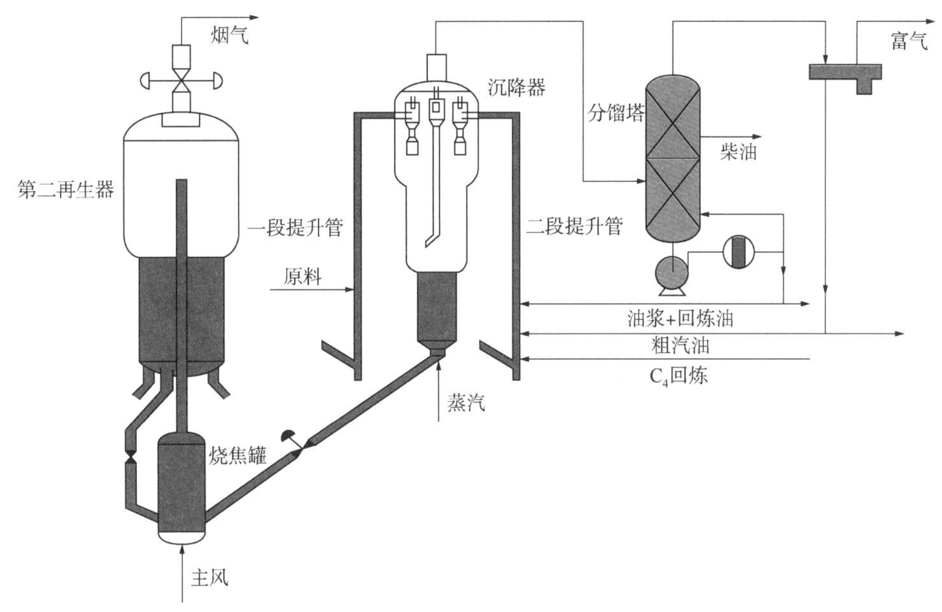

图 5-19　TMPE 技术流程示意图

表 5-12　大庆常压渣油催化裂解多产乙烯和丙烯(TMPE)

产物	收率,%	产物	收率,%
干气(乙烯)	17.59(11.96)	柴油	8.22
液化气(丙烯)	47.66(32.78)	重油	2.00
汽油	12.05	焦炭	12.48

注：采用 C_4、轻汽油回炼操作，组合进料技术和特殊设计的密相床反应器；提升管出口温度：580℃。

2002 年 5 月，第一套两段提升管重油催化裂化工业装置在中国石油大学(华东)胜华炼油厂 10×10^4t/a 催化裂化装置上改造建成投产。工业装置生产操作平稳，参数控制灵活，各项技术经济指标先进：与改造前相比，装置加工能力提高了 20%以上；汽柴油收率提高 3 个百分点以上，液收率(汽油+柴油+液化气)提高 2 个百分点；柴油密度降低，十六烷值提高。至今，TSR 技术已在中国石油辽河石化公司和长庆石化公司 2 套80×10^4t/a重油催化裂化装置、锦西石化公司 100×10^4t/a 催化裂化装置、长庆油田公司马家滩炼油厂20×10^4t/a重油催化裂化装置上和庆阳石化 160×10^4t/a 重油催化裂化装置上获得成功应用。

第四节　重油催化裂化汽油辅助反应器降烯烃技术

随着环保意识的增强、环保法规的日益严格，汽油、柴油这些车用燃料的标准不断提高。烯烃含量已成为汽油产品能否出厂的控制指标，2009 年采用的标准是 2009 年国家环保局制定的“车用汽油有害物质标准(GB 17930—2009)”，要求烯烃含量不大于 30%(体积分数)[40-44]。而随着与国际产品标准的接轨，烯烃含量将受到越来越严格的控制。从目前汽油质量标准的发展趋势来看，烯烃含量要求会进一步地降低，辛烷值会进一步地提高，硫含量要求也会更低。而催化裂化是生产成品油的主要工艺，我国成品油市场中70%的汽油组分、30%的柴油组分是由催化裂化装置提供，催化裂化工艺在我国重油深度加工中继续发挥着骨干作用。今后较长时间，汽油组分比较单一的情况将难以改善。因此，汽油质量升级主要是提高催化裂化汽油的质量，控制催化汽油的烯烃、硫、芳烃和辛烷值等主要指标，与相应的国际标准接轨。

国外主要从“配方”着手来达到相应的质量标准，即利用多种工艺生产汽油，然后将多种汽油进行调配。我国炼油工艺结构特点是绝对地以催化裂化工艺为主，一方面，因为商品汽油中有70%来自催化裂化工艺，其烯烃含量一般高达45%~60%，几乎任何一个炼油企业都有催化裂化装置；另一方面，加氢能力不足、催化重整原料不够以及烷基化异构化等高辛烷值汽油组分生产工艺缺乏，因此，在我国不能采用“调和”的办法使车用汽油的烯烃含量、硫含量和辛烷值达到更高的标准。针对我国炼油工业以催化裂化工艺为主而其他石油二次加工能力不足的实际国情和状况，中国石油大学(北京)研究开发了“重油催化裂化汽油辅助反应器降烯烃技术”，即利用常规催化裂化催化剂并依托工业催化裂化装置，对催化汽油进行进一步的改质处理，使其发生定向催化转化，使催化汽油中的烯烃主要进行氢转移、芳构化、异构化或者裂化等反应，使烯烃含量显著降低，达到汽油新标准的要求，而辛烷值基本不变。

“重油催化裂化汽油辅助反应器降烯烃技术”还能够灵活地通过调整反应操作强度和汽油改质比例增产液化气和丙烯[45-47]，实现炼油产品结构的调整，发展石油化工产业。

一、催化汽油降烯烃反应原理

重油催化裂化希望采用高温、短反应时间、适中的催化剂活性，而汽油降烯烃过程由于需要氢转移、芳构化、异构化等反应，希望采用低温、长反应时间和较高的催化剂活性。因此，降低催化裂化汽油烯烃含量所需要的工艺条件与重油催化裂化所需要的工艺条件正好相反，也就是说，从优化需要的反应条件和反应环境来说，这两类反应实际上是完全不同的。

由此推论，在同一个提升管反应器内利用同一种催化剂来完成这两类反应，达到既裂化重油又对其汽油馏分进行降烯烃的目的，难免顾此失彼，双方都达不到最佳的结果。这从工业上曾经采用的一些催化裂化汽油降烯烃措施的应用效果上可充分显示出来，如采用降烯烃催化剂后，不仅使催化剂的成本增加，同时，液体收率要损失2个百分点左右，产品分布明显变差。

通过对催化汽油的典型PONA组成和催化裂化反应机理分析可知，为了降低催化汽油烯烃含量，同时保持辛烷值基本不变，在对其进行改质时，必须对所发生的反应有所促进和抑制——定向催化转化。理想的催化裂化汽油在重油催化裂化装置中改质降烯烃反应历程如图5-20所示。需要促进的反应有：异构化、氢转移、环化、芳构化和脱烷基反应，需要抑制的反应有：初始裂化和缩合[48-51]。

“重油催化裂化汽油辅助反应器降烯烃技术”[52-54]以常规催化裂化催化剂和常规催化裂化工艺为基础，依托原有催化裂化装置，增设了一个单独的辅助反应器，利用这一单独的改质反应器对催化汽油进行“异地改质”，促进了需要的反应并抑制了不需要的反应，实现了催化汽油的良性定向催化转化，从而达到了降低烯烃含量以生产清洁汽油的目的。此外，为了增产液化气或丙烯，需要采用较苛刻条件的操作，使烯烃的裂化反应、芳构化和脱烷

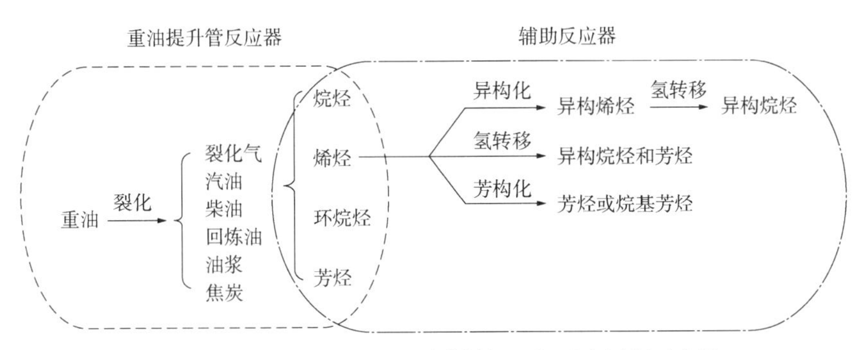

图 5-20 催化裂化汽油改质降烯烃理想反应历程示意图

基反应等占据优势，最大限度多产丙烯等液化气组分，同时，降低汽油烯烃含量。

二、辅助反应器选型及设计原理[55-56]

基于上述总体思路和催化裂化汽油降烯烃理想反应历程，考虑到满足汽油降烯烃过程需要的氢转移、芳构化、异构化等反应及不希望的裂化和缩合等不利反应的热力学特性和动力学特性，辅助反应器的理想反应条件是低温、长反应时间和较高的催化剂活性。考虑到提升管反应器形式的反应时间仅为 2.0~3.0s，故提出辅助反应器宜采用输送床+湍动床相组合的形式。提升管反应器形式和输送床+湍动床反应器形式如图 5-21 和图 5-22 所示。以两种反应器形式开展实验，实验结果见表 5-13 和表 5-14。由表 5-13 和表 5-14 数据可以看出，仅采用提升管反应器的形式，烯烃含量(体积分数)仅能降低到 35%，而不能降低到 18%以下。

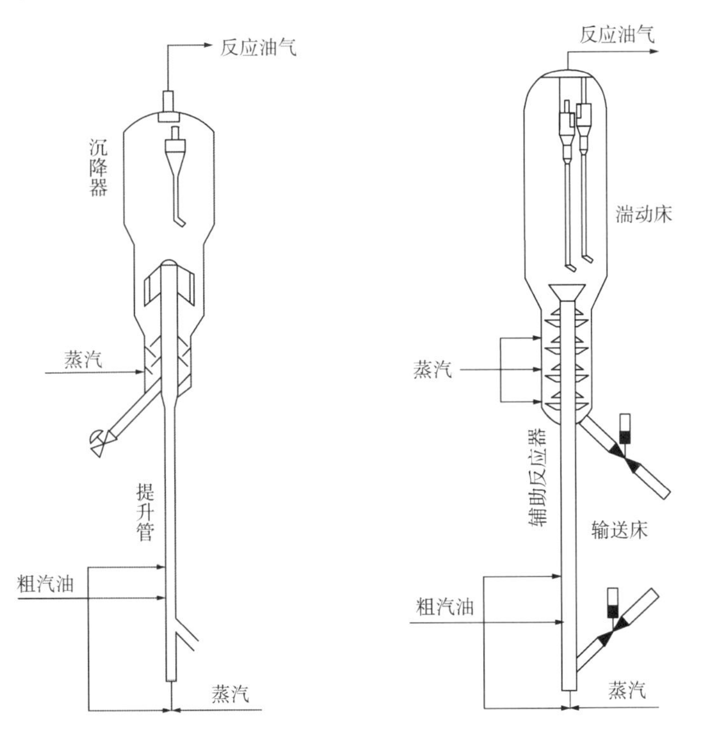

图 5-21 提升管反应器形式 图 5-22 输送床+湍动床反应器形式

表 5-13 采用提升管反应器形式的实验结果[1]

项目		汽油原料	不同反应温度下产物	
			420℃①	450℃①
产物分布,%	干气		0.1	0.2
	液化气		8.9	10.6
	汽油		85.6	83.1
	柴油		4.1	4.6
	焦炭		1.3	1.6
改质汽油族组成,%（体积分数）	饱和烃	35.6	44.1	45.9
	烯烃	46.2	33.5	29.1
	芳烃	18.2	22.4	25.0
烯烃转化率,%			27.5	37.4

①三次实验结果的平均。反应时间：2.0s；剂油比：6；微反活性：62。

表 5-14 采用输送床+湍动床相组合形式的实验结果[1]

项目		汽油原料	不同反应温度下产物	
			420℃①	450℃①
产物分布,%	干气		0.1	0.2
	液化气		2.9	4.0
	汽油		90.5	88.3
	柴油		4.6	5.1
	焦炭		2.1	2.4
改质汽油族组成,%（体积分数）	饱和烃	38.7	57.5	56.4
	烯烃	46.6	19.3	17.5
	芳烃	14.7	23.2	26.1
烯烃转化率,%			61.6	62.4

①三次实验结果的平均。反应时间：200.0s；剂油比：6；微反活性：63。

三、工艺方案

根据实验室研究结果，结合得出的工艺条件和工业催化裂化装置的具体状况，开发了特殊的分馏塔，来单独分离改质油气，形成了催化裂化汽油改质油气分离工艺技术，最终形成了“催化裂化汽油辅助反应器改质降烯烃技术”。

图 5-23 是催化裂化汽油辅助反应器改质降烯烃技术方案的总流程图，即依托原有催化裂化装置，增设一个催化裂化汽油改质降烯烃用的单独的反应器——辅助反应器对催化裂化汽油进行改质，辅助反应器为输送床加湍动床相组合的混合形式。同时，采用单独的带有脱过热段的改质油气分馏塔来分离改质汽油。

流程简述如下：原催化裂化反应—再生系统的操作不变，即新鲜重油原料与回炼油、回炼油浆在雾化蒸汽的作用下，从底部进入重油主提升管，与来自再生器由水蒸气预提升

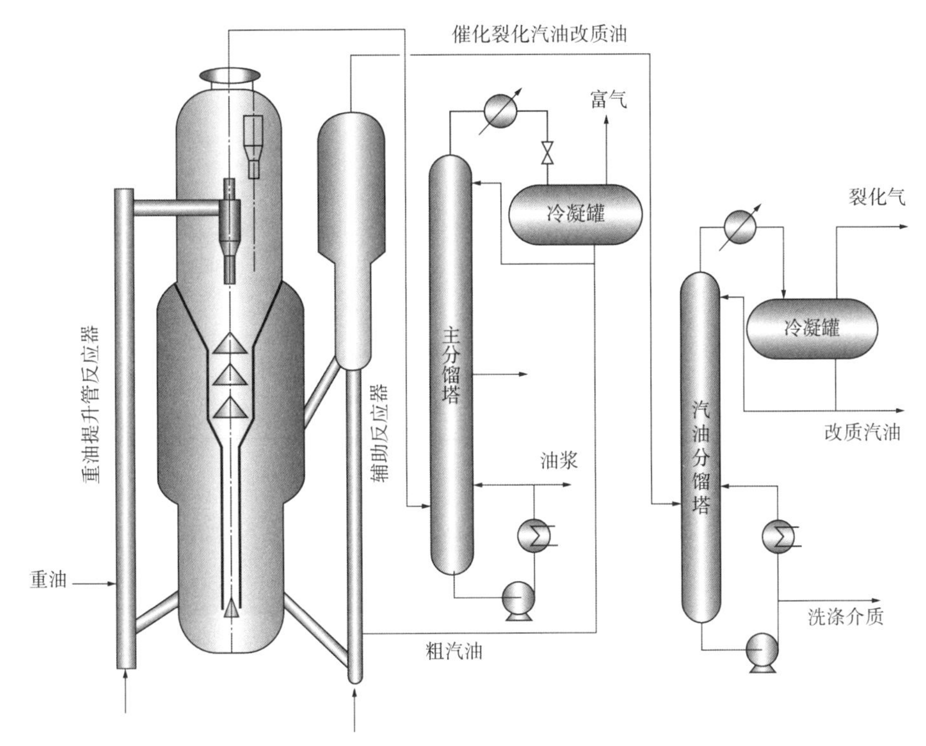

图 5-23 催化裂化汽油辅助反应器改质降烯烃技术方案的总流程图

的高温再生剂在一定的反应温度、重油原料预热温度、剂油比、催化剂活性、反应时间以及反应压力下进行接触、气化、混合和反应，油气、水蒸气与催化剂一起通过重油主提升管反应器，到主提升管反应器出口由高效气固快速分离装置和沉降器顶旋将反应油气和催化剂分开。催化剂经过沉降器进入汽提段，经过汽提后返回再生器。反应油气离开沉降器通过大油气管线进入主分馏塔进行富气、粗汽油馏分、轻柴油馏分、回炼油、油浆的分离。

由再生器上设立的引出高温再生催化剂物流的斜管，将再生催化剂引入辅助改质反应器的提升管底部，催化裂化汽油由分馏塔顶油气分离器出来，经喷嘴进入辅助改质反应器的提升管下部，与其中的催化剂进行接触、气化、混合和反应。在辅助改质反应器内，维持一定的反应温度、汽油原料预热温度、催化剂活性、反应压力和反应时间。然后，反应油气和催化剂进入辅助反应器的沉降系统，再通过设在顶部的旋分系统将催化剂和反应油气分开，催化剂进入辅助反应器的汽提段，与从汽提段底部引入的汽提蒸汽进行逆流接触，置换出催化剂夹带的油气。汽提后的催化剂由新增待生斜管返回原再生器。反应后的改质油气与催化剂分离，经过油气管线进入改质油气分馏系统。

四、辅助反应器工业应用[57-58]

“催化裂化汽油辅助反应器改质降烯烃技术”已在中国石油抚顺石化公司 150×10^4t/a（图 5-24）、中国石油哈尔滨石化公司 100×10^4t/a（图 5-25）、中国石油华北石化公司 100×10^4t/a、中国石油呼和浩特石化公司 90×10^4t/a 及滨化集团公司 20×10^4t/a 等 5 套重油催化裂化装置上成功工业化。工业应用结果表明，该技术工艺简单，易于实现，由催化裂化装置可直接生产出满足欧Ⅲ标准的清洁汽油。

图 5-24　抚顺石化 150×10^4t/a SRFCC 装置

图 5-25　哈尔滨石化 100×10^4t/a SRFCC 装置

2004 年抚顺石化公司 150×10^4t/a 重油催化装置采用了“重油催化裂化汽油辅助反应器降烯烃技术”。该装置为两段再生高低并列式装置，由中国石化北京设计院设计，原料为大庆常压渣油、减压渣油及混合蜡油。该装置改造前催化汽油烯烃含量(体积分数)高达 50%～55%。装置改造前后的各项数据变化见表 5-15 至表 5-21。

表 5-15　装置改造前后物料平衡对比表

项目		改造前，%(质量分数)	改造后，%(质量分数)	变化，%
入方	减压渣油	22.47	23.45	
	蜡油	20.38	19.27	
	常压渣油	57.15	57.28	
	合计	100.00	100.00	
出方	干气	6.03	6.11	0.08
	液化气	14.57	15.73	1.16
	汽油	43.26	41.60	-1.66
	柴油	23.32	23.92	0.60
	油浆	3.86	3.23	-0.63
	焦炭	8.59	9.01	0.42
	损失	0.37	0.40	0.03
	合计	100.00	100.00	

表 5-16　主要操作参数

名称	设计值	实际值
主提升管出口温度,℃	500~505	502
主提升管进料量, t/h	187.5	200
辅助提升管出口温度,℃	430	405
辅助床层反应温度,℃	420	400
再生温度,℃	690	686
辅助提升管进料量, t/h	75	35
辅助提升管进料温度,℃	40	40
主/辅助沉降器压力, MPa	0.225/0.215	0.215/0.193
新分馏塔顶/底温度,℃	120/350	136/243
新分馏塔顶/底压力, MPa	0.175/0.20	0.144/—

表 5-17　汽油族组成分析(荧光法)

项目	饱和烃	烯烃	芳烃
粗汽油原料,%(体积分数)	40.6	46.2	13.2
降烯烃汽油,%(体积分数)	57.8	22.7	19.5
稳定汽油,%(体积分数)	50.8	33.8	15.4

表 5-18　汽油性质

项目	改造后			改造前	
	粗汽油原料	降烯烃汽油	稳定汽油		
密度(20℃), kg/m^3		731	727	723	720
初馏点,℃		39	35	38	37
终馏点,℃		193	188	190	187
硫醇硫, μg/g		34	28	31	42
诱导期, min				718	442
辛烷值	MON			78.9	78.7
	RON			89.3	89.5
蒸气压, kPa				64.6	55.7
总硫,%		0.012	0.009	0.01	0.01

表 5-19　柴油性质

项目		改造后	改造前
密度(20℃), kg/m^3		873.9	875.4
馏程	初馏点,℃	183	181
	终馏点,℃	343	341
十六烷值		34.7	35.3

续表

项目		改造后	改造前
总硫,%		0.17	0.18
闪点,℃		65	65
凝点,℃		-10	-10
黏度	50℃, mm^2/s	1.95	1.85
	20℃, mm^2/s	3.709	3.47

表 5-20　液化气组成

项目	改造后	改造前
丙烷,%	12.53	12.96
丙烯,%	42.64	40.82
异丁烷,%	19.71	18.67
正丁烷,%	4.23	4.26
正丁烯+异丁烯,%	10.39	11.99
反丁烯,%	4.12	4.55
顺丁烯,%	2.9	2.86
异戊烷+正戊烷,%	3.48	3.98
H_2S, μg/g	3500	3000

表 5-21　装置改造前后能耗对比表

项目	改造前能耗, kg/t(标油/原料)	改造后能耗, kg/t(标油/原料)	变化
电	6.93	8.21	1.28
蒸汽	-45.26	-39.89	5.37
焦炭	85.9	90.25	4.35
装置能耗	66.89	76.12	9.23

从降烯烃效果和物料平衡来看，经过辅助反应器的改质，汽油的烯烃含量的降低幅度是较大的，粗汽油的烯烃含量从44.7%降低到15.2%，烯烃转化率为66%；同时，芳烃含量也有明显的增加，增加了6.6个百分点，取得了良好的降烯烃效果，出装置汽油烯烃达到33.8%，产品分布比较理想，干气+焦炭仅仅增加了0.5个百分点，产品质量满足要求，装置能耗增加不到10kg标油/吨原料。

在现有催化裂化装置和催化剂基础上开发的“重油催化裂化汽油辅助反应器降烯烃技术”，可使催化裂化汽油的烯烃含量(体积分数)降到35%以下甚至20%以下，使催化裂化装置直接生产出合格的高品质清洁汽油，顺利实现汽油产品的升级换代。同时，能够增产液化气和丙烯产率，实现炼油产品结构的调整。

该技术的成功工业化表明，该技术有三个明显的优势：

(1) 可以将汽油烯烃含量(体积分数)降低到25%甚至20%以下，以满足越来越严格的汽油质量标准(欧洲Ⅲ类排放标准)，辛烷值基本维持不变；

(2) 干气+焦炭损失小，只占整个重油催化裂化装置物料平衡的0.5%~1.0%；

(3) 操作与调变灵活，通过调整改质反应器操作，可提高丙烯产率3~4个百分点。

该技术适合于催化裂化汽油烯烃含量大于40%(体积分数)的炼油企业，当汽油烯烃含量高达45%~55%，该技术可有效降低催化汽油的烯烃含量至18%，汽油损失只占催化裂化装置总进料的1.0%以下。因此，有着较好的推广应用前景。

第五节 催化柴油加氢与催化裂化耦合技术

伴随着原油重质化和劣质化趋势的日益加重，如何强化重质原料油高效转化为高附加值产品，成为国内各炼厂亟须解决的关键问题。同时，随着我国经济增长速度趋缓，柴油需求量增速逐渐放缓，而我国汽车保有量的增加，使得汽油需求量逐年增加，因此如何采取适当的方法降低柴汽比，以迎合消费市场的需求也是面临的一个关键问题。

本节提出了一条加氢与催化裂解耦合的重油轻质化新工艺，通过对重油催化裂化生成的柴油和回炼油馏分适度加氢，将其富含的双环和稠环芳烃部分饱和，进而经催化裂化回炼来增产汽油和小分子烯烃等高附加值产品。本节将以中国石油大庆炼化公司两套催化装置的催化裂化柴油为例，从工艺流程、原料性质和产品分布等方面对所提出的加氢与催化裂解组合工艺进行介绍。

一、原料与催化剂的性质

中国石油大庆炼化公司二套催化装置的催化柴油和加氢柴油主要性质列于表5-22。催化柴油加氢后芳烃含量略有降低，其中双环及三环芳烃含量明显减少(减少了80.85%)，而减少量的83.60%转变为单环芳烃，氢含量升高了1.2个百分点，表明加氢过程中的氢耗不高。加氢后催化柴油的性质虽然有所改善，但其指标仍难作为车用柴油调和组分，但是加氢后柴油中链烷烃和环烷烃含量增加，可以作为较好的催化裂解原料。

表5-22 催化柴油和加氢柴油的基本性质

项目		催化柴油	加氢柴油
密度(20℃)，kg/m^3		934.0	902.1
残炭,%		0.34	<0.02
元素组成,%	C	88.93	86.82
	H	10.70	11.89
	N	0.14	—
	S	0.23	—

续表

项目		催化柴油	加氢柴油
烃类组成,%	链烷烃+环烷烃	27.94	35.13
	芳烃	72.06	64.87
	单环芳烃	17.74	54.47
	双环芳烃	35.86	7.66
	三环芳烃	18.46	2.74
馏程,℃	IBP	129.2	103.6
	10%	220.8	213.1
	30%	279.6	263.6
	50%	318.8	299.9
	70%	349.1	334.1
	90%	382.1	377.8
	FBP	424.9	479.4

注：采用的催化剂为 FDS-1 和 TK-951 催化剂，加氢条件为：压力 8.7MPa，氢油比 1000∶1，空速 $1.2h^{-1}$，精制反应温度 345℃，改质反应温度 365℃，进料量为 204g/h。

二、催化柴油和加氢柴油催化裂解产物分布

在相近的操作条件下，催化柴油和经加氢处理得到的加氢柴油分别在提升管中试装置上进行催化裂解反应，其反应产物分布结果见表 5-23。催化柴油直接催化裂解的转化率仅为 37.87%，而加氢催化柴油的转化率达到 56.96%，较加氢之前增加了 19.09 个百分点，增加的主要是汽油和液化气，产物分布明显改善。这主要归结于加氢前后原料烃组成的差异：加氢过程中除了饱和烯烃组分外，柴油中多环芳烃部分饱和生成环烷芳烃，后者在催化裂化条件下，开环裂化生成汽油、液化气等组分。综上分析，采用加氢与催化裂解工艺，可以有效地促进催化柴油转化为液化气和汽油等高附加值产品。

表 5-23 催化柴油和加氢柴油催化裂解生成的产物分布对比

项目		催化柴油	加氢柴油
操作条件	反应温度,℃	510	510
	剂油比，kg/kg	8	8
	停留时间，s	1.4	1.5
产物分布,%	干气	1.64	1.81
	液化气	13.36	16.58
	汽油	20.32	36.92
	柴油	46.46	37.76
	重油	15.67	5.29
	焦炭	2.56	1.65
转化率,%		37.87	56.96

注：转化率=100%-(柴油收率+重油收率)。

催化柴油和加氢柴油催化裂解生成的干气组成见表 5-24。与催化柴油直接裂解生成的干气组成相比，加氢催化柴油生成的干气中氢气含量增加 2.52 个百分点，乙烯含量增加 6.41 个百分点，而甲烷和乙烷含量则是呈现降低趋势(分别下降 6.43 和 2.50 个百分点)。

表 5-24　催化柴油和加氢柴油催化裂解生成的干气组成

组分	催化柴油	加氢柴油
氢气,%	2.45	4.97
甲烷,%	31.29	24.86
乙烷,%	19.63	17.13
乙烯,%	46.63	53.04

催化柴油和加氢柴油催化裂解生成的液化气组成见表 5-25，加氢柴油催化裂解生成的液化气组成中烷烃含量增加，烯烃含量减少，总烯烃在液化气中含量达到了 73.64%，其中丙烯和异丁烯含量分别占液化气总量的 42.70% 和 10.80%，即催化柴油加氢后进行催化裂解得到液化气中虽然烯烃含量有所降低，但液化气组成依旧以烯烃为主，烯烃中又以丙烯含量居多。

表 5-25　催化柴油和加氢柴油催化裂解生成的液化气组成

组分	催化柴油	加氢柴油
丙烷,%	3.74	5.55
丙烯,%	44.76	42.70
异丁烷,%	8.98	17.55
正丁烷,%	1.95	3.26
反-2-丁烯,%	9.96	8.02
1-丁烯,%	7.49	6.39
异丁烯,%	15.87	10.80
顺-2-丁烯,%	7.26	5.73

催化柴油和加氢柴油催化裂解生成的汽油馏分组成见表 5-26。催化柴油直接催化裂解生成的汽油中以芳烃含量最高，达到 43.58%，其次是烯烃和异构烷烃，其含量均在 20% 以上。催化柴油加氢后再催化裂解生成的汽油中烯烃含量降低，同时芳烃和异构烷烃含量有所升高，加氢柴油中环烷烃或环烷芳烃的氢转移反应也是催化裂解过程中芳烃增加的主要原因之一[59]。汽油中芳烃和异构烷烃含量升高，有助于提高汽油的辛烷值，因此催化柴油加氢后再进行催化裂化生成的汽油会具有较高的辛烷值，可以用作高辛烷值汽油调和组分。

表 5-26　催化柴油和加氢柴油催化裂解生成的汽油馏分组成

组分	催化柴油	加氢柴油
正构烷烃,%	4.12	3.64
异构烷烃,%	25.49	27.91
环烷烃,%	4.76	8.66
芳烃,%	43.58	47.29
烯烃,%	22.05	12.50
苯,%	0.84	0.86

催化柴油和加氢柴油催化裂解生成的柴油馏分组成见表5-27。无论催化柴油直接裂解反应还是加氢后再进行催化裂解反应，生成的柴油密度较大，均在950kg/m³以上，这些柴油含有较多的萘系化合物，因此加氢后也很难作为车用柴油的调和组分。催化柴油加氢后其芳烃含量降低，继而裂解后生成的柴油中芳烃量也略有降低，故裂化生成的柴油密度下降。加氢后裂化得到的产物柴油中烷烃含量有所增加，柴油中总芳烃含量变化不大，但单环芳烃含量却增加了7.74个百分点。

表5-27 催化柴油和加氢柴油催化裂解生成的柴油馏分性质

项目		加氢前	加氢后
密度(20℃)，kg/m³		964.4	955.0
黏度，mm²/s	20℃	5.13	4.35
	50℃	2.15	2.06
凝点,℃		-15	-20
闭口闪点,℃		104	100
折射率		1.57	1.56
馏程,℃	IBP	177.9	178.3
	10%	217.8	214.5
	30%	244.8	240.6
	50%	272.6	262.3
	70%	298.3	290.5
	90%	323.4	320.7
	FBP	356.9	360.3

根据原料裂解生成的柴油收率，计算得到相对于原料而言裂解生成的柴油组成(表5-28)。由表中数据可知，无论催化柴油加氢与否，其裂解生成柴油中总芳烃减少量相当，约降低了34个百分点。催化柴油加氢后再裂解，生成柴油中单环芳烃含量大幅降低，双环芳烃含量则有所增加，表明催化柴油加氢过程中生成的环烷芳烃主要发生环烷环断裂开环及长侧链断裂，生成短侧链支链的芳烃和小分子烯烃，进入汽油馏分及液化气中；同时在裂解反应过程中有一小部分环烷芳烃还会发生脱氢反应重新生成双环芳烃。相比于催化柴油直接裂解，加氢后再进行催化裂解更有利于柴油中芳烃的转化，同时得到更多的小分子烯烃和汽油馏分等高附加值产品。

表5-28 催化柴油和加氢柴油催化裂解柴油烃类组成对比

组分	催化柴油加氢前	催化柴油加氢后	裂化生成的柴油组成(相对于原料)	
			加氢前	加氢后
链烷烃+环烷烃,%	27.94	35.13	8.25	7.31
芳烃,%	72.06	64.87	38.22	30.46
单环芳烃,%	17.74	54.47	7.56	9.07
双环芳烃,%	35.86	7.66	25.83	18.84
三环芳烃,%	18.46	2.74	4.83	2.55

注：裂化柴油组成(相对于原料)=裂化柴油组成(实际组成)×原料裂化的柴油收率。

中国石油大学(华东)在原有TMP工艺的基础上，将该技术与催化裂解柴油选择性加氢相耦合，提出了HTMP工艺，其示意流程如图5-26所示。第一段提升管进新鲜催化原料，第二段提升管进加氢后的催化柴油和回炼油，达到多产低碳烯烃，尤其是丙烯，同时增产富含芳烃的高辛烷值汽油，并压减催化柴油，甚至不出柴油，显著降低柴汽比的目的。表5-29为在实验室中型装置上得到的HTMP工艺和催化柴油直接回炼产物分布的对比(以新鲜催化原料为基准)。

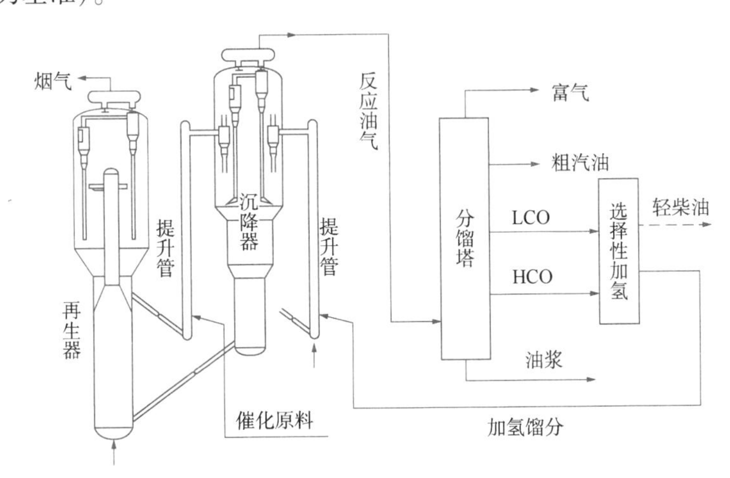

图5-26 HTMP工艺流程示意图

表5-29 三种加工方案的产物分布对比

项目	催化料单程裂化	催化柴油直接回炼		HTMP(加氢柴油回炼)	
		回炼③	综合④	回炼③	综合④
干气,%	3.47	1.64	3.86	1.81	3.90
液化气,%	32.75	13.35	35.93	16.57	36.70
汽油,%	33.60	20.32	38.44	36.92	42.39
柴油,%	14.65	46.46	11.06	37.76	8.99
重油,%	9.16	15.67	3.73	5.29	1.26
焦炭,%	6.37	2.56	6.98	1.65	6.76
转化率,%	90.84①	37.87②	96.27①	56.96②	98.74①

①转化率=100%-重油收率；

②转化率=100%-(柴油收率+重油收率)；

③回炼：指柴油(或者加氢柴油)在与催化料裂化相同的工艺条件下单独进行反应；

④综合：综合产物分布=回炼过程得到的各产物收率×催化料单程产物分布中(柴油收率+重油收率)/100%+对应在催化料单程裂化得到的产物收率-催化料单程产物分布中(柴油收率+重油收率)。

从表5-29中数据可知，相比于催化原料单程裂化，催化柴油直接回炼后的综合产物分布中其转化率达到96.27%，柴油收率减少至11.06%，液收增至85.43%；加氢柴油回炼后的综合产物分布中其转化率高达98.74%，柴油收率进一步降低(收率8.99%)，重油收率仅为1.26%，液收却增至88.08%。催化柴油经过加氢与催化裂解组合工艺后，其综合产物中重油和柴油收率减少，转化率和液收均得到提高，柴汽比从0.44降到加氢柴油回炼的

0.21，如果进行循环操作，完全可以达到不出柴油的目的。因此，该路线不失为提高催化料的总转化率的同时，降低柴汽比的一种有效加工工艺。

第六节　多产高辛烷值汽油降柴汽比的柴油催化裂化成套工艺技术

自2013年起，中国国内汽油需求量增加、柴油需求量减少，消费柴汽比逐年降低，预计2030年我国消费柴汽比将降至1.1[60]。部分企业因柴油库存过高，被迫降低加工负荷，严重影响到了炼厂效益，所以各炼油企业迫切需要进一步减少柴油产量、增产高辛烷值汽油、降低柴汽比的技术。

催化裂化装置是炼厂重要的油品二次加工手段，也是生产柴油的主要装置，而且催化柴油稳定性较差，十六烷值低，不能直接用作车用燃料，后续加氢精制成本高。如果可以利用催化裂化装置对柴油进行二次加工，将柴油转化为高附加值的产品，同时减少催化柴油产量，就可以为企业带来新的效益增长点。

针对目前炼厂催化裂化装置加工负荷低和降低柴汽比、多产高辛烷值汽油和低碳烯烃的生产需求，中国石油石油化工研究院在对不同类型柴油及现有技术进行深入研究的基础上，开展了柴油催化转化增产高辛烷值汽油和低碳烯烃的催化裂化新工艺研究，通过在催化裂化装置中设置柴油专用裂化区，达到催化裂化装置转化柴油、增产高辛烷值汽油、降低炼厂柴汽比的目的，最终形成了多产高辛烷值汽油降柴汽比的柴油催化转化成套工艺（DCP）技术[61-68]。

“多产高辛烷值汽油降柴汽比的柴油催化转化成套工艺（DCP）技术”适用于在现有催化裂化装置上加工减一线或者常三线直馏柴油、加氢柴油、焦化柴油等柴油组分，在保持催化原料加工量不变时，汽油和液化气产率明显提高，汽油辛烷值有所提高，在多产高辛烷值汽油和降低柴汽比方面表现出明显优势。

一、国内外柴油二次加工降柴汽比技术现状

目前，国内外针对柴油的二次加工技术主要有中国石化RIPP开发的LTAG[69-71]技术，UOP公司的LCO Unicracking技术，Mobil-Akzo-Kellogg-Fina联合开发的MAK-LCO工艺，FRIPP开发的FD2G技术[72]等。

1. UOP公司的LCO Unicracking技术

该技术用于将LCO转化为高辛烷值汽油调和组分，该技术的主要特点在于配套开发的预精制催化剂，具有多环芳烃加氢选择性好、反应条件温和的特点，HC-190加氢裂化催化剂能在较低的温度和压力下以部分转化的工艺进行操作，将重质单环芳烃转换为轻质单环芳烃。中试试验结果表明，与传统加氢裂化相比，该技术具有操作压力低、操作温度缓和的优点。

2. Mobil-Akzo-Kellogg-Fina联合开发的MAK-LCO工艺

该工艺的特点是，通过KC系列加氢裂化催化剂，将重质芳烃轻质化，使柴油馏分内的

芳烃化合物转化成汽油馏分内的烷基苯类，在提高柴油十六烷值的同时增产高辛烷值汽油调和组分。

3. FRIPP 开发的 FD2G 技术

该技术旨在充分利用 LCO 富含芳烃的特点，将重质芳烃部分轻质化富集到汽油馏分中，以达到生产高辛烷值汽油调和组分的目的。FD2G 技术特点在于，通过加氢预精制剂和裂化剂的优化组合及工艺条件的调整，实现了 LCO 的选择性加氢脱多环芳烃，能够尽可能多地保留汽油产品中单环芳烃，达到生产高附加值的汽油调和组分的目的。

4. RIPP 开发的 LTAG 技术

LTAG 技术全称为 LCO 选择性加氢饱和—选择性催化裂化组合生产高辛烷值汽油或轻质芳烃技术，该技术在中国石化石家庄炼油化工股份有限公司进行了工业应用，工业试验结果表明，LTAG 技术具有操作灵活、LCO 转化率高、汽油选择性高、辛烷值高的特点，同时可利用现有的加氢和催化裂化处理能力，将低价值的劣质 LCO 转化为高价值的高辛烷值汽油或化工原料轻质芳烃。

这些技术主要是将催化裂化轻循环油(LCO)进行单独加氢裂化反应或采用加氢与催化裂化组合工艺将 LCO 转化成汽油和液化气[72]，共性的问题是需要控制加氢深度、耗费氢源、能耗高、操作复杂。

二、柴油催化转化原理

1. 不同柴油裂化反应性能

表 5-30 是某炼厂不同类型柴油的烃组成分析，从表中数据可以看出：直馏柴油中富含饱和烃组分，在催化裂化条件下易进行断链、开环等裂化反应，转变为汽油馏分；催化柴油中芳烃，特别是多环芳烃含量高，在催化裂化条件下很难发生开环裂化反应转化为汽油馏分，且容易缩合生焦；焦化柴油饱和烃含量低于直馏柴油但高于催化柴油，芳烃含量也介于二者之间；催化柴油加氢后，双环、三环芳烃明显减少，环烷烃和单环芳烃含量大量增加。

表 5-30　不同柴油的组成分析

样品名称		直馏柴油	催化柴油	焦化柴油	加氢催柴
密度，kg/m³		848.2	916.9	855.8	880.8
烃类组成，%	链烷烃	47.2	20.5	32.5	26.9
	一环烷烃	15.7	6.0	22.7	12.7
	二环烷烃	11.4	2.3	10.0	6.7
	三环烷烃	4.7	0.6	3.6	2.7
	总环烷烃	31.8	8.9	36.3	22.1
	总饱和烃	79.0	29.4	68.8	49.0
	烷基苯	6.1	13.2	9.3	13.1
	茚满或四氢萘	2.8	9.2	5.3	19.2
	茚类	2.6	3.5	3.9	5.7
	总单环芳烃	11.5	25.9	18.5	38.0

续表

样品名称		直馏柴油	催化柴油	焦化柴油	加氢催柴
烃类组成,%	萘	0.3	1.9	0.5	1.5
	萘类	3.8	24.0	4.5	3.8
	苊类	2.0	6.7	2.8	3.9
	苊烯类	2.3	6.5	3.2	2.4
	总双环芳烃	8.4	39.1	11.0	11.6
	三环芳烃	1.1	5.6	1.7	1.4
	总芳烃	21.0	70.6	31.2	51.0
总计		100.0	100.0	100.0	100.0

表 5-31 是不同类型柴油在催化裂化条件下的裂化性能，从表中数据可以看出：直馏柴油催化裂化反应后，具有较高的汽油和丙烯收率，可见其中的饱和烃组分遵循断链、开环的反应路径，反应可生成小分子烃类和汽油组分，其生成的汽油辛烷值也较高；催化柴油很难转化为汽油和低碳烃类组分，这和其富含芳烃，特别是多环芳烃有直接的关系；加氢柴油反应后液化气产率和直馏柴油相当，但汽油产率较低，但其整体转化率要高于焦化柴油。

表 5-31　不同柴油的裂化反应性能

原料油	直馏柴油	焦化柴油	催化柴油	加氢催柴
干气,%	1.10	1.59	1.49	1.70
液化气,%	25.33	20.88	13.79	25.10
汽油,%	45.06	42.19	23.69	40.88
柴油,%	24.79	29.59	52.21	27.89
重油,%	2.51	3.75	7.04	2.49
焦炭,%	1.20	2.01	1.78	1.96
轻油,%	69.85	71.77	75.90	79.55
总液收,%	95.18	92.65	89.69	94.92
转化率,%	72.70	66.66	40.75	69.63
丙烯,%	9.12	7.53	5.35	8.73
正构烷烃,%(体积分数)	6.93	4.90	7.39	—
异构烷烃,%(体积分数)	29.44	22.92	27.77	—
烯烃,%(体积分数)	28.55	13.79	26.76	—
环烷烃,%(体积分数)	10.92	4.42	9.54	—
芳烃,%(体积分数)	24.16	53.97	28.54	—
MON	82.20	79.30	82.50	—
RON	92.00	89.00	91.00	—

研究表明，催化裂化过程中，柴油中的多环芳烃很难发生裂化反应生成高价值的汽油

产品。通过对不同类型柴油的烃组成及裂化性能的分析研究，DCP 技术选择饱和烃含量较高、芳烃含量较低而又无法直接进入柴油池进行调和的重质柴油进入催化裂化系统进行反应，达到多产高辛烷值汽油、降低柴汽比的目标。研究结果表明，适宜进行催化裂化加工的柴油类型为：直馏柴油>加氢柴油>焦化柴油>催化柴油，直馏柴油和加氢柴油可以作为较好的催化裂化原料。

2. DCP 技术反应原理

图 5-27 给出了 DCP 技术的反应原理。结合经典的碳正离子反应机理，烃类分子在高温条件下遵从碳正离子反应规律[73]。在重质柴油反应区，重质柴油从专用柴油喷嘴喷出，经过强力雾化且分散性能极好的重质柴油液滴优先与再生催化剂接触，在高温、大剂油比、短接触时间的条件下，重质柴油中的烃类分子在分子筛质子酸的作用下首先生成五配位碳正离子，该碳正离子发生单分子 β 位断裂反应生成新的正碳离子（$R_2^+Z^-$）和烃类分子。新的正碳离子（$R_2^+Z^-$）生成后，随着催化剂继续往上运动，在催化原料反应区，重质柴油裂化产生的新正碳离子（$R_2^+Z^-$）与催化原料中的烷烃 R_3H 进行负氢离子转移反应，一方面使三配位正碳离子转化成反应产物烷烃 R_2H；另一方面使原料烷烃分子变为三配位正碳离子 $R_3^+Z^-$[74]，从而使催化裂化反应不断进行，促进催化原料反应的不断加深。

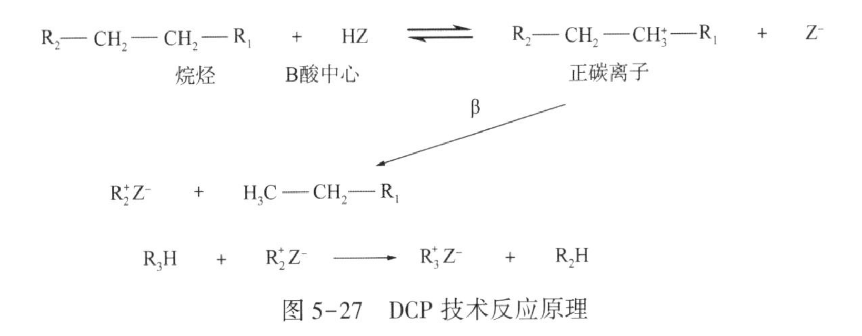

图 5-27 DCP 技术反应原理

三、多产高辛烷值汽油降柴汽比的柴油催化转化成套工艺（DCP）技术

多产高辛烷值汽油降低柴汽比的柴油催化转化成套工艺（DCP）技术是中国石油石油化工研究院自主研发的柴油二次催化转化技术。该技术利用炼厂现有装置，通过工艺优化及简单装置改造，在现有的催化裂化装置提升管反应器上设置专门用于柴油转化的重质柴油反应区，配合专用催化剂，在不影响正常催化裂化加工量及催化装置操作状态的前提下，使重质柴油在重质柴油反应区，与催化剂在高温、大剂油比、短反应时间的条件下进行反应，将柴油转化为高附加值的高辛烷值汽油和液化气组分，从而减少柴油产率，增产汽油，降低柴汽比。

1. DCP 技术的工艺流程

DCP 技术的工艺流程如图 5-28 所示，重质柴油通过管线输送到催化裂化装置提升管反应器上的柴油裂化区，经过专用柴油喷嘴喷入柴油裂化区进行催化裂化反应，催化原料的进料保持不变，得到的催化产品进入后续的加工单元进行处理。根据企业的需求、催化裂化装置现状、原料油性质以及可掺炼柴油的性质，DCP 工艺技术可分为 DCP-Ⅰ型和 DCP-Ⅱ型两种方案。

（1）DCP-Ⅰ型——柴油和催化原料在提升管反应器中分区反应技术，柴油组分优先进行裂化反应，有利于裂化生成汽油馏分，且促进重油大分子的催化转化反应，进一步提高汽油收率。

（2）DCP-Ⅱ型——柴油和催化原料混合反应技术，柴油的掺入降低了催化原料掺渣比，增加了原料中的氢含量，有利于生成汽油馏分。

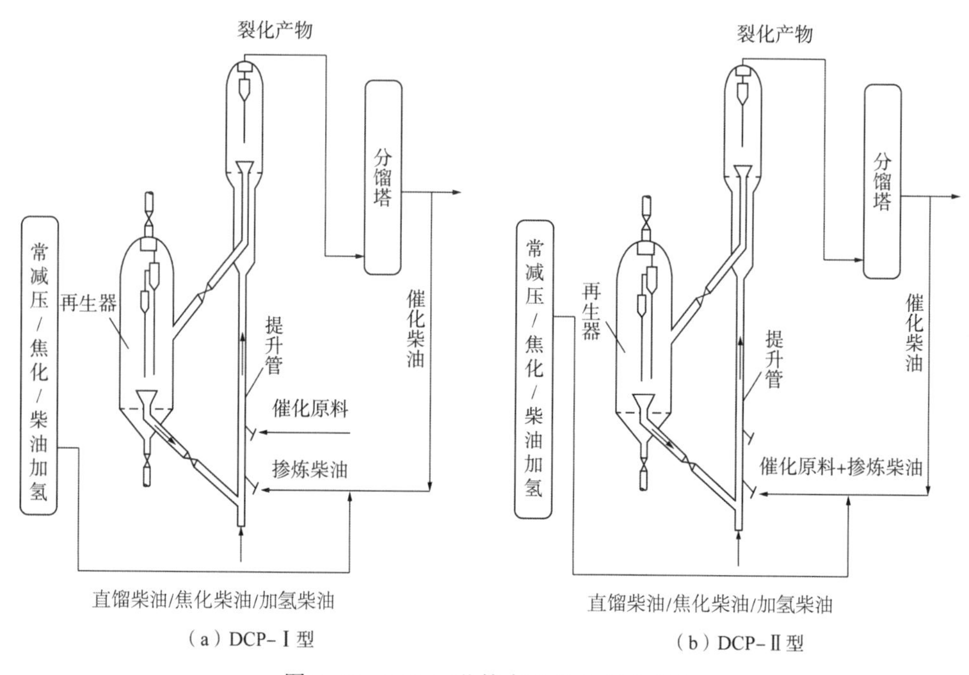

图5-28　DCP工艺技术工艺流程示意图

2. DCP技术配套催化剂

重质柴油催化裂化反应中需要解决柴油高效转化过程中芳烃聚合生焦和汽油过裂化向液化气转化问题。DCP技术配套催化剂应用了富B酸多级孔材料技术(工业牌号为APM-7)和高稳定性超稳Y型分子筛技术。富B酸多级孔材料具有B/L酸比值大于1、孔体积大于1.5cm^3/g的良好孔结构及酸性特点。图5-29给出了富B酸多级孔材料的吡啶红外酸性谱图，图中1540cm^{-1}谱峰为B酸中心的吡啶红外特征吸收峰，表明该材料具有良好的B酸中心分布，而传统的氧化铝材料在1540cm^{-1}处无特征峰，表明传统的氧化铝材料仅含有L酸中心，无B酸中心。B酸中心是催化裂化反应的主要活性中心，与L酸中心相比，在催化裂化反应中对汽油和焦炭具有更好的选择性。而与常规技术相比，高稳定性超稳Y型分子筛技术在稀土含量相同的条件下，800℃、100%水蒸气老化17h后，分子筛结晶度保留率可提高10个百分点。通过富B酸多级孔材料与分子筛的优化、匹配，优化了催化剂中微孔、介孔、大

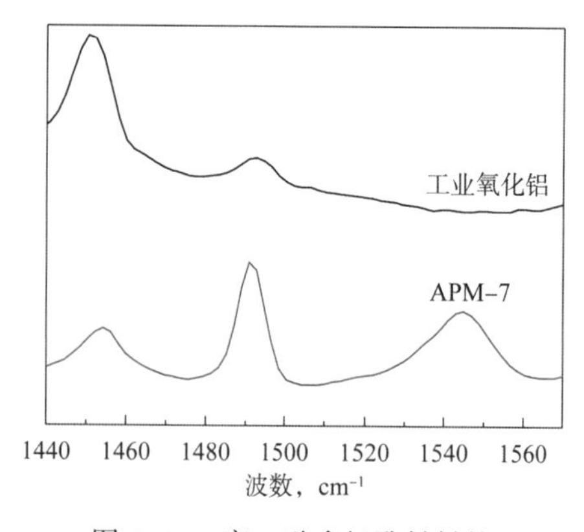

图5-29　富B酸多级孔材料的200℃吡啶红外谱图

孔的等级分布，实现了催化剂中沸石分子筛的高效利用，在实现柴油高效转化的同时，有效减少了高转化率下汽油分子向液化气的过度裂化反应，使催化剂具有良好的降低催化裂化装置柴汽比性能。

表 5-32 给出了采用上述技术制备的降低柴汽比配套催化剂与对比催化剂的中试对比评价结果。与对比剂相比，配套催化剂转化率提高 2.49 个百分点，重油下降 1.60 个百分点，总液收增加 1.47 个百分点，丙烯产率相当，轻质油收率提高 1.11 个百分点，其中柴油产率降低 0.90 个百分点，汽油收率增加 1.98 个百分点，显示出更好的汽油选择性；汽油烯烃含量下降 2.73 个百分点，研究法辛烷值增加 0.7 个点，显示出更好的降烯烃、提高汽油辛烷值性能。

表 5-32　专用催化剂与对比剂的中试评价结果

试验编号	对比剂	配套催化剂
反应温度,℃	500	500
干气,%	基准	+0.04
液化气,%	基准	+0.36
汽油,%	基准	+1.98
柴油,%	基准	-0.90
重油,%	基准	-1.60
焦炭,%	基准	+0.11
转化率,%	基准	+2.49
轻油收率,%	基准	+1.11
总液收,%	基准	+1.47
丙烯,%	基准	+0.01
汽油烯烃,%(体积分数)	基准	-2.73
汽油研究法辛烷值(RON)	基准	+0.7

表 5-33 是 DCP 成套工艺技术(工艺+催化剂)和常规技术的中试评价结果。可以看出，采用 DCP 成套工艺技术后，汽油收率增加 2.79 个百分点，柴油产率降低 1.48 个百分点，轻油收率增加 1.32 个百分，研究法辛烷值 RON 增加 0.8，柴汽比降低 0.055。DCP 成套工艺技术表现出了良好的增产汽油、降低柴汽比、提高辛烷值的效果。

表 5-33　DCP 成套工艺技术(工艺+催化剂)的中试评价结果

项目	常规技术	DCP 成套工艺技术	差值
原料	催化原料+12%减一线柴油		—
干气,%	1.01	1.12	+0.11
液化气,%	25.77	24.06	-1.71
汽油,%	43.83	46.62	+2.79
柴油,%	16.93	15.45	-1.48
重油,%	6.87	6.76	-0.11

续表

项目	常规技术	DCP 成套工艺技术	差值
焦炭,%	5.58	5.98	+0.4
转化率,%	76.19	77.79	+1.6
轻油收率,%	60.76	62.08	+1.32
液收,%	86.54	86.14	-0.4
汽油研究法辛烷值	92.40	93.20	+0.8
柴汽比	0.386	0.331	-0.055

3. DCP 技术的主要特点

DCP 技术主要有以下特点：

（1）柴油原料多样，可与不同装置组合进行使用。催化裂化装置通过 DCP 技术掺炼的柴油可以是常减压装置的不同馏分直馏柴油、柴油加氢装置的加氢柴油、渣油加氢装置的渣油加氢柴油、焦化装置的焦化柴油或者性质较好的催化柴油等。

（2）掺炼柴油的转化率高。通过分区反应技术，柴油组分优先进行裂化反应，有利于裂化生成汽油馏分，柴油转化率最高可达 90%以上。

（3）可大幅度提高汽油收率。催化原料加工量不变的前提下，掺炼柴油后，汽油产率可增加 2 个百分点，且辛烷值不降低。

（4）投资成本低，装置改动小。涉及的改造主要有：柴油原料输送管线和柴油进料喷嘴，对催化装置的反应—再生主体设备不会进行改动。

（5）技术成熟，有成功应用经验。自 2018 年至 2019 年，DCP 技术已成功在兰州石化、庆阳石化、辽河石化、玉门炼化进行了工业试验，实现了规模化工业应用。

（6）具有中国石油自主知识产权。DCP 相关技术已经形成了 8 件发明专利，均已获得授权号；DCP 技术于 2019 年 11 月份通过中国石油天然气集团公司科技管理部组织的技术秘密认定；2019 年 12 月通过了中国石油天然气集团公司科技管理部组织的成果鉴定，鉴定委员会认为该工艺技术先进可靠，总体达到国内先进水平。

（7）采用 DCP 技术后，可明显降低全厂柴油产量，同时增加催化汽油的产量，降低全厂柴汽比，且催化汽油辛烷值将有所提高，为后续汽油调和减轻压力。

（8）可适用的装置类型多。DCP 技术可在催化裂化、催化裂解等装置领域的常规提升管、两段提升管、双提升管、MIP 等多种形式的提升管催化裂化装置进行应用。随着中国乃至全球能源结构的调整，柴油需求走低，汽油需求旺盛，低碳烯烃化工原料需求增长势头猛进，大多数催化裂化装置均可采用该技术。

四、多产高辛烷值汽油降柴汽比的柴油催化转化成套工艺（DCP）技术的工业应用

近年来，多产高辛烷值汽油降低柴汽比的柴油催化转化成套工艺（DCP）技术先后在兰州石化 120×10^4t/a 常规重油催化裂化装置，庆阳石化 185×10^4t/a 两段提升管重油催化裂化装置，辽河石化 80×10^4t/a 两段提升管重油催化裂化装置，以及玉门炼化 80×10^4t/a 两段提

升管重油催化裂化装置进行了工业试验。试验结果均表明，DCP 工艺技术成熟可靠，有助于增产汽油和低碳烯烃，减少全厂柴油产量，降低柴汽比，提高催化汽油辛烷值。

（1）兰州石化 120×10^4t/a 重油催化裂化装置采用 DCP-Ⅰ型工艺掺炼 10%的减一线柴油后，汽油产率增加了 1.28 个百分点，柴油降低 1 个百分点，汽油 RON 增加了 1.1 个单位，催化装置柴汽比降低了 0.02。试验期间，催化裂化装置操作平稳，安全运行。DCP 工艺技术的首次工业应用为兰州石化探索出了一条通过催化裂化工艺技术增产汽油、减少柴油产量的技术路线，为中国石油通过催化装置调整优化产品结构、降低柴汽比提供了示范。

（2）庆阳石化 185×10^4t/a 两段提升管装置为进一步降低柴汽比，提高辛烷值汽油产量，在其两段提升管的第二段提升管上采用 DCP-Ⅰ型工艺技术进行了掺炼催化柴油的工业试验。DCP 工艺回炼催化柴油后，柴油可部分转化为汽油、液化气，掺炼的催化柴油转化率最高可达 91.0%；掺炼 8%的催化柴油时，柴油产率降低 3.57 个百分点，汽油产率增加 1.41 个百分点，汽油辛烷值增加 0.4，液化气产率增加 1.09 个百分点，装置柴汽比降低 0.09。

（3）辽河石化 80×10^4t/a 两段提升管装置采用 DCP 工艺回炼加氢改质柴油的工业试验结果显示：回炼约 7%加氢改质柴油后，汽油、液化气产率分别增加 1 个百分点以上，柴油收率明显下降，增产汽油、降柴汽比效果明显。干气、焦炭产率分别下降 1 个百分点以上，干气中 H_2/CH_4大幅降低。

第七节　技术展望

自 20 世纪 30 年代世界首套催化裂化装置工业应用以来，催化裂化技术经历了长足的发展，工艺技术从最初的固定床到移动床，再到流化床，催化剂活性组分也由最初的酸性白土，到无定形硅铝，再到沸石分子筛。自改革开放以来，国内经济一直保持较高增长速率，带动成品油消费市场的快速增加，极大地促进了国内炼油技术的发展。催化裂化的加工原料从早期的柴油发展为加工减压蜡油，焦化蜡油、常压渣油、减压渣油等，原料的来源和组成越趋复杂，品质越来越差。近年来，国内成品油消费增速开始放缓，柴油消费量已于 2017 年达到峰值，汽油消费量也将于 2025 年左右达到峰值，但化工产品的消费量一直保持较大增速。加工原料的变化，环保法规的日益严格，产品需求结构的调整，以及催化裂化原料组成、反应机理的深入研究，进一步促进了催化裂化技术的革新。目前，催化裂化已逐渐由传统的粗放型反应模式向精准反应、产品定制的“分子炼油”模式发展，以实现炼厂的经济利益最大化。展望未来，催化裂化发展的主题主要有以下几个部分。

一、劣质重质油加工

国内外可采原油的品质越来越重，而且催化裂化的加工原料还掺入了较大比例的渣油，因此，加工重质原油是催化裂化永恒的主题。催化裂化是平行顺序反应，反应过程中遵循碳、氢原子守恒，如果简单的通过强化单程转化来裂化重质油，必然带来焦炭、干气的大幅增加。而对于重质油品而言，其化学组成极为复杂，含有大量的多环芳烃、环烷烃，以及烷烃侧链结构，结构不同，其反应性能差距较大。通过深入研究重质油品的分子结构，针对不同结构组成的反应特性，选取难裂化组分进行改质，形成重质油品的组合加工路线是未来重质油加工发展的重要方向。如国内开发的 RICP 则为渣油加氢与催化裂化组合技术；IHCC 则是通过控制合适的单程转化率，未转化的重油选择性加氢再与催化裂化集成加工的工艺路线；针对高酸原油开发的催化脱酸和炼化一体化成套技术(ACDC)等。

二、油品生产的清洁化

随着国内外环保法规越来越严格，标准越来越高，催化裂化中油品生产的清洁化是发展的重要方向。目前，国内已完成国ⅥA 汽油质量升级，车用汽油标准从国Ⅴ到国ⅥA，汽油烯烃从 24%(体积分数)下降到 18%(体积分数)，即将实行的国ⅥB 将下降到 15%(体积分数)。与国外 FCC 汽油仅占汽油池的三分之一不同，国内 FCC 汽油的比例占到近 60%，在汽油质量升级中需要大幅降低 FCC 汽油烯烃含量，并改善辛烷值。国内开发的多产异构烷烃的技术(MIP)，在串联的提升管反应器中引入了双反应区概念，在大幅降低汽油烯烃含量的同时，提高异构烷烃含量，改善辛烷值。中国石油近年开发的 CCOC 工艺同样具有良好的降低汽油烯烃效果。

节能降耗与减排是油品生产清洁化的另一重要方向，包括 CO_2减排、降低 SO_x和 NO_x排放等工艺技术。减少 CO_2排放减缓气候变化受到全球高度关注，已对高能耗高排放的炼油工业产生较大影响。我国 FCC 原料重质化程度高，在转化过程中存在焦炭过剩的问题，催化剂烧焦再生过程排放 CO_2约 5000×10^4t/a，是炼厂最大的碳排放源。降低 FCC 装置焦炭产率是炼厂提质增效和低碳减排的关键。降低油气分子的过裂化反应是改善催化裂化装置焦炭产率的主要途径，可通过发展短反应时间裂化工艺和开发先进的催化裂化新设备来实现。

三、增产低碳烯烃技术

根据中国石油经济技术研究院统计显示，截至 2020 年底，全国原油一次加工能力达到 8.94×10^8t，过剩产能升至 2.2×10^8t/a。与此同时，近年来国内成品油消费增速开始放缓，柴油消费量已于 2017 年达到峰值，汽油消费量也将于 2025 年左右达到峰值，而以“三烯”“三苯”为基础的基本有机化工原料需求依然有较大增长空间，“十三五”期间乙烯消费当量增速 4%左右，其他基础石化产品增速 6%左右。由于中国石油高产乙烯、丙烯的装置少，炼油企业迫切需要由原来的燃料型向炼化一体化转型，加快“减油增化”的步伐。

催化裂化装置作为灵活调整产品结构的装置之一，具有向炼化一体化转型的潜力。通过提高催化裂化的反应温度、调整优化催化剂以及相应的装置改造，可将催化裂化装置改造成催化裂解装置，或新建催化裂解装置，从而实现最大化生产低碳烯烃的目的。

目前重油催化裂解技术有中国石化石科院的 DCC 技术、DCC-plus 技术[75-79]。近年来，中国石油通过自主创新和合作开发形成了多项催化裂解技术，与中国石油大学(华东)合作开发了 TMP、MEP 工艺[2-7]；与清华大学合作开发了下行床催化裂化工艺及催化剂成套技术[80]；与青岛京润石化合作开发了高效重油催化裂解 ECC 技术；中国石油自主开发了轻烃催化裂解(LHCP)技术、柴油和蜡油催化裂解技术和原油催化裂解 CTP 技术。

参 考 文 献

[1] 陈俊武．回顾中国石油炼制工业的技术进步和技术创新[J]．化工学报，2013，64(1)：28-33.

[2] 山红红，李春义，钮根林，等．流化催化裂化技术研究进展[J]．石油大学学报(自然科学版)，2005，29(6)：135-150.

[3] 陈俊武．催化裂化工艺与工程[M]．2版．北京：中国石化出版社，2005.

[4] HARDING R H，PETERS A W，NEE J R D．New developments in FCC catalyst technology [J]．Applied Catalysis A：General，2001，221：389-396.

[5] 陈祖庇．浅议重油催化裂化技术进步[J]．炼油技术与工程，2007，37(11)：1-4.

[6] 汪燮卿，舒兴田．重质油裂解制轻烯烃[M]．北京：中国石化出版社，2015.

[7] 杨朝合，陈小博，李春义，等．催化裂化技术面临的挑战与机遇[J]．中国石油大学学报(自然科学版)，2017，41(6)：171-177.

[8] 熊晓云，高雄厚，胡清勋，等．富B酸多级孔材料在催化裂化催化剂中的应用[J]．精细石油化工，2019，36(3)：23-27.

[9] 武兆东，熊晓云，马明亮，等．多产汽油的催化裂化催化剂LPC-70的工业应用[J]．石油炼制与化工，2018，49(9)：75-78.

[10] 徐春明，杨朝合．石油炼制工程[M]．4版．北京：石油工业出版社，2009.

[11] 苏鲁书，李春义，张洪菡，等．预提升对循环流化床反应器中气固流动特性的影响[J]．石油炼制与化工，2017，48(02)：93-99.

[12] 范怡平，卢春喜．催化裂化提升管进料段内多相流动及其结构优化[J]．化工学报，2018，69(1)：249-258.

[13] 刘梦溪，卢春喜，时铭显．催化裂化后反应系统快分的研究进展[J]．化工学报，2016，67(8)：3133-3145.

[14] 张永民，时铭显，卢春喜．催化裂化汽提技术的现状与展望[J]．石油化工设备技术，2006，27(2)：31-35.

[15] 汪申，时铭显．我国催化裂化提升管反应系统设备技术的进展[J]．石油化工动态，2000，8(5)：46-50.

[16] 刘翠云，冯伟，张玉清，等．FCC提升管反应器新型预提升结构开发[J]．炼油技术与工程，2007，37(9)：24-27.

[17] 吴文龙，韩超一，李春义，等．变径提升管反应器扩径段内气固流动特性研究[J]．石油炼制与化工，2014，45(11)：54-59.

[18] Fan Y，E C，Shi M，et al. Diffusion of feed spray in fluid catalytic cracker riser [J]. AIChE Journal. 2010，56(4)：858-868.

[19] 范怡平，叶盛，卢春喜，等．提升管反应器进料混合段内气固两相流动特性(Ⅰ)实验研究[J]．化工学报，2002，53(10)：1003-1008.

[20] Fan Y，Ye S，Chao Z，et al. Gas-solid two-phase flow in FCC riser [J]. AIChE Journal，2002，48(9)：1869-1887.

[21] 范怡平，蔡飞鹏，时铭显，等．催化裂化提升管进料段内气、固两相混合流动特性及其改进[J]．石油学报(石油加工)，2004，20(5)：13-19.

[22] 蔡飞鹏，范怡平，时铭显．催化裂化提升管反应器喷嘴进料混合段新结构及其流场研究[J]．石油炼制与化工，2004，35(12)：37-41.

[23] 范怡平，杨志义，许栋五，等．催化裂化提升管进料段内油剂两相流动混合的优化及工业应用[J].

过程工程学报，2006，6(S2)：390-393.
[24] Yan Z, Fan Y, Wang Z, et al. Dispersion of feed spray in a new type of FCC feed injection scheme [J]. AIChE Journal, 2016, 62(1): 46-61.
[25] David S J, Peter R P. Handbook of petroleum processing[M]. Springer, 2006.
[26] 中国石化炼油事业部. 催化裂化装置运行分析[R]. 催化裂化技术交流会, 上海: 2016.
[27] 卢春喜，徐文清，魏耀东，等. 新型紧凑式催化裂化沉降系统的实验研究[J]. 石油学报(石油加工)，2007，23(6)：6-12.
[28] 卢春喜，徐桂明，卢水根，等. 用于催化裂化的预汽提式提升管末端快分系统的研究及工业应用[J]. 石油炼制与化工，2002，33(1)：33-37.
[29] Liu M, Lu C, Zhu X, et al. Bed density and circulation mass flowrate in a novel annulus-lifted gas - solid air loop reactor [J]. Chemical Engineeringscience. 2010, 65(22): 5830-5840.
[30] 刘梦溪，卢春喜，时铭显. 气固环流反应器的研究进展[J]. 化工学报，2013，64(1)：116-123.
[31] 卢春喜，蔡智，时铭显. 催化裂化提升管出口旋流式快分(VQS)系统的实验研究与工业应用[J]. 石油学报(石油加工)，2004，20(3)：24-29
[32] 孙凤侠. 旋流快分系统的流场分析与数值模拟[D]. 北京：中国石油大学(北京)，2004.
[33] 孙凤侠，卢春喜，时铭显. 旋流快分器内气相流场的实验与数值模拟研究[J]. 石油大学学报(自然科学版)，2005，29(3)：106-111.
[34] 孙凤侠，卢春喜，时铭显. 催化裂化沉降器旋流快分器内气体停留时间分布的数值模拟研究[J]. 石油大学学报(自然科学版)，2006，30(6)：77-82.
[35] 刘梦溪，卢春喜，王祝安，等. 组合式催化剂汽提器：CN101112679[P]. 2008-01-30.
[36] 李鹏，刘梦溪，韩守知，等. 锥盘—环流组合式汽提器在扬子石化公司重油催化裂化装置上的应用[J]. 石化技术与应用，2009，27(1)：32-35.
[37] 牛驰. 重油催化裂化装置技术改造措施及效果[J]. 石油炼制与化工，2013，44(4)：13-18.
[38] 王震，刘梦溪. 大庆石化1.4Mt/a重油催化裂化装置反应系统分析及优化[J]. 山东化工，2015，44(17)：100-103.
[39] 许友好，龚剑洪，张久顺，等，多产异构烷烃的催化裂化工艺两个反应区概念实验研究[J]. 石油学报(石油加工)，2004，20(4)：1-5.
[40] 冯钰，高金森，徐春明. 清洁汽油生产技术现状及发展趋势[J]. 石化技术，2002(4)：238-242.
[41] 张彦红，高金森，刘植昌，等. 优质汽油生产技术综述[J]. 石化技术，2003(4)：65-69.
[42] 王刚，高金森，徐春明. 生产清洁汽油的新型催化裂化工艺[J]. 石化技术，2004(4)：39-43.
[43] 王金兰，任鲲，高金森，等. FCC汽油改质降烯烃技术综述[J]. 云南化工，2004(6)：31-35.
[44] 张国磊，高金森，梁咏梅，等. 催化裂化汽油降烯烃技术研究进展[J]. 化工时刊，2003，(8)：1-4.
[45] 姚爱智，高金森，徐春明. 催化汽油改质降烯烃多产丙烯反应规律的研究[J]. 当代化工，2005，(5)：17-21.
[46] 魏强，杨光福，王刚，等. 催化裂化汽油改质降烯烃并多产丙烯技术的工业化应用[J]. 现代化工，2007(11)：55-58.
[47] 戴鑑，杨光福，王刚，等. 催化裂化汽油改质降烯烃并多产丙烯的反应动力学模型研究[J]. 燃料化学学报，2008(4)：431-436.
[48] 闫平祥，刘植昌，高金森，等. 复合催化剂上催化裂化汽油催化改质的正交实验研究[J]. 炼油与化工，2006(1)：11-13.
[49] 闫平祥，高金森，徐春明. 碳四烃类催化转化反应规律的研究[J]. 现代化工，2006(S2)：320-323.

[50] 杨光福，王刚，田广武，等．催化裂化汽油改质反应动力学模型研究[J]．燃料化学学报，2007(3)：297-301.
[51] 杨光福，田广武，高金森．催化裂化汽油改质降烯烃反应规律及反应热[J]．化工学报，2007(6)：1432-1438.
[52] 高金森，徐春明，白跃华．催化裂化汽油催化改质降烯烃反应规律的试验研究[J]．炼油技术与工程，2004(5)：11-15.
[53] 高金森，徐春明，白跃华．催化裂化汽油改质降烯烃反应过程规律的研究[J]．石油炼制与化工，2004(8)：41-45.
[54] 白跃华，高金森，徐春明．不同方式的催化裂化汽油降烯烃过程的反应规律研究[J]．炼油技术与工程，2004(6)：7-10.
[55] 魏强，杨光福，王刚，等．工业催化裂化汽油改质反应器的性能和行为[J]．化学反应工程与工艺，2007(5)：398-403.
[56] 王刚，杨光福，高金森．油剂混合区的工艺条件对催化裂化汽油改质的影响[J]．燃料化学学报，2009(3)：311-317.
[57] 白跃华，高金森，李盛昌，等．催化裂化汽油辅助提升管降烯烃技术的工业应用[J]．石油炼制与化工，2004(10)：17-21.
[58] 高金森，徐春明，卢春喜，等．滨州石化催化裂化汽油辅助提升管改质降烯烃技术工业化[J]．炼油技术与工程，2005(6)：8-10.
[59] 辛利．富芳组分加氢处理—催化裂化组合过程高效转化应用基础研究[D]．青岛：中国石油大学(华东)，2018.
[60] 何盛宝．关于我国炼化产业结构转型升级的思考[J]．国际石油经济，2018，26(5)：20-26.
[61] 高雄厚，王智峰，张忠东，等．一种增产汽油和提高汽油辛烷值的催化转化方法[P]．ZL201710670324. X. 2021-01-01.
[62] 侯凯军，王智峰，高雄厚，等．一种增产汽油和减少油浆的催化裂化转化方法[P]．ZL201710670654. 9. 2021-01-01.
[63] 侯凯军，王智峰，高永福，等．一种增产汽油和低碳烯烃的催化转化方法[P]．ZL201710670322. 0. 2021-01-01.
[64] 侯凯军，李荻，高永福，等．一种烃油的催化转化方法[P]. ZL201710670389. 4. 2021-01-01.
[65] 侯凯军，王智峰，高永福，等．一种轻烃与重烃复合原料的烃油催化转化方法[P]．ZL201710670325. 4. 2021-01-01.
[66] 王智峰，侯凯军，高永福，等．一种催化裂化试验用喷嘴及应用[P]. ZL201710670390. 7. 2021-01-01.
[67] 侯凯军，高永福，王智峰，等．一种催化裂化提升管喷嘴及应用[J]. ZL201710670411. 5. 2020-12-01.
[68] 侯凯军，高永福，王智峰，等．一种催化裂化喷嘴及应用[P]. ZL201710670323. 5. 2020-12-01.
[69] 龚剑洪，等．催化裂化轻循环油加氢—催化裂化组合生产高辛烷值汽油或轻质芳烃(LTAG)技术[J]．石油炼制与化工，2016，47(9)：1-5.
[70] 龚剑洪，等. LCO 加氢—催化组合生产高辛烷值汽油或轻质芳烃技术(LTAG)的开发[J]．石油学报(石油加工)，2016，32(5)：867-874.
[71] 唐津莲，龚剑洪，彭轶，等．第二代 LTAG 技术的工业应用[J]．石油炼制与化工，2021，52(2)：1-6.
[72] 鲁旭，等．催化裂化轻循环油(LCO)加氢处理多产高辛烷值汽油技术研究进展[J]．化工进展，2017

(1): 114-120.

[73] Scherzer J. Octane-enhancing, zeolitic FCC catalysts: scientific and technical aspects[J]. Catalysis Reviews, 1989, 31(3): 215-354.

[74] 龚剑洪，龙军，许友好. 催化裂化过程中负氢离子转移反应和氢转移反应的不同特征[J]. 催化学报，2007，28(1): 67-72.

[75] 周佩玲. 深度催化裂解(DCC) 技术[J]. 石油化工，1997，26 (8) : 540-544.

[76] 谢朝钢. 制取低碳烯烃的催化裂解催化剂及其工业应用[J]. 石油化工，1997，26(12) : 825-829.

[77] 李再婷，等. 催化裂解技术及其工业应用[J]. 当代石油石化，2001，9(10) : 31-35.

[78] 杨勇刚，等. DCC-Ⅱ型工艺的工业应用和生产的灵活性[J]. 石油炼制与化工，2000，31(4) : 1-7.

[79] 蔡建崇，万涛. 增强型催化裂解技术(DCC-PLUS)的工业应用[J]. 石油炼制与化工，2019(11) : 16-20.

[80] 李强，等. 下行床反应器用于重油催化裂解制取低碳烯烃[J]. 化工学报，2004，55(7): 1103-1108.

第六章　劣质重油加氢技术

近年来，世界的石油资源逐渐减少，原油重质化劣质化现象日趋严重，与此同时，轻质型油品、低碳烯烃及碳材料等需求不断增加，且环保法规也越来越严格，重油深度加工的技术需求非常迫切。渣油的高效转化和清洁利用成为世界炼油工业关注的焦点。

渣油加工技术主要是指对常减压渣油通过物理和(或)化学方法进一步生产轻质产品或中间产品的过程工艺。渣油的加工过程主要分为加氢技术路线和脱碳技术路线两种。脱碳工艺主要包括焦化、减黏裂化和溶剂脱沥青工艺等。焦化和加氢技术是应用最广的重油加工技术手段。焦化技术液体产品收率低、高硫石油焦处理难度大，难以实现渣油资源的高效利用。加氢技术具有优质液体产品收率高、投资回报率高等优势，是解决重油深加工最合理也是最有效的方法，得到越来越广泛的应用[1]。

根据反应器的形式不同，渣油加氢技术主要有固定床、沸腾床、移动床和浆态床(悬浮床)四种工艺。移动床工艺工业化应用不多，主要用作固定床工艺的预处理系统；浆态床工艺原料适应性强，产品质量好，是实现劣质重油深度转化和高值化利用的关键核心技术，具有广阔的应用前景；沸腾床工艺可用来加工高残炭、高金属含量的劣质渣油，转化率和精制深度高；固定床工艺技术比较成熟，投资和操作费用低，运行安全简单，是目前工业应用最多的渣油加氢技术[2-5]。中国石油在固定床渣油加氢处理和浆态床渣油加氢裂化技术研究与应用方面取得重要进展，因此，本章主要对这两种技术相关进展进行介绍。

第一节　固定床渣油加氢处理技术

固定床渣油加氢是在高压和高温条件下，渣油和氢气通过静止的催化剂床层发生催化反应，脱除渣油中金属、硫以及氮，并对残炭进行转化，为下游转化装置(催化裂化、焦化等)提供优质原料。

一、固定床渣油加氢处理技术发展概况

自20世纪60年代以来，环保法规对重燃料油的含硫标准不断提高，间接脱硫工艺无法生产硫含量更低的燃料油，只有对渣油进行加氢脱硫才能生产出硫含量小于0.5%的燃料油，极大促进了渣油加氢技术的发展[6]。

渣油固定床加氢分为常压渣油加氢和减压渣油加氢两种工艺。常压渣油加氢脱硫在20世纪60年代中期实现工业化，第一套装置于1967年建于日本千叶炼油厂，采用RCD-Unibon(RCD Unionfining前身)专利技术。此后，几大石油公司相继开发成功了多种渣油加氢处理专利技术。渣油加氢处理工艺目的从以生产燃料油为主转向为转化装置(催化裂化、

延迟焦化)提供优质原料的方向发展。

据统计，截至2018年，全球投产和在建的固定床渣油加氢装置约100套，总加工能力达到$2×10^8$t/a。

国外固定床渣油加氢处理技术主要有Chevron公司的RDS/VRDS工艺、UOP公司的RCD Unionfining工艺、ExxonMobil公司的Residfining工艺、AXENS公司的Hyvahl技术等。

国内渣油固定床加氢处理技术主要有中国石化开发的S-RHT和RHT技术以及中国石油开发的PHR技术等。这些典型工艺的比较结果见表6-1。

表6-1 全球典型固定床加氢工艺的操作条件及结果比较[7]

工艺名称		RDS/VRDS	Resid HDS	Unicracking/HDS	Residfining	RCD Unionfining	S-RHT/RHT	PHR
所属公司		Chevron	Gulf	Unocal	Exxon	UOP	中国石化	中国石油
操作条件	反应温度,℃	350~430	340~427	350~430	350~420	350~450	350~427	350~420
	反应压力，MPa	12~18	10~18	10~16	13~16	10~18	13~16	12~18
	体积空速，h^{-1}	0.2~0.5	0.1~1.0	0.1~1.0	0.2~0.8	0.2~0.8	0.2~0.7	0.15~0.5
	化学氢耗，m^3/m^3	187	150	90~180	190	130	150~187	120~190
转化率,%		31	>20	15~30	20~50	20~30	20~50	20~50
脱硫率,%		94.5	91.8	87.9	81.6	92.0	92.8	80~93
脱氮率,%		70	40~50	40~60	60~70	40	72.8	40~55
脱金属率,%		92.0	91.5	68.1	72.5	78.3	83.7	70~85
脱残炭率,%		50~60	40~50	50~75	56.5	59.3	67.1	50~60

渣油固定床加氢催化剂品种多，按功能一般可分为：加氢保护剂、加氢脱金属(HDM)催化剂、加氢脱硫(HDS)催化剂、加氢脱残炭(HDMCR或HDCCR)催化剂/加氢脱氮(HDN)催化剂四大类。常常需要根据产品规格要求对催化剂的各种性质进行权衡[8]。国外固定床渣油加氢催化剂的专利商主要有Advanced Refining Technologies公司(简称ART)、Axens公司、Albemarle公司、Haldor Topsoe公司、Criterion公司(简称CRI)及JGC Catalysts and Chemicals公司等。国内主要有抚顺(大连)石油化工研究院(简称FRIPP)、中国石化石油化工科学研究院(简称RIPP)、中国石油石油化工研究院(简称PRI)等。

二、国外固定床渣油加氢处理技术

1. Chevron公司渣油加氢技术

1) RDS/VRDS技术[9]

Chevron公司的RDS/VRDS工艺技术可以加工常压重油(>370℃)和减压渣油(>538℃)及混合原料，一般在高压(15~20MPa)、中温(350~425℃)条件下运行，实现深度脱硫、脱金属、脱残炭，并将重质渣油转化为加氢渣油、馏分油与石脑油。该工艺技术脱硫率和脱金属率可达到80%~90%，脱残炭率40%~60%，脱氮率达40%~70%。原则工艺流程如图6-1所示。

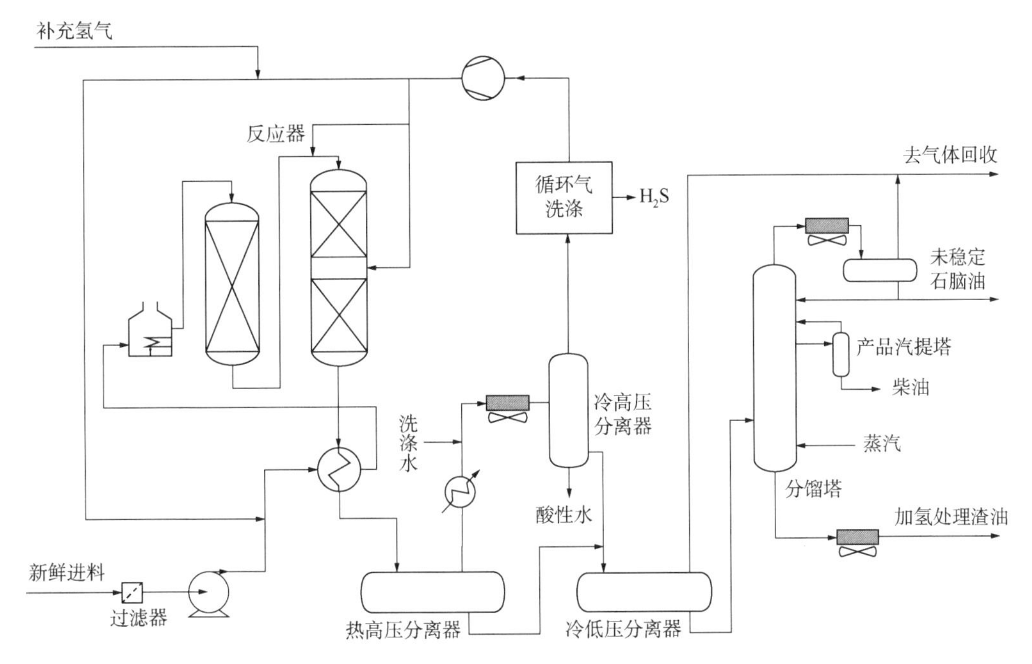

图 6-1　Chevron 公司 RDS/VRDS 工艺流程图

反应器设计可有单床层或多床层。单床层的反应器较小，总重一般为 400~1000t，多床层反应器总重为 600~1200t。

RDS/VRDS 技术所用的催化剂牌号较多，包括保护剂、脱金属剂、加氢脱硫和加氢脱氮等催化剂，这些催化剂可以根据原料油性质及产品要求进行合理的级配组合。

2）上流式反应器(UFR)技术[10]

为拓宽固定床加工原料范围，Chevron 公司开发了上流式反应器(Upflow Reactor，UFR)。图 6-2 为 UFR 反应器的结构示意图。

在 UFR 反应器中，反应物流自下而上流动，与传统的下流式固定床相比，UFR 具有更低的压降和更强的抗压降增加的能力。主要技术特点：

(1) 按催化剂活性从低到高，分级装填在反应器不同催化剂床层中。

(2) 催化剂的床层微膨胀，要求平均膨胀率低于 2%。

(3) 为保持床层膨胀率，需严格控制物流进反应器的质量流速、黏度以及操作条件，尤其是氢油比。

(4) 用急冷油代替急冷氢以更有效地控制催化剂床层温度。

Chevron 公司在科威特国家石油公司建设世界上最大的 3 套渣油加氢处理装置，每套装置加工能力达到 550×10^4t/a。这 3 套装置的保护系统将采用 UFR 技术，每套装置均采用双系列，共用一个分馏装置，相当于单系列的加工能力达到 275×10^4t/a。

3）催化剂在线置换(Onstream Catalyst Rcplacement，OCR)技术[11]

Chevron 公司进行 OCR 技术的研究开发始于 1979 年，OCR 工作过程如下：新鲜催化剂从 OCR 反应器顶部加入，同时，渣油原料从反应器底部进料。二者在反应器中逆流而行，

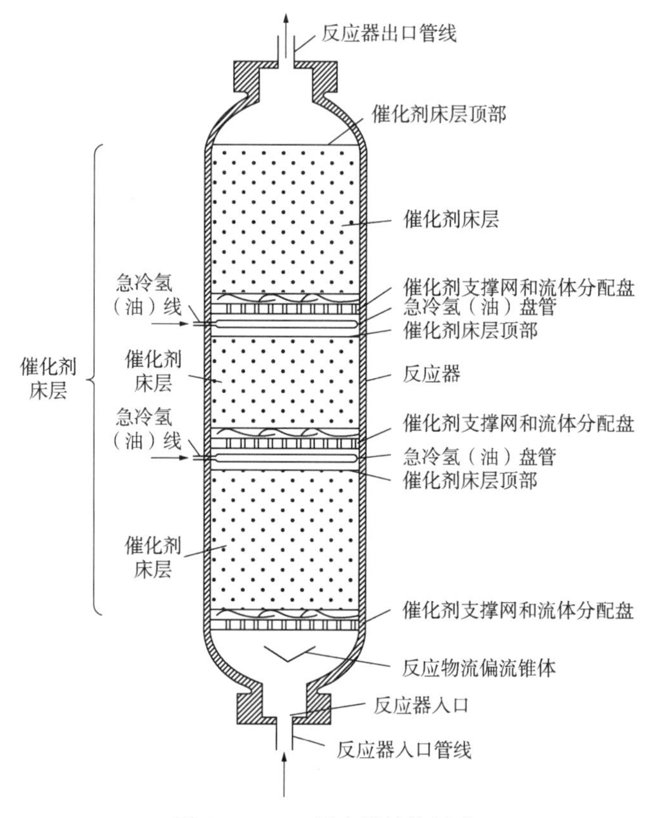

图 6-2　URF 反应器结构示意

使杂质含量最多的渣油先与活性低的催化剂接触，提高催化剂的利用率，减少催化剂的消耗量；渣油原料向上流动通过 OCR 反应器，使催化剂床层略有膨胀，保证了渣油和催化剂的充分接触，减缓了催化剂床层的压降，同时催化剂床层压降均衡，有利于流体均匀分配。在反应器顶部加入新鲜催化剂的同时，废催化剂从反应器底部被卸出。典型 OCR 工艺催化剂置换示意图如图 6-3 所示。

两组并联的 OCR 反应器系列，每台 OCR 反应器的催化剂置换频率为每周 1~2 次。催化剂的置换量根据渣油进料的金属含量而定，通常为反应器中催化剂总体积的 2%~5%。

OCR 工艺技术使用的催化剂具有低磨损率、较好的抗压碎强度和脱金属选择性等特点，脱金属率一般要求达到 60%左右，同时还要有一定的脱硫、沥青质和残炭转化的性能。

OCR 工艺的优点：(1)可以缩小新设计装置的反应器体积并提高对渣油原料的适应性。(2)作为固定床反应器的前置反应器，可以延长下游催化剂的使用寿命，使装置加工能力扩大或者能够处理更为劣质的渣油原料。

1992 年，OCR 工艺首次应用于日本出光兴产公司(IKC)爱知炼厂 250×10^4t/a 的 RDS 装置改造上。表 6-2 为装置改造前后的操作性能。采用 OCR 工艺后，不但可以加工较重的渣油，而且脱杂质率和轻质油收率均得到提高。OCR 反应器的脱金属率和脱硫率分别为 62%和 44%。

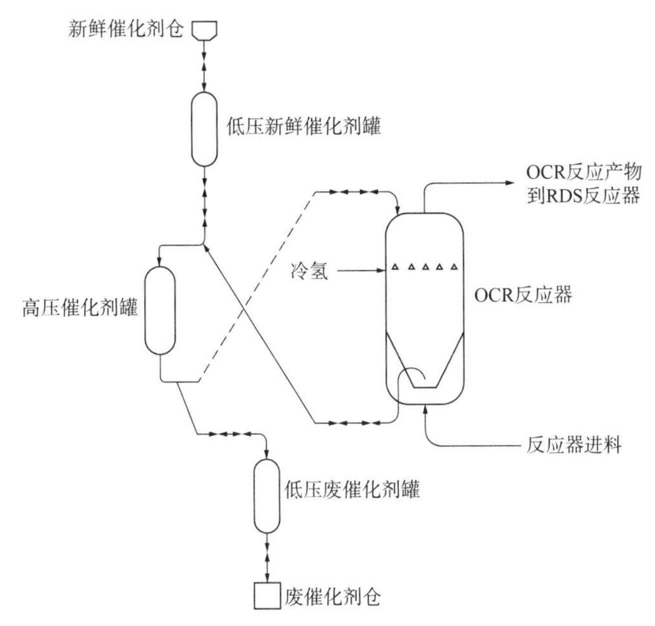

图 6-3　OCR 工艺催化剂置换系统示意图

表 6-2　日本 IKC 公司 Aichi 炼厂的 RDS 装置改造前后操作性能比较

项目		OCR/RDS	RDS
处理量，10^6t/a		2.5	2.25
渣油原料性质	原料油	AH/AL 混合原油常渣①	AL 原油常渣②
	API 度，°API	13.6	15.1
	S，%	3.5	3.1
	MCR，%	11	10
	Ni+V，μg/g	75	52
加氢常渣性质	S，%	0.29	0.34
	MCR，%	4.6	4.7
	Ni+V，μg/g	10	10
(石脑油+柴油)收率，%(体积分数)		20	15.5
脱残炭率，%		67	61
运转周期，a		1	1

①沙特阿拉伯转质原油(沙轻)和沙特阿拉伯重质原油(沙重)混合常压渣油(简称：沙轻/沙重混合常渣)。

②沙特阿拉伯轻质原油(沙轻)常压渣油(简称沙轻常渣)。

1994 年，IKC 又在其 Hokkaido 炼厂建起了第二套 OCR/RDS 装置，作为新建的渣油改质设施的一部分。该装置加工能力 175×10^4t/a，用于重油催化裂化(RFCC)原料油的预处理，以最大化生产馏分油燃料。

1995 年，三菱石油的 Mizushima 炼油厂在 250×10^4t/a RDS 装置的改造时采用了 OCR 技术，OCR 反应器运转了 3 年，平均脱金属率 60%，脱硫率 50%，脱残炭率 60%，在增建 OCR 反应器后，石脑油、轻瓦斯油、重瓦斯油收率比改造前分别提高了 1 个、3 个和 5 个百分点(表6-3)。

表6-3 采用OCR工艺的三家日本炼厂的操作数据

项目		出光兴产公司(IKC)		三菱石油公司
炼厂		爱知炼厂	北海道炼厂	水岛炼厂
开工时间		1992年	1994年	1995年
OCR建设情况		改造项目，双系列	新建项目	改造项目
处理量，10^6t/a		2.5	1.75	2.25
渣油原料性质	原料油	AH/AL混合原油常渣	AL原油常渣	AH/AL/KW混合原油常渣
	S,%	4.3	4.45	4.2
	MCR,%	12.8	14.3	13.5
	Ni+V，μg/g	82	120	101
目标		最大生产柴油/石脑油		
		渣油催化裂化装置(RFCC)原料		低硫燃料油(LSFO)
加氢常渣性质(去RFCC)	S,%	0.3	0.5	0.7
	MCR,%	5	6	6
	Ni+V，μg/g	10	15	21

选用OCR技术的第四套装置是科威特国家石油公司(KNPC)Mina Abdulah炼油厂的ARDS装置，该装置于2005年秋改造后投产。结果表明：在高压反应系统增加1台OCR反应器后，装置的加工量由33×10^4t/a提高到42×10^4t/a，生产硫含量0.63%、金属含量15μg/g的低硫燃料油。标定结果表明：OCR反应器的脱硫率占装置总脱硫率的60%以上，脱金属率占装置总脱金属率的55%~65%。预计固定床催化剂寿命可由12个月延长至15个月。

4）渣油加氢处理催化剂技术

Chevron公司的加氢处理催化剂业务由ART公司经营，该公司为雪佛龙油品公司与格雷斯—戴维逊公司的合资公司(各占50%)。

ART公司推出ICR系列固定床渣油加氢处理催化剂，应用于处理常减压渣油，为焦化、催化裂化(FCC)、加氢处理(HT)、重油催化裂化(RFCC)等过程提供原料。该系列催化剂的特点：(1)催化剂载体孔分布和酸分布集中；(2)主催化剂的颗粒较小，可减小反应物的扩散阻力，提高反应活性。

2. UOP公司的RCD Unionfining技术[12]

UOP公司的RCD Unionfining技术的前身是RCD Unibon，1995年UOP兼并美国Unocal公司PTL Division(工艺和技术转让部)后，RCD Unibon与原Unocal公司的渣油加氢工艺Resid Unionfining合并，统称为RCD Unionfining工艺。截至2018年，UOP已合计授权了30余套RCD unionfining工业装置，大多数装置以FCC/RFCC原料预处理为主要目的。

图6-4为RCD unionfining的工艺流程简图。该工艺主要特点如下：

(1) 主反应器前设有一个较小的保护反应器，压降过大时可以在线将其切出。

(2) 采用特殊设计的反应器内构件，保证反应物流分布均匀，防止催化剂床层出现热点或超温现象，径向温差小。

（3）保护反应器和主反应器均采用单一床层。

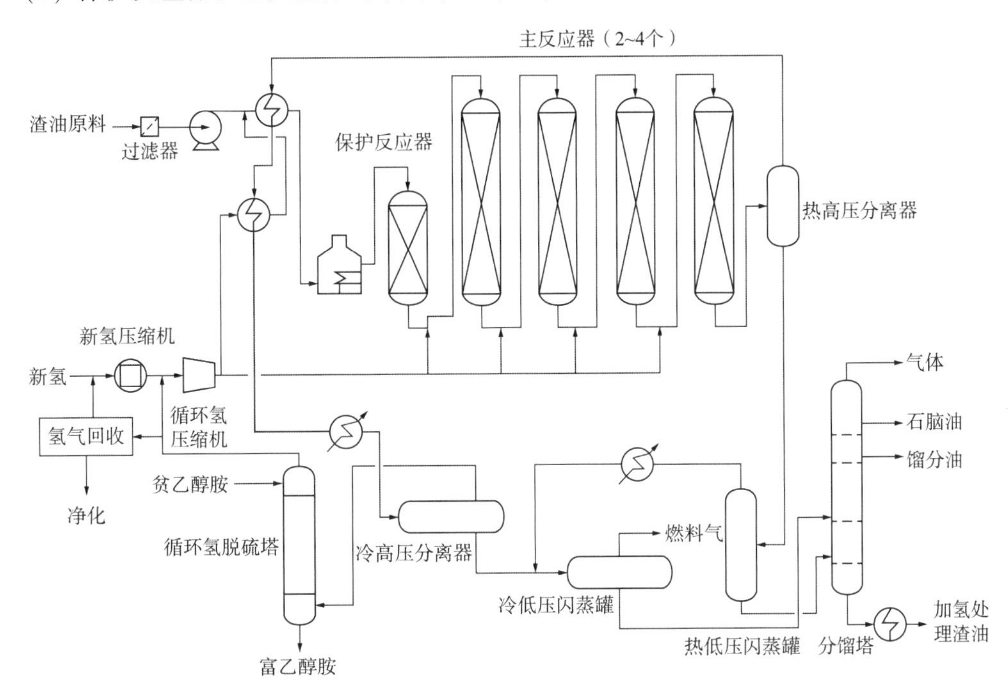

图 6-4　UOP 公司的 RCD Unionfining 工艺流程简图

针对运行过程中加氢反应器的第一个床层容易出现堵塞的情况，在保护反应器与主反应器之间增设旁路，如图 6-5 所示，旁路上的阀可以控制保护反应器的流量。

对于更高杂质含量的原料，UOP 公司固定床加氢处理技术使用两床层保护反应器；其内部气体旁路如图 6-6 所示，可最大限度利用保护床层的催化剂，最大限度减小压力降的增加。

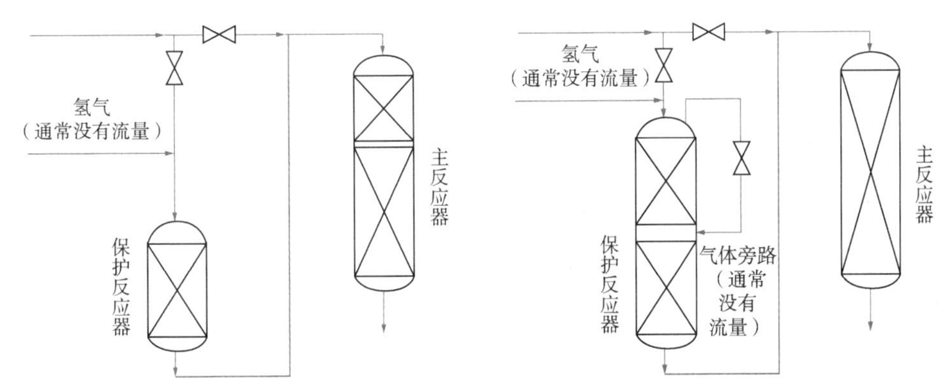

图 6-5　带旁路的保护反应器示意图　　图 6-6　高杂质含量原料的保护反应器示意图

UOP 和 Albemarle 于 2006 年组成了加氢精制联盟，双方强强联合，为炼油行业提供用于多种工艺流程的催化剂产品组合。在渣油加氢处理催化剂方面，Albemarle 公司和日本凯金公司合作，拥有独特的固定床渣油加氢处理催化剂专利技术，开发的 KFR 系列催化剂注重孔结构和表面活性的设计，可根据原料性质、操作条件、周期长度和产品性质要求等条件，选择不同催化剂进行合理级配。

3. AXENS 的 Hyvahl 工艺[13]

AXENS 公司开发了 Hyvahl 固定床渣油加氢工艺技术，Hyvahl 技术加氢深度较深，脱硫率和脱金属率都在 90%以上，并富产 12%~25%的石脑油和柴油，Hyvahl 技术有两个显著特色：

（1）正/反序可切换式保反系统(Permutable Reactorsystem，PRS)。

固定床反应器前加上正/反序可切换式保反系统，两台带有连锁装置的保护反应器可以轮换操作，并可快速装卸催化剂。通过特殊的高压切换阀，可以使这两个保护反应器在装置运转中变换操作方式，如单独、串联使用。当一台保护反应器内的催化剂失活后，可在运转中切换至另一台保护反应器，而装置无须停工。图 6-7 为 Hyvahl 的工艺流程简图。

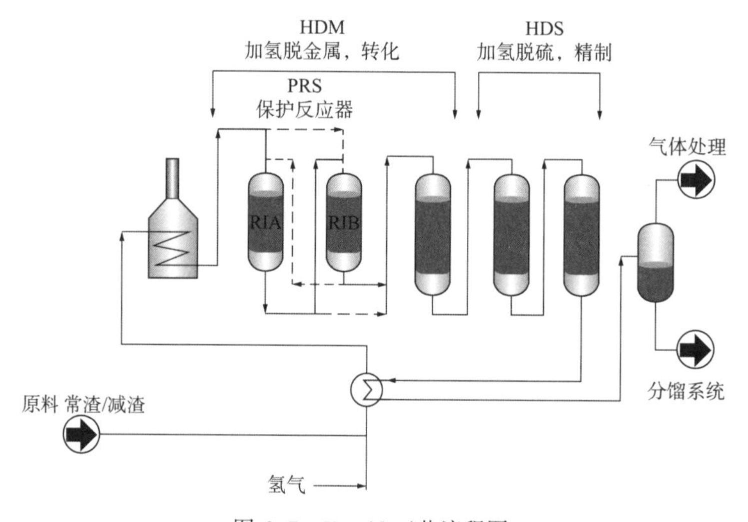

图 6-7　Hyvahl 工艺流程图

通过正/反序可切换式保反系统，Hyvahl 工艺提高了固定床对原料的适应性，可加工杂质含量较高的原料油，大幅延长操作周期。韩国双龙炼油厂的渣油加氢装置是最早、也是最具代表性的采用 PRS 技术的渣油加氢装置，该装置可加工 100%减压渣油，装置已成功运行 10 余年，进行过超过 10 次的催化剂切换工况。

图 6-8　“栗子刺”HDM 催化剂

（2）具有独特微孔结构的加氢脱金属催化剂。

法国 Axens 开发了 HM/HMC/HT/HF 系列常压及减压渣油加氢处理催化剂。其中 HMC-841 脱金属剂是经过特别设计的“栗子刺”结构，如图 6-8 所示。在这种“栗子刺”的显微结构中，芒刺之间的空隙提供了50~1000nm的大孔。通过这些大孔，胶质和沥青质(金属主要存在其中)等大分子能够扩散到催化剂颗粒内更深的内表面活性中心上发生转化反应，使金属更均匀地沉积在催化剂颗粒内。均匀的金属沉积分布和大的孔体积，使得催化剂的容金属能力达到100g(Ni+V)/100g催化剂，在工业应用中，该催化剂平均金属容纳量通常在50%以上。

AXENS的催化剂级配技术核心是：脱金属剂必须优先转化胶质和沥青质(因为大部分金属存在于其中)，并且容纳金属的能力要远远大于精制催化剂，其金属沉积量应高于60%。

4. Shell公司HYCON工艺[13-14]

为了解决加工更为劣质原料出现运行周期过短的问题，Shell公司于1985年开发了HYCON技术，主要是针对金属含量较高的渣油原料，将一个或数个料仓式反应器置于固定床反应器之前，以确保装置的运转周期能够达到1年以上。料仓式反应器系统的示意图如图6-9所示。

该工艺技术采用料仓式反应器作为前处理段，可以连续地加入和取出催化剂，从而保持催化剂一定的活性水平，并且排出的催化剂可以进行再生使用。

该工艺的主要技术特点是：

(1) 特殊设计的反应器内构件可以使催化剂床层随着反应进料自上而下密相移动。当催化剂上沉积大量金属而活性下降时，则连续或间断地从反应器底部排出，同时从上部加入新鲜和再生的催化剂。每天催化剂的置换量为反应器总装填量的0.5%~2%。

(2) 在反应器底部，反应后的油气通过一个特制的筛网与催化剂分离。

(3) 在反应器顶部和底部分别设有闸门系统，用于加入和排出催化剂。催化剂的输送量通过调整旋转星阀的开度来控制。

(4) 除了第一个反应器外，每个反应器都设3个催化剂床层。

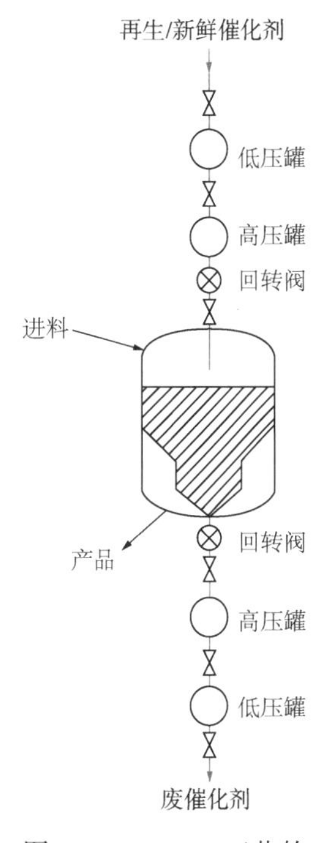

图6-9 HYCON工艺的料仓式反应器

1989年，荷兰Shell的Pernis炼厂建成了第一套Hycon工业装置(也是目前唯一一套工业装置)，设计加工能力约为125×10^4t/a，该装置的反应器有两个系列，每个系列由3台料仓式移动床反应器和2台固定床反应器组成。料仓反应器内装填球形、以硅土为载体的脱金属催化剂，后两个是固定床反应器，装填加氢脱硫和加氢转化催化剂。该装置设计加工Maya原油的减压渣油，金属含量高达760μg/g。第一周期运行7000h，其中连续运转最长时间为3700h。该装置在20世纪90年代的初步运行过程中出现了一系列问题，因催化剂的堵塞导致长时间停工，后来对反应器等做了很多改进，提高了料仓式反应器的可靠性，运行状态大大改善，第4次运行了1年。在第5次运行中，其技术性能已经非常稳定，原料处理量高于设计值，进料的金属含量平均值可以达到300μg/g，同时保持脱硫率不降低，而轻油收率增加。该装置加工劣质减压渣油的性质和物料平衡数据见表6-4，产品性质见表6-5。

表 6-4 Pernis 炼厂的 Hycon 工业装置加工劣质渣油性质和物料平衡数据

项目		沙特阿拉伯重质原油减压渣油(沙重减渣)	委内瑞拉 Tia-Juana 油田原油减压渣油
原料油性质	戊烷沥青质,%	22.8	24.6
	S,%	5.48	3.36
	Ni，μg/g	49	89
	V，μg/g	152	675
物料平衡			
进料,%	减压渣油	100	100
	氢气	2.4	2.5
产品,%	硫化氢	5.5	3.5
	C_1—C_4馏分	4.3	4.6
	C_5～155℃馏分	4.6	4.5
	155～285℃馏分	11.8	8.8
	285～355℃馏分	13.6	12.8
	355～565℃馏分	36.6	40.3
	>565℃馏分	26.0	28.0

表 6-5 Pernis 炼厂的 Hycon 工业装置加工沙重减渣的产品性质

项目	C_5～155℃	155～285℃	285～355℃	355～565℃	>565℃
S,%	0.0015	0.03	0.06	0.15	1.0
N,%	0.005	0.025	0.05	0.1	1.0
冰点,℃	—	-57	—	—	—
烟点，mm	—	22	—	—	—
十六烷值	—	—	42	—	—
倾点,℃	—	—	-18	35～38	—
残炭值,%	—	—	—	0.03	8.0
Ni+V，μg/g	—	—	—	0.5	35

三、国内固定床渣油加氢处理技术

国内固定床渣油加氢处理技术的研究和应用方面起步较晚。20 世纪 80 年代中后期，齐鲁石化公司胜利炼油厂从 Chevron 公司引进 VRDS 技术，建设一套 $84×10^4$t/a 的渣油加氢装置，于 1992 年 5 月建成投产，有力推动了渣油加氢技术的国产化进程。

中国石化开发了 S-RHT 和 RHT 固定床渣油加氢处理成套技术，1999 年茂名石化 $200×10^4$t/a渣油加氢装置，2011 年长岭石化 $170×10^4$t/a 渣油加氢装置，分别首次采用了

S-RHT、RHT 国产化技术，之后陆续又新建了 10 余套装置，均取得了很好的经济效益和社会效益。

中国石油开发了 PHR 固定床渣油加氢处理成套技术，采用该技术建设的锦州石化 150×10^4t/a、锦西石化 150×10^4t/a 两套装置将于 2022 年建成投产。

目前渣油加氢成套技术已全面实现国产化，国内单套渣油加氢脱硫装置双系列最大规模为 400×10^4t/a，单系列最大规模为 200×10^4t/a(表 6-6)。

表 6-6 采用国内技术设计的渣油加氢装置

序号	装置名称	规模，10^4t/a	设计采用技术	投产年份
1	茂名石化渣油加氢装置	200	S-RHT	1999
2	海南炼化渣油加氢装置	310	S-RHT	2006
3	长岭石化渣油加氢装置	170	RHT	2011
4	金陵石化渣油加氢装置	180	S-RHT	2012
5	金山石化渣油加氢装置	390	RHT	2012
6	安庆石化渣油加氢装置	200	RHT	2013
7	石家庄炼化渣油加氢装置	150	S-RHT	2014
8	扬子石化渣油加氢装置	200	S-RHT	2014
9	九江石化渣油加氢装置	180	RHT	2015
10	荆门石化渣油加氢装置	200	RHT	2016
11	锦州石化渣油加氢装置	150	PHR	预计 2022
12	锦西石化渣油加氢装置	150	PHR	预计 2022

1. 中国石化固定床渣油加氢处理技术

1) S-RHT/RHT 技术[15]

FRIPP 从 1986 年开始进行渣油加氢催化剂研发，是国内最早开展固定床渣油加氢处理技术研究的机构。1995 年，FRIPP 完成了 FZC 系列渣油加氢催化剂开发，并实现首次工业应用；1999 年，FRIPP 联合 4 家单位攻关，完成了国内首套自主知识产权的 S-RHT 成套技术开发，装置顺利建成投产。

FZC 系列催化剂共有 4 大类，即保护剂、加氢脱金属剂、加氢脱硫剂和脱残炭/脱氮剂，先后开发共有 60 多个牌号。FZC 系列主要渣油加氢催化剂的种类、牌号和主要功能见表 6-7。

表 6-7 FRIPP 新一代 FZC 系列催化剂种类、牌号和主要功能

催化剂种类	催化剂牌号	形状	特性	活性组分
保护剂	FZC-100B	四叶轮	高空隙率，弱加氢活性，沉积垢物，高 HDM，脱 Fe、Ca	MoNi
	FZC-11A	四叶轮		MoNi
	FZC-11Q	四叶轮		MoNi
	FZC-12A	四叶轮		MoNi
	FZC-12Q	四叶轮		MoNi
	FZC-13A	四叶草		MoNi
	FZC-13Q	四叶草		—
	FZC-14A	拉西环	惰性支撑剂	MoNi
	FZC-14Q	拉西环	活性支撑剂	MoNi
	FZC-10U/18MN	球形	高 HDM、HDS，容金属能力强，较高沥青质转化能力	MoNi
	FZC-11U	球形		MoNi
	FZC-10UH/1MN	齿球	高 HDM，适中 HDS，容金属能力强，较高沥青质转化能力	MoNi
	FZC-11UHT/2MN/3MN	齿球		MoNi
脱金属剂	FZC-24A	四叶草	高 HDM，容金属能力强，稳定性好，沥青质转化能力强	MoNi
	FZC-28B	四叶草		MoNi
	FZC-20	圆柱	高 HDM，适中脱硫活性，容金属能力强，沥青质转化能力强	MoNi
	FZC-24	四叶草		MoNi
	FZC-28	四叶草		MoNi
脱硫剂	FZC-30	圆柱	较高容金属能力，高 HDS 和 HDCCR	MoNi
	FZC-33/33B	四叶草		MoNi
	FZC-34A	四叶草		MoCo
	FZC-34/34B	四叶草		MoNi
脱残炭/脱氮剂	FZC-40	四叶草/圆柱	高 HDS、HDN、HDCCR，稳定性好	MoNi
	FZC-41	四叶草/圆柱		MoNi
	FZC-41A/B	四叶草		MoNi

截至 2019 年，FRIPP 开发的 FZC 系列催化剂已在 12 余套装置累计工业应用 60 余次。

在深入认识渣油加氢反应过程的基础上，RIPP 开发出 RHT 渣油加氢技术，RHT 系列催化剂于 2002 年 11 月成功在齐鲁石化进行工业应用。经过 10 多年的持续研发，技术不断提升，在第一代和第二代成功应用的基础上，开发了第三代和第四代 RHT 系列渣油加氢催化剂。RHT 系列主要渣油加氢催化剂的种类、牌号和主要功能见表 6-8。

截至 2018 年，RIPP 开发的 RHT 系列催化剂已在 14 套装置累计工业应用 50 余次。

2）典型工业应用

中国石化茂名分公司 200×10^4t/a 渣油加氢装置是我国首套采用国内固定床渣油加氢处理技术（S-RHT）建设的工业装置。该装置是由中国石化洛阳工程有限公司（LPEG）设计，1999 年 12 月底建成投产。该装置工艺流程示意图如图 6-10 所示。

表 6-8　RIPP 新一代 RHT 系列催化剂种类、牌号和主要功能

催化剂种类	催化剂牌号	催化剂组成	形状	直(外)径(×长度),mm(×mm)	主要功能
保护剂	RG-30	Al_2O_3-SiO_2	多孔泡沫	30×13	床层空隙率 80%~100%，拦截颗粒物和分散物流
	RG-20	Al_2O_3-SiO_2	蜂窝圆柱	16×10	床层孔隙率 70%~80%，拦截颗粒物和分散物流
	RG-30E	NiMo/Al_2O_3	蜂窝圆柱	10×6	拦截颗粒物，脱 Fe、Ca，部分脱 Ni+V
	RG-30A	NiMo/Al_2O_3	拉西环	6×5	拦截颗粒物，脱 Fe、Ca，脱 Ni+V 性能增强，部分转化沥青质
	RG-30B	NiMo/Al_2O_3	拉西环	3×5	脱 Fe、Ca，脱 Ni+V 性能增强，部分转化胶质、沥青质
沥青质转化和脱金属剂	RDMA-31	NiMo/Al_2O_3	蝶形	1.1	沥青质转化功能高，脱金属和容纳金属功能强，有一定的残炭转化和脱硫能力
脱金属剂	RDM-35	NiMo/Al_2O_3	蝶形	1.1	脱金属和容纳金属能力强，脱硫和残炭转化能力增强
	RDM-32	NiMo/Al_2O_3	蝶形	1.1	脱金属能力强，脱硫能力和残炭转化能力进一步增强
	RDM-33B	CoMo/Al_2O_3	蝶形	1.1	脱金属能力较强，脱硫和残炭转化能力显著增加
脱硫剂	RMS-30	CoMo/Al_2O_3	蝶形	1.1	脱硫和残炭转化功能显著，有较强的抗金属沉积能力
脱残炭脱硫剂	RCS-30	CoMo/Al_2O_3	蝶形	1.1	加氢功能增强，脱硫和残炭转化能力突出
脱硫脱残炭剂	RCS-31	NiMo/Al_2O_3	蝶形	1.1	加氢功能进一步增强，残炭转化和脱硫能力突出
支撑剂	RDM-32-3b	NiMo/Al_2O_3	齿轮形	3.0×3.5	反应器底部支撑催化剂，具有 RDM-35 催化剂的功能
	RDM-32-5b	NiMo/Al_2O_3	齿轮形	4.5×5.0	

装置反应部分分为两个系列，每个系列 5 台反应器。装置第一至第四周期采用 FRIPP 开发的 FZC 系列渣油加氢催化剂，典型工业运转数据见表 6-9。第五、六周期采用 RIPP 开发的 RHT 系列渣油加氢催化剂，第五周期主要运行数据见表 6-10。

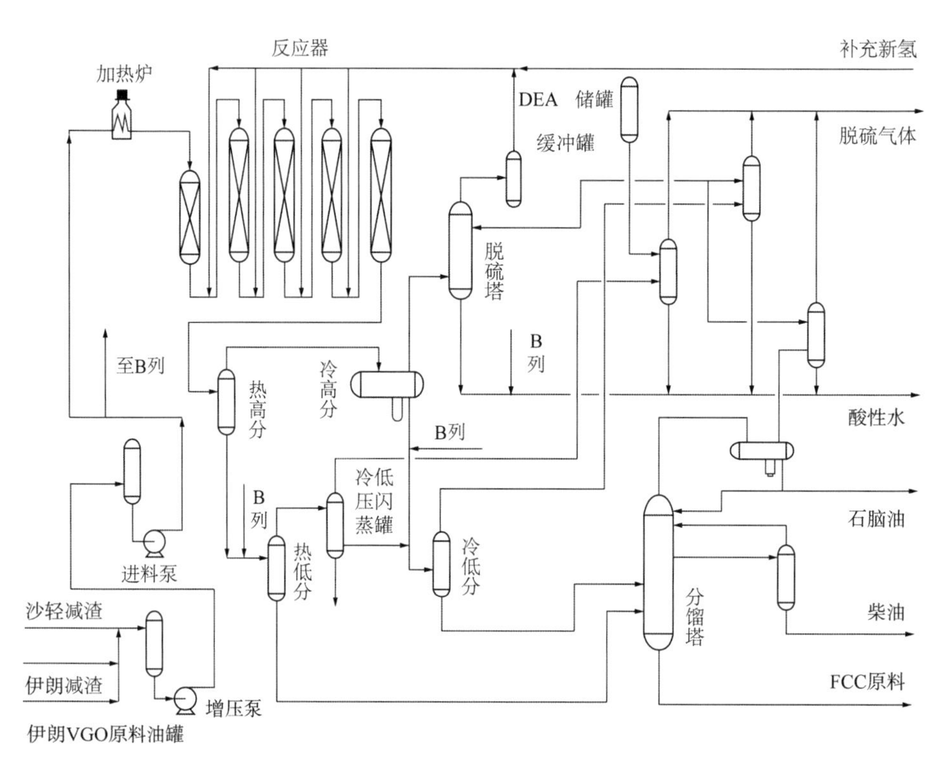

图 6-10 渣油加氢装置反应部分工艺流程图

表 6-9 装置第一周期运转数据

项目		数据	项目		数据
渣油原料	密度(20℃)，g/cm^3	0.988	脱硫率，%		88.6
	S，%	3.32	脱氮率，%		58.1
	N，%	2800	脱残炭率，%		57.4
	MCR，%	12.64	脱(Ni+V)率，%		77.4
	Ni，μg/g	18.9	加氢渣油性质	S，%	0.42
	V，μg/g	51.9		N，μg/g	1291
	Fe，μg/g	5.7		MCR，%	5.98
	Na，μg/g	0.28		Ni+V，μg/g	17.8
反应条件	氢分压，MPa	15.56	产品分布	石脑油，%	1.83
	体积空速，h^{-1}	0.2		柴油，%	5.14
	反应温度，℃	356		常压渣油，%	90.56

表 6-10 装置第五周期运转数据

累计运转时间，月		3	6	9	12	16	18
渣油原料	密度(20℃) g/cm^3	0.968	0.973	0.958	0.959	0.968	0.955
	S,%	3.12	3.01	2.94	2.55	3.80	2.56
	N，μg/g	2510	2900	2730	3050	3700	3230
	MCR,%	11.21	11.38	8.96	10.06	9.05	8.70
	Ni+V，μg/g	71.9	85.5	50.5	51.2	119.8	46.6
反应条件	一反入口压力 MPa	16.43	16.45	16.52	16.58	16.90	16.89
	体积空速，h^{-1}	0.2	0.2	0.2	0.2	0.2	0.2
	反应温度,℃	370	379	381	382	385	392
脱硫率,%		89.3	88.3	88.1	84.5	88.2	84.5
脱氮率,%		31.1	39.7	45.6	38.9	40.5	45.6
脱残炭率,%		59.2	59.2	56.1	55.4	53.9	55.2
脱(Ni+V)率,%		90.9	93.1	90.3	83.1	93.5	82.7
加氢渣油性质	S,%	0.37	0.39	0.39	0.44	0.50	0.44
	N，μg/g	1920	1940	1650	2070	2450	1950
	MCR,%	5.08	5.16	4.37	4.99	4.64	4.33
	Ni+V，μg/g	7.3	6.5	5.5	9.6	8.6	9.0
产品分布	石脑油,%	0.85	1.53	1.16	1.42	1.49	1.79
	柴油,%	5.35	6.56	6.40	6.48	6.43	8.96
	常压渣油,%	90.67	89.06	90.57	89.83	89.39	87.70
能耗，MJ/t		728.992	779.152	629.926	659.604	677.996	719.378

2. 中国石油固定床渣油加氢处理技术

1) PHR 技术

中国石油开发了具有自主知识产权的固定床渣油加氢催化剂(PHR 系列)及配套工艺，包括 4 个牌号保护剂(PHR-401/402/403/404)、4 个牌号脱金属剂(PHR-101/102/103/104)、3 个牌号脱硫剂(PHR-201/202/203)和 1 个牌号脱残炭剂(PHR-301)，见表 6-11。主要技术创新点为：(1)研发了具有“毫米—微米—纳米”多级孔结构、形状与粒度上实现级配过渡的保护剂体系，合理分配拦截/杂质脱除任务，可有效减缓床层压降上升速度。(2)研发了具有双峰孔结构、活性金属分布合理的脱金属剂，解决了渣油大分子及其杂质的扩散、转化、容纳的空间匹配难题。(3)研发了具有通畅孔道结构，活性金属高度分散的脱硫剂，脱硫活性和稳定性优异。(4)研发了孔分布高度集中、酸性分布合理、加氢能力强的脱残炭剂，有效促进残炭前驱物加氢转化，脱氮和抗结焦性能出色。(5)创新了形状、孔结构、活性级配技术，实现所有催化剂性能协同发挥和装置长周期运行。

表 6-11　PHR 系列催化剂种类、牌号和主要功能

催化剂	牌号	形状	直(外)径(×长度) mm(×mm)	组成	孔结构	主要功能特点
保护剂	PHR-401	七孔球	ϕ16. 8	Al_2O_3	—	位于反应器顶部，拦截颗粒物和分散物流
	PHR-402	拉西环	ϕ8. 8×9. 4	Al_2O_3	双峰孔	高空隙率，具有毫米级及微米级双峰孔，脱除并容纳铁钙钠杂质及大尺寸垢物
	PHR-403	拉西环	ϕ6. 8×7. 6	Al_2O_3	双峰孔	
	PHR-404	齿球	ϕ4. 2	MoNi	双峰孔	进一步脱杂纳垢，预脱除部分镍钒杂质
脱金属剂	PHR-101	四叶草	2. 4	MoNi	双峰孔	高脱金属及沉积金属能力，活性金属组分内高外低分布，促进脱出金属在催化剂颗粒内部空间沉积
	PHR-102	四叶草	1. 8	MoNi	双峰孔	
	PHR-103	四叶草	1. 3	MoNi	双峰孔	
	PHR-104	四叶草	1. 3	MoNi	单峰孔	较高的脱金属及沉积金属能力，较强的脱硫脱残炭能力
脱硫剂	PHR-201	四叶草	1. 3	MoNi	单峰孔	更高的脱硫能力，具有一定的脱金属及沉积金属能力
	PHR-202	四叶草	1. 3	MoNi	单峰孔	高脱硫能力，具有一定的脱残炭能力
	PHR-203	四叶草	1. 3	MoNi	单峰孔	
脱残炭剂	PHR-301	四叶草	1. 3	MoNi	单峰孔	高脱残炭能力，具有一定的脱硫能力

PHR 系列催化剂对典型环烷基、中间基、石蜡基渣油原料均具有较强的适应性，并且反应条件缓和，脱硫、脱氮、脱残炭、脱金属、床层压降性能优异，产品分布好，满足工业装置长周期稳定运行，具有很强的市场竞争能力。已在 3 家炼厂进行 4 个周期的工业应用，较好地满足了炼厂渣油加氢装置的使用要求。

“PHR 系列渣油加氢催化剂工业应用试验获得成功”被评为 2016 年度中国石油十大科技进展。“固定床渣油加氢催化剂(PHR 系列)研制开发与工业应用”获得 2018 年度中国石油科学技术进步一等奖。

在全面掌握了固定床渣油加氢催化剂及级配技术的同时，中国石油稳步开展固定床渣油加氢处理成套技术开发。

中国石油先后对超厚壁加氢反应器分析设计以及高压脉动管道计算分析等固定床渣油加氢装置工程化关键技术进行了研究，依托山东金诚石化项目，完成了 200×10^4t/a 渣油加氢装置工程设计，形成了完整的固定床渣油加氢装置工程化设计能力；承担了辽阳石化 240×10^4t/a渣油加氢装置的工程设计，装置 2018 年 9 月 13 日一次开车成功，创造了年 4 亿余元的经济效益。

近年来，中国石油陆续又开发出拥有自主知识产权的高效渣油加氢反应器气液分布器、高效循环氢旋流聚结脱烃内件；开发出阶梯式辐射室结构的进料加热炉，可优化辐射室烟

气的温度场分布和烟气流场分布，优化辐射管的受热，降低辐射管的表面最高热强度，减缓管内介质结焦趋势。

中国石油已开发完成具有自主知识产权的固定床渣油加氢工艺包，全面替代引进技术，已应用于锦州石化和锦西石化的渣油加氢装置。

2）典型应用

中国石油某 A 炼厂 220×10^4t/a 常压渣油加氢脱硫（ARDS）装置采用 UOP 专利技术，由中国石化工程建设公司设计，于 1997 年 8 月 25 日一次开车成功。装置设计加工原料为沙轻和沙重原油混合常压渣油。装置 2004 年 3 月扩能改造，2006 年反应进料泵升级改造，加工能力可达 220×10^4t/a。装置反应部分工艺流程示意图如图 6-11 所示。

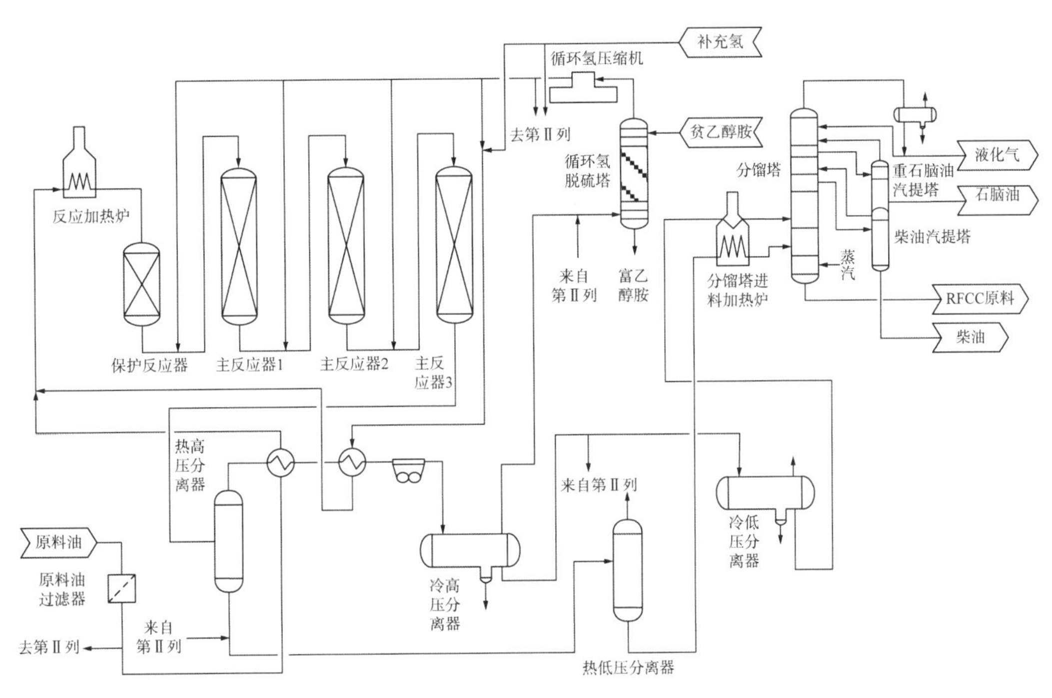

图 6-11 渣油加氢装置反应部分工艺流程示意图

装置反应部分分两列，每列 4 台反应器，其中包括 1 台前置保护反应器，该前置保护反应器可以在线切出。装置主要产品为下游重油催化裂化装置提供优质的低硫原料，还有少量的柴油、石脑油等副产品。这套装置在全厂流程中占有极其重要的地位，决定了全厂加工高硫油的能力，对全厂经济效益起着举足轻重的作用。

目前装置运行已超过 20 个周期，催化剂先后选用了阿克苏公司、FRIPP、ART 公司、雅保公司、标准公司以及中国石油开发的 PHR 系列催化剂。

2015 年 6 月，PHR 系列催化剂在该装置 I 列第十五周期首次应用，加工原料主要为中东渣油，催化剂采用袋式装填技术装填，装置一次开车成功，实现了安全、平稳、满负荷、长周期运行。工业应用、催化剂剖析及运转后催化剂评价试验等结果表明：在同 ·种原料和工艺条件下，与另一列同步运转的国际一流进口催化剂相比，加氢产品的残炭值（MCR）低 0.3%~0.7%，硫含量低 500~1200mg/kg，氮含量低 200~300mg/kg，脱金属性能相当。

2020 年 3 月，在该装置第 20 周期全系列成功工业应用。

中国石油某 B 炼厂 $300 \times 10^4 t/a$ 渣油加氢脱硫装置引进美国雪佛龙(CLG)公司 VRDS 专利技术，洛阳石化工程公司负责设计，设计加工原料为 29%的俄罗斯常压渣油(AR)、14%的俄罗斯减压渣油(VR)和 57%的沙特阿拉伯轻质减压渣油(VR)，通过催化加氢反应，脱除渣油原料中的硫、氮、金属等杂质，降低残炭含量，为催化裂化装置提供原料。装置主要产品有：粗石脑油(C_5~165℃)、柴油(165~350℃)、加氢常渣(>350℃)。副产品有：含硫干气、酸性水、富氢气。

装置反应部分分两列，每列 4 台反应器，每个系列可以单开单停。

目前装置运行 8 个周期，催化剂先后选用了 ART 公司、Criterion 催化剂公司(2022 年更名为 Shell 催化剂公司)、FRIPP 以及中国石油 PRI 开发的 PHR 系列催化剂。

2019 年 4 月，PHR 系列催化剂在该装置 I 列进行应用，截至 2021 年 7 月 1 日，装置已累计运行 18015h，累计加工渣油原料量约 335×10^4。进料中 VR 比例在 70%~80%之间；运行过程中，装置提温平稳，目前加权平均床层温度(WABT)为 389℃，表现出非常好的活性和稳定性，运行周期远超出合同指标(12000h)。典型标定结果见表 6-12。

表 6-12 装置标定结果

项目		初期标定	中期标定	末期标定
运行时间，d		81	262	495
原料油	密度(20℃)，g/cm^3	0.955	0.957	0.9522
	S,%	0.98	1.14	0.99
	N,%	0.35	0.34	0.34
	MCR,%	8.55	9.21	8.68
	Ni+V，μg/g	30.5	34.71	29.56
主要工艺参数	温度,℃	366.8	371.5	382
	高压分离器(高分)压力，MPa	17.94	18.10	17.8
	空速，h^{-1}	0.20	0.20	0.2
	氢纯度,%	92.8	92.7	92
脱硫率,%		87.76	84.21	86.87
脱氮率,%		37.14	32.35	38.24
脱残炭率,%		47.25	47.12	42.86
脱(Ni+V)率,%		63.70	65.51	62.14
加氢渣油	密度(20℃)，g/cm^3	0.930	0.9307	0.9287
	S,%	0.12	0.18	0.13
	N,%	0.22	0.23	0.21
	MCR,%	4.51	4.87	4.96
	Ni+V，μg/g	11.07	11.97	11.19

2020 年 4 月，PHR 催化剂成功中标中国台湾省中油股份有限公司桃园炼油厂 $75 \times 10^4 t/a$

渣油加氢装置，首次进入台湾省市场，推广应用取得新突破。2021 年 7 月，装置一次开车成功，实现稳运行，各项指标均达到合同要求，催化剂整体性能得到该公司高度评价。典型运行结果见表 6-13。

表 6-13　PHR 系列催化剂桃园炼油厂 75×10^4t/a 装置应用结果

项目		运行结果
运行时间，d		13
原料油	密度(20℃)，g/cm^3	0. 952
	S,%	3. 34
	N,%	—
	MCR,%	9. 1
	Ni+V，μg/g	44. 3
主要工艺参数	温度,℃	346
	高压分离器压力，MPa	13. 8
	空速，h^{-1}	0. 34
	氢纯度,%	95
脱硫率,%		80. 84
脱氮率,%		—
脱残炭率,%		51. 65
脱(Ni+V)率,%		73. 81
加氢渣油	密度(20℃)，g/cm^3	—
	S,%	0. 64
	N,%	—
	MCR,%	4. 4
	Ni+V，μg/g	11. 6

第二节　浆态床渣油加氢裂化技术

浆态床渣油加氢裂化是在氢气、充分分散的催化剂和(或)添加剂存在的条件下，渣油在高温、高压下发生热裂解与加氢反应的过程，该技术原料适应性强，转化率高，尤其轻油收率高，适合高硫含量、高金属含量和高残炭的渣油深度转化，还适合特重原油的加氢改质。

一、浆态床渣油加氢裂化技术发展概况

浆态床加氢技术最早是由德国在 20 世纪二三十年代开发的，用于煤液化生产低质量馏分油。20 世纪 60 年代，世界原油价格下跌，浆态床加氢技术的研究一度停止。20 世纪 70 年代末 80 年代初，重油的大规模开发使得浆态床加氢技术再度得到发展。21 世纪以后，重

油产量的增加和原油劣质化趋势的加剧以及加工重油利润上升的推动，使得浆态床加氢技术又进入了一个崭新的发展阶段。

浆态床渣油加氢裂化反应过程中，催化剂和(或)添加剂，与原料油在进入反应器之前混合均匀，以悬浮状态进入反应器。反应后的物料和催化剂经过气液固分离，加氢油品通过固定床加氢进一步处理，可以生产高质量汽油、航空煤油、柴油或减压瓦斯油。

该技术具有如下优点：

(1) 原料适应性非常强，对原料的杂质含量基本没有限制，甚至可加工沥青和油砂；

(2) 空筒反应器，无特殊内构件，结构简单，装置投资低；

(3) 渣油转化率高(可在≥90%的转化率下操作)，轻油收率高，柴汽比高，化学氢耗较低，加工费用低；

(4) 工艺简单，操作灵活，既可在高转化率下操作，也可在低转化率下操作；

(5) 不存在床层堵塞和压降问题，也不存在反应器超温现象。

缺点是在高转化率下操作时，少量残渣很难得到利用。此外，由于原料质量差，导致反应器、循环管路、泵设备容易产生结焦。

国际主要的浆态床加氢技术特性参数见表 6-14。

表 6-14　典型浆态床加氢工艺

工艺过程	公司	催化剂	反应温度,℃	反应压力，MPa
VCC	KBR，BP	赤泥、褐煤	440~480	15~30
Uniflex	UOP	纳米铁	430~470	约 15
EST	Eni	有机钼化合物	420~450	16~18
VRSH	Chevron	钼酸铵	420~450	15~20
HDHPLUS	Intevep，Axens	镍、钒天然矿物	420~480	10~17

二、国外浆态床渣油加氢裂化技术

1. Eni 公司的 EST 技术

1) 技术研发

20 世纪 90 年代初，意大利 Eni 公司开始研究开发浆态床渣油加氢裂化技术。在实验室完成小试后，以俄罗斯乌拉尔原油、沙特阿拉伯重质原油、委内瑞拉 ZUATA 超重原油、墨西哥 MAYA 原油以及加拿大阿萨巴斯卡(Athabasca)油砂沥青的减渣为原料，开展 EST 技术中试实验，取得了令人满意的结果。2005 年在 Taranto 炼厂建设 6×10^4t/a 工业化示范装置[16]。2013 年，Eni 在 Sannazzaro 炼厂建成 115×10^4t/a 全球首套工业装置。

EST 技术采用浆态床鼓泡反应器，实现了反应器内部均匀等温，径向温差小于 0.3℃，轴向温差小于 2℃，优化反应控制，降低能耗。

该技术的核心是采用纳米分散的油溶性含钼的有机化合物催化剂，通过在原料中加入油溶性的 Mo 基催化剂前驱体，原位转化为纳米级存在边缘活性位的 MoS_2，可以激活氢分子、控制生焦，使有机 Ni 和 V 化合物转化为硫化物，将有机硫转化为 H_2S。可以采用 Ni 或 Co 部分替代 Mo，进一步提高 MoS_2 活性，降低催化剂成本，提升脱金属的性能和抑制焦炭的生成。

催化剂颗粒呈层状分布，长 3~5nm，宽 0.3nm，比表面积大，活性高。经过多次循环后催化剂的形貌基本不发生变化，活性也不衰减。EST 催化剂中 MoS_2形态如图 6-12 所示。

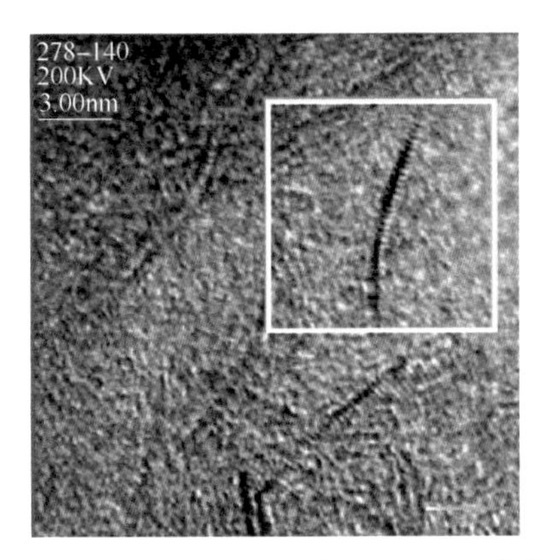

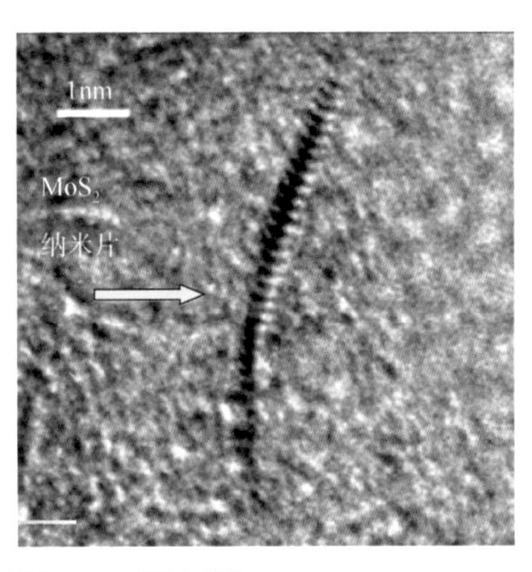

图 6-12 EST 催化剂中 MoS_2形态[17]

EST 技术的简化工艺流程示意图如图 6-13 所示。

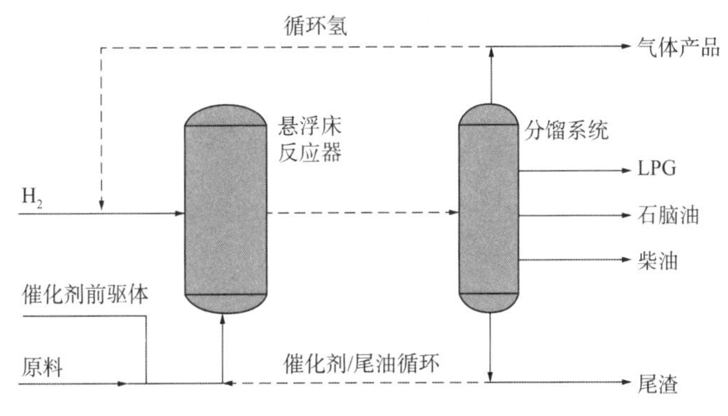

图 6-13 EST 技术工艺流程示意图[17]

EST 技术可以加工各种重质原料，根据原料性质变化调节反应温度和空速，使反应器中的渣油始终处于稳定状态，避免沥青质沉淀导致结垢、结焦。未转化油经过多次循环虽然可以达到几乎 100%转化，但实际生产过程中为了确保长周期运行，一般会外排少量未转化油以减少渣油中的金属累积。对劣质原油进行改质时，生产的合成原油的 API 度比原料油高 20 个单位。

2）技术应用

2013 年，Eni 在 Sannazzaro 炼厂建成全球首套工业装置。装置的设计能力 115×10^4t/a，主要包括反应、蒸馏、改质和尾油处理 4 部分。原料油为低硫、高氮和高金属的乌拉尔减压渣油，替代原料为高硫、低 H/C 的巴士拉减压渣油。目的产品为欧 V 柴油和其他有价值的产品(LPG、石脑油、航煤等)。装置于 2013 年 10 月 14 日一次开车成功。

该技术先后向道达尔、中国石化茂名石化公司、浙江石化进行技术转让，其中茂名石化 260×10^4t/a 工业装置已于 2020 年 12 月建成投产。

2. BP 公司的 VCC 技术

1）技术研发

VCC 技术起源于 1913 年开发成功的德国 Bergius-Pier 煤液化技术，由德国 Veba 公司开发，先后建设运行了 12 套煤直接液化装置。20 世纪 50 年代，Veba 开始进行浆态床渣油加氢试验研究。1987—2000 年期间，Veba 在德国 Scholven 建立了 2 个工业示范装置和 1 个 1×10^4t/a 的中试装置。2002 年，BP 收购 Veba 公司，对 VCC 技术进行改进，包括改进工艺设计，扩大单系列装置加工能力，将浆态床加氢裂化与加氢处理实现一体化直接生产清洁燃料，形成了第一代 VCC 技术，目前已发展到第二代。

VCC 技术适用于处理煤、炼厂渣油、沥青或不同原料的混合物，以大于 95%的高转化率和大于 100%(体积分数)的高液收将原料转化为可直接销售的馏分油产品。VCC 技术的工艺流程示意图如图 6-14 所示。

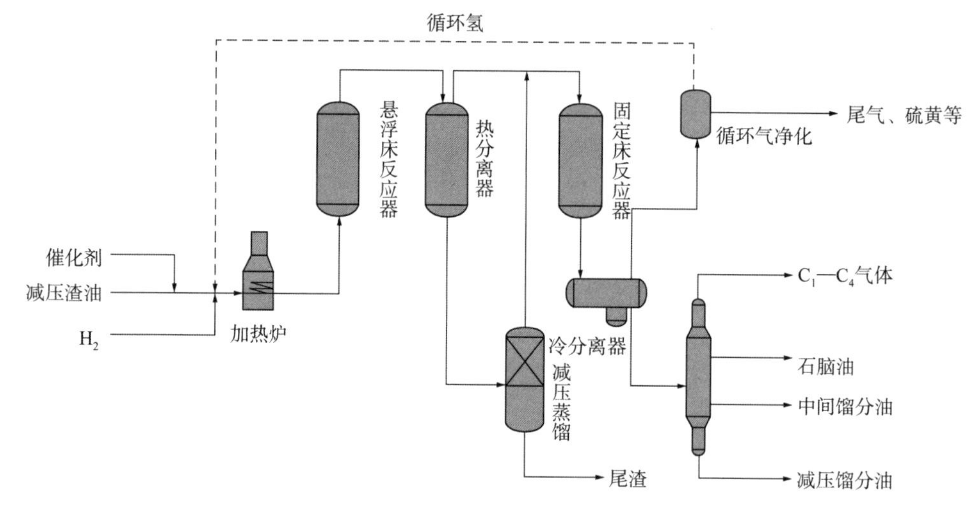

图 6-14　VCC 技术工艺流程示意图[18]

浆态床加氢裂化与固定床加氢组合加氢技术是 VCC 浆态床加氢裂化技术的标志。VCC 浆态床反应器无内构件，采用上流模式操作，反应产物经分离器分离为未转化的残油和气化的反应产物，未转化油进入减压塔闪蒸回收馏分油；回收的馏分油与热分离罐顶的产物一起送入固定床加氢处理段进行加氢处理。炼厂中的低价值油品，如瓦斯油、脱沥青油或催化裂化循环油也可直接送入固定床加氢段处理，反应产物可根据需要生产可以直接销售的馏分油产品。

BP 对 VCC 工艺过程产生的未转化残渣有效利用进行了深入研究，处理包括：炼铁高炉(铁矿石冶炼成生铁)、气化原料、锅炉/窑炉燃料、使用 KBR 公司的 AQUAFORM 造粒技术把残渣变成固体颗粒等。

2）工业应用

2010 年 1 月 2 日，KBR 和 BP 签署了合作协议，共同推广 VCC 浆态床加氢裂化技术，为客户提供技术授权、技术咨询和服务。自 2010 年以来，KBR 已完成 4 套装置技术转让。具体情况见表 6-15[19]。

表 6-15　VCC 工业应用概况

被转让方	延长石油	延长石油	TAIF	柬埔寨石油
项目地点	中国	中国	俄罗斯	柬埔寨
进料	煤焦油	减渣+煤	减渣+蜡油	减渣
生成产品	石脑油 23%，柴油 64%	石脑油 17%，柴油 59%	石脑油 14%，馏分油 60%，蜡油 12%	石脑油 21%，柴油 62%
开工时间	2015 年	2014 年	2016 年	待定

(1)陕西延长石油(集团)有限公司 50×10^4t/a 煤焦油加氢项目。

2011 年 3 月，KBR 与陕西延长石油(集团)有限公司签订转让协议，项目位于中国陕西省神木市。设计加工煤焦油，原料密度为 1071kg/m^3、50%馏出温度 379℃、胶质和沥青质含量高达 73.5%。在 VCC 浆态床反应单元将该原料进行转化，生产出的减压蜡油进入固定床反应单元，生产超低硫石脑油和柴油。该项目已经在 VCC 试验装置完成原料试验，由北京石油化工工程有限公司进行详细设计，在 2014 年中期进行投料开工。

(2) 陕西延长石油(集团)有限公司 45×10^4t/a 煤油共炼项目。

2011 年 3 月，KBR 同陕西延长石油(集团)有限公司签订转让合同，项目位于中国陕西省靖边县，设计加工 45×10^4t/a 煤和减压渣油的混合物，比例为 1∶1。VCC 浆态床反应单元和固定床单元将上述原料进行转化，生产超低硫石脑油和柴油。

(3) 俄罗斯 TAIF 公司 270×10^4t/a 减压渣油+100×10^4t/a 蜡油加氢项目。

2012 年 2 月，KBR 同 TAIF 公司签署了最大的 VCC 项目，该项目位于俄罗斯鞑靼斯坦共和国的下卡姆斯克。该项目一段进料为 270×10^4t/a 俄罗斯减压渣油，二段进料为 100×10^4t/a 减压蜡油，产出高价值的石化原料以及欧Ⅴ柴油。

(4) 柬埔寨石油化工有限公司 120×10^4t/a 减渣加氢项目。

2012 年 12 月，KBR 同柬埔寨石油化工有限公司签署转让协议，初步计划建造加工能力 120×10^4t/a 的 VCC 装置。项目位于柬埔寨磅逊港工业开发区，以减压渣油为原料生产高质量石脑油和欧Ⅴ标准的柴油。

3. UOP 公司 Uniflex 技术

1) 技术研发

UOP Uniflex 技术由 CANMET 技术演化而来，CANMET 加氢裂化工艺使用廉价的阻焦催化剂，不会因焦炭和原料中有机金属化合物含量高而中毒。1979 年，加拿大石油公司在蒙特利尔炼油厂建设了一套 30×10^4t/a 的 CANMET 工业示范装置，并于 1985 年投产。以冷湖沥青减压渣油为原料进行了长周期试运转试验，转化率达到 95%，考察的原料还包括 FCC 油浆、减压馏分油、减黏裂化渣油等。

2007 年，UOP 获得了该项技术的独家全球许可授权，并在此基础上开发出了 Uniflex 工艺，该技术结合了 CANMET 工艺中的反应器部分和 UOP Unicracking。Unionfining 处理技术以及新的纳米级催化剂，可以将低价值的减压渣油转化为石脑油、柴油，以及轻质减压蜡油(LVGO)、重质减压蜡油(HVGO)同时副产物最少。UOP Uniflex 技术的工艺流程示意如图 6-15 所示。

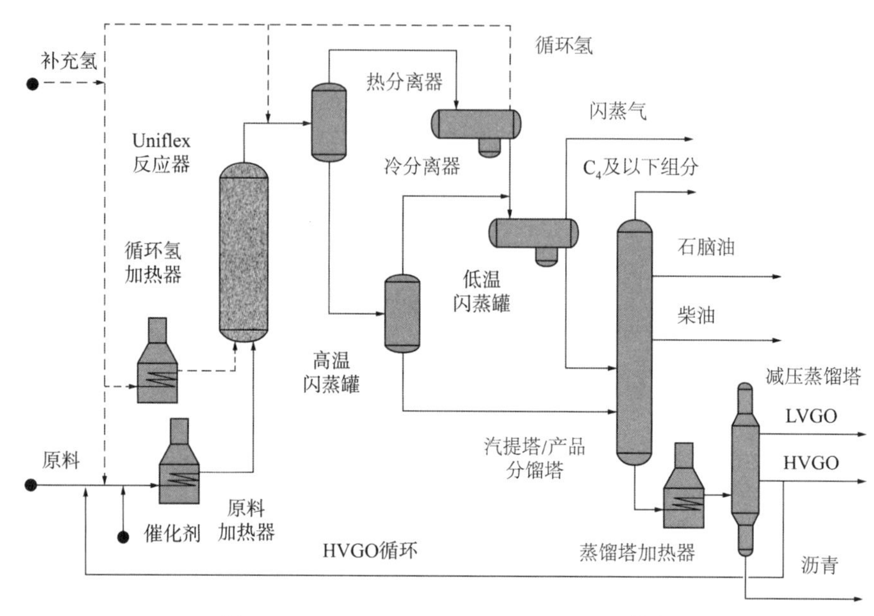

图 6-15　UOP Uniflex 技术的工艺流程图[20]

Uniflex 技术通过在富氢环境中向原料中加入一种专利纳米级催化剂从而稳定裂解产品，抑制焦炭的生成。使用的催化剂是廉价的铁基纳米级固体催化剂粉末，成本非常低廉。催化剂大的表面积阻止预结焦组分的聚集，在常规和非常规的操作条件下提供了稳定的高转化率。目前 UOP 已研发出第二代催化剂，保持相同的催化效果下，催化剂消耗量可减少 50%以上，操作成本进一步降低。

Uniflex 技术渣油转化率可达 90%以上，原料适应性和液体产品收率要比延迟焦化高，生产的石脑油与柴油的体积占产品总体积的 80%以上，10%未转化的残渣可以有不同的应用，包括流化床锅炉、水泥窑或动力锅炉，也可以根据用户与炼油厂的相对位置选用沥青固化技术。

2）工业应用

自 2011 年以来，UOP 公司先后向巴基斯坦 NRL 公司、山东龙港化工进行技术许可，但未见投产报道。2019 年，大粤湾石化(珠海)公司将采用 Uniflex 技术建设 140×10^4t/a 浆态床加氢裂化工艺装置，将重质燃油升级为更高价值的化工产品。

三、国内浆态床渣油加氢裂化技术

1. 中国石油浆态床加氢技术

1）技术研发

中国石油重油浆态床加氢技术开发始于 1995 年，在石油化工研究院、克拉玛依石化公司、抚顺石化公司、中国石油大学(华东)、清华大学、中国石油大学(北京)、中国科学院过程控制所、中国石化工程建设公司等参与单位的共同努力下，实验室研究和工业化试验工作取得了相当大的进展。

1995—1998 年，以新疆稠油常压渣油和辽河稠油的常减压渣油为原料，通过实验室小试、美国 HTI 公司的 50~100t/a 加氢装置试验，进行第一代 UPC 系列重油浆态床加氢催化剂的研究开发，在第一代 UPC 系列催化剂研究的基础上，采用催化剂分散及低温硫化—浆态床加氢—轻质馏分油在线精制的工艺路线，于 2001 年在美国 HTI 公司 1800t/a 中试装置上进行了中试试验，获得了较高的轻质油收率及高质量的轻质油，确定了重油浆态床加氢工艺的基本流程，但是中试装置反应器底部存在结焦问题。2001 年底，进行新型下排料环流反应器的开发，同时对工艺条件、进料组成、催化剂的抗焦能力等影响反应器结焦的重要因素进行了考察。2002 年底，成功开发了具有工业应用前景的新型环流反应器，同时也开发出了具有良好防结焦性能的第二代 UPC 系列催化剂。重油浆态床加氢技术具备了开展工业试验的条件。

中国石油浆态床技术的简化工艺流程如图 6-16 所示。

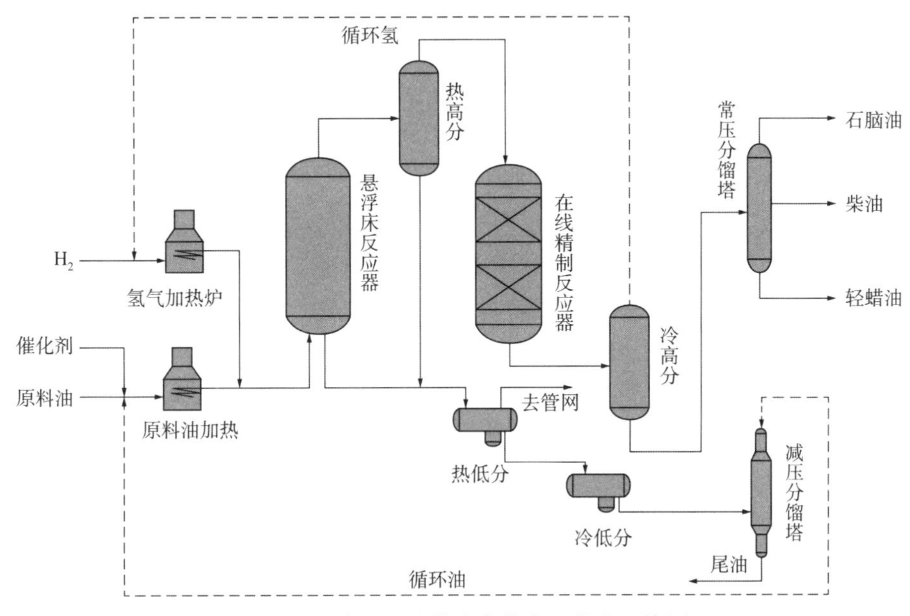

图 6-16 中国石油浆态床技术工艺流程简图

采用全返混式重油浆态床加氢环流反应器，提高反应物料在反应器中的环流液速，尽可能地使反应过程中生成的焦炭沉积在反应器的底部，并将固定床加氢精制反应器与之在线相连，利用浆态床加氢反应器的热量和高的氢分压对馏分油进行在线加氢精制，使产品质量大大提高；采用高分散性的多种金属盐类复配催化剂，原料油与催化剂和助剂的混合采用独特的多级剪切分散乳化技术和低温硫化技术，使催化剂在原料油进入加热炉之前已经被充分地分散和较好地硫化；在产物分离系统中备有多套旋流分离器及溶剂处理和催化剂回收系统，以及蜡油或循环尾油的回炼处理技术等，从而大大提高重油轻质化收率和降低催化剂成本。

2）工业示范试验

为推动该技术的产业化，中国石油于 2002 年 3 月批准 5×10^4t/a 重油浆态床加氢工业化试验装置立项建设，2004 年 8 月建成并投入试验。在 2004—2007 年期间内进行了三个阶段工业化试验，第一阶段工业化试验在 2004 年、2005 年分别进行了两次试验，打通了工艺流程，暴露了工业化试验装置存在的设计、设备、工艺等方面的问题。在对第一阶段试验总结分析和装置改造的基础上，2006 年完成了新疆稠油常压渣油浆态床加氢蜡油循环方案的第二阶段工业化试验，取得了标定数据，试验装置在反应温度下(420~430℃)平稳运转 8 天，反应器内没有结焦。2007 年完成了新疆稠油常压渣油和辽河稠油常压渣油浆态床加氢蜡油循环较长周期的第三阶段工业化试验，取得新疆稠油常压渣油与辽河稠油常压渣油浆态床加氢工业化试验标定数据，装置在反应温度(430~435℃)下平稳运转 32 天，反应器内基本没有结焦。

2. 三聚环保新材料股份有限公司 MCT 超级浆态床技术[21]

1）技术研发

三聚环保新材料股份有限公司(简称三聚环保)与华石联合能源科技发展公司合作开发了超级浆态床技术(MCT)，可以加工中高温煤焦油、常压渣油、减压渣油以及非常规石油等重劣质原料。

MCT 反应器具有强大的三相流返混效果、独特的自清洁功能、先进的控制系统。催化剂具有优异的裂化性能、加氢性能和吸附性能，根据不同加工原料和产品方案选择不同的催化剂配方，催化剂浓度可灵活调整。

MCT 技术工艺流程图如图 6-17 所示，浆态床单元设置加氢裂化反应器串联加氢稳定反应器。原料预处理单元设置催化剂混合系统，采用原料油或浆态床单元自产的减压塔底油对催化剂进行稀释与母液配置，并通过剪切泵与原料油进行充分混合后，由特殊的高压进料泵送入反应系统。在热高压分离器和热低压分离器之间设置了抗磨损性能的 RPB 阀门。加氢裂化的尾油分为两个去向，一部分在加氢裂化单元自循环，一部分作为浆态床单元的冲洗油。尾渣(含催化剂)主要用作煤炭企业生产煤粉棒的黏合剂。

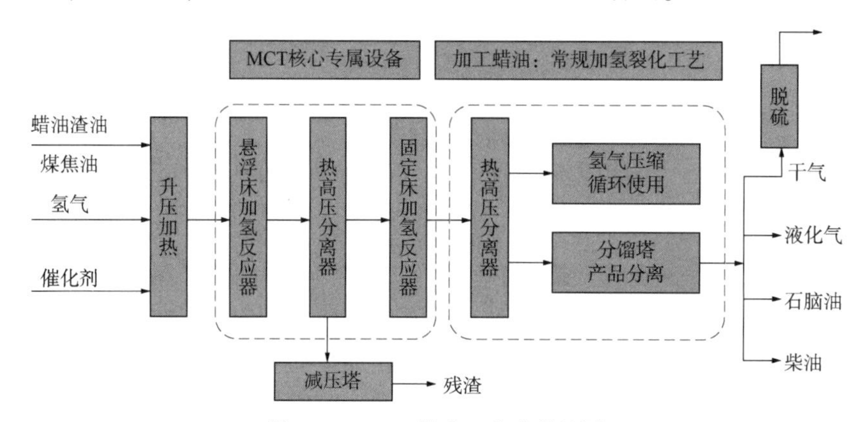

图 6-17　MCT 技术工艺流程简图

2）工业应用

三聚环保在河南省鹤壁市建成投产了 15.8×10^4t/a MCT 技术工业示范装置，2016 年 2 月一次开车成功。以煤焦油+沥青为原料，在 430~460℃、20~21MPa，催化剂加入量 0.2%~1.5%下，浆态床单元总转化率达到 96%~99%，轻油收率为 92%~95%；加工新疆高钙稠油，在 460℃、20MPa 下，浆态床单元总转化率 95%以上，轻油收率 90%以上。基于工业示范结果，三聚环保对系列核心催化剂和关键装备进行了全面升级，开发出百万吨级大型工业装置工艺包，并完成了大庆联谊石化 100×10^4t/a 首套 MCT 装置的工程设计，装置于 2018 年开始建设。

第三节 技术展望

原油重质化和劣质化趋势日益加重，高硫、高酸、高金属、高残炭和高沥青质含量的劣质原油产量将不断增加，未来相当长时期内重油深度加工与高值化利用是炼化企业的重要任务。劣质重油加氢技术要适应满足未来炼厂炼化转型及低碳发展需要，不断拓宽加工原料(催化油浆、乙烯裂解焦油、煤焦油等)和产品应用场景(催化裂解、延迟焦化等)，围绕低成本船用燃料油、催化裂解原料以及高端碳材料原料，开发成套工艺技术。固定床渣油加氢处理技术未来的发展方向，一是开发高性价比、低失活速率催化剂及清洁生产技术，降低成本，提升性能，延长装置运行周期；二是充分利用大数据、云计算、人工智能等新一代信息技术，构建催化剂研发、装置应用及技术服务数学模型，推动渣油加氢技术向数字化、智能化转型升级。三是通过开发新型内构件(入口扩散器、气液分配器等)，强化传质与反应效率，提升工程及装备技术水平。浆态床渣油加氢裂化技术发展步伐将进一步加快，未来的发展方向，一是开发以微界面、超重力为代表的过程强化反应技术，降低装置反应苛刻度，节省投资；二是借助于球差电镜等高水平表征手段，推动油溶性催化剂制备向原子级别发展，实现性能大幅提升；三是开发未转化残渣气化技术，副产氢气，实现金属高效回收与再利用。

参 考 文 献

[1] 李大东. 炼油工业：市场的变化与技术对策[J]. 石油学报(石油加工)，2015，31(2)：208-216.

[2] 张德义. 含硫含酸原油加工技术[M]. 北京：中国石化出版社，2013.

[3] Mitra Motaghi，Bianca Ulrich，Anand subramanian. In favour of slurry phase residue hydrocracting to today's morket[J]. Hydrocarbon Engineering，2010，15(10)：86-95.

[4] Mitra Motaghi，Anand subramanian. Slurry - phase hydrocracking - possible solution to refining margins [J]. Hydrocarbon Procrssing，2011，90(2)：37-43.

[5] Stratiew D ，Petkov K. Residue upgrading，challenges and perspectives[J]. Hydrocarbon Procrssing，2009，88(9)：93-96.

[6] 李春年. 渣油加工工艺[M]. 北京：中国石化出版社，2002.

[7] 方向晨. 国内外渣油加氢处理技术发展现状及分析[J]. 化工进展，2011，30(1)：95-104.

[8] 胡长禄，赵愉生，刘纪端，等. 渣油固定床处理技术的研究开发[J]. 炼油设计，2001，31(6)：36-43.

[9] 石亚华. 石油加工过程中的脱硫[M]. 北京：中国石化出版社，2009.

[10] 穆海涛，孙启伟，孙振光. 上流式反应器技术在渣油加氢装置上的应用[J]. 石油炼制与化工，2001，32(11)：10-13.

[11] 方向晨. 加氢精制[M]. 北京：中国石化出版社. 2003.

[12] Gillis D，VanWees M，Zimmerman P. Upgrading residues to maximize distillate yields[J]. UOP LLC，A Honeywell Company Des Plaines，Illinois，USA，2009.

[13] Kressmann S, Morel F, Harleé V, Kasztelan S. Recent developments in fixed-bed catalytic residue upgrading. Catalysis Today, 1998, 43(3-4): 203-215.

[14] Chongren H, Chu H. Proceedings of international Symposium on heavy oil and residue upgrading and utilization [M]. Beijing: International Academic Publishers, 1992.

[15] 王基铭. 中国炼油技术新进展[M]. 北京：中国石化出版社. 2017.

[16] Kim S H, Kim K D, Lee Y K. Effects of dispersed MoS_2 catalysts and reaction conditions on slurry phase hydrocracking of vacuum residue[J]. Journal of Catalysis, 2017, 347: 127-137.

[17] Bellussi G, Rispoli G, Landoni A, et al. Hydroconversion of heavy residues in slurry reactors: Developments and perspectives[J]. Journal of Catalysis, 2013, 308: 189-200.

[18] 王建明，江林. 减压渣油悬浮床加氢裂化技术—当代炼油工业的前沿技术[J]. 中外能源，2010，15(6)：63-76.

[19] KBR集团公司. 悬浮床加氢技术：VCCTM最新技术进展及展望[C]. 2014亚洲石化科技大会，北京.

[20] Castañeda LC, Muñoz JAD, Ancheyta J. Combined process schemes for upgrading of heavy petroleum[J]. Fuel, 2012, 100: 110-127.

[21] 林科. MCT超级悬浮床技术开发与工业实践[R]. 2017年全国炼化工业重劣质原油深加工先进技术研讨会. 北京，2017.

第七章 劣质重油沥青生产技术

石油沥青广泛应用于道路铺装、防水防潮、油漆涂料、绝缘材料等众多领域，是国民经济建设中必不可少的重要物资，尤其是修建现代经济命脉——公路和高速公路不可或缺的材料。我国石油沥青的表观消费量增加迅猛，因此，利用劣质重油生产石油沥青以满足其市场需要是劣质重油利用中的重要途径。劣质重油通常具有高密度、高黏度、高残炭、高金属和高硫氮含量等特征，为其轻质化利用带来了较大的困难。然而，劣质重油往往又具有高沥青质、胶质含量及低蜡的特点，适合于石油沥青的生产，以它们为原料采用适当的工艺可获得优质的沥青产品。

第一节 石油沥青生产的资源特点及选择

沥青产品质量在很大程度上取决于原油的性质。世界各地区所产原油的性质和组成差别很大，在近1500种不同原油中，仅有260种适于制造道路沥青。通常可以根据原油基本属性，初步判断是否适合生产石油沥青。

一般来说，环烷基原油和含蜡量较低的中间基原油比较适宜于生产沥青。环烷基原油通常具有凝点低、密度大、蜡含量低、黏度大等优点，由环烷基原油生产的道路沥青具有良好的流变性、延性以及低温抗变形能力等[1]。因此，环烷基原油是生产道路沥青的首选资源。中间基原油组成与性质介于环烷基原油和石蜡基原油之间，通过详细评价和试验可以选出适于生产沥青的油种。表7-1为某些适合生产沥青的国内外原油的性质，表7-2则为这些原油减压渣油作为沥青的主要性能指标。

石油沥青的生产工艺有多种，主要有常减压蒸馏生产工艺、渣油氧化和半氧化生产工艺、渣油溶剂脱沥青生产工艺和调和法沥青生产工艺。近年来，辽河石化针对辽河曙光超稠油的特点及其在生产重交道路沥青时存在的缺陷，开发了辽河超稠油改质—蒸馏组合生产工艺，从而使之能够生产出合格的重交道路沥青系列产品，这一研究成果填补了国内外沥青生产和研究的空白。

表 7-1　部分可用于沥青生产的原油的性质

分析项目		中海油36-1原油	中海油32-6原油	辽河欢喜岭原油	辽河曙光超稠油	新疆风城超稠油	新疆九区稠油	厄瓜多尔纳普原油	委内瑞拉Merey-16	委内瑞拉BCF-17	委内瑞拉Boscan	委内瑞拉奥里原油	科威特中质原油	巴西马林原油	加拿大冷湖原油
密度(20℃) kg/m^3		969.8	967.0	972.6	1000.2	950.4	940.8	945.2	957.9	942.7	991.4	992.4	862.3	938.2	946.5
运动黏度 mm^2/s	50℃	845.2	690.0	689.9	4947	—	—	122.7	200.9	142.0	—	—	6.39	85.59	137.4
	80℃	131.9	114.8	101.7	1027	229.1①	57.6①	34.29	46.16	36.32	426.1	3332	3.47	23.91	37.23
凝　点,℃		-9	-10	-16	40	4.0	-18.0	-30	-20	-32	-7	24	-36	-36	-34
蜡含量,%		0.85	1.0	1.54	1.4	1.04	2.84	3.1	1.51	2.61	1.5	0.2	3.0	2.62	0.94
酸值，mgKOH/g		2.69	2.30	3.98	4.67	5.13	7.32	<0.05	2.12	2.16	1.69	1.35	0.14	1.15	0.85
硫，μg/g		2364	2544	2200	2293	2600	1500	15300	30342	22000	58863	45000	24600	5650	29000
氮，μg/g		3792	4488	2834	3682	7100	2800	2764	2366	2985	1754	—	696.5	6800	2548
胶质,%		25.1	23.2	15.83	48.33	27.88	12.8	22.67	13.87	10.5	17.03	18.5	5.46	15.06	9.79
沥青质,%		3.13	4.1	4.20	3.70	0.84	<0.05	9.29	7.54	5.32	9.44	8.0	1.61	3.33	9.26
灰分,%		0.038	0.043	0.03	0.21	—	—	0.1	0.09	0.2	0.23	0.35	0.02	0.02	0.05
残炭,%		8.94	9.15	7.9	13.72	8.01	5.89	12.54	11.58	10.61	14.67	17.1	4.47	6.92	11.31
盐含量(以NaCl计)，mg/L		18.6	6.2	5.3	8.5	93.4	36.9	70.9	85.3	4.5	243.6	114	5.8	45.6	5.1
金属含量 μg/g	Fe	10.7	11.9	17.0	60.3	38.2	17.4	4.9	5.3	4.3	10.2	28.82	5.9	15.0	3.1
	Ni	48.9	60.8	54.9	126.5	37.5	14.6	75.4	63.6	48.4	69.38	78.86	1.1	25.7	61.4
	Na	9.2	8.5	8.1	14.0	—	—	36.1	51.1	6.8	167.8	—	1.1	18.9	3.2
	Ca	89.0	107.8	53.1	284.5	153	315	<0.5	18.3	2.8	30.1	—	<0.5	4.8	—
原油类别		低硫环烷基	低硫环烷中间基	低硫环烷基	低硫环烷基	低硫环烷中间基	低硫环烷中间基	高硫中间基	高硫环烷基	高硫环烷基	高硫环烷基	高硫环烷基	高硫中间基	含硫环烷中间基	高硫环烷基

①100℃运动黏度。

表 7-2　部分可用于沥青生产的原油的减压渣油性质

分析项目	中海油36-1原油	中海油32-6原油	辽河欢喜岭原油	辽河曙光超稠油	新疆风城超稠油	新疆九区稠油	厄瓜多尔纳普原油	委内瑞拉Merey-16	委内瑞拉BCF-17	委内瑞拉Boscan	委内瑞拉奥里原油	科威特中质原油	巴西马林原油	加拿大冷湖原油
	>480℃	>480℃	>480℃	>320℃	>475℃	>520	>420℃	>410℃	>480℃	>395℃	>370℃	>550℃	>480℃	>460℃
收率,%	59.58	59.51	51.04	94.5	—	43.79	63.14	—	55.78	76.16	85.04	—	47.23	54.21
针入度(25℃)1/10mm	79	75	67	76	73	116	84	85.7	93	83.1	71	65	62	72
软化点($T_{R\&B}$),℃	46.2	48.1	46.0	47.0	49.0	44.2	49.0	47.1	43.0	48.6	50.0	—	48.0	47.8
延度,cm 15℃	>150	>150	>150	>150	>100	>150	39.0	>150	>150	150	>150	>150	>150	>150
延度,cm 10℃	>150	>150	>150	>150	82	—	>150	>150	>150	55.4	>150	>150	>150	45
蜡含量,%	2.1	2.3	2.1	—	—	—	3.1	2.1	1.3	1.9	0.5	1.8	3.4	1.2
薄膜烘箱实验 质量变化,%	-0.09	-0.08	-0.14	1.72	—		0.13	-0.03	-0.086	-0.06	0.534	-0.08	-0.11	-0.024
薄膜烘箱实验 针入度比,%	67.7	67	66.52	50.20	84.5	—	59.67	76.8	64.7	75.0	57	63.2	73.34	56.36
薄膜烘箱实验 延度 cm 25℃	>150	>150	>150								>100		>150	116
薄膜烘箱实验 延度 cm 15℃	>150	>150	130	>150	>100		42.0	>150	>150	150	>100	>150	86	36
薄膜烘箱实验 延度 cm 10℃	14	11	—	>150	19		10.0	32.0	16	9				—
闪点,℃	256	254	253	224	—	—	241	—	250	—	249	321	252	247
溶解度,%	99.99	99.99	99.99	99.98	—	—	99.99	99.99	99.99	—	99.95	99.91	99.96	99.96
密度(20℃),kg/m^3	1028	1026	1024	1032	—	—	1024	—	1028	—	1034	1031	1030	1030
针入度指数 PI	-1.7	-1.6	-1.4	—	-0.72	—	0.41	-1.2	-1.4	-0.9	—	—	-2.2	-1.3

第二节　石油沥青的生产工艺

一、常减压蒸馏生产工艺

常减压蒸馏生产工艺是利用原油中不同组分的沸点高低，通过常压蒸馏系统和减压蒸馏系统切割成不同的侧线馏分油，如汽油、煤油、柴油及减压馏分油等，余下的渣油如符合沥青的标准就可以直接作为石油沥青产品出厂。用这种方法得到的石油沥青称为直馏沥青，它是生产道路石油沥青的最主要方法，同时也是最为经济的生产方式，我国大部分道路沥青生产企业都选用此方法。图 7-1 是原油蒸馏工艺的典型流程示意。

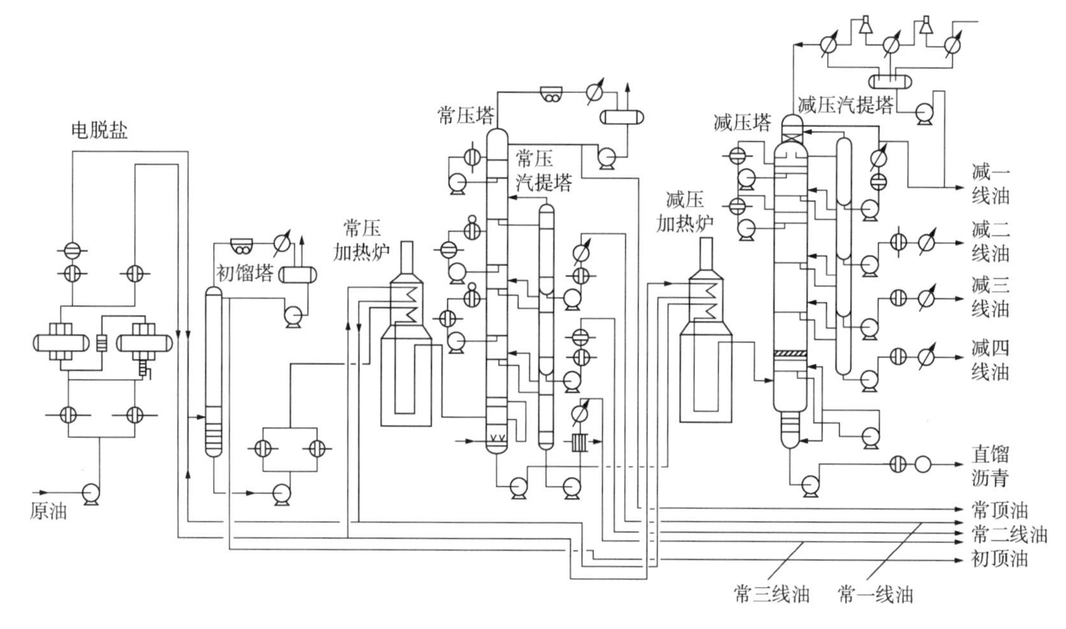

图 7-1　原油蒸馏工艺典型流程示意

在常减压蒸馏沥青生产工艺中，通过常压蒸馏即可得到沥青产品的只适用于沥青潜含量很高的原油，如委内瑞拉 Orinoco 超稠油，其大于 370℃的渣油收率达到了 85%，而针入度仅 7.1mm，可作为石油沥青产品出厂。当然，能够通过常压蒸馏直接生产石油沥青的原油资源并不多，大部分原油都需要经过减压蒸馏才有可能得到合格的道路石油沥青。一般而言，原油的 API 度越高，则生产沥青时减压蒸馏所要求的真空度往往也越大。通过调节蒸馏深度可以得到不同牌号的石油沥青，但频繁地改变蒸馏条件也不利于操作的方便与平稳，因此一些炼厂采用了二级减压蒸馏的流程，即通过一级减压蒸馏装置得到软沥青组分，再将部分减压渣油进行二级减压蒸馏，制取硬沥青组分，利用分别储存的软硬沥青组分，就可以根据用户的需要调和成为不同牌号的石油沥青产品。对于一些 API 度较高的原油资源，由于二级减压蒸馏塔塔径较小，因此可实现更高的真空度，从而提高蒸馏深度，这将有助于硬沥青组分的生产。

石油沥青的生产多采用重质原油，尤其是20世纪90年代后期，随着原油劣质化、重质化趋势的加剧，也为蒸馏装置的加工带来了一定的困难。由于劣质重油普遍具有的高密度、高黏度、含硫/高硫或含酸/高酸等特征，使原油蒸馏装置的适应性受到考验，装置长周期正常运行面临严峻挑战，脱盐脱水、腐蚀与防护问题越来越显重要。因此，在加工这些原油时，需要全力做好"一脱三注"(原油脱盐；在塔顶系统注水、注氨和注缓蚀剂)或"一脱四注"(原油脱盐；原油中注碱，在塔顶系统注水、注氨和注缓蚀剂)的技术和管理工作，并辅以适当的材质升级的方法。

二、渣油溶剂脱沥青生产工艺

溶剂脱沥青工艺是利用溶剂对渣油各组分的不同溶解能力，从渣油中分离出富含饱和烃和芳烃的脱沥青油，同时得到含胶质和沥青质的脱油沥青。前者的残炭值低、重金属含量低，可以作为催化裂化、加氢裂化或润滑油生产的原料；后者可直接或通过调和、氧化等方法，生产出各种规格的道路沥青和建筑沥青。目前，溶剂脱沥青生产工艺也已成为我国生产优质道路石油沥青的重要手段之一。

1. 溶剂的选择

渣油溶剂脱沥青工艺的关键是选择合适的溶剂。理想的脱沥青过程应具有以下特性[2]：只需要很少的传质单元数便可得到所需的脱沥青油，这就要求质量传递速度快和达到相际平衡的时间短；对需要抽提的油分有很高的选择性，使洗涤或抽提液回流的程序可以省略；抽提液的浓度尽可能高；溶剂容易回收，且能耗较少；对进料状态不敏感；能在常温常压下操作，使用起来安全。综合考虑各种因素，目前工业上最合适的渣油脱沥青的溶剂是C_3—C_5的轻质烃类或是它们的混合物。表7-3是常用的几种轻烃溶剂的物性数据。

表7-3　常用烃类溶剂的物性数据

项目	分子量	沸点,℃	熔点,℃	临界温度,℃	临界压力，MPa	临界体积，cm^3/mol	临界密度，g/cm^3
丙烷	44.096	-42.07	-187.63	96.65	4.247	204	0.216
正丁烷	58.123	-0.49	-138.36	151.90	3.793	258	0.225
异丁烷	58.123	-11.72	-159.60	134.98	3.648	263	0.221
正戊烷	72.150	36.07	-129.73	196.95	3.379	311	0.232
异戊烷	72.150	27.84	-159.91	187.24	3.381	306	0.236

在溶剂脱沥青的烃类溶剂中，丙烷的选择性最好而溶解力弱，因此其脱沥青油的质量好但收率低，而脱油沥青中仍会保留一定比例的饱和烃和绝大部分的芳烃，因此通过丙烷脱沥青工艺往往可以直接生产出符合针入度要求的道路沥青。采用丁烷做溶剂的脱沥青工艺得到的脱油沥青具有较高的软化点和较小的针入度，一般只能用作道路沥青的调和组分。由于异丁烷和正丁烷的临界温度分别约为135℃和152℃，因此使用丁烷作溶剂可以使抽提在较高的温度条件下进行，这可以降低渣油的黏度，从而提高溶剂与渣油之间的传质速率。相比丙烷与丁烷，戊烷溶剂的选择性更差，因此，虽然其抽提温度可以更高，比较适合加工重质、高黏度的原料，但由于其脱沥青油的质量较差，在实际生产中很少应用。戊烷脱油沥青的软化点一般在100℃以上，其性质既硬又脆，只能用作道路沥青的调和组分，或者

是用作其他特殊用途(如制备活性炭、焦炭的黏结剂等炭材料以及制氢等)的原料。

溶剂的选择通常是根据脱沥青油的用途而定。当用作润滑油料时，要求脱沥青油有较低的残炭值，所以需要使用选择性高的丙烷作溶剂。当脱沥青油用作催化裂化和加氢裂化原料时，则可使用选择性低一些的溶剂，如丁烷、戊烷或丙烷/丁烷、丁烷/戊烷混合溶剂，而混合溶剂对原料多变有较强的适应性。

2. 操作参数的影响

溶剂比是脱沥青过程中的一个重要参数，其大小关系到装置设备大小和能耗的高低。确定溶剂用量的原则是，在满足产品质量和收率的要求下，尽量降低溶剂比。在一定温度下，对于不同的原料和产品，都有一个适宜的溶剂比，其通常范围为(6~8)：1(体积比)。

对烃类溶剂来说，随着抽提温度的降低可以增加油分的溶解度。一般而言，各种烃类溶剂都存在一个合适的抽提温度范围。对丙烷脱沥青工艺，其抽提温度一般为50~90℃，丁烷脱沥青工艺为100~140℃，而使用戊烷作为溶剂则可达到150~190℃。无论使用哪种溶剂，抽提温度都应避免接近该溶剂的临界温度，以防止冲塔或“黑油”现象的发生。

要想得到理想的脱沥青效果，还必须使抽提塔有一个合理的温度分布。上部温度高，溶剂选择性强，溶解能力弱，有利于脱沥青油中的重组分从溶剂中析出，保证脱沥青油的质量；下部温度低，溶剂选择性差，溶解能力强，有利于溶剂从塔底沥青层中抽出更多的油分，以提高脱沥青油的收率并保证沥青的质量。如果抽提塔内温度梯度过小，抽提效果往往变坏，塔内分层不清。但温度梯度也不能过大，若抽提塔的顶部与底部温差过大，塔内会因产生过多的内回流而形成溢泛。据经验，温差的合适范围是10~20℃。

由于脱沥青过程是液—液抽提过程，为使体系保持液相，抽提操作的压力必须高于操作温度下溶剂混合物的饱和蒸气压，因此，抽提压力与操作温度及所使用的溶剂组成有关。在近临界溶剂抽提或超临界溶剂抽提的条件下，压力对溶剂的密度有较大影响，因而对其溶解能力的影响也大。根据加工方案的不同，抽提压力大致保持在2.8~4.2MPa。

3. 典型溶剂脱沥青工艺

溶剂脱沥青工艺的典型流程如图7-2所示。渣油和溶剂分别从抽提塔的上部与下部进入抽提塔中，并在塔内逆流接触。其中，渣油以分散相的形式自上而下移动，溶剂则作为连续相由下往上运动。在此过程中，渣油中的油分被溶解在溶剂中，而沥青则沉降到塔的底部。在抽提塔的顶部装有加热器，通过加热含油溶剂使其逐步升温，从而形成一种以温度差为推动力的内回流，依靠它的作用可以控制脱沥青油的质量。塔顶的含油溶液经重沸型蒸发器、闪蒸塔及汽提塔脱除溶剂后得到脱沥青油产品，而脱除的溶剂则循环回用。抽提塔底得到的沥青溶液由加热炉升温后通过闪蒸与汽提得到脱油沥青产品，同样，脱除的溶剂被循环回溶剂储罐。

根据加工原油的特点以及对产品的不同要求，在上述原型流程基础上，目前已发展出多种实用流程并在实际生产中得到应用。

沉降法两段脱沥青工艺首先是将渣油中的油分尽可能抽提出来，然后把得到的脱沥青油溶液根据需要按阶段升温，利用温度升高后溶剂对油分溶解能力降低的原理，使质量较差的重质油分从溶液中析出，留在溶液中的脱沥青油的质量便得到改善。我国现有的溶剂脱沥青装置，不论是用丙烷的还是用丁烷做溶剂的均采用这种流程。

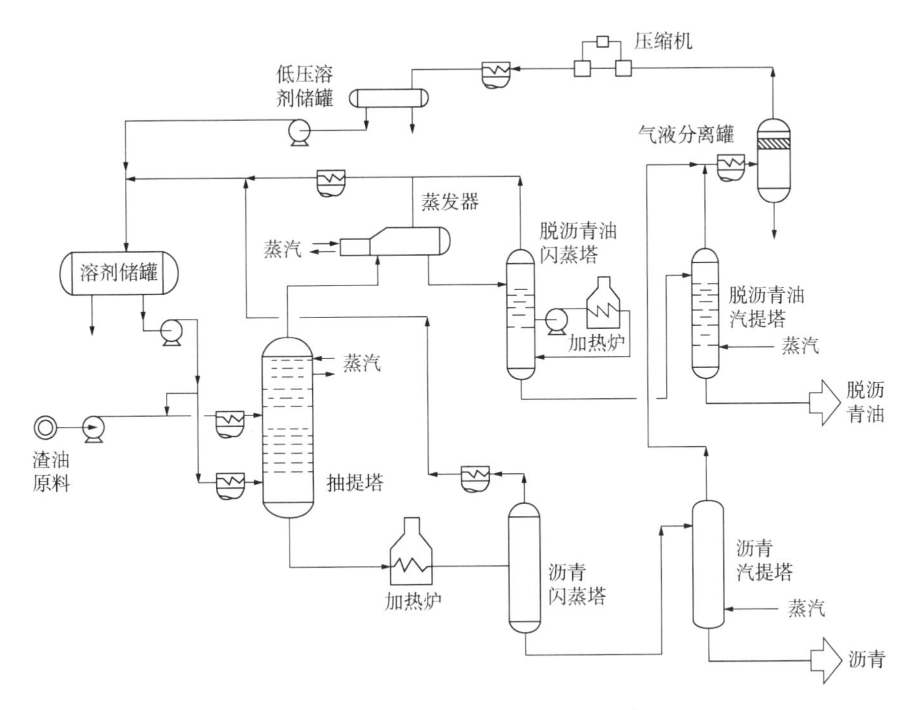

图 7-2　溶剂脱沥青工艺典型流程示意图

Kellogg 溶剂脱沥青过程设计的抽提塔是逆流式挡板塔，溶剂的回收采用蒸发回收。近来又采用了加热炉的加热方式来回收脱沥青油溶液中的溶剂，使热能的有效利用率得到较大幅度的提高。从抽提塔底出来的沥青溶液采用闪蒸的方式回收溶剂，但采用较高的蒸发温度以防止蒸发时夹带沥青粒子污染或堵塞管线。

Demex 工艺使用 C_4、C_5等比较重的溶剂，采用混合—沉降—超临界回收流程，塔中进料，胶质可回炼，脱胶质塔为卧式罐。近期开发了新型抽提塔内构件——平行折流板。

LEDA 过程的特征是抽提过程在转盘塔内进行，抽提效率通过改变转盘的转速来保证，溶剂的选择性和溶解能力靠调整操作条件来满足，采用低溶剂比和多效蒸发技术来降低能耗。

ROSE 过程采用目前被世界各国所认同的带超临界溶剂回收的脱沥青流程，其工艺特点是在大剂油比[(10~20):1]条件下操作，这样能大幅度提高脱沥青油的收率，而又不会增加能耗。

渣油超临界流体抽提分离工艺由中国石油大学(北京)开发，其特点是所用溶剂始终处在超临界状态下，通过恒定压力，改变温度，使溶剂的密度产生变化的方法来分离油中的沥青、胶质和脱沥青油，剩下的超临界溶剂当其密度小于 $0.2g/cm^3$ 时，可以和脱沥青油实现较为完全的分离，达到循环使用的目的。该技术的吸引力在于脱沥青所需的沉降时间仅为常规溶剂脱沥青的 1/10~1/7，冷液体空塔线速可达 $60m^3/(m^2 \cdot h)$，因此能提高加工量[3]。

三、渣油氧化与半氧化生产工艺

对于一些对软化点要求较高的沥青产品，或者受原油性质影响和工艺限制通过常减压蒸馏生产的沥青针入度偏大、软化点偏低而无法满足沥青规格要求，或是为了提高沥青的某些使用性能时，通常在常减压蒸馏后增加渣油氧化或半氧化工艺来生产沥青。通过改变原料组成和氧化深度，可以生产道路沥青、建筑沥青以及其他专用沥青产品。

1. 渣油氧化的作用机理

一般认为，渣油氧化过程是在一定温度和空气中氧的作用下，渣油中的芳烃、胶质和沥青质产生部分氧化脱氢以及活性基团互相聚合或缩合生成更高分子量物质的过程，其转化过程简单表示如下：

芳烃→胶质→沥青质→碳青质→焦炭

除上述氧化脱氢缩合主要反应外，氧与烃类物质还产生副反应生成羧酸、酚类、酮类和酯类等物质，其中以酯类为主，生成的酯基可以互相结合而向高分子转化，最后生成沥青质，从而使沥青中的沥青质含量增加。渣油中的饱和烃在空气氧化过程中基本不被氧化。氧化产品中饱和烃含量的减少，主要是由于烃类产生部分裂解反应。

2. 渣油氧化的影响因素

1）原料性质的影响

利用渣油氧化和半氧化工艺生产高软化点的沥青（如建筑沥青）时，由于原料在反应塔内停留的时间较长，原料发生较深的转化，所以用具有中等胶质与沥青质含量的原料较为适宜，并且在油分中应含有较多的烷—环烷族化合物。同样，氧化法道路沥青的质量与原料性质也有着极大的关系，有研究表明，在一定工艺条件下，如果氧化时间—针入度关系直线斜率过大，说明原料对氧化过程敏感，不宜单纯用氧化法来生产针入度较小的重交通道路沥青。而对同一种原油，由于减压拔出程度不同，所得减压渣油的性质也有差异，因此氧化后所得产品的质量也会存在较大差异。

2）氧化温度

一般而言，反应温度越高，氧化速度越快，得到相同软化点沥青所需的时间就越短。但氧化温度过高，会促使大分子缩合物——苯不溶物和焦炭的过多产生，从而影响成品沥青的质量。一般情况下，可根据成品沥青的针入度来选择适当的氧化温度[4]，见表7-4。

表7-4　氧化温度的选择

成品沥青针入度(25℃)，1/10mm	90~120	40~70	10~30
氧化温度,℃	250~255	260~280	280~300

3）氧化风量

工业上的沥青氧化装置多采用鼓泡式反应器，氧化进行的快慢被氧气从气相到液相传质速度的影响因素所制约。由于氧在沥青中的溶解性和扩散性都很小，因此在温度一定的情况下，氧化过程的速度主要取决于空气—沥青相界面的大小和液相内部的搅动程度。在鼓泡式反应器内，通入的空气既提供了反应所需的氧气，同时也作为搅拌介质并直接影响到传质的效果。氧化风量对产品针入度的影响如图7-3所示，当风量在较低的范围内时，由于反应氧量的增加以及气速的增加改善了传质效果，使得沥青针入度随风量的增加而快速下降。当风量增加到一定数量后，由于供氧量已远远大于化学反应所需的量，且气体速度的增加已使氧化过程基本上不再受传质控制，此时，风量增加不仅对产品针入度的影响逐渐减小，反而会造成空气利用不充分和氧化尾气含量高等问题。一般来说，对于不同的原料及操作条件，需要选择合理的空气量。

4）氧化时间

在连续氧化工艺中，当处理量一定时，氧化塔内液面高低就直接决定了氧化时间的长短。氧化时间对产品性质的影响如图 7-4 所示。随着氧化时间延长，氧化深度增加，产品的软化点及黏度增加，而针入度下降，产品的延度在氧化时间较短时变化较慢，当氧化时间达到一定时，产品延度随着氧化时间延长而急剧下降。如果氧化时间过长，则会因反应深度太大，产品中胶质大量转化成沥青质、碳青质，甚至变成焦炭，所得沥青软化点升高，性质变脆，因此，必须根据原料性质控制适当的反应深度，控制适宜的反应时间。

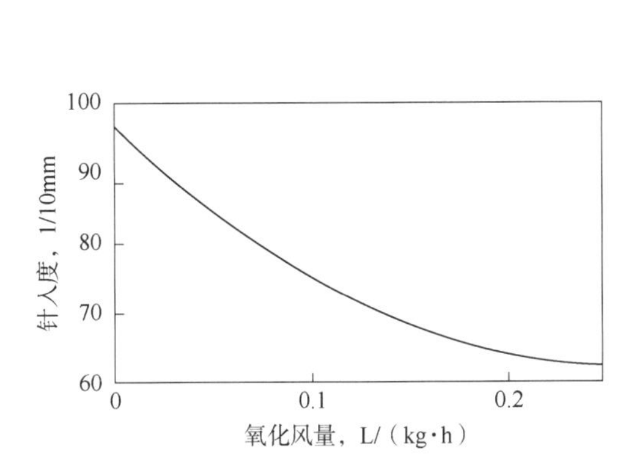

图 7-3　氧化风量对氧化沥青性质的影响

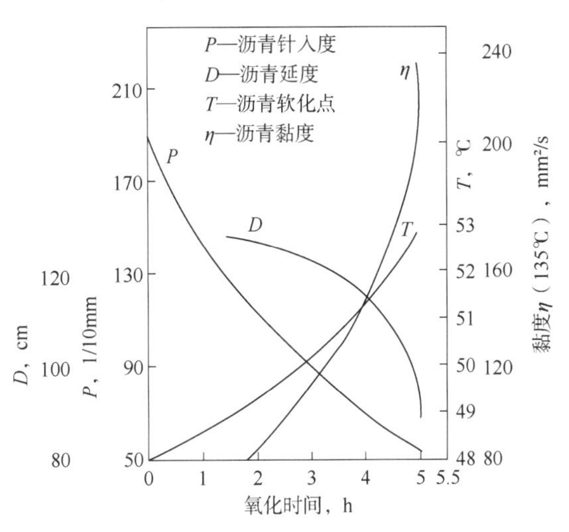

图 7-4　氧化时间对氧化沥青性质的影响

5）氧化压力

氧化压力升高，则气泡中氧分压增加，与渣油的接触时间增加，改善了沥青氧化效果。图 7-5 展示了氧化温度 230℃、风量 0.28m^3/(min·t)条件下，氧化压力与氧化沥青性质的关系。

6）催化剂

催化氧化是通过在沥青氧化过程中添加催化剂来实现的。由于这些催化剂的加入，使得沥青的氧化速度明显加快，并影响某些反应的历程，提高了氧化沥青中小分子和大分子组分的含量，从而改善了氧化产品的性质。与普通氧化沥青相比较，在软化点相同的情况下，催化氧化沥青往往具有更高的针入度，其低温性能更好。目前，在沥青催化氧化领域内，研究与应用较多的催化剂为 $FeCl_3$、磷酸和五氧化二磷、有机磺酸等。

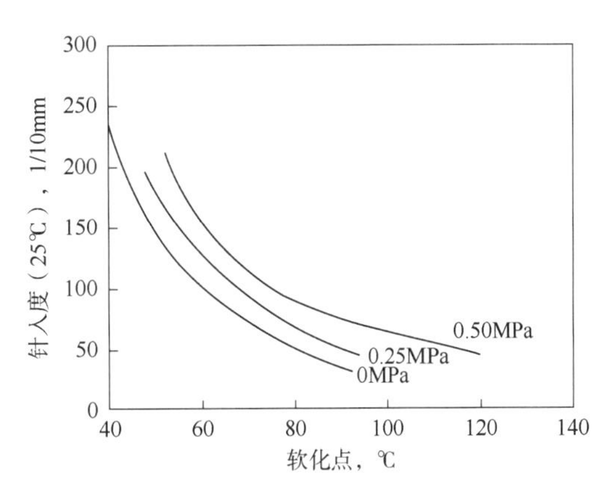

图 7-5　氧化压力对氧化沥青性质的影响

3. 渣油氧化与半氧化工艺

渣油氧化与半氧化工艺包括釜式氧化工艺和塔式氧化工艺。其中，塔式氧化工艺根据沥青生产能力及对产品质量的要求，可采用单塔或多塔串联、并联等方式组合，其典型的工艺流程如图 7-6 所示。

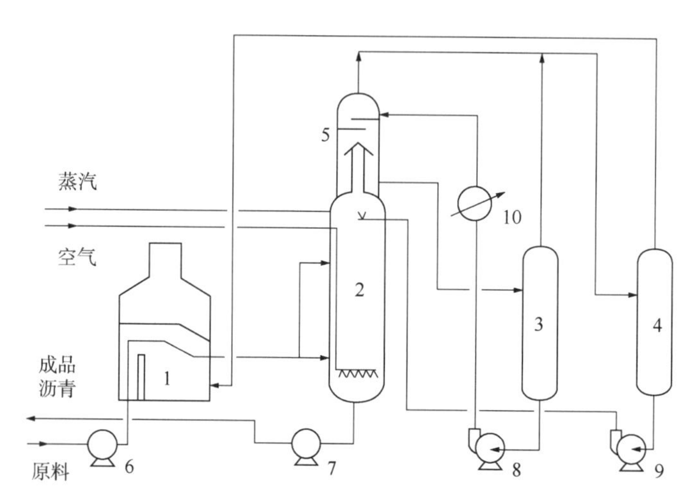

图 7-6 塔式氧化沥青装置典型的工艺流程示意图

1—加热炉；2—氧化塔；3—循环油罐；4—气液分离罐；5—混合冷凝器；
6—原料泵；7—成品泵；8—柴油循环泵；9—注水泵；10—冷却器

该流程的特点是：灵活性大，既可单塔连续氧化，又可多塔串联氧化，必要时还可进行间歇单塔氧化，生产一些批量小的特殊产品。氧化沥青装置主要设备为氧化塔，氧化塔为中空的筒形反应器，反应器的长径比为 4~6，个别可达 8 左右。由于空气鼓入液层的剧烈搅拌作用，反应器上下部沥青的物化性质极为接近。为了提高气液两相接触面积，有些装置还在氧化塔中设置了 3~4 层栅板，以强化传质作用，并取得了较好的效果。氧化塔内设空气分布管、气液相注气及注水喷头，塔顶设有饱和器或直冷式部分冷凝器，尾气经过饱和器或冷凝器将携带的氧化馏出油冷凝分离后，去尾气焚烧炉处理。

利用沥青氧化工艺可以进行建筑沥青、道路沥青及其他专用沥青的生产。在生产建筑沥青时，所使用的原料主要是含饱和烃较多的减压渣油，也可采用丙烷脱油沥青。而当减压蒸馏所得渣油不能满足道路沥青的要求时，可以用渣油或渣油中调入富含胶质和沥青质的组分(例如丙烷脱沥青装置所得沥青)为原料通过浅度氧化生产合格的道路沥青。浅度氧化生产道路沥青，一般采用单塔连续氧化操作，由于氧化反应深度浅，放热少，可不设液相注水，仅有气相注水和注安全蒸汽。在进行专用沥青(如防水沥青、电池封口胶、油漆沥青等)生产时，随着其用途的不同，规格标准要求也不相同。一般而言，针对专用沥青的某些特殊要求，可以借助于改变原料组成，调整氧化工艺条件或进行催化氧化的方法来达到。对于某些要求软化点高(达 150℃)、针入度小的沥青，可以采用高温(300℃)深度氧化的方法来生产。对于某些要求针入度指数较高或要求弹塑区间较大的沥青，则可采用调整原料油中调和组分的比例或催化氧化的方法来生产。

四、调和法沥青生产工艺

调和法沥青生产工艺是指按沥青质量或胶体结构的要求来调整构成沥青组分之间的比例，得到能够满足使用要求的产品。一般认为，沥青是由沥青质—胶质—油分(饱和分和芳香分)络合形成的胶体体系[5]：(1)由致密的稠环结构和富集杂元素的沥青质形成胶胞核心，这种胶胞核心被胶质所胶溶，并可进一步簇集形成胶团。胶团的形成和粒子的大小取决于沥青质的表面性质(活性)，即分子间的相互作用以及胶溶剂的芳香度。(2)胶胞或胶团分散在油分中形成高度分散的表面体系，即以沥青质—胶质为分散相，以油分为连续相或称胶胞间相。沥青的胶体结构如图7-7所示，沥青的这种胶体结构在很大程度上影响到沥青的宏观性质。

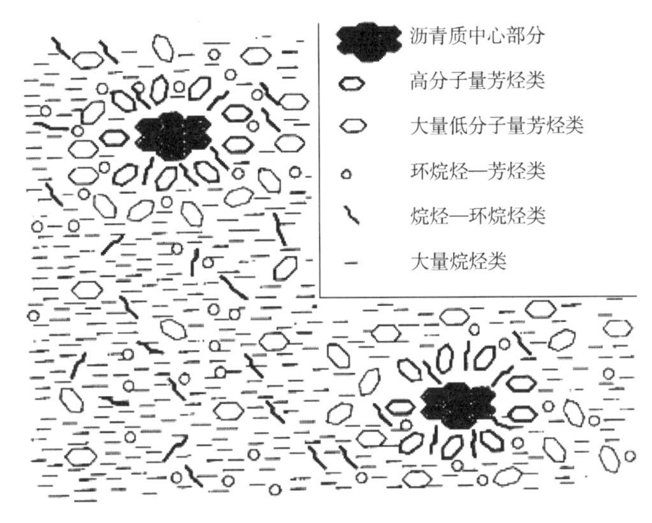

图7-7 沥青胶体结构示意图

1. 沥青调和的依据

沥青胶体的四组分及其对沥青性质的贡献是调和的理论依据。著名的哑铃式双组分调和试验研究发现[6]：(1) 饱和分与胶质调和会使体系的黏度下降，温度敏感性增加；(2)饱和分与沥青质调和时，沥青质不能很好地分散，无法形成均质的胶体分散体系；(3)芳香分与胶质调和可使调和物的低温延度大大提高；(4)芳香分与沥青质调和时，调和物的黏度最高；(5)把沥青质或胶质软化到相同针入度，所需要的饱和分比芳香分少，这就说明饱和分的增塑性要比芳香分强，与此同时，沥青质相比胶质需要更多的饱和分或芳香分，因此沥青质的稠化能力要强于胶质。各组分对沥青性质的影响见表7-5，可供选择调和方案时参考。

表7-5 各组分对沥青性质的影响

组分	感温性	延度	高温黏度	对沥青质分散度
饱和分	好	差	差	差
芳香分	好	—	好	好
胶质	差	好	差	好
沥青质	好	较差	好	—

需要注意的是，饱和分与芳香分中结晶蜡的存在会影响胶胞的形成，导致沥青胶体结构的改变，从而对沥青的流变性能、黏附性及热稳定性等带来不利的影响，所以要加以限制，在调和中应避免使用蜡含量高的组分作为调和组分。

2. 生产工艺

（1）先调配原料再通过蒸馏或溶剂脱沥青或氧化进行加工的工艺。

沥青产品的最终性质是与它的化学组成及胶体状态密切相关的，在加工之前调配好原料是非常重要的。例如，在用蒸馏法生产道路沥青时，调配好原油是保证质量的最根本、最经济、最简单有效的方法。在中间基原油中调入环烷基原油就可以改善直馏沥青的性质，当然，对其他馏分的性质也会带来相应的改变。因此，两种原油是否适合调和以及调配的比例应由实验来决定。

在炼厂生产高软化点氧化沥青的装置上，原料的调配更是保证产品质量的一项重要方法。人们往往将丙烷脱沥青装置的脱油沥青和减压渣油或溶剂精制抽出油调配在一起作为生产建筑沥青的原料。为了生产特种沥青，可则在脱油沥青中调入脱蜡后的润滑油馏分作为氧化的原料。

（2）沥青产品的调和工艺。

在实际生产中，最常见的调和方式是利用软沥青组分与硬沥青组分调和得到沥青产品。其中，作为调和沥青的硬沥青组分，可以是经过溶剂脱沥青得到的脱油沥青，也可以是经减压深拔得到的直馏低标号沥青，或者是减压渣油经氧化或半氧化处理后的沥青。而用作调和沥青软组分则包括减压蒸馏侧线油、减压渣油以及炼油过程中的一些副产物，如糠醛抽出油、催化油浆等。

经过大量的数据归纳，软硬沥青产品的调和大致符合以下关系[2]：

同一原油、同一种生产方法生产的调和沥青，调和沥青的软化点及针入度的对数是调和比及组分的软化点及针入度对数的线性函数，计算调和沥青针入度的公式可以表述为：

$$\lg P = a\lg A + (1-a)\lg B \tag{7-1}$$

式中 P——调和沥青的针入度，1/10mm；

A——A 组分（软组分）的针入度，1/10mm；

B——B 组分（硬组分）的针入度，1/10mm；

a——调和比，为 A 组分在调和沥青中的质量分数，%。

也有采用如下的关系作为调和的依据：

$$M = 0.94(P_s \cdot S + P_h \cdot H) \tag{7-2}$$

式中 M——调和沥青的针入度，1/10mm；

S——软沥青的针入度，1/10mm；

H——硬沥青的针入度，1/10mm；

P_s——软沥青的质量分数，%；

P_h——硬沥青的质量分数，%。

对于不同原油（尤其是性质相差较大的原油）或者不同制备工艺生产的沥青进行调和时，由于调和沥青的胶体结构相较原沥青会发生较大改变，因此往往会表现出调和的规律性较差，调和比例需由实验确定。

在拥有溶剂脱沥青装置的炼厂中，用脱油沥青与减压渣油调和是生产道路沥青的一种重要手段。而采用经过氧化工艺得到的高软化点硬沥青与减压渣油调和可以提高沥青的软化点，并改善其温度敏感性。

利用抽出油调和法生产沥青，可以把富含芳烃的软组分按一定比例调和到脱油沥青或半氧化沥青中，得到组分匹配更为合理的沥青产品，从而改善沥青的流变性能，使沥青性能达到质量指标的要求。

催化油浆调入沥青中，对提高沥青的延度有明显的作用。但催化油浆的馏程一般较宽，其组成中含有较多的轻馏分，因此，将油浆全馏分作为沥青调和组分易导致调和沥青的闪点下降，并且其针入度等指标受调和比例的影响过于敏感，生产过程不易控制。基于上述原因，当催化油浆用作沥青调和组分时通常需要经过改质处理，经蒸馏将其轻馏分分离出去后再进行调和。催化油浆调入沥青中虽能改善沥青的延度指标，但是薄膜烘箱试验后的针入度比减小，且调入比例越大，则下降幅度越大，这表明催化油浆对沥青的抗老化性能有不利的影响。

五、改质—蒸馏组合生产工艺

中国石油辽河石化公司通过自主创新，针对辽河曙光超稠油开发了改质—蒸馏法生产重交沥青系列产品的新工艺，并投入工业应用。该方法的主要思路是将辽河曙光超稠油控制在一定的温度和压力下改质，通过其自身反应，增加中、轻组分的含量，改质产物再进行蒸馏，以提高沥青的闪点，并降低蒸发损失，从而使其可以直接生产出符合国家标准的重交道路沥青产品。经过几年的运行，证明该方法有效可行，并为辽河石化沥青产量位居国内龙头地位奠定了基础。

图 7-8 为辽河曙光超稠油改质—蒸馏法生产重交道路沥青工艺的流程示意图。将辽河曙光超稠油经换热器加热后进入脱水塔，在脱水塔内分离出少量含水汽油后，塔底物料进入改质反应器加热炉，经加热炉加热到 380~430℃后，进入改质反应器，在改质反应器内的停留时间由适宜的改质深度和反应温度来决定，反应温度高则停留时间短，反应温度低

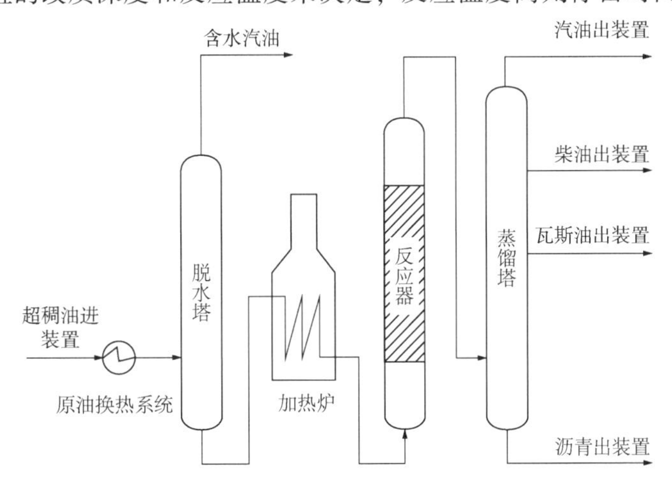

图 7-8　超稠油改质—蒸馏法工艺流程示意图

则停留时间长。超稠油改质深度可通过改质油的100℃黏度来表征，其指标一般控制在100~200mm^2/s。由改质反应器出来的改质油进入蒸馏塔，在塔顶和侧线分别得到汽油、柴油和瓦斯油，而塔底则得到高等级道路沥青[7]。

第三节 石油沥青改性及乳化工艺

传统生产工艺生产的石油沥青受其生产工艺与母体原油性质所限，往往其可使用的温度区间值比较小且相对固定，即如果想使其在更低的温度下使用，则在高温时就容易出现变形或流淌，而要让其能够在更高的温度下使用，则低温下就容易开裂。鉴于此，以传统工艺生产的沥青为原料进行再次加工的沥青改性工艺和乳化工艺应运而生。通过这两种工艺的后续加工，可以克服传统工艺石油沥青的先天不足，赋予沥青产品更好的力学性能，降低沥青的温度敏感性并拓宽沥青的使用温度区间，提高产品其他的一些使用性能，如黏附性、抗老化性能等，以及满足一些特殊的使用要求。

一、改性沥青生产技术

1. 改性沥青的定义及类型

改性沥青是指掺加橡胶、树脂、高分子聚合物、磨细的橡胶粉或其他填料等外掺剂(改性剂)，或采取对沥青轻度氧化加工等措施，使沥青或沥青混合料的性能得以改善而制成的沥青结合料。从广义划分，根据不同目的所采取的改性沥青及改性沥青技术可汇总如图7-9所示[8]。

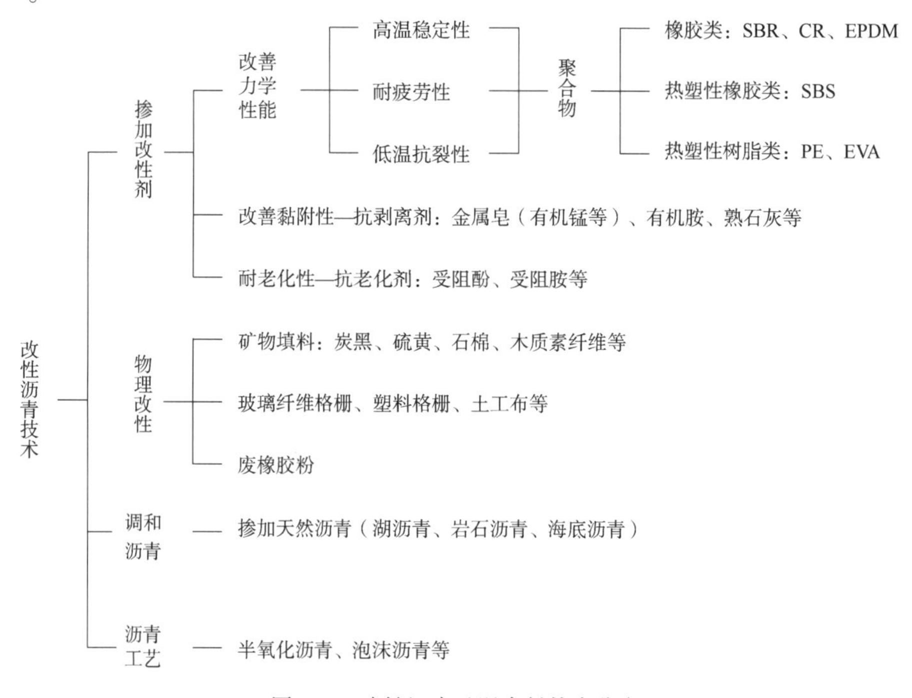

图7-9 改性沥青及混合料技术分类

而从狭义来说，现在所指改性沥青一般是指聚合物改性沥青，简称 PMA，PMB 或 PmB。用于改性的聚合物种类很多，按照改性剂的不同，一般可将其分为三类。

（1）热塑性橡胶类：即热塑性弹性体，主要是苯乙烯类嵌段共聚物。这类改性剂在低温与常温时呈橡胶弹性，受热则熔融或软化呈热塑性树脂的性质，可在很大程度上改善沥青的高低温性能，这类改性剂中以苯乙烯—丁二烯—苯乙烯嵌段共聚物(SBS)为代表。

（2）橡胶类：这类改性剂具有很高的弹性，受力时变形较大，外力消失后易恢复原状，一般用于改善沥青的低温性能，这类改性剂以丁苯橡胶(SBR)为代表。

（3）树脂类：包括热塑性树脂和热固性树脂两类。热塑性树脂具有热塑性，一般用于改善沥青的高温性能，但由于它们不能明显地赋予沥青弹性变形成分，所以对沥青低温性能无明显改善；热固性树脂因化学交联而硬化，硬化后，即使再加热也不会软化。树脂类改性剂在施工中常用的有乙烯—乙酸乙烯酯共聚物(EVA)、聚乙烯(PE)、无规聚丙烯(APP)、环氧树脂(EP)等。

几种主要的聚合物对沥青的改性效果见表 7-6。

表 7-6　常用聚合物改性剂及其改性效果

种类		主要改性效果	缺点
橡胶类	NR	增加混合料的黏聚力，有较低的低温敏感性，与集料有较好的黏附性	因需要氨化和加硫，有臭气，现已基本不用
	SBR	可明显提高弹性、黏附性、抗开裂性、耐久性及低温延度	施工性不好，工程应用较难
	CR	与 SBR 相比稍有点热塑性，对把握力提高很大	对 60℃黏度提高不大，其性能受操作条件影响较大，稳定性差
	废胶粉	可提高沥青的高低温性能和抗疲劳性，降低沥青路面噪声	黏度大，施工性不好
树脂类	EVA	可提高软化点及抗流动性，但对其他性质的改善较小	低温性能不好，欧洲将其与其他材料组合使用
	EEA	对 60℃黏度及抗流动性明显，但对其他性质的改善较小	不易与沥青互溶
	APP	可明显提高软化点，高温性能好，来源广，价格低	低温性能不好
	PE	高温稳定性好，可提高抗车辙能力	与沥青互溶性及分散状态不好，抗老化及低温性能差
热塑性弹性体	SBS	可提高抗开裂、抗流动、抗磨耗及黏附性，明显降低感温性	因双键的存在，耐热及抗老化性不理想，价格较贵
	SIS	与沥青互溶性好	耐热及耐候性差
	SEBS	将 SBS 的丁二烯进行了选择加氢，耐候性提高，比 SBS 改性效果好	价格昂贵

除了常用聚合物作为改性剂外，还可以通过添加其他一些助剂来达到沥青改性的目的，

如天然沥青、多价金属皂化合物、硫、炭黑等，它们的改性效果见表 7–7。

表 7–7　其他常用改性剂及其改性效果

类型	种　类	改　性　效　果					
		永久变形	疲劳开裂	低温开裂	水损害	氧化老化	低温施工性
填料	炭黑	√				√	
	矿物：水化石灰	√					
	粉煤灰	√					
	水泥	√					
	Baghouse fines						
	木质素				√		
氧化剂	硫黄	√	√	√			√
	多价金属皂	√					
	酸或酸性化合物	√	√	√			
烃类	芳香油			√			
	天然沥青	√	√	√	√		
	费托蜡	√	√				√
	温拌表面活性剂				√		√
抗剥落剂	胺类：氨基胺类				√		
	聚胺类				√		
	聚酰胺类				√		
	熟石灰				√		
纤维	丙纶	√	√	√			
	聚酯类纤维	√		√			
	玻璃纤维						
	钢纤维	√	√	√			
抗氧化剂	铅			√		√	
	锌	√		√		√	
	炭黑					√	
	钙盐					√	
	熟石灰				√	√	
	胺类				√	√	

2. 聚合物改性沥青生产技术

1）改性机理

在聚合物改性沥青制备过程中，通过机械力等作用聚合物会被分散为粒度很小的粒子，具有较大的表面能，因此会吸附沥青中结构相近能降低表面能的组分在其表面上以降低表面能，形成一种界面吸附层。与此同时，聚合物粒子在沥青中轻质组分作用下会发生溶胀。

石油沥青对聚合物改性剂溶胀程度的大小及界面吸附层的厚度和沥青中所含与聚合物相互作用力比较大的组分数量有关，同时也与沥青性质和聚合物性质及用量有关。当聚合物加入量比较小时，单位体积聚合物被溶胀的程度及界面吸附层的厚度较大，反之则较小。因此，若加入高剂量的聚合物改性剂，由于其溶胀程度差、界面吸附层薄，在相互间作用力作用下，高分子微粒之间会发生聚集，同时粒子之间又相互搭接，形成空间网状结构，并与沥青一起形成两个连续相，即通常所称的“丝状联结”“网状结构”。这种结构的形成对高温条件下沥青分子的流动与滑动变形等起着约束作用，从而改善了沥青材料的高温性能。而在低温条件下，橡胶类及热塑性弹性体类改性剂相对于沥青组分有着比较强的蠕变性能与变形能力，因此在外力作用下其形成的结构可发生较大形变并吸收大部分应力，提高了沥青的低温抗裂性能。继续加大聚合物改性剂的用量，甚至可以形成沥青为分散相、聚合物为连续相的相态结构，这种体系所反映出来的性质更多的是聚合物的性质。图 7-10 为不同聚合物加入量改性沥青的荧光显微照片，充分体现了改性沥青的这种相态的变化情况。此外，对于一些带有极性官能团的聚合物，如聚氨酯，其异氰酸酯预聚物或成品不仅可以与基质沥青中含有的活泼氢发生反应[9]，还可与氮原子基团、氧原子基团或含有氢原子的基团形成氢键，从而有效地改善沥青的性能[10]。以废胶粉作为改性剂制备橡胶沥青，胶粉与基质沥青间的交互作用以物理溶胀为主，但存在着弱的化学反应，随着反应时间的延长，化学反应也越明显[11]。溶胀后的胶粉构成了网络结构体系，对自由沥青的流动形成阻尼作用，显著提高了沥青的黏度，而橡胶沥青改性过程中胶粉存在降解过程，部分硫化橡胶出现脱硫反应，脱硫后的橡胶发生分解，产生分子量更小的物质，从而使得沥青中芳香分、胶质增加[12]，这在很大程度上改善了沥青的延性、黏结力等性能。

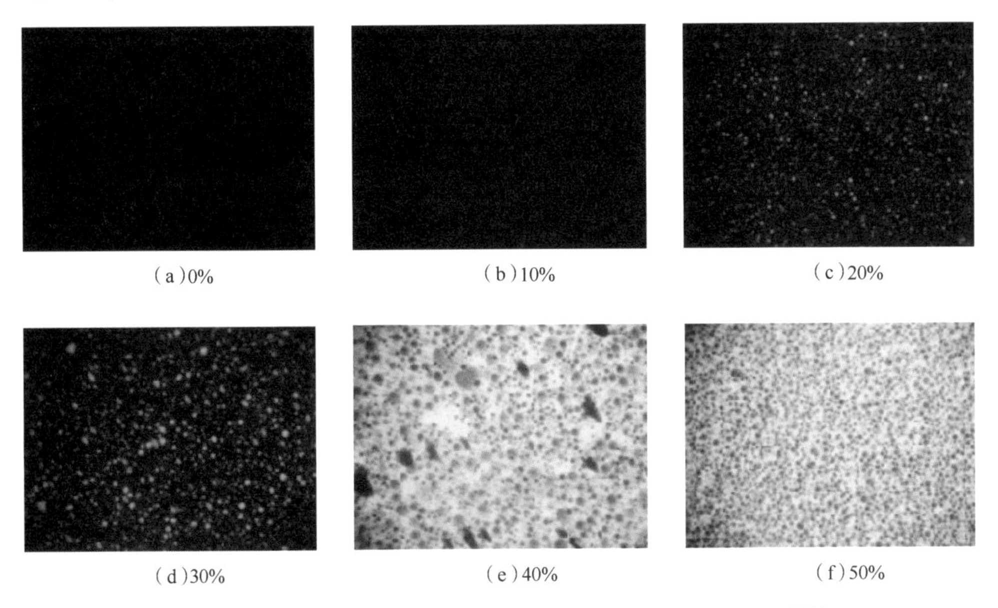

图 7-10　荧光显微镜下不同聚合物加入量下改性沥青的微观结构

另外，由于溶胀和吸附，必然会使改性沥青的沥青相中各个组分组成的配合比例与原沥青相比有所改变，导致沥青相的物理性质发生改变并影响改性沥青的性能。

2）聚合物与沥青的相容性

改性沥青中所谓的相容性是要求改性剂以细小的颗粒均匀、稳定地分布在沥青介质中，体系不发生分层、凝聚或者互相分离的现象。相容性是聚合物改性沥青的首要条件，其好坏直接关系到改性沥青产品的各种使用性能和贮存性能。对于聚合物—沥青改性体系，聚合物好的分散与溶胀性能是保证相容性的前提。Nahas 认为，为了保证贮存稳定性，聚合物应吸收沥青中的油分，胀大到原体积的 5~10 倍[13]。另外，只有当聚合物在沥青中的分布是细小、均匀的情况下，才有可能取得好的相容性，也才能使改性效果得到较好的发挥。Brule 研究了几种 SBS 改性沥青的分散度与低温力学性质的关系，认为分散性越好，则低温性能也越好[14]。而 Nolanoklee 通过研究 PE 改性沥青提出：为改善低温性能，PE 粒子的大小存在一个最佳值[15]。除此以外，聚合物改性剂性质、基质沥青性质及工艺条件等也是影响相容性的重要因素。

（1）聚合物对相容性的影响。

聚合物类型、结构和性质对体系相容性有着显著的影响。一般而言，聚合物分子链刚性越强、分子链间的作用力越大、结晶度越高、分子量越大，则与沥青的相容性也相对越差。另外，聚合物的加入量也是影响聚合物与沥青相容性的关键因素。聚合物加入量小，则相容性好，但改性的效果较差，而聚合物加入量大，则相容性变差。

（2）基质沥青对相容性的影响。

材料的溶解度参数是定量反映物质极性的数据，根据一般规律，物质的极性越接近，两种物质的溶解度参数差别越小，则越容易互相混融，所以聚合物与沥青的溶解度参数可作为评价其相容性好坏的指标。聚合物的溶解度参数与所用沥青中的软沥青质（沥青烯）的溶解度参数越接近，则二者的相容性就越好。

在沥青的四种组分中，芳烃在聚合物剂量很小时可以溶解聚合物，而沥青质含量较大的沥青与聚合物的相容性差。Brule 认为，沥青的组分比例在以下范围时，其相容性较好：饱和分 8%~12%，芳香分与胶质 85%~89%，沥青质 1%~5%[14]。而 L. Loeber 等研究后认为，当基质沥青的胶体指数在 0.30 左右时，具有好的分散性，沥青胶体指数的计算公式如下[16]：

$$\text{CI(胶体指数)}=\frac{\text{沥青质+饱和分}}{\text{胶质+芳香分}} \quad (7-3)$$

沥青中的各组分对不同类型聚合物的溶胀能力也不一样。聚烯烃类的改性剂与饱和分含量高的沥青相容性较好，而橡胶类（如 SBR）或热塑性橡胶类（如 SBS）则与芳香分含量高的沥青相容性较好，如图 7-11 所示。因此有时可以在改性过程中，加入对聚合物起溶胀作用的添加剂，以提高与沥青的相容性。

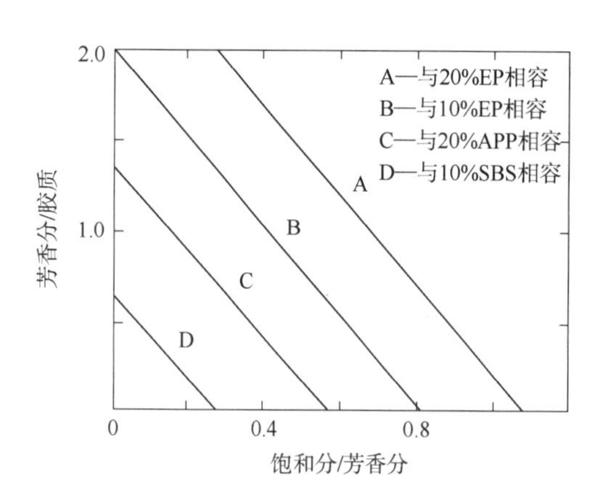

图 7-11　沥青组成与不同聚合物的相容性

沥青的标号不仅影响沥青与聚合物的相容性而且影响改性沥青的性质。随着针入度的减小，相容性降低，形成网状结构所需聚合物量增加，搅拌时间延长，温度敏感性也会增强，所以改性宜采用高标号的沥青[17]。另外，高标号沥青修筑的沥青路面，低温柔性好，不易产生温缩裂缝，即使产生也会在较高的温度下弥合。

（3）工艺条件的影响。

聚合物在沥青—聚合物体系中的理想状态是细分散体系（聚合物以胶体尺寸的颗粒分散在沥青中），因此能够提供强大剪切力的设备是保证改性剂能够得到更好的细化并均匀、稳定地分散于沥青中的关键手段。

加工温度是影响聚合物改性的另一重要因素。温度升高，分子运动能量增大，小分子更容易进入大分子链段中间撑开大分子链段，使其溶胀、溶解，因此有利于改善体系的相容性。但加工温度过高，会造成沥青老化与聚合物的降解，从而造成改性沥青使用性能的下降。因此，聚合物改性沥青的加工温度应该有一个适宜的区间。

聚合物改性沥青加工完成后，虽然聚合物改性剂得到了高度粉碎并分散在沥青的基体中，但此时聚合物微粒与沥青组分的界面吸附层尚未较好地形成，溶胀也还在继续，因此需要给予制备的改性沥青以一定的发育时间，增强双方的亲和能力，这样可以在一定程度上改善改性沥青相容性和改性性质。

（4）改善体系相容性的途径。

为提高聚合物与沥青的相容性，在改性沥青制备时可以加入稳定剂，以降低沥青相与聚合物相之间的界面能，或在混合过程中促进聚合物的分散，或阻止聚合物相的凝聚，或强化相间的黏结。根据稳定剂的作用机理，可将其分为反应型稳定剂和非反应型稳定剂。沥青中沥青质、胶质等重组分包含有多环、杂环衍生物以及有芳环、环烷环和杂环的重复单元结构的混合物，其中芳烃 α 位上的活泼氢以及烷烃上受热易断裂的 C—S 键等能产生反应活性点，这些都是反应型稳定剂的切入点。另外，沥青质上的酸性或碱性基团也可以与聚合物上的相应基团发生反应。沥青与聚合物增容反应主要包括：①双键交联；② 功能基团交联；③ 酸化反应[18]。非反应稳定剂则是所加入的稳定剂不会促使聚合物与沥青发生化学反应，只是从物理性质上改善两者间的相容性。

3）聚合物改性沥青生产工艺

（1）直接混溶法。

直接混溶法通常是指通过胶体磨或高剪切搅拌机对聚合物改性剂的剪切与分散来生产改性沥青的方法。由于聚合物分子量和化学结构的不同，与沥青的溶解速度差别很大，因此，直接混溶法又可分为两种典型工艺，工艺流程示意图如图 7-12 所示。

对于乙烯—醋酸乙烯共聚物（EVA）、无规聚丙烯（APP）、非晶态 α-烯烃共聚物（APAO）等容易被沥青溶解的聚合物，从经济的角度考虑，应采用螺旋叶片搅拌的方法生产改性沥青，如图 7-12（a）所示。对于苯乙烯—丁二烯—苯乙烯嵌段共聚物（SBS）、聚乙烯（PE）等这些与沥青相容性较差的改性剂，则需要采用胶体磨将聚合物研磨成很细的颗粒以增加沥青与聚合物的接触面积，从而促进沥青与聚合物的溶解，如图 7-12（b）所示。

采用胶体磨法或高速剪切法生产改性沥青，一般都需要经过聚合物的溶胀、分散磨细与继续发育 3 个过程。每一个阶段的工艺流程和时间随改性剂、沥青及加工设备的不同而异。对不稳定的改性沥青体系，在发育过程中需要继续搅拌。直接混溶法工艺简单，是生

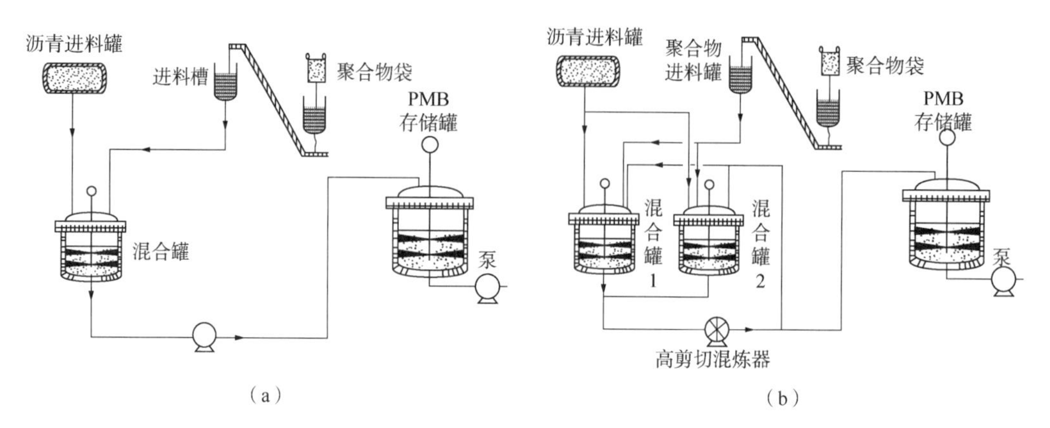

图 7-12 直接混溶法的两种工艺流程示意图

产聚合物改性沥青最常用的方法，但该方法对剪切或研磨设备要求较高。

(2) 母料法。

将预先在工厂中制作好的高含量改性沥青母料运到施工现场，再用适宜针入度的石油沥青稀释后使用，这种方式称作改性沥青的母料法。母料法的关键在于需要保证母料中基质沥青与聚合物的相容性以及母料沥青与稀释沥青的相容性。母料的制作方法有两种：一是直接混溶法，二是溶剂法。用母料法制作的高浓度改性沥青一般在常温下都是固态，运输和贮存比较方便，施工现场也不需要配备复杂、大功率的胶体磨之类的搅拌与剪切设备，因此在道路施工现场可以很方便地应用。

(3) 溶剂法。

溶剂法是先用适宜的溶剂将聚合物改性剂溶解，然后再与基质沥青混合搅拌，经溶剂蒸发后得到改性沥青产品，同时蒸发的溶剂经冷凝回收后循环使用。用溶剂法生产改性沥青的优点是设备简单、投资少。

(4) 乳液法。

乳液法通常是使用 SBR 等胶乳对沥青进行改性时所使用的方法。改性在沥青混合料的拌和过程中进行，通过在拌和仓的中央和四周同时喷入沥青和胶乳而形成泡沫状的沥青胶乳混合液。这种方法可使改性沥青的黏度大大降低，因此有利于混合料的拌和。

3. 非聚合物改性沥青生产技术

1) 化学改性沥青

由于沥青分子中存在着大量的反应活性中心，因此可以与很多物质发生化学反应，从而改变沥青的组成与胶体结构，并最终改变沥青的性质。在石油沥青化学改性领域，常见的改性沥青有以下几种：含磷化合物改性沥青、硫黄改性沥青、金属皂改性沥青、磺化沥青等。

(1) 含磷化合物改性沥青。

含磷化合物可以是有机或无机化合物，如磷酸、多聚磷酸、五氧化二磷、三氯化磷、五氯化磷、烷基磷酸酯盐、醇醚磷酸酯等，其中，目前研究较多的是多聚磷酸改性沥青。有资料表明[19]，多聚磷酸化学改性沥青的过程中发生了磷酸酯的生成及酸中和两种反应，为沥青组分受到强酸的催化而发生。其中，前者是不可逆转的反应，后者为可逆反应。另外，改性过程中也会发生一些石油化合物的氧化反应等。多聚磷酸作为改性剂，具有价廉和高效的特点。掺加多聚磷酸后，沥青中沥青质含量增加、胶团数量增多，导致胶团之间的相互作用力增大。相比原样沥青，多聚磷酸改性后沥青胶体结构呈现出由溶胶型向凝胶型结构转变的趋势[20]，从而改善沥青体系的高温抗变形性能、低温抗裂性、温度敏感性、抗疲劳性能及抗老化性能，且在某些聚合物改性沥青中加入多聚磷酸可以使改性效果增强。

（2）硫黄改性沥青。

硫黄用于沥青改性，主要是因为硫可以与沥青的环烷烃、芳烃部分起反应，在150℃前主要是加成到分子上，导致极性芳香分增加和沥青流变性能轻微变化，而在150℃后主要是夺氢氧化反应，造成沥青质增多，从而改善沥青的使用性能。另外，由于硫的熔点在沥青热拌和温度范围内，而液态硫的黏度较低，因此，可降低整个体系的黏度，起到稀释剂的作用，使得施工更为容易。而当沥青混合料冷却后，多余的硫填入空隙并与压实料的空隙形状趋于一致，使集料颗粒间嵌锁紧密，从而增加沥青混合料集料颗粒间的内摩擦，赋予混合料更高的力学强度。

（3）金属皂改性沥青。

金属皂作为改性剂，可以促进沥青中含有的易被氧化的环形结构化合物氧化，并与金属皂形成稳定、具有抗化学作用的络合物，因而金属皂改性沥青具有防止沥青膜破碎和路面龟裂的优点。另外，沥青与集料的黏结主要是通过氢键产生吸附的，有金属皂存在时，无论是碱性石料还是酸性石料，均能形成黏附力极强的化学吸附。因此，在沥青中加入一定量的金属皂，可以提高沥青路面的强度、柔性和抗疲劳强度，尤其是它的抗老化性和黏附性最受到重视。

（4）磺化沥青。

浓硫酸及发烟硫酸均可作为石油沥青的磺化剂使其磺化。在磺化过程中，会生成磺化、氧化和缩合等反应的产物。由于磺化沥青含有磺酸基，水化作用很强，当吸附在页岩界面上时，可阻止页岩颗粒的水化分散起到防塌作用，不溶于水的部分又能填充孔喉和裂缝起到封堵作用，并可覆盖在页岩界面，改善泥饼质量，而且磺化沥青在钻井液中还起润滑和降低高温高压滤失量的作用，因此，磺化沥青在钻井助剂中有所使用。另外，胶质与硫酸的反应产物为黑色、无定形的脆性物质，具有离子交换的性质。

（5）抗氧化添加剂。

由于沥青的老化变硬在很大程度上是由于氧化引起的，因此加入抗氧化添加剂可以延缓沥青的老化，改善沥青的抗疲劳能力，提高沥青路面的耐久性能。在沥青抗氧化添加剂中，常见的主要是一些受阻胺类及受阻酚类物质。这些物质可捕获沥青氧化过程中产生的自由基，其本身生成的自由基又很稳定，因此可终止沥青氧化过程中链的传递，达到抗氧化的作用。

除上述化学改性剂外，石油沥青还能与卤素、酸碱等发生相应的化学反应而改变沥青性质。

2）物理改性沥青

此类改性剂添加到沥青后，并不与沥青的组分发生反应，而是通过物理的作用增强沥青的某些使用性能。目前，比较常见的这类改性剂主要有以下几大类别：

(1) 天然沥青。

天然沥青是石油的轻质组分在太阳、地热等自然环境的影响下经蒸发后所形成的，其存在形式有湖沥青、岩石沥青、沙石沥青和沥青岩等。天然沥青的基本性质取决于其的聚合程度和纯净度，即软化点的高低及灰分的多少。一般情况下，软化点越高，其聚合程度越高，平均分子量也越大。天然沥青可用于改善基质沥青的高温性能。

(2) 沥青温拌剂。

20世纪90年代，欧美许多国家为了达到《京都议定书》签署的减少排放的标准，开始研制一种新型节能环保沥青混合料，即温拌沥青混合料(WMA)[21]。WMA是一类拌和温度介于热拌沥青混合料(150~180℃)和冷拌(常温)沥青混合料之间，性能达到(或接近)热拌沥青混合料的沥青混合料。实现WMA的技术主要分为四类，即：沥青—矿物法(Aspha-Min)、泡沫沥青温拌法(WAM-Foam)、有机添加剂法及表面活性剂法，其中，有机添加剂法和表面活性剂法可用于温拌沥青的制备。有机添加剂法是将高熔点的有机添加剂加入沥青中，在100~120℃下添加剂熔化产生大量的液体，使胶结料在高温下的黏度降低，从而使沥青混合料的拌和温度降低10~30℃。基于表面活性平台的温拌技术的代表是美国Mead-westvaco公司与我国交通运输部下属公路科学研究院共同开发的EWMA温拌技术。目前表面活性剂法已成为我国温拌沥青混合料制备的主流技术，它们的加入可改变石料—沥青—空气界面的性质，从而降低混合料的空隙率，这样可大幅降低沥青混合料的拌和温度。由于此类温拌剂通常是脂肪胺类表面活性剂，因此能够提高沥青的抗剥离能力。

(3) 沥青阻燃剂。

沥青阻燃剂是一类添加在沥青中用以改善其阻燃性能的物质。将沥青阻燃剂与沥青材料共混后可提高沥青材料燃烧时所需的最低氧浓度等燃烧条件，延缓小火发展成灾难性大火的速度，降低火灾的危险级别，显著改善沥青材料在应用过程中的易燃性。通过添加阻燃剂制备的阻燃沥青主要应用于长大隧道的沥青路面。

(4) 抗剥落剂。

因沥青与集料的黏附性不足而使沥青从集料表面发生剥落，是造成沥青路面水损害的根本原因。为了解决这一问题，国内外相关研究人员提出了使用抗剥落剂来提高沥青与矿料之间的黏附性及沥青混合料的水稳定性。目前，使用较多的沥青抗剥落剂多为含氮有机物，如有机胺和季铵盐及聚酰胺类聚合物等。

(5) 沥青再生剂。

沥青再生剂是一种添加到再生沥青混合料中，用于恢复老化沥青性能的化学添加剂，主要用于沥青路面厂拌热再生和就地热再生工程中。沥青再生是以沥青相容性理论为指导，借助沥青组分调和的方法来进行。在需要再生的沥青混合料中掺加沥青再生剂后，将使再生体系沥青质的相对含量降低，提高软沥青质对沥青质的溶解能力，改善再生沥青的相容性，提高再生沥青的针入度和延度，使其恢复或接近原来的性能。常用的沥青再生剂有富含芳烃的润滑油抽出油和一些软沥青等。

(6) 填料类。

硅藻土是一种生物成因的硅质沉积岩，主要由硅藻(一种单细胞的水生藻类)遗骸和软泥固结而成的沉淀物，具有体轻、质软、多孔、耐酸、比表面积大、化学性质稳定、热稳定性和吸附能力强等特性。硅藻土与沥青混合后仍是两相结构，它以独立的微粒均匀地分散于沥青中，形成一种多相分散体系。由于其多孔、大的内表面积、粒径细小等特殊结构形态，硅藻土会吸收沥青中部分饱和分和芳香分，并且产生吸附作用，导致沥青中原有的组分配伍发生明显改变。炭黑是由石油、天然气等碳氢化合物经高温不完全燃烧而生成的高含碳量粉状物质，炭黑的加入可以改善沥青混合料的抗车辙能力、抗磨损能力和抗老化能力。在改性好的SBS改性沥青中加入炭黑，可使改性沥青的黏度增大，回弹性能提高。

二、乳化沥青生产技术

所谓乳化沥青，是指将加热熔融的沥青，在高速机械搅拌作用下，切割成微小的颗粒，使其能够在含乳化剂及稳定剂的水溶液中稳定均匀的分散，并形成水包油型且在常温下为液态的乳液。乳化沥青可以在常温状态下进行施工，除广泛地应用在道路工程外，还应用于建筑屋面及洞库防水、金属材料表面防腐、农业土壤改良及植物养生、铁路的无砟轨道及整体道床、沙漠的固沙等方面。

1. 乳化原理

当一种液体以微粒形式分散于另一种与其互不相溶的液体中时，这两种液体界面积的增大使得体系在热力学上是不稳定的。根据能量最低原理，体系有自动通过缩小表面积而降低表面自由能的趋势，其最终结果是两种液体各成一相，两相分界处形成明显的相界面。如果想使微粒的分散能够稳定存在，就必须加入能够降低体系界面能的第三种组分——乳化剂。乳化剂分子是一种两亲分子，由具有易溶于油的亲油基和易溶于水的亲水基组成，它可以被吸附在油水界面上，降低体系的界面能，从而使分散相微粒能够稳定存在于连续相液体中。

沥青材料在高速剪切机的剪切和搅拌作用下，能够被粉碎成细小的颗粒(粒径0.1~15μm)分散于水中，此时，乳化剂分子两亲特性的连接作用使沥青与水之间的界面张力降低，沥青微粒表面上形成的界面膜以及沥青—水界面上形成的扩散双电层结构均会降低沥青微粒因热运动碰撞而聚结的概率，从而使沥青—水体系能够长期处于稳定之中[22]。

2. 沥青乳化剂的分类

在沥青的乳化过程中，乳化剂的类型、用量对乳液的质量、稳定性起着关键性的作用。同时乳化剂的结构决定了所形成乳液的性能差异，正是这种差异的存在，满足了不同乳化沥青的施工工艺要求[23]。沥青乳化剂的分类有很多种方法，如以乳化沥青的破乳速度作为分类标准可将其分为快裂型乳化剂、中裂型乳化剂、慢裂型乳化剂，而如果以乳化后连续相与分散相的情况来区分，则可分为水包油型(O/W)乳化剂和油包水型(W/O)乳化剂。然而，在众多分类方法中，最常用和最方便的方法是按离子类型分类。

离子类型分类法是指沥青乳化剂溶解于水时，能电离生成离子或离子胶束的叫作离子型沥青乳化剂，而不能电离成离子或离子胶束的叫作非离子型乳化剂。离子型乳化剂根据生成的离子电荷种类又可分为阴离子型乳化剂、阳离子型乳化剂及两性离子型乳化剂三类[24]。

1) 阴离子型乳化剂

阴离子型沥青乳化剂在水中溶解时，电离成离子或离子胶束，且与亲油基相连的亲水性基团带有负电荷。阴离子乳化剂按其基团类型可分为：RSO_3Na 磺酸盐类、RCOONa 羧酸盐类、$ROPO_3Na$ 磷酸酯盐类、$ROSO_3Na$ 硫酸酯盐类等。阴离子型沥青乳化剂用于阴离子型乳化沥青的制备。这种沥青乳液与骨料的裹覆只是单纯的黏附，沥青与骨料之间的黏附力低，若在施工中遇上阴湿或低温季节，乳液中的水分蒸发缓慢，沥青裹覆骨料的时间延长，影响路面的早期成型，延迟开放行车时间。

2）阳离子型乳化剂

阳离子型乳化剂的种类有很多，按其结构形式可分为：季铵盐类、烷基多胺类、氧化胺类、酰胺基胺类、咪唑啉类、胺化木质素类。

乳液中沥青微粒带正电荷，湿骨料表面带负电荷，两者在有水膜的情况下，仍可以吸附结合。因而，即使在阴湿或低温季节(5℃以上)，阳离子沥青乳液仍可照常施工。由于阳离子乳化沥青可以增强与骨料表面黏附力，提高路面的早期强度，因而铺筑后可以尽早通车。目前，世界上有许多国家在低交通量支线和大交通量的干线上均大量应用阳离子乳化沥青铺筑道路的面层和基层，尤其是在旧沥青路面的维修与养护中，从而使阳离子乳化沥青的产量快速增长。

3）两性离子型乳化剂

两性离子型乳化剂是指分子中同时具有正负电荷基团的乳化剂，随着介质的 pH 值不同，可成为阳离子型，也可成为阴离子型。按其基团结构可分为：氨基酸型、甜菜碱型及咪唑啉型等。由于分子中同时存在酸性基团和碱性基团，倾向于形成“内盐”，其碱性基大多为季铵基或氨基，酸性基大多为磷酸基、羧基或磺酸基。这类乳化剂具有与其他各类乳化剂配伍性良好、钙分散、耐硬水能力强等优点。

4）非离子型乳化剂

非离子型乳化剂主要有多元醇型和聚乙二醇型，后者大多数是由带活泼氢的化合物与环氧丙烷进行加成反应制得的，聚氧乙烯链的长短以及疏水烷基对聚乙二醇的活性起着决定性作用。一般来讲，带有 C_8—C_{10}的烷基酚的环氧乙烷和带有 C_{12}—C_{18}的脂肪醇加成物是优良的非离子型乳化剂的典型代表。

5）不同类型乳化剂的复配

在实际应用中，使用单一乳化剂并不能使乳化效果达到最佳，所以往往将两种或多种乳化剂复配使用，可以达到事半功倍的效果。乳化剂的复配有多种形式：离子型与非离子型复配使用、阳离子型与阳离子型复配使用、阴离子型与阴离子型复配使用以及某些特殊的阳离子型与阴离子型复配使用。

3. 添加剂

添加剂的使用对于提高沥青乳液的稳定性和使用性能、降低乳化沥青的制备成本有着显著的改善作用，常用的添加剂主要有稳定剂和 pH 值调节剂两类。

1）稳定剂

常见的稳定剂大致可以分为以下两类：(1) 无机稳定剂，如氯化钙、氯化铵、氯化钠等无机盐，将其合理使用，在增大水相密度的同时还增强了乳液颗粒周围的双电层效应，其结果是减小了沥青相与水相的密度差以及增大了颗粒间的排斥力和 ζ 电位值，使乳化沥青贮存稳定性得到提高[25]。(2) 有机类稳定剂，如聚乙烯醇、甲基纤维素、羟甲基纤维素、聚丙烯酸类等。此类稳定剂属于高分子化合物，可提高乳化沥青的水相黏度，从而减少沥青微粒间的碰撞概率。在制备改性乳化沥青时，往往将有机稳定剂和无机稳定剂复配使用，最佳用量应该由试验确定。

2）pH 值调节剂

常见的 pH 值调节剂主要有盐酸、醋酸、氢氧化钠、碳酸钠等。pH 值的正确选择至关重要，若选择不合适，则无论怎样改变试验条件，都不会达到很好的乳化效果；相反，如果选择的 pH 值恰当，可以使沥青达到很好的分散效果，乳化效果较好。每一种乳化剂对 pH 值的要求也不相同，酸性、碱性、中性都有可能成为其最佳的乳化环境。通常情况下，阳离子型乳化剂适合在酸性条件下使用，阴离子型乳化剂适合在碱性条件下使用[26]。

4. 乳化沥青贮存稳定性的影响因素

存储稳定性是衡量乳化沥青质量的关键性指标之一。乳化沥青必须要有一定的贮存稳定性，否则将严重影响产品的使用。

乳化沥青是一种高分散体系，分散相(沥青微粒)均匀分散于连续相(水)中，形成稳定的乳液。但沥青微粒会在重力作用下发生沉降、团聚，乳液的平衡会被打破，所以沥青微粒沉降速率越快，则乳液的稳定性越差。球形颗粒在静止流体中作自由沉降时，其沉降速率可用 Stokes 沉降公式计算[27]：

$$v = \frac{2r^2 g(\rho - \rho_0)}{9\eta} \tag{7-4}$$

式中 v——颗粒沉降速度，cm/s；

g——重力加速度，m/s^2；

ρ——分散相(沥青)的密度，g/cm^3；

ρ_0——连续相(水)的密度，g/cm^3；

η——连续相黏度，100mPa·s；

r——分散相颗粒半径，cm。

从式(7-4)中可以看出，沥青微粒的沉降速率正比于沥青微粒半径的二次方及沥青与水的密度差，与分散相的黏度则呈反比。因此，影响上述参数的因素也必将影响沥青乳液的贮存稳定性。

乳化沥青的稳定性也取决于粒子间的相互作用，只有分散的沥青微粒之间具有相当大的排斥力，足以抵消沥青微粒之间的范德华力和布朗运动引起的碰撞，并能抵消重力作用引起的沉降作用时才能稳定的存在。根据热力学与界面学理论，乳液 ζ 电位的大小决定了乳液颗粒间排斥力的大小。排斥力越大，则微粒热运动造成的相互碰撞并团聚的机会也越少。

此外，乳化剂分子吸附在沥青—水界面上形成界面膜，可以阻碍胶团的靠近越过势垒。有的界面膜具有很高的界面黏弹性，这种黏弹性使得界面膜具有扩张性和压缩性，当界面膜遭到破损时，它能使膜重新愈合，防止沥青微粒的聚结，从而使乳化沥青具有很高的稳定性。

基于上述三个作用，不难得到影响乳化沥青稳定性的因素：(1) 乳化剂结构、乳化剂与沥青的配伍及用量，这些因素将影响沥青微粒的粒径、ζ 电位的大小及界面膜的强弱。(2)稳定剂体系的合理应用。无机稳定剂可增加水相的密度，减小水相与沥青相的密度差，影响乳化沥青的 ζ 电位，而有机稳定剂的加入则可以提高水相的黏度并强化界面膜。(3)沥青的性质和用量。沥青的针入度越小，黏度越大，则越难乳化，容易造成乳化沥青的粒径大而不稳定。沥青的用量大，则乳液中沥青微粒的浓度增加，相互碰撞的概率提高，而吸附的乳化剂量减少会降低ζ电位和界面膜的强度，显然这些因素都不利于乳化沥青的稳定。(4)乳化设备的影响。乳化设备破碎、分散沥青液相并均细化沥青微粒的能力强，则沥青微粒的粒径小，有利于稳定性的提高。(5)温度的因素，包括制备过程中沥青与水的温度和贮存温度。制备过程中温度过低，则沥青流动性不好，不易乳化，沥青微粒大，而制备温度过高，会造成局部的水汽化，产生大量的气泡，并使沥青同水的比例发生变化，因此制备温度过高或过低都不利于乳化沥青的稳定。(6)机械作用。在乳液贮运过程中，必然会受到机械剪切作用，当这些作用给予沥青微粒的能量超过聚结活化能时，沥青微粒就会越过势能屏障，使乳液失去稳定性而发生凝聚。

5. *乳化沥青的破乳机理及破乳影响因素*

乳化沥青的破乳，主要指沥青乳液和集料拌和接触后，乳液中的沥青微粒被分离出来，并在集料表面重新凝聚并铺展最后形成一层沥青薄膜的过程。引起乳化沥青破乳的主要原因为：(1) 乳化沥青包裹石料后，其中的水分逐渐被蒸发，乳液的扩散层厚度随着水分的蒸发逐渐变薄，导致乳液的ζ电位降低；(2) 扩散层电势与骨料所带的电荷发生中和，电荷降低使乳液的ζ电位降低。此二者的综合作用导致了乳化沥青的破乳。

影响乳化沥青破乳的因素很多，大致有以下几点：

(1) 乳化剂的种类与用量。

乳化剂本身有快裂型、中裂型、慢裂型三种，因此制备的乳液也相应地分为快裂型、中裂型、慢裂型。这些乳液与相同骨料接触就有不同的破乳速度。用相同的乳化剂制备沥青乳液时，由于所用乳化剂用量不同，在一定程度上也会影响破乳速度。当乳化剂用量较多时，可以延缓破乳速度，反之则可加快破乳速度。

(2) 施工气候。

气候是影响破乳速度的重要因素，如环境的气温、湿度、风速等都将影响乳液的破乳速度。气温高、湿度小、风速大将加速破乳，与此相反，就会减缓破乳速度。

(3) 离子电荷的吸附。

沥青乳液中所带电荷与骨料或路面所带电荷相互吸引，即离子电荷的吸附作用。目前我国筑路中所用的硅酸盐与碳酸盐骨料在湿润状态下，其表面普遍带有负电荷，所以当阳离子沥青乳液与这些骨料表面接触时，阴阳离子立即产生吸附作用，即使在潮湿状态下，也不影响这种离子的吸附作用。这种离子的吸附，使乳液立即产生破乳。除乳化剂的性质外，乳化沥青的 pH 值会对骨料所带电荷产生影响，进而影响离子电荷的吸附。

(4) 骨料表面。

骨料表面的粗糙度与湿度直接影响吸收乳液中的水分，也影响破乳速度，例如孔隙多、表面粗糙的骨料，很快吸收乳液中的水分，破坏乳液的平衡，加快破乳，相反，如果骨料表面致密光滑，吸水性很小，则将减缓乳液的破乳速度。当然，骨料自身的含水量也必然影响破乳速度。

(5) 骨料粒径。

骨料粒径越小，比表面积越大，乳液与骨料接触面越大，则乳液的破乳速度越快，与之相反，当骨粒粒径大、比表面积小时，破乳速度就会减慢。

除以上因素外，增加乳液中沥青含量、改变盐酸用量、添加破乳剂等，都可以加快破乳速度。

6. 乳化沥青生产工艺

生产乳化沥青的方法有很多种，如自然扩散法、超声波法、机械分散法等，其中机械分散法具有效率高、速度快、产量大、调节控制容易等优点，因而在乳化沥青生产中广为采用。所谓机械分散法，是依靠机械的强力搅拌作用力，把沥青液相剪切形成微小的颗粒，悬浮在乳化剂水溶液中，成为水包油状的沥青乳液。机械分散法中，国际上制备乳化沥青主要有以下两种方式[28]：

(1) 胶体磨或均化机法：胶体磨主要由定子和转子两部分组成，其工作原理是转子在定子中做高速旋转运动将沥青剪切成细小颗粒，并均匀地分布于乳化剂水溶液中，形成乳化沥青，此方法可以连续地生产沥青乳液，应用较广。

(2) 搅拌器法：此法只能间歇地生产沥青乳液，而且制得的沥青乳液不如胶体磨法均匀，颗粒粒径分布较宽，因此目前已很少采用。

沥青乳化不仅需要专用的生产设备，而且要在一定的生产工艺流程和技术条件下才能完成，其典型生产工艺流程如图 7-13 所示。

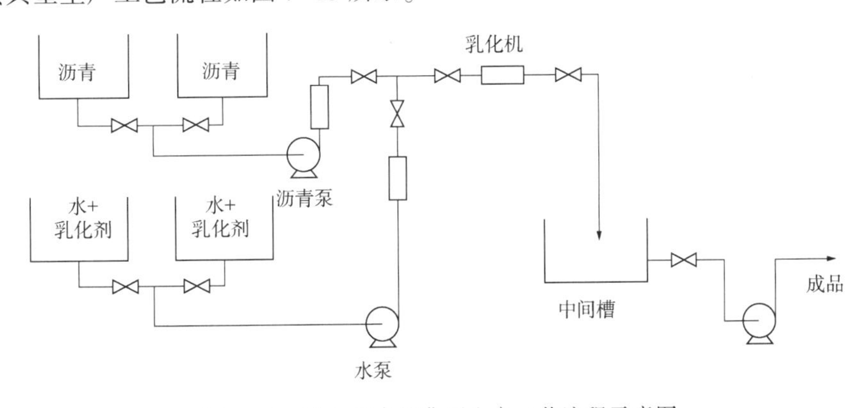

图 7-13　乳化沥青的典型生产工艺流程示意图

乳化沥青生产过程一般分为沥青配置、乳化剂水溶液配置、沥青乳化和乳液贮存四个主要工序。用机械分散法生产乳化沥青的工艺流程是：将沥青加热到一定温度，将水、乳化剂、外掺剂(稳定剂、酸等)混合并加热到预定温度，然后将热沥青与乳化剂水溶液一起送入沥青乳化机，即可生产出成品乳化沥青。

7. 改性乳化沥青

1) 改性乳化沥青的定义

改性乳化沥青主要是指以沥青为基础原料，将高分子聚合物等改性剂与乳化沥青成品混合或是在制备乳化沥青的过程中加入改性剂而得到的改性乳化沥青产品。这种新型的胶结材料，既吸取了改性沥青材料的特性，能够满足更高的使用要求，同时也保留了乳化沥青的优点。目前，常用的改性乳化沥青包括：丁苯橡胶胶乳改性乳化沥青、天然橡胶胶乳改性乳化沥青、氯丁橡胶胶乳改性乳化沥青、羧基胶乳改性乳化沥青及 SBS 改性乳化沥青等。

2）改性乳化沥青生产工艺

改性乳化沥青的制备方法主要有两类：一类为改性沥青直接乳化法，该方法首先是利用高速剪切机将改性剂(橡胶、塑料等高分子聚合物)与热融沥青混合均匀，得到改性沥青，然后再将制得的改性沥青成品与热的乳化剂水溶液送入乳化机进行乳化制得改性乳化沥青。另一类是对乳化沥青进行改性法。根据橡胶胶乳加入的阶段，又可将其细分为三种：二次热混合法(水溶乳化法)、一次热混合法(外掺法)、一次冷混合法。其中，二次热混合法是将加热至一定温度的乳化剂水溶液与改性剂胶乳混合制得混合液，再将热熔沥青与该混合液送入乳化机进行乳化制得改性乳化沥青。一次热混合法(外掺法)则是将乳化剂水溶液加热至一定温度，然后与热熔沥青一起送入乳化机中进行乳化制得乳化沥青，并立即把改性剂胶乳与制得的乳化沥青再次送入乳化机中进行混合制得改性乳化沥青。一次冷混合法与一次热混合法类似，其区别在于一次冷混合法是将制得的乳化沥青产品冷却至室温后再与改性剂胶乳送入乳化机混合制得改性乳化沥青。上述四种改性乳化沥青生产工艺的优缺点见表 7-8。

表 7-8　四种改性乳化沥青生产工艺的优缺点

项目	先乳化后改性			先改性后乳化
	二次热混合法	一次热混合法	一次冷混合法	
路用效果	较差	较差	较差	最好
均匀性	较差	较差	较差	最好
难易程度	最好	最好	最好	最差
造价	最好	最好	最好	最差

3）影响橡胶胶乳改性乳化沥青稳定共存的因素

使用橡胶胶乳制备改性乳化沥青时，由于存在两种乳化体系，因此，这两种乳化体系必须同时满足下列条件时才能稳定共存：(1) 两种乳液所用乳化剂类型一致，同是阳离子型，或同是阴离子型，或是阳离子型与非离子型，或是阴离子型与非离子型；(2) 乳化剂亲水亲油平衡值(HLB)一致，同类乳化剂 HLB 值应相同或接近，即沥青乳化剂能满足对橡胶的乳化要求，橡胶乳化剂也能满足对沥青的乳化要求；(3) 橡胶胶乳与沥青乳液密度应相同或尽量接近；(4) 两种乳液 pH 值同在酸性或同在碱性范围内，pH 值相同或尽量接近；(5) 两种乳液的表面张力应相同或尽量接近。以上 5 个条件中若有一个不能满足，都会引起共存体系产生聚沉而遭到破坏，这 5 个条件是制备和保持乳液稳定的必要条件[2]。

第四节　中国石油沥青生产技术

作为我国最大的油气生产商，同时也是世界最大的石油公司之一的中国石油天然气股份有限公司，不仅国内的辽河油田、新疆油田等都拥有丰富的稠油资源，而且随着其资源战略和国际化战略的实施，重点加强了海外油气的勘探开发，在海外(尤其是委内瑞拉和加拿大等国)也取得了不少的稠油资源。这些劣质稠油具有高密度、高黏度、高酸值、高金属、高残炭、高灰分等特征，进行轻质化加工十分困难。但稠油中富含沥青质、胶质，特别是环烷基稠油，一般都具有低蜡的特性，又是生产高等级道路沥青等特色产品的优势资源。这些劣质稠油的开发丰富了中国石油旗下沥青生产的原料来源，使得中国石油的沥青产量逐渐提高并维持在较高水平，且已成为中国石油的名牌产品。为使沥青品牌持续提升，近年来中国石油在资源调配、生产技术创新及产品开发上进行了大量的科研投入，取得了瞩目的成果，其中包含劣质重油生产高端沥青技术在内的“劣质重油改质、加工成套技术研究开发及工业应用”获得了2017年度中国石油天然气集团公司科技进步特等奖，而这些成果在工业上的成功应用已成为中国石油沥青品牌的重要保障。

在沥青生产技术方面，随着开采年限的增加，中国石油用于沥青生产的传统资源(如辽河低凝稠油及新疆九区低凝稠油)年产量均存在不同程度的递减。为保证中国石油在沥青生产上的优势，对于诸如辽河曙光超稠油、新疆风城超稠油等更为劣质的接续资源的高效利用就尤为关键。鉴于此，中国石油辽河石化公司针对辽河曙光超稠油的特性开发了改质—蒸馏工艺，利用该油源实现了高等级道路沥青的直接生产。中国石油克拉玛依石化公司通过对新疆风城超稠油的利用，不仅结束了该公司无法通过直馏工艺直接生产道路沥青的历史，并且也增加了沥青生产甚至是公司整体生产方案的灵活性。

在沥青产品开发上，中国石油开发的沥青产品一直在高等级公路建设中占据着重要地位，同时还领跑机场跑道和大型水坝、抽水蓄能电站坝面工程沥青材料的规范建设，有力地支撑了我国经济建设和基础设施建设。表7-9为2016年我国排名前十的沥青生产厂及其沥青产量，中国石油的辽河石化公司、佛山高富中石油燃料沥青有限责任公司、克拉玛依石化公司分别位列第一、第五和第十。特别是辽河石化公司利用劣质稠油开发的高性能沥青产品在昆明新机场跑道和呼和浩特抽水蓄能电站等工程中的成功应用，填补了国内空白，极大地提升了中国石油沥青品牌的形象。

表7-9　2016年我国前十大沥青生产厂及其沥青产量

2016年排名	所属集团	企业名称	产量，10^4t	占比,%
1	中国石油	辽河石化	148.86	6.18
2	中国石化	茂名石化	140.73	5.84
3	中国石化	镇海炼化	135.97	5.65
4	地方炼厂	京博石化	128.80	5.35
5	中国石油	中油高富	126.30	5.25
6	地方炼厂	菏泽东明	116.50	4.84
7	中国海油	中海滨州	110.05	4.57
8	中国石化	齐鲁石化	107.30	4.46
9	中国石化	金陵石化	105.50	4.38
10	中国石油	克拉玛依石化	95.90	3.98
以上合计			1215.91	50.5
全国合计			2407.95	100

一、辽河超稠油改质—蒸馏生产重交通沥青技术

辽河曙光超稠油属于低硫的劣质环烷基原油，具有密度大、黏度大、酸值高、胶质含量高、残炭及金属杂质含量高、蜡含量低的特点，从原油性质来看，该原油应为生产道路沥青的良好原料。辽河曙光超稠油的加工极为困难，在该原油组成中几乎不含汽油组分，只含有少量的柴油组分，而大于350℃的渣油已经属于沥青类物质，且收率在90%以上。辽河曙光超稠油用传统的工艺直接生产的沥青由于闪点低、蒸发损失大，根本无法满足沥青类产品的行业标准及国家标准的要求。因此，只能将这种原油少量的掺兑到辽河低凝稠油中掺炼加工或是以其生产的硬沥青与低凝油生产的软沥青进行调和，才能生产出合格的道路石油沥青系列产品，但这样一来又降低了辽河低凝稠油高黏度润滑油的收率，从而影响了辽河低凝稠油原油加工的综合经济效益。为解决这一难题，中国石油辽河石化公司结合辽河曙光超稠油的性质及自身已有装置，开发了辽河曙光超稠油改质—蒸馏工艺，实现了辽河曙光超稠油直接生产高等级道路沥青的目标。

表7-10是辽河曙光超稠油与不同改质条件改质油的主要性质，表7-11是超稠油与改质油实沸点蒸馏渣油的性质，表7-12是工业生产沥青的性质。从中可以看到，辽河曙光超稠油在采用改质—蒸馏工艺加工后，其温度切割点可以从350℃提高到420℃，轻质油收率从8%提高到18%，经济效益大幅提高。与此同时，沥青产品的闪点可以从230℃以下提高到245℃以上，沥青的蒸发损失从1.3%以上下降到了0.8%以下，沥青不再出现针入度小、软化点高的矛盾，沥青各项性能技术指标完全满足GB/T 15180—2010中高等级道路沥青的各项性能指标。

表7-10　辽河曙光超稠油与改质后超稠油的主要性质

项　目		超稠油	改质-1	改质-2	改质-3	改质-4	改质-5
密度(20℃)，kg/m^3		1009.6	985.5	991.9	997.3	993.0	999.9
运动黏度，mm^2/s	100℃	1011.8	45.18	84.45	130.1	129.1	173.4
	80℃	4159.9	123.2	305.9	403.3	403.1	576.8
凝点,℃		31	-9	2	7	4	12
蜡含量,%		1.96	1.16	1.08	0.96	0.86	0.87
硫含量，μg/g		2407	2376	2438	2506	2720	2633
胶质,%		29.22	31.80	34.17	33.70	32.98	33.95
沥青质,%		3.25	10.46	11.29	8.62	7.84	6.29
灰分,%		0.16	0.23	0.18	0.25	0.19	0.22
残炭,%		13.99	16.4	16.25	15.45	15.35	14.72

表7-11　辽河超稠油与改质后超稠油实沸点蒸馏渣油的性质

项　目	超稠油	改质-1	改质-2	改质-3	改质-4	改质-5
馏程范围,℃	>350	>420	>420	>420	>420	>420
针入度(25℃，100g，5s)，1/10mm	61	85	95	93	85	103
针入度指数	-2.10	-1.51	-1.85	-2.02	-1.44	-1.22

续表

项　目		超稠油	改质-1	改质-2	改质-3	改质-4	改质-5
延度(15℃，5cm/min)，cm		>150	>150	>150	>150	>150	>150
软化点($T_{R\&B}$),℃		50.0	46.7	46.3	46.5	45.7	44.3
闪点(COC),℃		230	246	244	246	246	243
溶解度(三氯乙烯),%		99.99	99.99	99.99	99.99	99.99	99.99
密度(25℃)，g/cm^3		1.029	1.027	1.026	1.024	1.022	1.021
蜡含量(蒸馏法),%		2.3	2.3	2.2	2.2	2.1	2.3
薄膜烘箱试验 TFOT(163℃，5h)	质量变化,%	1.31	0.80	0.79	0.50	0.50	0.60
	针入度比,%	62.5	52.7	53.5	55.3	58.9	56.4
	延度(25℃，5cm/min)，cm	>150	>120	>150	>150	>150	>150
	延度(15℃，5cm/min)，cm	136	9.7	19.0	>70	>150	>150
四组分分析,%	饱和分	—	27.2	26.9	22.4	23.0	25.6
	芳香分	—	27.1	28.6	28.6	27.6	28.7
	胶质	—	30.2	30.5	37.6	38.9	36.7
	沥青质	—	15.5	14.0	11.4	10.5	9.0
黏度(135℃)，Pa·s		—	0.231	0.237	0.244	0.266	0.272

表 7-12　工业试生产沥青的性质及标准要求

项　目		产品性质			技术要求(GB/T 15180—2010)		
		AH-70	AH-90	AH-110	AH-70	AH-90	AH-110
针入度(25℃，100g，5s)，1/10mm		72	88	106	61~80	81~100	101~120
延度(15℃，5cm/min)，cm		>150	>150	>150	>100	>100	>100
软化点($T_{R\&B}$),℃		46.4	45.2	44	44~54	42~52	40~50
闪点(COC),℃		253	246	242	≥230	≥230	≥230
溶解度(三氯乙烯),%		99.99	99.99	99.99	≥99	≥99	≥99
蜡含量(蒸馏法),%		2.1	2.1	2.0	≤3.0	≤3.0	≤3.0
密度(25℃)，g/cm^3		1.027	1.024	1.023	报告	报告	报告
薄膜烘箱试验 TFOT(163℃，5h)	质量变化,%	0.77	0.84	0.90	≤0.8	≤1.0	≤1.2
	针入度比,%	59.14	55.4	53.8	≥55	≥50	≥48
	延度(25℃，5cm/min)，cm	>150	>150	>150	>50	>75	>75
	延度(15℃，5cm/min)，cm	>150	>150	>130	报告	报告	报告

二、新疆风城超稠油生产 A 级道路沥青技术

新疆油田有望新增探明的稠油资源集中在风城油田，而其中侏罗系超稠油是较为现实

的后备资源，其性质和新疆九区低凝油对比见7-13。从表中可以看出，风城超稠油与新疆九区低凝稠油相比较，最显著的特点是密度大、黏度大、凝点高，原油组成中胶质含量高，蜡含量低，盐含量、硫含量、氮含量及金属含量高，相对于新疆九区低凝稠油，风城超稠油更为劣质。利用实沸点蒸馏对这两种原油进行评价，风城超稠油馏分分布与低凝稠油差别较大，其轻油收率低，渣油收率高，大于520℃的渣油收率高达56.87%，而低凝稠油则为48.53%，风城超稠油不同切割温度下的渣油性质见表7-14。

表7-13 风城超稠油和低凝稠油性质分析

样品名称		风城超稠油	新疆九区低凝稠油
密度(20℃)，kg/m^3		950.4	940.8
运动黏度(80℃)，mm^2/s		694.3	—
运动黏度(100℃)，mm^2/s		229.1	57.6
凝点,℃		4.0	-18.0
酸值，mg KOH/g		5.13	7.32
残炭,%		8.01	5.89
盐含量，μg/g		93.4	36.9
硫含量,%		0.26	0.15
氮含量,%		0.71	0.28
组成,%	蜡含量	1.04	2.84
	胶质	27.88	12.8
	沥青质	0.84	<0.05
金属含量，μg/g	铁	38.2	17.4
	镍	37.5	14.6
	铜	0.444	0.064
	钒	0.674	0.374
	钙	153	315
	镁	6.44	5.04

表7-14 风城超稠油渣油性质

分析项目		>490℃超稠油渣油	>520℃超稠油渣油
软化点($T_{R\&B}$),℃		61.5	64.5
针入度(25℃，100g，5s)，1/10mm		32	22
延度(10℃，5cm/min)，cm		0.8	0.7
延度(15℃，5cm/min)，cm		10	8
四组分分析,%	饱和分	18.26	13.62
	芳香分	30.80	28.10
	胶质	49.76	56.74
	沥青质	1.18	1.54

如表7-14所示，风城超稠油渣油的组成最显著特点是胶质含量高。通过控制风城超稠油的拔出深度，可以得到不同牌号的道路沥青产品，其性质见表7-15。

表 7-15 风城超稠油直馏沥青性质

样品名称		50 号(A 级)		70 号(A 级)		90 号(A 级)		110 号(A 级)	
		实测	规范	实测	规范	实测	规范	实测	规范
沸程,℃		>485	—	>475	—	>465	—	>455	—
针入度(25℃, 100g, 5s), 1/10mm		55	40~60	73	60~80	91	80~100	106	100~120
针入度指数 PI		-0.61	-1.5~1.0	-0.72	-1.5~1.0	-1.20	-1.5~1.0	-1.27	-1.5~1.0
软化点($T_{R\&B}$),℃		53.5	≥49	49.0	≥46	47.0	≥45	45.0	≥43
延度(10℃, 5cm/min), cm		18	≥15	82	≥20	>100	≥45	>100	≥40
延度(15℃, 5cm/min), cm		>100	≥80	>100	≥100	>100	≥100	>100	≥100
薄膜烘箱试验 TFOT (163℃, 5h)	针入度比,%	83.6	≥63	84.5	≥61	83.5	≥57	76.0	≥55
	延度(10℃, 5cm/min), cm	10	≥4	19	≥6	45	≥8	52	≥10
	延度(15℃, 5cm/min), cm	>100	≥10	>100	≥15	>100	≥20	>100	≥30

如表 7-15 所示，风城超稠油通过直馏工艺得到的 50 号、70 号、90 号和 110 号沥青的主要指标均可满足交通运输部《公路沥青路面施工技术规范》(JTG F40—2004)中 A 级道路石油沥青的要求。通过对具有代表性的直馏 90 号沥青进行的全指标检测及 SHRP 评价可以看到，其各项性能指标满足 A 级沥青的要求，同时路用性能等级达到 PG64-28，说明风城超稠油直馏 90 号沥青具有优异的高低温性能。全指标检测及 SHRP 评价结果列于表 7-16 及表 7-17 中。

表 7-16 风城超稠油直馏 90 号道路石油沥青理化指标评价结果

分析项目		试验结果	技术要求	试验方法
针入度(25℃, 100g, 5s), 1/10mm		94.3	80~100	T 0604—2011
针入度指数 PI		-1.32	-1.5~+1.0	T 0604—2011
延度(15℃, 5cm/min), cm		>100	≥100	T 0605—2011
延度(10℃, 5cm/min), cm		>100	≥20	T 0605—2011
软化点($T_{R\&B}$),℃		45.8	≥45	T 0606—2011
闪点(COC),℃		298	≥245	T 0611—2011
含蜡量(蒸馏法),%		1.92	≤2.2	T 0615—2011
密度(15℃), g/cm^3		0.977	实测值	T 0603—2011
60℃ 动力黏度, Pa·s		175.3	≥160	T 0620—2000
溶解度(三氯乙烯),%		99.6	≥ 99.5	T 0607—2011
薄膜烘箱试验 TFOT (163℃, 5h)	质量损失,%	-0.02	≤ ±0.8	T 0609—2011
	针入度比,%	79.7	≥57	T 0604—2011
	延度(15℃, 5cm/min), cm	>100	≥20	T 0605—2011
	延度(10℃, 5cm/min), cm	87.6	≥8	T 0605—2011

表 7-17　风城超稠油直馏 90 号道路石油沥青 SHRP 分析结果

分析项目		试验结果	技术要求	试验方法
原样沥青	Brookfield 黏度(135℃)，Pa·s	0.572	≤3.0	SH/T 0739—2003
	$G^*/\sin\delta$(64℃，10rad/s)，kPa	1.367	≥1.0	AASHTO T 315-12
RTFOT 后残留物 $G^*/\sin\delta$(64℃，10rad/s)，kPa		2.244	≥2.2	AASHTO T 315-12
PAV 后残留物	$G^*\cdot\sin\delta$(25℃，10rad/s)，kPa	1262	≤5000	AASHTO T 315-12
	$G^*\cdot\sin\delta$(22℃，10rad/s)，kPa	2121		
	$G^*\cdot\sin\delta$(19℃，10rad/s)，kPa	3584		
	s 值(-18℃，60s)，MPa	248	≤300	ASTM D6648-08
	m 值(-18℃，60s)	0.366	≥0.3	ASTM D6648-01
路用性能分级		PG64-28	PG64-28	

风城超稠油除了可通过直馏工艺直接生产道路外，还可通过调和工艺生产道路沥青，即以风城超稠油减压渣油作为硬组分，九区低凝油的减压渣油作为软组分，通过适当比例的调和得到道路沥青产品。表 7-18 为以风城超稠油>475℃减压渣油与低凝稠油减压渣油调和试制的道路石油沥青的分析结果，从中可以看出，调和得到的沥青产品也性能也均满足《公路沥青路面施工技术规范》(JTG F40—2004)中 70 号 A 级、90 号 A 级和 110 号 A 级道路沥青的要求。

表 7-18　调和沥青分析结果

分析项目		样品 1	样品 2	样品 3
风城超稠油减渣,%		95	85	80
稠油减渣,%		5	15	20
调和沥青性质分析结果	软化点($T_{R\&B}$),℃	48.5	47.7	47.0
	针入度(25℃，100g，5s)，1/10mm	79	90	104
	延度(10℃，5cm/min)，cm	91	>100	>100
	延度(15℃，5cm/min)，cm	>100	>100	>100
薄膜烘箱试验 TFOT (163℃，5h)	针入度比,%	85	76	74
	延度(10℃，5cm/min)，cm	19	44	43.5
	延度(15℃，5cm/min)，cm	>100	>100	>100

三、中国石油沥青产品在道路领域的应用

公路建设与养护是石油沥青最为重要的应用领域。中国石油下属沥青生产企业利用中国石油的资源优势生产的沥青与改性沥青产品，先后在沈大高速、京通快速、平安大街、

呼包高速、京石高速、京珠高速、京秦高速、青藏公路、内蒙古省际大通道、辽宁滨海公路、河北沿海高速、京新高速等道路工程中得到了成功应用。

表 7-19 列出了中国石油几种分别采用进口原油和国产原油生产的道路沥青和进口 AH-90道路沥青的质量数据，表 7-20 为中国石油部分 AH-70 及 AH-50 沥青产品数据，从中可以看出，国产重交沥青的质量已达到甚至超过了进口沥青的质量水平，同时也满足我国交通运输部 JTG F40—2004《公路沥青路面施工技术规范》中 A 级道路沥青的技术要求。其根本原因在于中国石油下属沥青生产企业所用的原料主要是适合生产重交沥青的低蜡环烷基原油，而且这些企业在沥青炼制技术上并不亚于国外发达国家的水平，这就从根本上为生产高质量道路沥青打下了坚实的基础。

表 7-19　中国石油 AH-90 沥青和进口 AH-90 沥青质量比较

分析项目		中国石油沥青产品					进口沥青产品	
		LH-90	KL-90	QHD-90	WZ-90	DL-90	进口 A	进口 B
针入度(25℃，100g，5s)，1/10mm		89	84	88	92	90	88	93
软化点($T_{R\&B}$)，℃		48.6	49.7	46.2	45.7	46.2	45.3	46.2
延度(10℃，5cm/min)，cm		>150	>150	120	143.7	>100	>150	33
延度(15℃，5cm/min)，cm		>150	>150	>150	>150	>150	>150	>150
密度(25℃)，g/cm^3		1.0094	0.973	1.0287	1.0288	1.0329	1.028	1.01
蜡含量(蒸馏法)，%		1.1	1.2	1.2	1.58	1.9	1.8	2.5
闪点(COC)，℃		285	274	288	284	289	>260	>260
溶解度(三氯乙烯)，%		99.9	99.9	99.9	99.8	99.9	99.9	99.9
薄膜烘箱试验 TFOT（163℃，5h）	质量变化，%	-0.18	-0.14	-0.37	-0.35	-0.46	—	—
	针入度比，%	71	70	60	61	63.2	61	70
	延度(10℃，5cm/min)，cm	10.5	29.6	8.3	10.1	17	12	9
	延度(15℃，5cm/min)，cm	>120	>120	150	56.4	>100	>150	63

表 7-20　中国石油 AH-70 及 AH-50 沥青性能分析结果

分析项目	中国石油沥青产品							某国产 SZ-70
	LH-70	QHD-70	GF-70	JY-70	WZ-70	WZ-50	GF-50	
针入度(25℃，100g，5s)，1/10mm	69	72	70	70	67	50	53	72
软化点($T_{R\&B}$)，℃	49.2	48.8	49.3	46.8	48.5	52.4	51	47
延度(10℃，5cm/min)，cm	110	—	46	57	32.8	10.4	16	44
延度(15℃，5cm/min)，cm	>150	150	>150	>100	>100	125	>150	>100

续表

分析项目		中国石油沥青产品							某国产
		LH-70	QHD-70	GF-70	JY-70	WZ-70	WZ-50	GF-50	SZ-70
密度(25℃), g/cm³		1.023	1.0307	1.0288	1.0288	1.0312	1.0338	1.0371	1.012
蜡含量(蒸馏法),%		1.3	1.4	1.8	1.8	1.76	1.92	1.72	2.1
闪点(COC),℃		>270	282	266	275	264	282	278	>230
溶解度(三氯乙烯),%		99.9	99.9	99.98	99.5	99.8	99.7	99.98	99.8
薄膜烘箱试验 TFOT(163℃, 5h)	质量变化,%	-0.07	-0.41	-0.16	-0.26	-0.31	-0.25	-0.09	0.02
	针入度比,%	67.5	62	62.2	70	70	67	66.8	62
	延度(10℃, 5cm/min), cm	8	6.1	6	6.5	6.7	—	5	12
	延度(15℃, 5cm/min), cm	110	150	42	12	37	41.2	25	—

表 7-21 为青藏公路所用极寒改性沥青的性质。中国石油下属沥青生产企业利用低凝环烷基稠油沥青的特性研制的极寒道路改性沥青具有突出的低温性能，能够抵抗-40℃低温收缩裂缝的产生，并兼顾部分地区夏季高温时的抗形变能力和良好的黏附性。该产品已应用于青藏公路、黑龙江北部及满洲里市政等工程。

表 7-21 青藏公路用极寒改性沥青的性质分析

分析项目		产品指标	技术要求
针入度(25℃, 100g, 5s), 1/10mm		105	≥100
延度(5℃, 5cm/min), cm		>60	≥60
软化点($T_{R\&B}$),℃		43	≥42
运动黏度(135℃), Pa·s		0.4	≤3
闪点(COC),℃		>230	≥230
溶解度(三氯乙烯),%		99.8	≥99
黏韧性, N·m		≥5	≥5
韧性, N·m		≥2.5	≥2.5
旋转薄膜烘箱试验(RTFOT)后残留物	质量损失,%	0.11	≤1.0
	针入度比,%	63	≥50
	延度(5℃, 5cm/min), cm	>30	≥30
PG 分级		PG 64-40	

高黏改性沥青是一种路面复合材料，在该领域研究较早同时也是应用较广的国家是日本。由于采用特殊工艺制成的高黏改性沥青大幅提高了沥青材料的黏度，其 60℃黏度不小于 20000 Pa·s，因而可以有效地改善沥青混合料的各种路面性能。高黏改性沥青主要用于排水沥青路面(OGFC)、同步碎石应力吸收层(防水黏结层)和彩色透水沥青路面的修筑。

表7-22为中国石油下属沥青生产企业高黏改性沥青企业标准与日本道路协会标准的比较，表7-23为该企业高黏改性沥青产品的性质分析结果，表7-24为国内市场上其他一些高黏改性沥青产品的性能。从这些表中可以看到，中国石油的高黏改性沥青不论是在执行的标准指标要求上还是实际测试中都处于先进行列。

表7-22　中国石油下属企业高黏改性沥青的技术要求

分析项目		技术要求		日本道路协会标准
		GN-A	GN-B	
针入度(25℃，100g，5s)，1/10mm		60~80	40~60	>40
软化点($T_{R\&B}$)，℃		≥85	>85	>80
延度(15℃，5cm/min)，cm		>50	>50	>50
延度(5℃，5cm/min)，cm		≥30	≥20	—
闪点(COC)，℃		>260	>260	>260
黏度(135℃)，Pa·s		≤3	≤3	—
黏度(60℃)，Pa·s		≥200000	≥200000	>20000
黏韧性(25℃)，N·m		>20	>20	>20
韧性(25℃)，N·m		>15	>15	>15
薄膜烘箱试验TFOT(163℃，5h)	质量变化，%	<0.6	<0.6	<0.6
	针入度比，%	>65	>65	>65
	延度(5℃，5cm/min)，cm	≥20	≥15	—

表7-23　中国石油生产的高黏改性沥青的分析结果

分析项目		试验结果
针入度(25℃，100g，5s)，1/10mm		57
延度(5℃，5cm/min)，cm		55
软化点($T_{R\&B}$)，℃		95
闪点(COC)，℃		323
溶解度(三氯乙烯)，%		99.8
韧性(25℃)，N·m		—
抗拉强度(25℃)，N·m		—
黏度(60℃)，Pa·s		24×10^4
脆点，℃		-24
旋转薄膜烘箱试验(RTFOT)后残留物	质量损失，%	0.043
	针入度比，%	81
	延度(5℃，5cm/min)，cm	41

表 7-24　国内市场上部分高黏改性沥青产品的性能

产品	软化点,℃	60℃黏度, 10^4Pa·s
国产 A(10%TPS)	69	0.585
国产 A(12%TPS)	87.4	2.7
国产 A(15%TPS)	89	11.7
国产 A(20%TPS)	95	92.3
国产 B(SBS+8%TPS)	88.9	14.36
进口 A	96.9	6.8
国产 C(12%TPS)	87.3	4.37
国产 D	90.1	16.4
国产 E	96	2.65
国产 F(11.5%HVB)	101.5	3.59
国产 G(10%RST-1)	84	5.43

由于沥青铺装较水泥混凝土铺装具有轻、柔、防水、易修复等特性，因此是钢桥面(尤其是大跨径钢桥桥面)铺装的首选材料，在国内外得到广泛应用。在材料上，沥青铺装也从传统密级配混凝土向改性沥青玛碲碎石混合料(SMA)、浇注式沥青混凝土、环氧沥青混凝土、橡胶沥青混凝土等多方向快速发展。在此领域，中国石油钢桥面专用沥青也成功应用到江阴大桥、香港—深圳西部通道跨海大桥、香港昂船洲大桥、哈尔滨松蒲大桥与阳明滩大桥、辽河大桥等桥面工程中。表 7-25 为香港昂船洲大桥桥面工程用改性沥青的指标要求和产品分析结果。

表 7-25　香港昂船洲大桥桥面工程用改性沥青质量指标

性能表现		技术指标	试验结果
针入度(25℃, 100g, 5s), 1/10mm		50~70	61.5
软化点($T_{R\&B}$),℃		≥70	78
针入度指数		≥4	4.2
黏度(135℃), Pa·s		来自供应商	2.169
黏度(60℃), Pa·s		来自供应商	—
RTFOT 后质量损失,%		≤1	0.15
弹性回复(10℃),%		≥65	78
贮存稳定性试验	上部软化点($T_{R\&B}$),℃	—	80.5
	下部软化点($T_{R\&B}$),℃	—	80
	上下软化点差,℃	≤4	0.5
	上下针入度差, mm	≤3/10	0.2
	针入度差与针入度的比值,%	≤5	3.1
MIAF 显微分析		均匀	均匀

硬质沥青制备的高模量沥青混合料以其优良的抗车辙性能和耐久性，延长了路面使用寿命，因此在法国、英国等西方国家受到重视，并广泛应用于道路路面工程中，产生了良好的经济效益和社会效益。随着该技术理念引入我国，近几年国内道路工程界也进行了一

些卓有成效的工程实践。从长远来看，高模量技术是解决高等级路面车辙和耐久性不足的有效措施，也是推广和应用硬质沥青的良好契机。表 7-26 为中国石油硬质沥青产品的性能分析，结果表明这些产品均能满足欧盟标准 EN13924 道路硬质沥青的要求，而克拉玛依石化及佛山高富中石油燃料沥青有限责任公司等企业的相关产品也得到了实际应用。

表 7-26 中国石油硬质沥青产品性能分析结果

分析项目		中国石油硬质沥青产品						EN 13924		JTG F40—2004
		KL		ZR		LH		等级 2	等级 3	30 号 A 级
针入度(25℃, 100g, 5s), 1/10mm		16	30	17	30	16	26	15~25	10~20	20~40
针入度指数		0.12	-0.34	-0.53	-0.68	-1.12	-0.1	-1.5~+0.7		-1.5~+1.0
软化点($T_{R\&B}$),℃		66.2	60.3	64.2	60.9	64.7	62.8	55~71	58~78	≥55
动力黏度(60℃), Pa·s		6100	1760	6388	2310	3879	2464	≥550	≥770	≥260
黏度(135℃), Pa·s		2.72	1.47	1.7	1.21	1.32	1.1	≥600	≥700	—
闪点(COC),℃		305	297	>280	>280	311	314	≥235	≥245	>260
脆点,℃		-4	-6.8	-4	-7.2	-2	-3	≤0	≤3	—
溶解度(三氯乙烯),%		99.98	99.96	99.98	99.98	99.9	99.9	≥99.0	—	≥99.5
蜡含量,%		1.6	1.8	1.5	1.5	1.8	2	—	—	≤2.2
密度(15℃), kg/m³		994.8	993.5	1048.6	1048.1	1040.3	1040.4	—	—	实测
薄膜烘箱试验 TFOT (163℃, 5h)	质量变化,%	0.01	0.01	-0.09	0.04	0.09	0.1	≤0.5	—	≤±0.8
	针入度比,%	82	80	90	82	90	77	≥55	—	≥65
	软化点升高,℃	5	4.2	3.1	4.5	3.9	3.5	≤8	≤10	—

在道路养护方面，中国石油下属沥青生产企业针对养护维修所使用的乳化沥青及改性乳化沥青进行了开发，并通过了相关机构的评价，见表 7-27、表 7-28 和表 7-29。另外，辽河石化公司开发的雾封层专用沥青产品也通过了交通运输部科学研究院检测中心检测，产品质量与美国同类产品相当，抗磨耗性能甚至优于美国同类产品，该产品已应用于道路养护工程中。

表 7-27 用于透层油的高渗透乳化沥青

分析项目		试验结果	技术要求(PC-2)
恩氏黏度		6	1~6
筛上剩余量(1.18mm),%		0	≤0.1
破乳速度实验		慢裂	慢裂
电荷		+	(+)
蒸发残留物性质	含量,%	61	≥50
	溶解度(三氯乙烯),%	99.4	≥97.5
	针入度(25℃, 100g, 5s), 1/10mm	146	50~300
	延度(15℃, 5cm/min), cm	118	≥40
与粗集料的黏附性，裹覆面积		>2/3	≥2/3

续表

分析项目		试验结果	技术要求(PC-2)
贮存稳定性试验	1d,%	0.2	≤1
	5d,%	2.8	≤5
渗透实验	渗透时间	605	—
	渗透深度	6.09	>5
	渗透状态	V	—

表 7-28　喷洒型改性乳化沥青(PCR)评价结果

分析项目		试验结果	技术要求(PCR)	试验方法
破乳速度		中裂	快裂或中裂	JTG E20—2011 T 0658—1993
粒子电荷		阳离子(+)	阳离子(+)	JTG E20—2011 T 0653—1993
筛上剩余量(1.18mm),%		0	≤0.1	JTG E20—2011 T 0652—1993
恩格拉黏度 E_{25}		3.1	1~10	JTG E20—2011 T 0622—1993
蒸发残留物性质	含量,%	53.4	≥50	JTG E20—2011 T 0651—1993
	针入度(25℃，100g，5s)，1/10mm	82.9	40~120	JTG E20—2011 T 0604—2011
	软化点($T_{R\&B}$)，℃	54.6	≥50	JTG E20—2011 T 0606—2011
	延度(5℃，5cm/min)，cm	61.8	≥20	JTG E20—2011 T 0605—2011
	溶解度(三氯乙烯)，%	99.1	≥97.5	JTG E20—2011 T 0607—2011
与石料的黏附性，裹覆面积		>2/3	≥2/3	JTG E20—2011 T 0654—2011
贮存稳定性试验	1d,%	0.6	≤1	JTG E20—2011 T 0655—1993
	5d,%	3.0	≤5	JTG E20—2011 T 0655—1993

表 7-29　拌和型改性乳化沥青(BCR)评价结果

分析项目	试验结果	技术要求(BCR)	试验方法
破乳速度	慢裂	慢裂	JTG E20—2011 T 0658—1993
粒子电荷	阳离子(+)	阳离子(+)	JTG E20—2011 T 0653—1993
筛上剩余量(1.18mm),%	0	≤0.1	JTG E20—2011 T 0652—1993
恩格拉黏度 E_{25}	8.3	3~30	JTG E20—2011 T 0622—1993

续表

分析项目		试验结果	技术要求(BCR)	试验方法
蒸发残留物性质	含量,%	61.8	≥60	JTG E20—2011 T 0651—1993
	针入度(25℃，100g，5s)，1/10mm	86.8	40~100	JTG E20—2011 T 0604—2011
	软化点($T_{R\&B}$)	54.2	≥53	JTG E20—2011 T 0606—2011
	延度(5℃，5cm/min)，cm	57.7	≥20	JTG E20—2011 T 0605—2011
	溶解度(三氯乙烯),%	99.4	≥97.5	JTG E20—2011 T 0607—2011
贮存稳定性试验	1d,%	0.3	≤1	JTG E20—2011 T 0655—1993
	5d,%	2.6	≤5	JTG E20—2011 T 0655—1993

除了满足国内使用，中国石油生产的道路沥青还先后出口到东南亚、非洲、中亚、蒙古、朝鲜等国家和地区，沥青质量超过了出口地区的质量标准，取得了良好的品牌效益。

四、中国石油沥青产品在机场跑道领域的应用

国外机场很早就使用沥青混凝土修筑跑道，其主要目的是为了增强飞机起落时的舒适性，在机场改造时，可以进行不停航施工，以保证交通的畅通。机场石油沥青除了满足公路沥青质量的要求外，还必须具有更好的高、低温性能，耐冲击能力，黏性，弹性，同时对耐水性、抗剥离性的要求也要高于重交沥青。中国石油是国内较早开展本领域应用的企业，中国石油克拉玛依石化公司和辽河石化公司生产的机场跑道专用沥青分别于 1996 年、1999 年在伊宁机场及敦煌机场进行了首次试用。此后，辽河石化公司及其他中国石油沥青生产企业的机场沥青又先后在众多机场跑道建设中得到了应用。表 7-30 至表 7-32 为中国石油机场道面沥青性质的分析结果。

表 7-30　中国石油机场道面沥青的性质分析结果

分析项目		技术要求		
		AB-90	AB-110	AB-130
针入度(25℃，100g，5s)，1/10mm		91	108	128
延度(15℃，5cm/min)，cm		>150	>150	>150
延度(10℃，5cm/min)，cm		>150	>150	>150
软化点($T_{R\&B}$),℃		47	45	44
溶解度(三氯乙烯),%		99.9	99.9	99.9
闪点(COC),℃		>260	>260	>260
蜡含量(蒸馏法),%		1.9	1.9	1.9
密度(25℃)，g/cm^3		1.0110	1.0109	1.0100
薄膜烘箱试验 TFOT(163℃，5h)	质量损失,%	-0.05	0.003	0.06
	针入度比,%	70	65	63
	延度(15℃，5cm/min)，cm	>150	>150	>150
	延度(10℃，5cm/min)，cm	81	>150	>150
PG 等级		PG64-28	PG58-28	PG58-28

表 7-31　昆明长水机场用机场沥青性质分析

分析项目		试验结果	技术要求	试验方法
针入度(25℃, 100g, 5s), 1/10mm		73.1	60~80	GB/T 4509—2010
针入度指数		-1.3	-1.5~+1.0	GB/T 4509—2010
软化点($T_{R\&B}$),℃		46.8	≥45	GB/T 4507—2010
延度(15℃, 5cm/min), cm		> 150	> 150	GB/T 4508—2010
延度(10℃, 5cm/min), cm		> 150	> 50	GB/T 4508—2010
动力黏度(60℃), Pa·s		205	≥160	JTG E20—2011 T 0620—2000
闪点(COC),℃		>260	≥260	GB/T 267—1988
溶解度(三氯乙烯),%		99.9	≥99.5	GB/T 11148—2008
蜡含量(蒸馏法),%		1.2	≤2.2	SH/T 0425—2003
密度(25℃), g/cm³		1.0183	实测	GB/T 8928—2008
薄膜烘箱试验 TFOT(163℃, 5h)	质量变化,%	-0.1	±0.8	GB/T 5304—2010
	针入度比,%	63.4	≥61	GB/T 4509—2010
	延度(15℃, 5cm/min), cm	85	≥15	GB/T 4508—2010
	延度(10℃, 5cm/min), cm	8.7	≥6	GB/T 4508—2010

表 7-32　昆明长水机场用改性沥青 PG 性能分级结果

分析项目		试验结果		技术要求
		某进口(SBS 6%)	昆仑(SBS 5%)	
原样沥青	Brookfield 黏度(135℃), Pa·s	2.47	2.30	≤3.0
	$G^*/\sin\delta$(76℃, 10rad/s), kPa	2.68	2.69	≥1.0
	$G^*/\sin\delta$(82℃, 10rad/s), kPa	1.78	1.52	≥1.0
RTFOT 后残留物	$G^*/\sin\delta$(76℃, 10rad/s), kPa	3.96	2.35	≥2.2
	$G^*/\sin\delta$(82℃, 10rad/s), kPa	2.01	1.35	≥2.2
PAV 后残留物	$G^*\cdot\sin\delta$(31℃, 10rad/s), kPa	927	701	≤5000
	s 值(-18℃, 60s), MPa	206	226	≤300
	s 值(-24℃, 60s), MPa	310	343	≤300
	m 值(-18℃, 60s)	0.315	0.326	≥0.3
	m 值(-24℃, 60s)	0.268	0.279	≥0.3
路用性能分级		PG76-22	PG76-22	

五、中国石油沥青产品在水工领域的应用

沥青作为防渗材料在水利工程中的应用虽然已有很长的历史，但由于早期使用的沥青质量不高，致使水坝的面坝出现裂痕，水工沥青在我国的应用曾一度停滞。近年来，随着石油沥青质量及施工质量的提高，选用水工沥青作为防渗材料的国家大型水利水电工程越来越多。中国石油辽河石化公司从研究生产这种沥青的资源入手，通过优化资源和优化沥青生产的工艺条件，研制开发了相当于德国标准的水工沥青，其生产的水工沥青和改性水

工沥青的性质分析结果见表7-33和表7-34。

表7-33　中国石油生产的水工沥青性质分析

<table>
<tr><td colspan="2" rowspan="2">分析项目</td><td colspan="2">技术要求</td></tr>
<tr><td>B-70</td><td>B-90</td></tr>
<tr><td colspan="2">针入度(25℃，100g，5s)，1/10mm</td><td>73</td><td>91</td></tr>
<tr><td colspan="2">软化点($T_{R\&B}$)，℃</td><td>46.8</td><td>45.5</td></tr>
<tr><td colspan="2">延度(15℃，5cm/min)，cm</td><td>>150</td><td>>150</td></tr>
<tr><td colspan="2">延度(4℃，5cm/min)，cm</td><td>58</td><td>89</td></tr>
<tr><td colspan="2">脆点，℃</td><td>-14</td><td>-16</td></tr>
<tr><td colspan="2">溶解度(三氯乙烯)，%</td><td>99.9</td><td>99.9</td></tr>
<tr><td colspan="2">蜡含量(蒸馏法)，%</td><td>1.9</td><td>1.8</td></tr>
<tr><td colspan="2">闪点(COC)，℃</td><td>260</td><td>260</td></tr>
<tr><td colspan="2">密度(25℃)，g/cm^3</td><td>1.011</td><td>1.010</td></tr>
<tr><td colspan="2">含水量，%</td><td>痕迹</td><td>痕迹</td></tr>
<tr><td rowspan="6">薄膜烘箱试验 TFOT
(163℃，5h)</td><td>质量损失，%</td><td>-0.08</td><td>-0.07</td></tr>
<tr><td>针入度比，%</td><td>74</td><td>70</td></tr>
<tr><td>软化点升高，℃</td><td>3.5</td><td>4.2</td></tr>
<tr><td>脆点，℃</td><td>-8</td><td>-10</td></tr>
<tr><td>延度(15℃，5cm/min)，cm</td><td>>150</td><td>>150</td></tr>
<tr><td>延度(4℃，5cm/min)，cm</td><td>6</td><td>8</td></tr>
<tr><td colspan="2">PG等级</td><td>PG64-22</td><td>PG64-28</td></tr>
</table>

表7-34　宝泉水库防渗层用改性沥青产品质量指标

分析项目	试验结果	I-C改性沥青技术要求	试验方法
针入度(25℃，100g，5s)，1/10mm	66.5	60~80	JTG E20—2011 T 0604—2000
针入度指数	-0.09	≥-0.4	JTG E20—2011 T 0604—2000
软化点($T_{R\&B}$)，℃	81.2	≥55	JTG E20—2011 T 0606—2000
延度(5℃，5cm/min)，cm	37	≥30	JTG E20—2011 T 0605—1993
离析试验，℃	0.8	≤2.5	JTG E20—2011 T 0661—2000
黏度(135℃)，Pa·s	2.3	≤3	JTG E20—2011 T 0625—2000
闪点(COC)，℃	298	≥230	JTG E20—2011 T 0611—1993
溶解度(三氯乙烯)，%	99.8	≥99	JTG E20—2011 T 0607—1993

续表

分析项目		试验结果	I-C 改性沥青技术要求	试验方法
弹性恢复(25℃),%		96	≥65	JTG E20—2011 T 0662—2000
旋转薄膜烘箱试验(RTFOT)后残留物	质量变化,%	0.02	≤±1.0	JTG E20—2011 T 0609—1993
	针入度比,%	75	≥60	JTG E20—2011 T 0604—2000
	延度(5℃，5cm/min)，cm	22.8	≥20	JTG E20—2011 T 0605—1993

辽河石化公司研制开发的水工沥青在经过国内权威部门检测并通过拌和料试验后，又先后经过了德国试验室和日本试验室的评定，取代进口沥青应用于山西西龙池抽水蓄能电站、河北张河湾抽水蓄能电站、河南宝泉抽水蓄能电站、内蒙古尼尔基水利枢纽工程、呼和浩特抽水蓄能电站及北京冬奥会赛场制雪水库等国家重点工程中，开创了国产沥青应用于该类工程的先河。尤其是开发的极寒改性水工沥青(性质见表 7-35)在呼和浩特抽水蓄能电站获得成功应用，在世界范围内开创了高纬度极寒地区使用沥青混凝土坝面防渗的先河。

表 7-35　应用于呼和浩特抽水蓄能电站极寒改性水工沥青的性质

分析项目		试验结果	技术要求
针入度(25℃，100g，5s)，1/10mm		105	≥100
延度(5℃，5cm/min)，cm		75	≥60
软化点($T_{R\&B}$),℃		43	≥42
闪点(COC),℃		246	≥230
黏度(135℃)，Pa·s		0.4	≤3
溶解度(三氯乙烯),%		99.8	≥99
黏韧性，N·m		7.3	≥5
韧性，N·m		3.7	≥2.5
旋转薄膜烘箱试验(RTFOT)后残留物	质量变化,%	0.11	≤1.0
	针入度比,%	63	≥50
	延度(5℃，5cm/min)，cm	38	≥30
PG 等级		PG64-34	—

六、中国石油沥青产品其他领域的应用与研究

阻尼沥青是一种应用于汽车制造领域的特种沥青，以这种沥青作原料制备的阻尼片作为一种黏弹性材料，贴在车身的钢板壁上，能起到减少噪声和震动的作用。中国石油辽河石化公司通过优化资源和工艺，成功开发出阻尼沥青产品，并应用于轿车制造上，其性质及技术要求见表 7-36。

表 7-36 阻尼板环保沥青性能

分析项目	分析结果	客户要求
针入度(25℃, 100g, 5s), 1/10mm	27	20~45
软化点($T_{R\&B}$),℃	55	≥50
甲苯	0.128	≤1.5
TVOC	14.907	≤50
甲醛	0.350	≤0.8
乙醛	0.374	≤0.4

CA 砂浆是板式轨道的刚性轨道板与混凝土道床之间的调平减振结构层材料，它是由水泥、乳化沥青、砂和多种外加剂组成，经水泥与沥青共同作用胶结硬化而成的一种具有一定弹性和韧性的新型有机无机复合材料。作为 CA 砂浆的重要组成部分和韧性提供者，乳化沥青质量的好坏将决定性地影响 CA 砂浆的使用性能。由于 CA 砂浆中乳化沥青的这种特殊使用方式，就要求其不仅要具有普通沥青乳液的一些通性(如贮存稳定等)，还应该与水泥等无机材料良好地相容，从而保证它的可施工性及所制备的 CA 砂浆的使用性能。辽河石化公司利用辽河稠油沥青成功研发了两种类型 CA 砂浆所用的乳化沥青，并通过了原铁道部铁科院等权威部门的检测，两种砂浆所用的乳化沥青性能分别见表 7-37 和表 7-38。

表 7-37 CRTS Ⅰ 型乳化沥青检测结果

试验项目		检测结果	技术要求
外观		符合	浅褐色液体，均匀，无机械杂质
恩氏黏度(25℃)		11	5~15
水泥混合性,%		0	<0.1
筛上剩余物(1.18mm),%		0	<0.1
颗粒极性		阳	阳
贮存稳定性(1d, 25℃),%		0.8	<1.0
贮存稳定性(5d, 25℃),%		3.2	<5.0
低温贮存稳定性(-5℃)		无颗粒或块状物	无颗粒或块状物
蒸发残留物性质	残留物含量,%	60	58~63
	针入度(25℃, 100g, 5s), 1/10mm	69	60~120
	溶解度(三氯乙烯),%	99	≥97
	延度(15℃, 5cm/min), cm	150	≥50

表 7-38 CRTS Ⅱ 型乳化沥青测试结果

试验项目		检测结果	技术要求
筛上剩余物(1.18mm),%		0	<0.1
颗粒极性		阴	阴
粒径分析	平均粒径, μm	4.2	≤7
	模数粒径, μm	2.2	≤5
水泥适应性(20s)		224	≥70

续表

试验项目		检测结果	技术要求
贮存稳定性(1d，25℃)，%		0.2	<1.0
贮存稳定性(5d，25℃)，%		1.2	<5.0
低温贮存稳定性(−5℃)		无粗颗粒或块状物	无粗颗粒或块状物
蒸发残留物性质	残留物含量，%	61	≥60
	针入度(25℃，100g，5s)，1/10mm	78	40~120
	软化点($T_{R\&B}$)，℃	48.5	≥42
	溶解度(三氯乙烯)，%	99.96	≥99
	延度(25℃，5cm/min)，cm	>100	≥100

第五节　技术展望

自 5000 多年前古人发现沥青并开始利用其良好的黏结能力、防水性能和防腐特性为人类社会的发展服务以来，人们就一直在试图认知沥青、改进沥青性能与拓展沥青的使用领域直到今日。通过这些不懈的探索，人们从中积累了丰富的理论知识、实际经验和使用技巧。而这样的过程在今后也必将持续进行下去，石油沥青领域中尚有许多科学技术需要更进一步地深入研究，只有如此才能更好地利用石油沥青资源服务于社会的发展。

一、进一步认识石油沥青的化学组成是提升产品性能的重要途径

石油沥青的使用性能与其化学组成有着密切的关系，通过研究石油沥青化学组成，然后与其理化性质相关联，对石油沥青的生产及应用有着非常重要的指导作用。然而石油沥青又是石油中最重的馏分，其分子质量、化学组成以及结构形态在石油中也最为复杂。很长一段时间里，国内外的学者们对石油沥青化学组成的研究可谓是举步维艰，但可喜的是，近些年来随着仪器行业的迅猛发展，对石油沥青的分析手段逐渐增多，人们对石油沥青的认知也越来越深入，并积累了大量有关石油沥青的信息，在实践中加以应用。例如在红外光谱分析中，每种品牌型号的沥青都有其特殊的“指纹”，通过将红外光谱沥青快速检测系统得到的图谱与数据库中的沥青样本进行对比分析，可以判断某品牌石油沥青的真伪，或确定石油沥青的品牌、标号及产地等信息。利用红外光谱分析对改性沥青中官能团的鉴定，还可以定性定量地分析改性沥青中 SBS 等改性剂的添加量以及常见掺假物质，从而确保路面修筑过程中所用改性沥青的质量；采用元素分析、分子量和核磁共振氢谱的数据可以计算石油沥青分子的平均结构，从而关联石油沥青的使用性能；采用反相气相色谱法和液相色谱以及红外光谱法可以了解沥青老化的过程以及在实验室中对沥青的抗老化性能进行预测等。可以预见，在今后石油沥青技术发展中，石油沥青化学组成及其对性能影响的研究必然是极为重要的一个方面。

二、石油沥青产品的性能高端化是未来发展的重要方向

普通石油沥青由于受自身的组成和结构所限，决定了其高低温性能、抗疲劳性能、弹性性能及耐老化性能都较差，温度敏感性高，因此难以满足较高的使用要求。为了提升石油沥青的使用性能，对基质沥青进行改性是一种非常有效的技术手段。从沥青改性技术发展趋势上看，主要有以下几个方向：(1)针对现有的SBS、废胶粉、环氧树脂等改性剂在改性中存在的问题进行研究并加以解决，例如星型SBS高加入量下易凝胶问题，橡胶沥青的稳定贮存与工厂化生产问题以及低黏度橡胶沥青的制备，硫黄改性沥青的H_2S异味与安全生产问题，环氧沥青制备中的相容性改善与固化剂选择以及施工过程中固化时间的控制等问题。(2)新型沥青改性剂及其沥青改性产品的开发与应用。例如对聚合物官能团化制备的新型聚合物改性剂可以通过物理和化学作用改善其与基质沥青的相容性，从而降低改性沥青的生产难度。如纳米技术与表面改性技术的发展为无机材料用于沥青改性提供了便利，而这些微纳米复合改性材料的应用有望研发出耐高温、抗老化、高强韧性、具有净化汽车尾气等功能的新型道路改性沥青。(3)单一沥青改性剂的研发已经受到越来越多的限制，而构成适宜的复合改性剂体系不仅可以综合提高沥青材料的使用性能，甚至还可降低改性沥青的制备成本，因此已成为未来沥青改性技术研发的趋势之一。(4)专用化与功能性沥青产品的研制开发。针对特定用途对沥青材料性能的要求，通过适当的工艺开发出适宜的沥青产品，如钢桥面铺装沥青、赛道沥青、高模量沥青、抗静电沥青、耐油污沥青等。

三、环保沥青及生产过程的清洁化是发展的必然趋势

面对当前严峻的资源、环境和生态问题，“可持续性”将是全球各个行业的重要基石，沥青行业如何适应并快速应对将是行业今后发展的关键。尤其是在我国，随着碳中和、碳达峰时间表的确定，节能减排已经成为各行各业面临的紧迫和现实的问题。传统的热拌沥青混合料在生产过程中会消耗大量的燃料来满足高温下拌和、摊铺与压实的需要，以确保路面施工的质量。这种施工方式不仅带来了高的能源消耗和CO_2排放，高温下沥青挥发出的沥青烟及其他有害气体(如氮化物、硫化物等)还会对周边环境造成严重污染。在此背景下，沥青温拌技术得到了快速发展，并与其他沥青生产施工技术(如橡胶沥青技术、沥青混合料热再生技术、沥青阻燃技术等)相结合，发挥出更好的节能减排与降低污染的作用。如何提高温拌效率、降低温拌成本，是沥青温拌技术研究与推广应用的一个关键。为了解决SBS改性沥青的离析问题，保证其在使用前贮存稳定均质，现有生产中基本都会添加稳定剂，而硫系稳定剂因其成本低、稳定效果好的特点得到了普遍应用。然而硫系稳定剂在反应过程中会产生H_2S，对环境造成污染，因此高效的环保型非硫系稳定剂的开发与推广应用是改性沥青发展的一个方向。此外，沥青净味技术、环保沥青生产技术、高烟点沥青生产技术等的研发也将有助于减少沥青材料在生产与使用过程中对环境造成的污染。在节能减排、减少污染的同时，对废旧材料的利用也是沥青生产技术环保化中的重要一环。众所周知，从狭义上讲，改性沥青是指以聚合物作为改性剂制备的沥青材料，聚合物的加入可以大幅提高沥青的使用性能，而随着石油化工的蓬勃发展，塑料与橡胶制品在人们日常生活中应用越来越广泛，由此带来的问题是废弃的塑料与橡胶也越来越多，对环境保护造成

了巨大的压力。基于上述认识，利用废弃聚合物对沥青进行改性已成为沥青技术发展中的一个热点。此外，沥青及其混凝料本身的回收利用也是人们关注的一个焦点。随着道路使用年限与通车总里程的增加，养护过程中产生的废弃沥青混凝料也越来越多，如何最大化地利用好这些废弃材料，是沥青再生技术研究的重点方向。

四、石油沥青产品标准化是实现应用的重要手段

为了使石油沥青产品能够更好地服务于应用领域，人们都希望产品标准中指标的设定能够更好地反映石油沥青的各种使用性能，而石油沥青产品标准体系的演化正是这种期望的具体体现。目前，石油沥青产品主要有三种分级体系，即针入度分级体系、黏度分级体系和性能分级体系。习惯上，人们把长期延续的针入度分级和黏度分级的产品标准体系中所涉及的分析方法称为传统评价方法或常规分析方法，这些试验方法多是经验性的，不是对沥青本身物性的直接测量，因此存在很多缺陷，并不能够很好地反映石油沥青产品在复杂使用条件下的实际性能。在此背景下，沥青性能分级体系在美国应运而生。作为美国公路战略研究计划(SHRP)主要研究成果的道路沥青技术规范(即PG性能等级规范，AASHTO M320-10)被美国国家公路与运输协会(AASHTO)采纳，成为美国沥青路面的常规实践，并在世界范围得到推广。该道路沥青技术规范将沥青材料的黏弹性能的本质用流变学指标进行量化，提出了在高温、中等温度和低温下与路面使用环境相关的流变特性指标。PG分级体系因其能够更好地关联沥青的实际使用性能而在美国得到大量的使用，并逐渐取代了原有的针入度分级标准和黏度分级标准。但是，随着实践的积累，后来发现PG性能等级规范对于改性沥青仍存不足。在经过近十年的研究后，又开发了第二代PG指标体系，即基于多应力重复蠕变恢复(MSCR)的PG性能等级规范AASHTO M332-14。在该规范中，以MSCR指标替代DSR的车辙因子，分析了累积应变和蠕变劲度的黏性成分中的不可恢复的部分，从而为沥青胶结料的高温性能提供了更为合理的评价手段。当然，随着科学技术的发展和认知的更加深入，在指标与实际使用性能间建立起更好地关联，研究并建立能够综合描述沥青各种性能的理论模型，仍是石油沥青技术研究与发展的一个重要方向。

参考文献

[1] 杨剑，杨安，徐万昌，等．石油沥青生产技术及质量要求探讨[J]．化工管理，2016，(32)：159.

[2] 张德勤．石油沥青的生产与应用[M]．北京：中国石化出版社，2001.

[3] Fan Y H, Yang K H. A novel deasphalting process of petroleum residue[C]. 15th World Petroleum Congress, Beijing, 1997.

[4] 华东石油学院胜华炼油厂．胜利油田某区原油加工制造高软化点沥青[J]．石油炼制，1974，(4)：22-26.

[5] 陈惠敏．石油沥青产品手册[M]．石油工业出版社，2001.

[6] Corbett L W. Pumbbell mix for better asphalt [J]. Hydrocarbon Processing, 1979, 56(4): 173.

[7] 黄鹤，刘海澄，孙丽，等．超稠原油浅度裂化直接生产道路沥青的方法[P]．中国：CN200810222391.6，2008-09-18.

[8] 沈金安．改性沥青和SMA路面[M]．北京：人民交通出版社，1999.

[9] 金鑫，郭乃胜，尤占平，等．聚氨酯改性沥青研究现状及发展趋势[J]．材料导报，2019，33 (11)：

3686-3694.
[10] 夏磊．聚氨酯改性沥青的性能研究[D]．青岛：中国石油大学(华东)，2016.
[11] 王笑风，曹荣吉．橡胶沥青的改性机理[J]．长安大学学报，2011，2(31)：11.
[12] 张小英．废橡胶粉—沥青体系脱硫降解规律研究[D]．北京：石油大学(北京)，2002.
[13] Nahas. Polymer modified asphalts for high performance hot mix pavement blends[J]. Asphalt Paving Technslogy，1990，(59)：511.
[14] Brule. Paving asphalt polymer blends：relationships between composition，structure and properties[J]. Journal of the Association Asphalt Paving Technology ，1988(57)：41-64.
[15] Nolanoklee. Low temperature nature of PE modified asphalt binders and asphalt concrete mix[J]. Asphalt Paving Technology，1995(64)：537-540.
[16] Loeber L，Durand A，Muller G，et al. New investigations on the mechanism of polymer-bitumen intreaction and their practical application for binder formulation[C]. Eurasphalt & Eurobitumens Congress，1996.
[17] Terrel. Modified asphalt pavement materials in the european experience[J]. Asphalt Paving Technology，1986，(55)：489-491.
[18] 陈信忠，温贵安，张隐西．沥青的聚合物反应改性[J]．石油沥青，2003，15(1)：28-32.
[19] 张峰．含磷化合物改性沥青及其流变性的研究[D]．兰州：西北师范大学，2008.
[20] 付国志，赵延庆，孙情情．多聚磷酸与SBS复合改性沥青的改性机制[J]．复合材料学报，2017，34(6)：1374.
[21] 刘至飞，少鹏，陈美祝，等．温拌沥青混合料技术现状及存在问题[J]．武汉理工大学学报，2014，(4)：170-173.
[22] 姚秀杰，王凯，韩凌．阳离子沥青乳化剂应用现状及研究进展[J]．广东化工，2016，43(334)：136-138.
[23] 宫晓东．乳化沥青的形成机理及在道路养护中的应用[J]．山西交通科技，2003(1)：33-34.
[24] 王长安，吴育良，郭敏怡，等．乳化沥青及其乳化剂的发展与应用[J]．广州化学，2006，31(1)：54-60.
[25] 徐向阳．乳化沥青的技术与应用[J]．石油沥青，2003，17(3)：47-50.
[26] 李卫东．皂液pH值对改性乳化沥青性质的影响[J]．安徽建筑，2009，16(3)：133-134.
[27] 张玉亭，吕彤．胶体与界面化学[M]．北京：中国纺织出版社，2008.
[28] 夏朝彬，马波．国内外乳化沥青的发展及应用概况[J]．石油与天然气化工，2000，29(2)：88-91.

第八章　劣质重油加工其他重要技术

劣质重油具有高硫、高酸、高相对密度、高氮、高残炭、高重金属、高沥青质含量等特点，对常减压蒸馏装置的脱盐、脱水和废气、废水、固体废弃物处理等方面提出新的要求。

经过40多年的自主创新和经验积累，中国石油开发了重质劣质原油电脱盐、减压深拔、大型蒸馏塔多溢流设计以及气液均匀分布等一系列特色关键技术。开发的重质劣质原油电脱盐技术填补了业内空白；开发的大型蒸馏塔多溢流设计以及气液均匀分布技术为大型化多溢流蒸馏塔的设计奠定了基础；开发的减压深拔技术适用于从轻质原油到超重劣质原油的各种原油，拔出深度可达565℃。集成各关键技术成果开发出千万吨级常减压蒸馏成套技术工艺包，装置能耗不大于9.5kg/t(标油/原油)，连续运行周期不低于4年。“千万吨级大型炼厂成套技术研究开发与工业应用”获中国石油天然气集团有限公司2021年科技进步一等奖，“千万吨级大型常减压蒸馏技术开发与应用”获得中国石油工程建设协会2018年科技进步一等奖。

开发了“生物滴滤+纤维活性炭吸附”恶臭气体处理技术，适合劣质重油加工装置在运行过程中产生的有毒有害VOCs气体集中无害化处理；开发的废固资源化工艺和无害化技术(油泥水热解+无氧热解析)，可资源化无害化处理炼厂含油污泥；开发的劣质重油加工点源高浓度污水预处理技术(沉降+浮选)处理后水质有毒有害有机物大大降低，可生化性提高，与其他来源废水一起进入综合污水处理系统进行达标排放处理；开发的生物法含油污水处理技术——水解+CAST核心工艺，处理后水质COD、TOC、总氮等指标大大降低，出水水质全面满足国家《城镇污水处理厂污染场排放标准》(GB 18918—2002)一级A标准排放或部分回用。

第一节　劣质重油常减压蒸馏技术

在原油的常减压蒸馏过程中，可以按制定的产品方案将原油分割成相应的直馏汽油、煤油、轻柴油、重柴油、蜡油或各种润滑油馏分等，也可以按照不同的生产方案分割出一些二次加工过程所用的原料，如重整原料、催化裂化原料、加氢裂化原料等。常减压蒸馏装置的设计和操作，对炼油厂的产品质量、收率、原油的有效利用以及全厂的经济效益都有很大影响。

一、劣质重油电脱盐技术

原油脱盐、脱水过程属于场分离(电场)过程。利用电压的场分离是一个破坏原油稳定乳化液的有效方法。原油的电破乳可分为三个过程：电聚结、水滴沉降和水滴在水层上的聚积[1]。施加在原油乳化液上的电场强度应该适宜，电场强度存在最佳值[2]。原油乳化液在电场中的停留时间应该合理，盲目地增加电场强度或原油乳化液在电场中的停留时间不会改善脱水效果，最优化的设计是使油水乳化液的细小水滴在高压电场中完成聚积后尽快离开电场，否则往往因脱水后原油本身具有的导电率而造成电场做功产生能量的损耗。

1. 劣质重油电脱盐技术现状

原油脱盐脱水的方法很多，常见的有交流电脱盐技术、交直流电脱盐技术、高速电脱盐技术、鼠笼式电脱盐技术、超声波强化电脱盐技术、双进油双电场电脱盐技术、脉冲电脱盐技术和高频电脱盐技术等，每种技术都有其产生的背景和适用的场合。电脱盐罐的形状和结构随着电脱盐工艺的改进而变化，主要包括罐体(外壳)、原油分配器、原油收集器、含盐污水排放设施和反冲洗系统等部分。总体来说，目前国内外各炼厂对轻质原油的电脱盐脱水处理效果较好，能达到相关行业标准。但是对重质原油的电脱盐脱水处理效果不好，严重影响炼厂的后续加工，带来了很多危害。因此，提高对劣质重油的电脱盐脱水处理效果是未来原油电脱盐脱水技术的主要研究方向。

目前，除了中国石油开发的智能响应控制电脱盐技术外，国内外对于劣质重油电脱盐技术鲜见报道。相关企业常减压装置面对原油重质化、劣质化造成的电脱盐频繁波动，操作难度日益增大的困局，常见的做法是与供货商及时沟通，采取筛选或更换破乳剂、不断调整优化运行参数、改造罐体结构、调整流程或者增加电脱盐级数等手段。例如茂名石化公司混炼高酸原油后，脱盐前原油、脱盐后原油盐含量都明显增加，脱盐后原油平均盐含量达到7mg/L以上，脱盐和脱水合格率分别仅为38.46%和20%。茂名石化采取了降低进厂原油的盐含量、水含量等措施；加强生产操作管理，强化对电脱盐工艺各项指标的考核；将二级脱盐改为三级脱盐；采用超声波脱盐技术或高速电脱盐技术；针对原油特性加强对破乳剂的筛选和使用；进行电脱盐工艺条件的优化评定；采用热量前移方法对装置换热网络进行优化改造，提高原油进电脱盐罐温度，以解决脱后原油盐含量超标问题[3]。

2. 中国石油劣质重油电脱盐技术

1）影响因素

重油相对密度大，黏度高，固体物等杂质含量多，给脱盐脱水带来很大困难，是未来原油加工中需要重视的问题，也是原油脱盐脱水面临的又一新课题。

(1) 脱盐脱水温度。

劣质重油和水的相对密度差较小，随着温度的升高，一般能够有效增加油水相对密度差，加速水滴的沉降。但在选择重油脱盐温度时，也要注意到水的相对密度随着温度升高的变化，在一定的工况下，可能出现水的相对密度低于油的相对密度的情况。如国内某炼厂加工奥里油时，当温度升高到140℃时曾出现过水层在上、油层在下的情况。因此，要针对不同重质原油，研究适宜的脱盐脱水温度。

(2) 电场强度与停留时间。

电场强度对水滴的聚结有很大的影响，提高电场强度，可以增大水滴之间的聚结力，加快水滴的聚结，在不引起电分散的情况下，提高电场强度对脱水是有利的。但电场强度过高，会导致耗电量增大，容易短路跳闸，而且会使水滴产生电分散作用。电脱盐罐体设计时必须考虑油流在罐体内的上升速度，如果油流上升速度大于水滴的沉降速度，水滴将来不及沉降，快速上升的油流将水滴带出罐体，造成脱后原油含水超标。将罐体内油流在最大截面处的上升速度作为电脱盐罐体规格设计的主要依据，原油在罐体内的停留时间与罐体规格直接相关。通过优化电场强度和原油进料结构或适度增大电脱盐脱水罐体的容积，将重油在罐内的停留时间延长，使在电场中聚集起来的水滴有充分时间沉降到罐体底部。

(3) 混合强度。

混合强度因原油品种和脱盐罐内部结构的不同而各异，一般情况下，加工较大密度的原油(911~966kg/m^3)混合阀压差控制在50~130kPa，加工较小密度的原油(800~911kg/m^3)混合阀压差控制在30~80kPa。经混合后，注入水分散成直径30μm的小水珠时，可以取得较好的脱盐效果[4]。另外，适当降低混合系统压力降，对混合系统采用特殊设计，可在较低混合强度下取得理想的混合效果。静态混合器与混合阀串联使用可以组成高效混合设备，静态混合器为预混合，混合阀作为补充混合且可调，两者串联使用，可灵活调节混合强度。

(4) 破乳技术选择和优化。

超声波强化原油电脱盐脱水技术在国内已有少量应用，处理效果较好，但超声波破乳的工艺条件控制要求较高，还需进一步完善超声波破乳的工艺条件，限制了其推广应用。

复配高效的电脱盐破乳剂和研发新型原油电脱盐破乳剂是探索电脱盐破乳剂的有效途径。通过破乳剂评价试验，结合不同原油性质选择合适的破乳剂，同时研究破乳剂的合理注入量。破乳剂的复配是利用破乳剂的协同效应，脱水速度快的破乳剂其脱出水的颜色较深，脱水速度慢的破乳剂其脱出水的颜色较浅，将两者复配可得到较好的效果。

(5) 注水水质影响。

电脱盐系统对注水水质(盐、氧及酸碱性物质的含量)有一定的要求，盐含量增高将增加脱后原油的盐含量或需增大注水量；氧含量增高会在脱盐温度下造成腐蚀；含酸碱性物质会改变原油乳化液的pH值，并与乳化液中的有机酸等物质形成具有表面活性的乳化剂，加剧乳化现象和排水带油现象。因此要保证注水水质，控制pH值在6.5~7.5之间，以减轻乳化程度。

(6) 工艺流程的选择。

增加脱盐级数，针对不同情况可采取三级甚至四级脱盐脱水工艺。

(7) 原油性质。

掺炼适量轻油，降低重油的相对密度和黏度。

(8) 含盐污水处理。

对常规原油而言，含盐污水的排水含油一般控制在100~200mg/L，而劣质重油的含盐污水排水含油量可以达到1500mg/L，其下游的污水处理厂应有足够的处理能力。也可考虑在排往污水处理厂之前，增设重污油回收设施。

2) 中国石油智能响应调压电脱盐技术

Merey16原油基本性质为水含量1.0%(体积分数)，盐含量193.6mg/L，密度0.948g/cm^3(23℃)，黏度246mPa·s(50℃)，具有高相对密度、高黏度、高含盐量、脱盐脱水困难等特点。中国石油和相关科研单位在对Merey16原油进行深入研究的基础上，开发了适用于以 Merey16 原油为代表的超重劣质原油电脱盐技术——高频智能响应调压电脱盐技术，解决了以 Merey16 原油为代表的重质劣质原油电脱盐问题，对重质劣质原油具有良好的适应性，使其脱水脱盐后的盐含量和水含量达到较好的水平。

高频智能响应调压电脱盐技术是一种能耗低、破乳能力强、对劣质原油适应性强、新型高效节能的电脱盐技术。高频智能响应控制电脱盐脱水电源由高频智能响应控制柜、防爆高频变压器、高压电引入棒、电脱盐脱水罐体和电极板组成，改变了传统的全阻抗设计，取消了内置在变压器的100%电抗器，避免了在电抗器上的电耗，特别是避免了乳化发生时在电抗器上的无用功消耗，具有明显的节能效果。高频智能响应调压电脱盐电源取消了多挡位高压输出，而采用 0~30kV 无级可调高压输出。通过检测并根据罐体内乳化液的乳化状况，调整施加在变压器的初级电压，从而优化施加在原油乳化液的高压，使输出的高压更适合所加工原油的性质和罐体内油水乳化液的实际情况，增强了高压电场的破乳效果以及对劣质原油的适应性。电脱盐设备高压电场的破乳脱盐效果与电压的波形密切相关。高频智能响应调压电脱盐技术通过采用高频(50~5000Hz 连续可调)增强对乳化膜冲击频次，相对于低频高压，增强了高压电场对油水乳化液界面膜的穿透力。输送到罐体内电极板上的不再是恒定不变的高压，而是频率和电压周期性变化的高压，这是一种高频波和次声波、高压和低压复合的波形。

高频智能响应调压电脱盐技术向电脱盐罐体内输入无级可调的高压电，即使罐体内发生乳化，也能够确保高压的顺利引入和有效高压电场的建立，而不会发生短路事故。同时，该技术能够根据罐体乳化状况的反馈自动调整输出电压，从而抑制油水界位处乳化的发生。当电脱盐罐内发生乳化出现持续高电流时，高频智能响应调压电脱盐技术能够通过电子调压器自动调整输出的电压和电流。调压器通过限制变压器的电流输出，减少传统电脱盐设备在短路运行时不必要的电能消耗，实现高效节能。同时，罐体内如果出现顽固乳化层等严重乳化现象而跳闸时，系统控制调压器能采用软启动的形式输出高电压，对油水界面膜进行冲击，直至破乳。这种控制方式极大地提高了电源的综合利用率，在节省电能的同时，确保变压器输出的最大电流不超过设定值，对设备起到保护作用，保证电脱盐设备的平稳运行。

高频智能响应调压电脱盐技术高压电场高效的破乳效果特别适用于易发生乳化的高酸值、高含水量、高电导率的重质原油的脱盐脱水处理，对劣质原油的处理具有较强的适应性。该技术可以根据所加工的不同原油的性质和特点，通过预先编程设定的波形曲线工作或通过控制器动态调整输出控制曲线和控制参数，在处理不同的油品时可以在线设定及修改动态调压曲线参数，以向不同的油品施加更适合该油品的电场强度和时间，使各种原油都达到较好的脱盐脱水效果。图 8-1 为智能响应控制电脱盐技术典型的电压输出曲线。

3. 工艺条件选择及应用效果

加工 Merey16 这类重质劣质原油，很容易在电脱盐罐内油水界面处生成稳定的难以破除的乳化物，而且随着时间的延长，聚积在油水界面处的乳化物逐渐增多，形成难以破除的顽固乳化层。顽固乳化层一旦形成，会在较短的时间内出现电流快速升高、短路或长期短路运行的情况，严重影响电脱盐装置平稳运行，脱后原油含水量、含盐量和电脱盐排水含油量都难以达到所要求的技术标准。在 Merey16 原油实验室冷模实验和热模实验基础上，

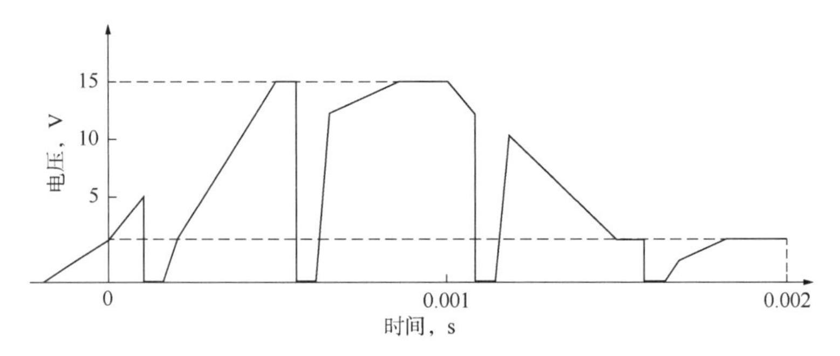

图 8-1　某原油的智能响应电脱盐电压输出曲线

研制开发成功针对以 Merey16 为代表的重质劣质原油电脱盐技术——高频智能响应控制电脱盐技术，具有较强的适应性，可以使其脱水脱盐后的盐含量和水含量达到较好的水平。

温度对 Merey16 原油运动黏度、水油密度差的影响如图 8-2 所示。原油的运动黏度随着温度的升高而下降；油水的密度差随着温度的升高先增后降。假设在注水量和搅拌速度一定的条件下，水滴的粒径大小相等并不随温度的变化而变化，则得到如表 8-1 所列的结果。随着温度的升高，无论油水的密度差增大还是减小，水滴的沉降速度(相对速度)均呈上升趋势，这说明油水密度差对沉降速度影响不大；这一结果却与原油黏度的下降趋势有着良好的对应关系。由此可以推断，温度主要是通过影响原油的黏度来加速水滴沉降的，油水密度差的影响比较小。

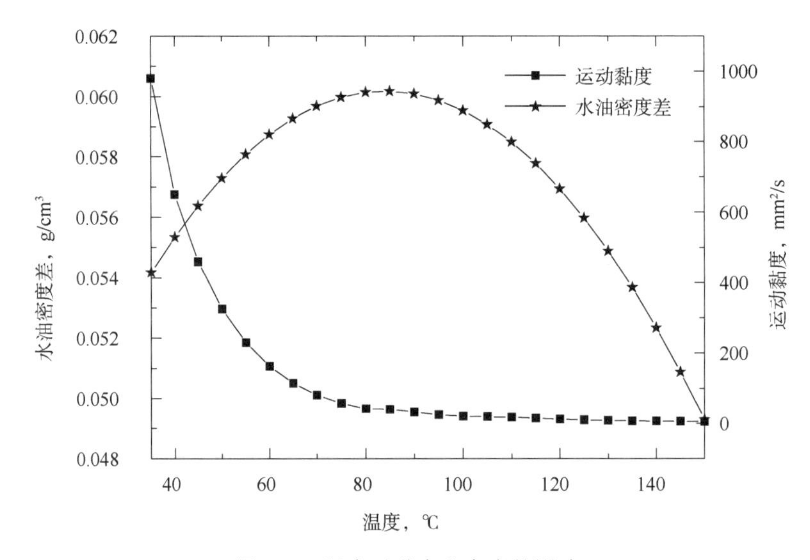

图 8-2　温度对黏度和密度的影响

表 8-1　温度对水滴沉降速度的影响

温度，℃	相对沉降速度	温度，℃	相对沉降速度
100	1	130	2.3
120	1.6	140	3.2

在电场强度 800V/cm、作用时间 5min、沉降时间 2min、注水量 7%(质量分数)、破乳剂用量 10μg/g 的条件下，进行不同温度下原油脱盐脱水的效果考察，结果如图 8-3 所示。可以看出，在其他因素一定时，随着温度的升高，原油脱后含盐含水量先减少后增加，这是由于温度增加黏度迅速减小，相对沉降速度增加，温度增加到一定程度黏度趋近某一值，而油水密度差却减小，推动力减小，相对沉降速度减小，另外，水在油中的溶解度增加，适宜的温度为 130~140℃。同时，考虑到装置的波动性，在工业装置换热网络设计上，最高操作温度按 145℃考虑，以增加装置操作温度调整的灵活性。但脱盐温度升高带来的不利影响使原油体积电导率增大、电耗增加，同时对脱盐装置特别是绝缘部件的要求较为苛刻。

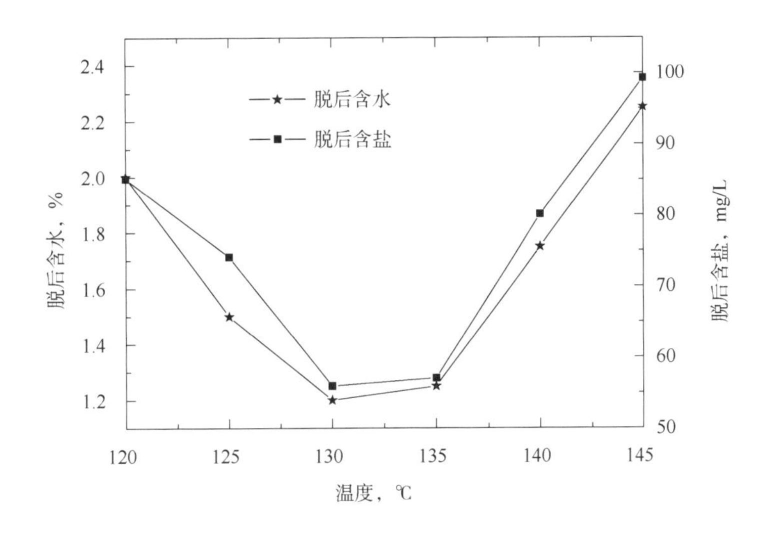

图 8-3　温度对原油脱水和脱盐的影响

在 Merey16 原油实验过程中，对 Merey16 原油脱盐脱水进行了各种电场强度的对比实验。发现由于 Merey16 原油乳化严重，对含水比较高的乳化液，需要采用较低电场强度的高压电场，以便高压电场的建立，避免出现断电事故。同时，对于含水较低的乳化液，分散在原油中的是一些乳化的细小水滴，这些细小水滴的聚集要求达到一定电场强度，才能有明显效果。因此，在 Merey16 原油脱盐过程中，高压电场强度设计上应当采用不同强度的梯度电场。对于高电导率劣质原油，采用固定挡位的电脱盐技术很难得到最适合乳化液破乳的高压，很容易出现设备长期短路运行的情况，使油位界位处的小水滴处于受力平衡状态而难以破乳。

在加工 Merey16 原油过程中，适合采用对重质劣质原油加工具有较强适应性的智能响应控制电脱盐技术。智能响应控制电脱盐技术向电极板上输出可调高压电，由于高压是变化的，水滴所受电场力的变化避免了该处细小水滴在某一固定高压电下形成的受力平衡，促进油水破乳和水滴沉降。

在脱盐级数上采用三级电脱盐工艺流程，在冷模优化基础上进行三级热模电脱盐脱水，脱后原油含盐量为 3mg/L，结果见表 8-2。

表 8-2 Merey16 原油三级脱盐工艺处理结果

参数	指标	参数	指标
原油含盐，mg/L	171.6	两级总脱盐率，%	95.3
第一级脱盐后，mg/L	25.0	第三级脱盐后，mg/L	3.0
第一级脱盐率，%	85.4	第三级脱盐率，%	62.5
第二级脱盐后，mg/L	8.0	三级总脱盐率，%	98.3
第二级脱盐率，%	68.0		

根据对 Merey16 原油实验研究以及工业应用成功经验，Merey16 原油电脱盐设计方案为：三级电脱盐流程，供电系统采用智能响应控制电源；千万吨级常减压脱盐罐规格为 ϕ5800mm×60000mm（切），原油在罐内最大截面上升速度为 1.08mm/s，整个水层体积 355.8m^3。原油在弱电场、中电场、强电场和高强电场中的总停留时间为 24.3min，原油在罐体内的停留时间为 56.7min，单位体积的罐体在单位时间内处理的原油量为 0.83m^3/（m^3·h），主要操作条件见表 8-3。

表 8-3 主要操作条件

名称	技术参数
处理量	1000×10^4t/a（全年 8400h）
操作弹性	60%～110%
加工原油	100%（质量分数）Merey 16 原油
操作温度	144℃
操作压力	约 2.7MPa
注水量及水质	注水量为原油流量的 5%～8%（质量分数），注水采用汽提净化水
注水温度	尽量接近脱盐温度，不小于 130℃
混合系统压降	50～120kPa
水冲洗系统压力	大于电脱盐操作压力 0.35MPa

在劣质重油加工过程中，其往往对第一级电脱盐冲击比较大，使第一级脱盐效率受到一定程度的影响，设计三级脱盐工艺流程是为了在第一级电脱盐设备脱盐效率受到影响的情况下，充分发挥后两级的脱盐作用，确保最终脱盐指标的实现。目前，由于所加工原油重质劣质化越来越严重，三级脱盐是解决劣质原油脱盐脱水的重要措施之一。就目前的重质劣质原油电脱盐技术发展来看，高酸重质原油电脱盐单系列处理能力已经达到 1200×10^4t/a，如果采用多系列的原油脱盐脱水处理方案，基础投资会大幅增加，而且由于设备增多，设备操作、维护和检修工作量和费用也会大幅增加，特别是在劣质重油加工过程中，其操作维护也有一定的工作量，对所需要的操作维护技术技能也有较高的要求。

中国石油智能响应控制电脱盐技术应用业绩见表 8-4。

表 8-4　中国石油智能响应控制电脱盐技术应用效果

序号	使用单位	装置名称	原料类型	控制指标
1	中国石油南方某石化分公司	1000×10^4t/a 常减压蒸馏装置 Ⅰ	基础工况：100% Merey16 原油； 替代工况：70%Merey16 原油和 30% Basra 原油的混合原油	脱后含盐≤3mg/L； 脱后含水≤0.4%(体积分数)； 排水含油≤1500mg/L； 电耗≤0.25kW · h/t 原油
		1000×10^4 t /a 常减压蒸馏装置 Ⅱ	基础工况：20%伊朗 Bahregan 原油，80%Basra 重质原油； 替代工况 1：20%伊朗 Bahregan 原油，40%Basra 重质原油，40% Merey16 重质原油； 替代工况 2：100% Basra 轻质原油	脱后含盐≤3mg/L； 脱后含水≤0.4%(体积分数)； 排水含油≤1500mg/L； 电耗≤0.25kW · h/t 原油
2	河北某化工集团有限公司	500×10^4 t /a 重交沥青装置	工况一：重油，相对密度 0.9593 (15.6℃)； 工况二：轻油，相对密度 0.8355 (15.6℃)； 硫含量的设防值为 2.0%(质量分数)，酸值设防值为 0.5mg KOH/g	工况一脱后含盐≤3mg/L； 工况二脱后含盐≤2mg/L； 脱后含水≤0.2%(体积分数)； 工况一排水污水含油≤200mg/L； 工况二排水污水含油≤100mg/L； 单级电脱盐电耗≤0.2kW · h/t 原料(不含乳化层专用电场)； 单级电脱盐电耗≤0.25kW · h/t 原料(含乳化层专用电场)
3	中国石油北方某石化分公司	500×10^4 t /a 常减压蒸馏装置	混合原油相对密度(20℃)0.910kg/m^3，酸值 1.45mg KOH/g，硫含量 0.29%(质量分数)	原油脱后含盐≤3mg/L； 脱后原油含水≤0.2%(体积分数)； 排出污水含油≤100mg/L； 单级电耗≤0.2kW · h/t 原油

中国石油南方某石化分公司 2000×10^4t/a 重油加工工程两套常减压蒸馏装置，目前项目处于建设期，都采用中国石油自主开发的智能响应控制的高频和高效交直流复合电场电脱盐技术，设三级电脱盐工艺流程；同时采用超声波电脱盐，加强脱盐效果。根据所加工的原油工况，1000×10^4t/a 常减压蒸馏装置 Ⅰ 3 台电脱盐罐大小均为 $\phi5600$mm×66000mm(切)，工作温度 140~144℃，工作压力 2.44~2.64MPa。1000×10^4t/a 常减压蒸馏装置 Ⅱ 3 台电脱盐罐大小均为 $\phi5200$mm×48000mm(切)，工作温度 134~138℃，工作压力 1.72~1.92MPa。电脱盐罐内件及变压器、混合系统、界位仪等均由电脱盐公司成套供应。电脱盐注水回用酸性水汽提装置产生的净化水，降低装置新鲜水消耗。电脱盐罐界位与相应的排水流量组成串级控制。

河北某化工集团有限公司 500 $\times10^4$t/a 重交沥青装置采用三级电脱盐工艺流程，第一级采用多级梯度复合电场电脱盐技术(含乳化层专用电场)，第二级、第三级采用智能响应电脱盐技术。三台电脱盐罐大小均为 $\phi5600$mm×37920mm(切)。电脱盐罐内件及变压器、混合系统、界位仪等均由电脱盐公司成套供应。装置兼顾轻重两种原料油加工工况，更能体现出智能响应技术的灵活性。目前设备已经完成制造和现场安装，进入开工筹备阶段。

中国石油北方某石化分公司 500×10^4 t/a 常减压蒸馏装置原电脱盐使用双进料双电场电脱盐技术，设备性能和运行效果不理想。对装置进行智能响应成套电脱盐技术改造后，于2017年投产，标定结果表明脱后原油平均含盐量为2.29mg/L，脱盐合格率为100.00%。满足合同中规定的脱后原油含盐量不大于3mg/L的工艺技术指标要求。改造前电脱盐电耗1.121kW·h/t，一次改造后电耗降至0.104kW·h/t。从目前运行效果来看，智能响应成套电脱盐技术运行安全稳定、节能效果显著。

二、劣质重油减压深拔技术

在加工劣质重油的过程中，拔出率将决定生产效率，同时也会影响企业的生产流程，因此需要对常规的常减压蒸馏装置工艺流程或设备进行改进。在世界原油日益变重的趋势下，提高原油的拔出率已成为全球炼化行业共同的趋势。

减压深拔是在现有重质馏分油切割温度的基础上，将切割温度进一步提高，来增加馏分油拔出率的方法，常减压蒸馏装置通过减压深拔技术可以增加蜡油拔出量，减少减压渣油量。直馏蜡油和渣油在后续加工过程中加工费、目的产品收率差别较大。提高原油拔出深度，从渣油中获得价值更高的直馏蜡油，为下游装置提供更多的优质原料，对提高炼厂的经济效益意义重大。减压深拔技术的研究内容包括减压炉、转油线、抽真空系统减压塔及其内构件，以及与工艺相配套的系统工程。同时，因深拔操作的切割点较高，直馏蜡油中的多环芳烃及硫、氮含量提高，氢含量降低，所以在加工流程中，需对深拔出的重蜡油加工方案进行系统考虑。

拔出率是常减压深拔装置最为关键的设计参数。目前，国外常减压蒸馏装置减压渣油的实沸点切割温度达565~600℃，国外加工原料较轻的原油，如布伦特油或高硫阿拉伯轻质原油，切割点可以达到607~635℃[5]。国内常减压蒸馏装置切割点一般能够维持在520~540℃，和国外相比有较大差距。相对于常规原油，劣质重油具有相对密度大、黏度高和重金属含量高等特点，其减压深拔更加困难，考虑的因素也更加复杂，减压蒸馏装置减压渣油切割点在520~540℃就可以认为是深拔。

重油减压深度拔的关键在于控制油品在减压炉管内及减压塔内部构件上不生成或少生成焦炭，从而实现深拔条件下的长周期安全生产。为满足深度拔出的需要，必然要求较高的塔顶真空度和较高的炉子出口温度，而真空度的提高因受到工程投资和能量消耗等各方面条件的制约而有一定的限度，因此深拔最为关键的手段就是提高炉温。提高减压炉的出口温度是实现减压深拔的必须途径，但温度的提高必然会增加油品结焦倾向。因此，需要研究油品在不同温度以及不同停留时间下炉管内结焦动力学，油气在炉管内的最佳流动形态、炉管内最佳油膜温度的控制，并指出油品在减压炉加热过程中存在相对应的安全操作区域，同时开展对减压深拔转油线的研究，以此分析出油品的深拔潜力。此外，还需要分析减压塔内部构件结焦的预防和控制。

1. 国外减压深拔技术

近年来，国外对减压深拔技术进行了较为深入的研究。国外拥有减压深拔技术的公司较多，其中最有代表性的是美国的KBC公司和荷兰Shell公司。

1）KBC 减压深拔技术

KBC 减压深拔的核心技术是拥有一套 Petro-SIM 模拟模型软件及强大的原油特性数据库，能针对各种原油模拟出一套具有可操作性的工艺操作条件和方案。KBC 减压深拔技术的优点是严格的控制减压炉炉管在低于结焦温度下运行，使减压炉在较高的炉出口温度下长时间运行。

（1）减压炉出口温度高。KBC 公司使用其专用的 Petro-SIM 模拟模型软件针对减压炉做出了特定的生焦曲线，严格控制减压炉炉管在低于生焦工况下操作，因而减压炉能在较高的炉出口温度下长周期运行。

（2）采用湿法操作。为了提高加热炉的温度，在减压炉辐射炉管的适当位置注蒸汽，同时减压塔底也注适量蒸汽。

（3）使用规整填料。取热段和分馏段采用规整填料，以降低减压塔的全塔压降，有效提高闪蒸段真空度。

（4）减压塔采用高速切线进料。有利于汽、液分离，减少汽化雾沫夹带，有效降低蜡油中的残炭含量。

（5）加热炉管横向排列。减轻炉管内油品因相变所产生的高温，同时还减少了焦粒的存结倾向。

（6）较大的减顶抽空负荷。因采用湿法操作，且减压炉出口温度较高，不凝气量较大，所以需要较大的减压抽空负荷。

2）Shell 减压深拔技术

荷兰 Shell 公司的减压深拔技术采用深度闪蒸高真空装置技术（HUV）来进行减压塔空塔设计，使得塔内真空度升高，从而使实沸点切割温度达到指定温度，达到了提高拔出率的目的。Shell 公司减压深拔技术的优点是减少填料的同时降低全塔压降，适用于新建减压塔装置的设计。

（1）空塔喷淋传热技术。除减压塔顶的减一线分馏段和进料上部洗涤段使用填料外，取热段均无填料，使用其专用喷嘴，返回油和油汽直接换热，减少填料投资，同时也降低了全塔压降。

（2）大口径低速转油线。有效降低转油线温降，提高减压塔闪蒸段温度。

（3）采用减压炉注汽操作。为了提高加热炉的温度，在减压炉辐射炉管的适当位置注蒸汽，减压塔底不注蒸汽。

（4）减压塔采用其专利的径向进料分布器——Schoepentoeters 进料分布器。有利于汽、液分离，减少汽化雾沫夹带，有效降低蜡油中的残炭和金属含量。

2. 国内减压深拔技术

国内减压深拔研究应用起步较晚，制约了炼油工业的发展。中国石化工程建设公司（SEI）、中国石化集团洛阳石油化工工程公司（LPEC）、中国石油大学（华东）清洁能源研究中心（RCCE）等单位对减压深拔技术做了很多积极探索，使得我国减压深拔技术取得了很大的发展。减压深拔受到多重因素制约，主要包括在深拔条件下的减压加热炉技术、减压转油线技术、减压塔技术及减压塔顶抽真空技术。劣质重油减压深拔的关键在于控制油品在减压炉管及减压塔内构件结焦，为减压深拔提供良好的环境。只有这些技术在减压系统中充分应用，减压深拔才能得以实现。总体分析，发展方向主要有以下几个方面：

(1) 减压深拔技术工艺研究：采用低压降和低温降的转油线、维持塔顶的高真空度(一般采用三级抽空系统，目前运用得比较好的抽空器能将减顶压力抽到 1.3~1.6kPa)、采用空塔喷淋传热技术、采用强化原油蒸馏技术等。

(2) 减压深拔技术设备研究：采用低压降的新型塔填料和内件、开发新型进料分布器和液体分布器、改进洗涤段的设计和操作、优化塔顶真空系统等。RCCE 在常减压蒸馏方面开发了 NS 系列塔内件专利技术，从常减压装置整体考虑统筹优化，将 NS 导向提馏塔板、NS 减压进料分布器、NS 洗涤段专用格栅填料、NS 复合穿流塔板、NS 抗堵喷射型液体分布器、NS 层塔式液体收集器以及直接接触传热技术的配套设备等设备硬件技术集成，通过提高常压塔拔出率、改善减压塔闪蒸段分离效果、减少雾沫夹带，提高减压塔闪蒸段真空度和闪蒸段温度、减少闪蒸段内回流、减压塔塔底微湿式汽提、提高切割清晰度等措施，达到低成本、低能耗的减压深拔效果[6]。

(3) SEI 和相关单位共同开发的减压深拔技术，主要采用急冷油循环及塔底阻焦技术来降低塔釜温度、控制塔底结焦及防止油品结焦堵塞等，并且已经成功应用在常减压蒸馏装置中。

(4) LPEC 结合减压深拔的技术特点，通过系统地研究不同性质的油品在不同温度以及不同停留时间下对其结焦生成量(甲苯不溶物)的影响，得到不同性质油品的临界结焦曲线，分析了油品结焦原因和影响结焦的相关因素以及油品的深拔潜力；通过对加热炉管的结焦机理及其关系式的研究，结合油品的临界结焦曲线，指出不同性质的油品在减压炉加热过程中存在相对应的安全操作区域；同时对减压塔内部构件结焦的预防和控制进行了分析。说明了油品深拔与结焦的内在联系，减压深拔的关键在于控制油品在减压炉管内及减压塔内部构件上不生成或少生成焦炭，从而实现深拔条件下的长周期安全生产[7]。

(5) 中国石油和相关单位通过技术攻关开发出具有自主知识产权的减压深拔技术，将相关设备和工艺结合，对减压炉、转油线、减压塔及其内构件以及抽空系统等进行详细分析、计算、优化，以达到减压深拔所需设备条件。同时，优化与减压深拔相关工艺操作参数，如减压炉注汽量、减压炉出口温度、减压塔顶压力和塔底急冷油回注量等。常减压蒸馏设计能力达 1600×10^4t/a，中国石油减压深拔技术与国内外技术的对比见表 8-5。

表 8-5 中国石油减压深拔技术与国内外技术的对比

序号	项目	国外先进	中国石化	中国石油
1	规模，10^4t/a	2000	1200	1300
2	连续运行周期，a	4~5	≥3	≥4.5
3	能耗，kg/t(标油/原料)	10.5~11.0	8.5~10.0	8.5~10.0
4	减压拔出深度,℃	575	≥565	≥565

采用中国石油自主知识产权的减压深拔技术进行新建及改扩建常减压蒸馏装置的设计和建设，可以节省相当可观的技术引进费用。

3. 中国石油减压深拔技术

1）减压深拔减压炉炉管结焦的研究

（1）炉管内油品结焦动力学研究。

通过油品结焦动力学研究、油品结焦过程的机理研究、减压炉管结焦判断准则的建立等相关研究及开发，对开发工作进行机理分析和计算机建模，并进行大量重复验证，对模型进行优化、完善，得到了单位时间内炉管单位面积上沉积的焦炭重量 r_c 的动力学模型[7]：

$$r_c = \alpha e^{\frac{-E_0}{RT_f}} C_x - k_c Re^{-\frac{7}{8}} D \frac{T_f}{\mu_m}(C_x - C_y) \tag{8-1}$$

式中 r_c——炉管结焦速率，g/（mm^2·a）；

C_x——软焦层底层结焦前体物的质量分数，%；

C_y——流动主体中结焦前体物的质量分数，%；

μ_m——壁温下的黏度，mm^2/s；

Re——雷诺数；

k_c——速率常数，s^{-1}；

T_f——油膜温度，K；

α——焦炭生成速率的频率因子，g/（mm^2·a）；

E_0——焦炭活化能，kJ/mol；

R——摩尔气体常量 kJ/（mol·K）；

D——结焦前驱物在流动边界层的扩散系数 g/（K·a）。

炉管结焦速率与油品性质、操作条件密切相关。流体的黏度越大，质量流速越小，结焦前驱物向主流体的扩散就越困难，炉管越容易结焦；油品结焦倾向越大、焦炭生成速率越快，则炉管结焦概率越大；油膜温度对生焦速率和脱落速率均有影响，温度越高，结焦速率越大；C_y 是过程累积值，对挂焦速率的影响体现在影响焦炭的脱落速率上，当 $C_y = C_x$ 时，即炉管内流速为零时，炉管挂焦速率急剧上升。应在减压炉内控制油品的停留时间，将油品的热转化率控制在加速拐点以下。

（2）油气在炉管内的最佳流动形态。

炉管内油气两相流型的控制是常减压蒸馏装置减压炉防结焦设计的关键，流型控制不当还会引起炉管管排震动，损坏炉管，尤其是对减压深拔减压炉的设计。在减压炉的设计和操作中，通常希望油气在炉管内呈环状流或环雾流，若设计不合理，部分炉管中会出现柱塞流和块状流。中国石油建立了一种研究减压炉炉管内油气两相流动形态的计算模型，并通过现场数据进行修正和完善。利用该模型研究设计工况下炉管内油气两相的流型演变规律，并得到了适合减压深拔减压炉炉管内油气两相的流型图，如图 8-4 所示。通过优化炉管注气位置和注气量的方法来改善油气两相流动形态。对减压深拔，增加处理量，加工重质原油等工况下的油气流动形态进行研究并优化，找到最佳的炉管注汽位置和注汽量。

（3）炉管内最佳油膜温度的控制。

通过研究设计工况下油膜温度及油品结焦倾向、炉管注汽条件对油膜温度及油品结焦倾向的影响、不同操作条件下油膜温度及油品结焦倾向，建立了反映炉管内油品结焦倾向的数学关联模型，并形成了油膜温度和油品停留时间关联图，得到了控制减压炉炉管内最

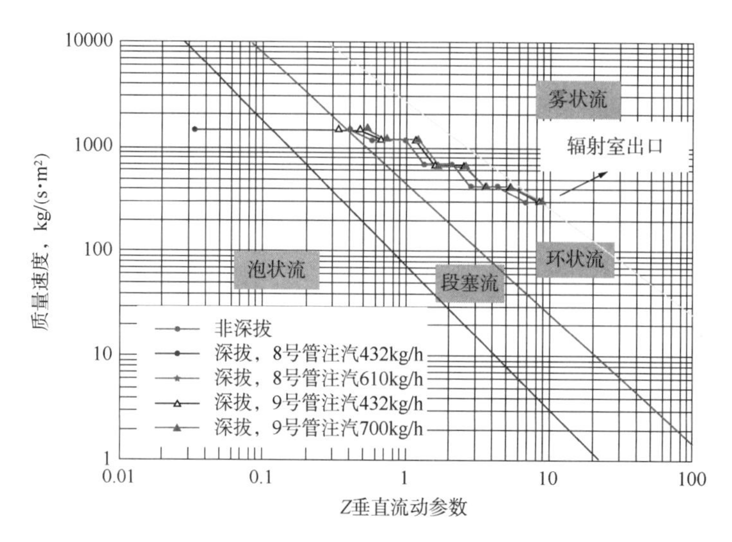

图 8-4　不同注汽点/注汽量时气液两相流型

佳油膜温度的方法。从优化炉管注汽位置和注汽量的角度研究加工重质原油、增加处理量、减压深拔等工况下油膜传热系数和油膜温度分布特征及对最佳油膜温度的控制。用图表法对各种工况下减压炉的结焦倾向进行评价，建立了炉管结焦的判断准则，为今后设计优化减压炉炉管内最佳油膜温度提供了理论支持。

（4）减压深拔转油线的研究。

通过理论建模的方法建立了用于优化转油线工艺设计的两相流计算模型，并采集大量现场数据对模型进行修正。通过消化、吸收国外工程公司的优秀设计理念，在此基础上进一步研究，确定出减压转油线宜采取适当控制转油线压降和流速，防止炉管结焦的方法，采用管内压力高、介质流速大、转油线尺寸较小的高速转油线设计理念，将转油线分为支管与总管，采用逐级合流的方式将油品从减压炉出口输送至减压塔，合流级数通常为一级或两级。

减压炉炉管、转油线和减压塔进料分布器作为一个整体进行分析设计，控制转油线油气流速、管系应力分析、优化减压塔闪蒸段油气均布分离，控制转油线内流体流动形式，设计出适合减压深拔工况的转油线系统。同时工程设计时优化管道布置和内部流场，改善管内流动均匀性，降低脉动强度，增强管道安全性。

2）减压深拔工艺塔内件技术研究

减压深拔需要较高的加热炉出口温度和较低的闪蒸段压力，实际生产过程中往往由于操作温度过高，导致塔内构件结焦，进而导致产品质量下降，运行周期缩短。针对减压深拔设计中存在的技术难题，开发研究出适应减压深拔的塔内件技术。

（1）减压深拔防堵塞液体分布器的研究。

填料塔液体分布器形式主要有管式、盘式、槽式和喷嘴等几种，减压深拔工况下，洗涤段使用以上分布器均存在分布孔结焦堵塞的危险。目前普遍使用的槽式液体分布器，其二级槽侧壁或底部开分布孔，设计中为保证填料所需要的喷淋点数，分布器开孔往往很小，经常堵塞造成液体分布不均。为克服上述液体分布器存在的不足，中国石油开发了一种适用于减压深拔洗涤段的新型防堵塞液体分布器，如图 8-5 所示。

开发的新型防堵塞液体分布器突出优点是：二级槽开孔直径远大于物系中易堵的颗粒直径，保证出液孔不被物系中易堵的颗粒堵塞，从而增强了分布器的抗堵塞性能；开孔数量不受填料形式限制，可以远少于采用填料所必须要求的开孔数量，液体经过一级槽分配进入二级槽，由二级槽分布孔经导流进入分配盘，一个喷淋点可分散成多个，满足了填料对喷淋点数的要求。最终可以保证液体的均匀分布，有效解决了洗涤段高温易结焦问题。

此外，考虑雾沫夹带对蜡油质量的影响，更加准确地计算最小喷淋密度及其对减压蜡油质量的影响，结合填料类型和高度，确定适宜的洗涤油量，保证洗涤段填料上、下表面及内部充分润湿。

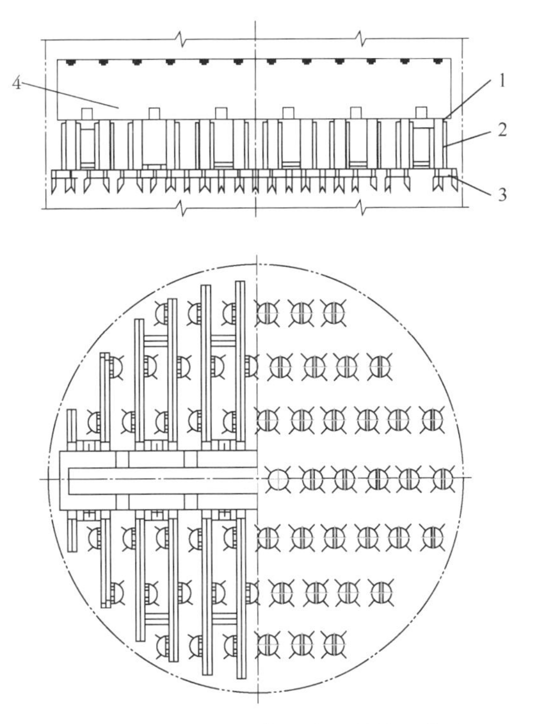

图 8-5　新型槽式液体分布器结构示意图
1—分布槽；2—出液槽；
3—分配盘；4—槽式液体分布器

（2）空塔喷淋及填料传热传质的研究。

通过空塔喷淋传热与填料传热对比试验研究、规整填料传质传热规律研究及规整填料体积传热系数测定，得到了空塔传热与填料传热传质规律。建立了多组分气—液直接接触的传质传热模型，并用于规整填料传热传质优化设计。同时测定了规整填料体积传热系数，建立了规整填料体积传热系数关联式。

（3）减压深拔防结焦集油箱。

对于位于进料口上方的过汽化油抽出集油箱，不但要解决热膨胀问题，还要求油品在塔内停留时间尽可能短，以防止结焦，针对减压深拔技术开发了专门用于过汽化油抽出的集油箱。这种集油方式显著提高了液体的收集速度，避免形成高液位，大大减少了液体在集油箱内的停留时间，缩短过汽化油在抽出斗的停留时间，有效解决了高温结焦问题，其结构如图 8-6 所示。

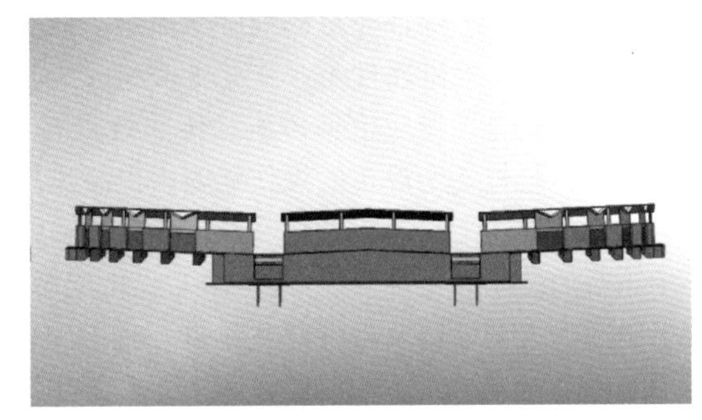

图 8-6　防结焦的过汽化油集油箱

（4）减压深拔洗涤段的优化设计。

减压深拔条件下，由于操作温度高，进料温度常常超过400℃，洗涤段的温度一般达390℃以上，比常规条件的减压塔洗涤段的温度高10~20℃，导致该段填料易结焦，从而使洗涤段失去洗涤作用，造成减压蜡油残炭和重金属含量超标，引起该段填料压降升高，降低减压拔出率，甚至会引起非计划停工，针对工程遇到的难题进行洗涤段优化设计研究工作。

① 洗涤段工艺研究。

洗涤段设计的优劣直接关系到减压深拔拔出率与装置运行周期，分别从影响洗涤段效率的闪蒸段雾沫夹带、非平衡转油线与闪蒸段、洗涤油喷淋量、过汽化工艺的选择等方面开展研究工作。

② 洗涤段规整填料选型。

针对减压深拔工艺，深拔减压塔洗涤段采用复合填料层进行设计，上部采用板波纹规整填料，下部采用垂直格栅，由于油气在转油线和闪蒸段没有达到平衡，气相组分含有的重组分，会导致蜡油质量下降，上部规整填料传热传质性能好，通量大，可以起到有效分离作用，同时防止结焦。下部格栅由于孔隙率大，主要作用就是聚结雾沫夹带的液滴，同时防止堵塞。中国石油开发的适用于洗涤段的规整填料——双向金属折峰式波纹规整填料吸收了普通板波纹填料压降低、传质效率高的优点，同时为进一步提高传质效率，吸收了Intalox散堆填料的优点，在板波纹板片上开设有ϕ2~5mm的小孔，以此提高板片间的汽液接触面积，从而达到提高传质效率的目的。该填料结构上的优化使汽液流路得到优化、传质效率得到提高；开孔率加大使通量提高、压降更低；比表面积提高使理论板数有所增加及抗堵塞能力等方面均优于Mellapak填料。保证了减压塔在较大的弹性范围内正常操作，用于减压深拔洗涤段上部上升油气与洗涤油的气液精馏，能很好地除去油气中的重渣油组分。

③ 洗涤段设计方法。

开发设计的减压深拔洗涤段可用于减压炉出口温度高于420℃的减压蒸馏装置。减压塔洗涤段设计由两层填料构成，上部为规整板波纹填料，下层为垂直格栅填料。减压塔洗涤段理论板数设置在2~3层，洗涤段高度过小易导致洗涤效果差，洗涤段填料过高，有可能出现干板状态，产生结焦。洗涤段下方设置防结焦过汽化油集油箱，洗涤段上部采用前述所开发的防堵塞液体分布器或喷射式液体分布器，保证洗涤油在填料中分布均匀。为达到较好的洗涤效果，应保证充足的纯洗涤油量，最小洗涤油量应不低于0.37$m^3/(m^2 \cdot h)$。填料顶部洗涤油最小喷淋密度不小于1.5$m^3/(m^2 \cdot h)$。应选用油气分布均匀、雾沫夹带小的进料分布器。填料设置应达到传质和传热效率高、低压降、抗堵塞能力强的目的，有效防止填料结焦，延长整个设备的操作年限，提高拔出率。

4. 应用业绩

中国石油的原油常减压蒸馏装置工业化成套技术包括过程能量优化组合、减压深拔、原油电脱盐、大型塔器及内件优化设计、抽真空优化设计等多个特色成套技术，拥有专利20余项，在国内外40余家炼油企业得到了成功应用。减压深拔成套技术已经具备全面加快推广和应用的条件，可实现常规原油的减压渣油切割点达到570~620℃，生产周期可达到4

年以上，已经成功应用于多套常减压蒸馏装置的设计中，例如玉门油田炼油化工总厂（简称玉门炼化）250×10^4t/a 常减压装置的减压深拔改造和吉林石化 600×10^4t/a 常减压蒸馏装置。

1）玉门炼化 250×10^4t/a 常减压蒸馏装置减压深拔改造

随着玉门炼化近几年加工的塔指原油和吐哈中质 II 原油比例的上升，特别是自 2015 年增加吐哈稠油加工比例后，导致所加工原油的重质化、劣质化趋势加剧，为常减压装置生产和后续加工带来了较大困难，导致常减压装置减压渣油产量逐步增加。为提高常减压装置总拔出率，提升企业经济效益，常减压车间运用多项技术对减压系统进行了减压深拔技术改造。

（1）减压塔改造。将减压塔改造成常规燃料型减压塔，减压侧线由 5 个减少为 3 个，中段取热仍为 3 个，调整侧线及中段抽出位置；更换新型抗堵塞液体分布器、防结焦全抽出型集油箱等塔内件；取消进料段捕液填料，散堆填料更换为规整填料，拆除 3 段填料，全塔压降明显降低；增加急冷油流程控制塔底温度。

（2）减压塔顶抽真空系统改造。装置原抽真空系统采用蒸汽+机械组合二级抽真空，塔顶油气先冷后抽。改造后采用三级抽真空，塔顶增设增压器，塔顶油气先抽后冷，塔顶设计残压为 15mmHg（绝压）。

（3）加热炉改造。对常压加热炉对流段进行优化改造，增加过热蒸汽排管用以加热 1.2MPa 蒸汽，蒸汽温度由 170℃提高至 270℃，提高外输蒸汽品质，减少总厂蒸汽外购量。同时将抽真空蒸汽引至减压炉对流段过热，消除抽真空蒸汽带水，稳定抽真空系统。

（4）减压转油线改造。原减压转油线为常规低压降转油线，减压深拔改造后，减压炉出口气化率更高，转油线内介质超速，需对减压转油线进行改造，达到长周期运行要求。同时需新增减压转油线固定支架。减压转油线高速段采用逐级汽化方法计算设计，逐级扩径，转油线低速段利旧原有管系。

（5）换热网络改造。加工原油重质化后，常压塔和减压塔各侧线抽出量与原设计相比，出现较大的变化，且原装置减压有 5 个侧线，热源零散，减一中线和减二中线抽出温度偏低，造成原有的换热网络效率大幅下降，常压炉入口温度仅为 260℃左右。采用窄点技术对换热网络进行优化，改造后设计换热终温达到 314℃，较改造前提高 50℃，节能降耗效果明显。

常减压蒸馏装置减压深拔改造完成后，部分参数达到国内先进水平，提高了减压塔顶及进料段真空度，提高了减压炉出口温度，减压蜡油实沸点切割温度由 520℃提高至 565℃，减压蜡油收率提高 6.47 个百分点，优化了下游催化裂化和焦化装置进料；换热网络优化后，常压炉入口温度提高约 50℃，装置能耗由 10.6 kg 标油/t 降至 9.4 kg 标油/t，产生了很好的经济效益。显著降低燃料气消耗，提高全厂经济效益的同时，也实现了节能减排目的。

2）吉林石化 600×10^4t/a 常减压蒸馏装置

吉林石化公司 600×10^4t/a 常减压蒸馏装置，加工大庆原油和俄罗斯原油的混合油，采用减压深拔成套技术设计，于 2010 年 10 月 11 日一次投产成功，装置由换热、电脱盐、初馏塔、常压炉、常压塔系统、减压炉、减压塔系统、轻烃回收、三注系统等部分组成。该装置实现了减压渣油切割点达到 565℃，重减压蜡油中镍+钒小于 3μg/g，残炭小于 1%（质量分数)，沥青质小于0.5%(质量分数)；该装置的减压转油线操作稳定；抽真空系统负荷比国内同类装置低5%~10%；装置换热终温标定数据达到314℃。装置自开工以来，产品收率和质量全部合格，连续运行平稳，能耗标定数据为10.13kg标油/t原油(包括轻烃回收部分0.79kg标油/t原油)，拔出率为79.2%。实施减压深拔后，蜡油收率更高，催化原料性质得到了改善，经济效益显著。

三、劣质重油常减压蒸馏工艺防腐蚀技术

常减压蒸馏装置是环烷酸、无机盐类、硫化物等各种腐蚀性物质侵蚀最严重、最复杂的装置。常减压蒸馏装置中设备和管线的腐蚀主要发生在120℃以下的低温腐蚀和220℃以上的高温腐蚀。其中低温腐蚀主要为$HCl+H_2S+H_2O$腐蚀，高温腐蚀则以高温硫腐蚀和环烷酸腐蚀为主，其机理分别为液相环境中的电化学腐蚀与高温环境下的化学腐蚀[8]。此外，常减压蒸馏装置还存在烟气硫酸露点腐蚀，其机理为$SO_3-CO_2-O_2-H_2O$型腐蚀，主要来源于燃料中的硫，燃料中的硫含量越高，腐蚀越严重[9]。

劣质重油往往具有高硫、高酸等特点，产地不同成分差异极大，在工艺设计之初，各项工艺防护措施等手段往往也是根据特定种类的原油而来，在长期的炼制过程中，应尽量保持油品稳定，否则易导致损毁设备。目前我国的炼油企业很难保持加工原油长期的产地同一性，做到相关配套的专用，主要采用原油混掺进行油品控制。但混掺原油的性质往往稳定性较差，与同参数的原生石油品质差异巨大，这给工艺防腐带来很大难度。应控制好进装置原油的硫含量、盐含量、水含量，原则上不能超过设计值。当有特殊情况需短期、小幅超出设计值时，要制订并实施严格的工艺防腐蚀措施，同时要加强薄弱部位的腐蚀检测和对工艺防腐蚀措施实施效果的监督。

工艺防护腐蚀技术是目前使用频率较多的技术，该技术可以延长管道和设备的使用寿命，减少外界因素对它的干扰和影响，操作人员可以直接对各项工艺的参数进行优化和调整，以确保该装置能够正常有序运行。常减压蒸馏装置中的工艺防腐是指为了解决诸如初馏塔顶、常压塔顶和减压塔顶等中低温重腐蚀部位的设备、管道等相关材料的腐蚀问题，而采用的以电脱盐、注破乳剂、注中和剂、注缓蚀剂、注水等为主要内容，并以其为主要防护手段的工艺控制措施。该技术是解决常减压蒸馏装置塔顶低温部位腐蚀的有效措施，其效果的好坏主要是通过原料质量的控制、电脱盐效果监测、塔顶冷凝水分析、在线探针监测及设备管线测厚结果来进行评价的。工艺防腐蚀方案应根据加工原料的变化、防腐效果评估、腐蚀检测或监测结果进行调整。

1. 电脱盐

炼油企业一般要求电脱盐能进行深度脱盐，如我国某石油石化公司炼油事业部要求脱后原油含盐量≤3mg/L、含水量≤0.2%(体积分数)以及污水含油≤150mg/L。本章第一节所述智能响应控制电脱盐技术对重质劣质原油加工具有较强适应性，能满足复杂工况下的脱盐脱水要求。

2. 注破乳剂

对于劣质重质原油，由于电脱盐中的乳化层比较顽固，电脱盐排水中的含油量较高，所以在电脱盐罐入口的原油中注入油溶性破乳剂的同时，需在电脱盐注水中注入水溶性破

乳剂，以保证电脱盐排水中油含量的指标。对重质劣质原油，原油泵入口设破乳剂注入点可使破乳剂与原油通过换热系统进行较好地混合，提高原油乳化液的破乳效果。

为减缓重质劣质原油对电脱盐设备运行的冲击，原油罐区添加油溶性破乳剂1~2μg/g会使进入常减压蒸馏装置的原油含盐、含水量有一定程度的降低。进行原油管理和罐区的脱水，构筑完整、牢固的炼厂“第一道防线”，以改善炼厂的原油适应能力，措施如下：

（1）沉降停留时间，宜在24h以上；

（2）原油进入储罐前注入低温预处理药剂并设置混合设施；

（3）加强原油罐区的脱水和含盐污水处理，输出原油含水和沉淀物量≤0.5%（体积分数）；

（4）如有污油回炼，尽量不进常减压蒸馏装置。如无其他装置处理时，应控制其含水量，并保持小流量平稳掺入。

3. 注中和剂

中和注剂的作用主要是中和塔顶的腐蚀性酸液，中和剂的选择要满足以下条件[10]：露点条件下迅速溶于水，最好要比HCl气体溶于水的速度还要快。与盐酸反应生成低熔点盐，生成非油溶性的盐，在气相中不与H_2S等弱酸发生强烈反应，中和剂具有较强的碱性是基本条件。

4. 注缓蚀剂

目前有些公司供应将中和剂与缓蚀剂复合配制的注剂——中和缓蚀剂，这种注剂不利于操作的调整和塔顶系统的腐蚀控制。一般中和剂是水溶性的而缓蚀剂为油溶性的，二者合注可能会产生乳化；同时当塔顶系统介质的HCl含量升高时需要提高中和剂的注入量，而此时缓蚀剂的注入量不一定需要调整，二者合注不利于注入量的调整。

5. 注水

在常减压蒸馏装置中，工艺设计的塔顶油气系统的温度至少应比其水露点高出20℃。注水的目的主要是消除HCl露点腐蚀，考虑到所注的水在下游管路和设备的分布，需要加入过量的水。对于直径1.2m以下的较小换热设备上游，要求注水量的至少20%在注水点下游应保持游离状态；对于较大的换热设备或空冷设备上游，要求注水量的至少30%在注水点下游且应保持液体[11-14]状态。注水点应选择在如果没有注水会发生水冷凝处（水露点）的上游。目前的一般设计是把注水注在塔顶油气管线中和剂、缓蚀剂注入点之后的立管上，注水管线设流量控制，注水点设法兰连接的分布管。为避免下游重新出现水露点和盐的沉积，宜将注水均匀分布于塔顶油气的管系尤其是塔顶油气换热器或空冷器的入口，注水点尽可能靠近塔顶油气换热器或空冷器，注水管线设流量控制和过滤器。

6. 优化原油加工流程

（1）常减压蒸馏装置内设置闪蒸塔或初馏塔。

一般情况下，常减压蒸馏装置由电脱盐、换热网络、初馏塔或闪蒸塔、常压炉、常压塔、减压炉以及减压塔等部分组成。考虑到石脑油在罐区存储的稳定性，目前新建的常减压蒸馏装置，大多考虑设置石脑油稳定塔。石油中的成分十分复杂，因此石油中各组分的沸点也存在一定的不同，石油炼制的原理就是通过利用石油不同组分的沸点以及挥发度之间的差异性，对各种馏分进行一定程度的分离。将石油中的较轻馏分及水分在闪蒸塔或初馏塔中分馏出来，从而使初底油或闪底油再进一步换热时不会发生气化和结盐，避免造成换热网络压降增大及由于两相流带来的振动问题和腐蚀问题，也减轻电脱盐操作波动对蒸馏塔的影响。相对于闪蒸塔流程，采用初馏塔流程要设置初顶冷凝冷却及回流系统，流程较复杂。

（2）常减压蒸馏装置减缓腐蚀的组合流程或替代流程。

220℃以上的高温腐蚀以高温硫腐蚀和环烷酸腐蚀为主，且腐蚀的产生都存在一定的条件。在满足产品方案的前提下，可以将减缓腐蚀也作为原油加工流程选取综合考虑因素之一，如采用常压蒸馏与焦化组合流程，或者用焦化流程替代，在特定情况下，要比采用单独的常减压蒸馏装置在防腐方面更有优势。

苏丹喀土穆炼油有限公司扩建工程 200×10^4t/a 延迟焦化装置一期工程建设一套 100×10^4t/a 延迟焦化装置，装置原料为苏丹六区的稀油：稠油=1：3 的混合原油。与通常的焦化装置原料(多数为减压渣油)相比，装置原料的基本特点是：盐及钙含量高、酸值高、水含量高、密度大、黏度高、轻组分含量高、硫含量较低，属于劣质重油范畴。

中国石油辽河石化公司不设置减压蒸馏装置，其 100×10^4t/a 延迟焦化装置加工超稠油和来自东蒸馏的常压渣油，辽河超稠油同样属于劣质重质原油范畴。

无论是苏丹炼厂的延迟焦化装置还是辽河石化的常压蒸馏—焦化组合工艺，从减缓腐蚀角度而言，都可以有效地避开有机硫和环烷酸的腐蚀峰值区间。焦化装置的焦化加热炉辐射段出口温度495~500℃，焦化工艺加热炉辐射段为高温段，在此温度下有机硫和环烷酸基本分解完成，对于焦化分馏塔的腐蚀大为减轻，同时对于焦化分馏塔的各侧线相关设备和管道的腐蚀也显著减少。而如果匹配减压蒸馏工艺，一般情况下减压炉的出口温度区间为370~420℃，正好处于有机硫和环烷酸腐蚀的峰值区间，减压塔及各侧线相关设备和管道材质都需要相应升级。因此，采用焦化方案或常压蒸馏—焦化组合工艺能有效缓解劣质重油带来的设备和管道腐蚀问题。

7. 常减压蒸馏装置腐蚀监测和腐蚀检测

在常减压蒸馏装置中主要的腐蚀监测和检测方法有定点测厚、腐蚀探针、挂片、化学分析和氢通量监测等。定点测厚主要针对“三顶”的冷却系统的空冷器、“三塔”大于220℃的易腐蚀部位、转油线直管和弯头等均匀腐蚀减薄部位。腐蚀探针主要埋装于“三塔”冷却系统的空冷器或换热器的进出口管线、回流管出口管线上、常压塔顶回流罐污水线口、减压塔顶污水泵进口以及蒸馏高硫高酸原油时的侧线(减二线、减三线、减四线)。常见的挂片部位是常压塔的上层塔盘、进料段、塔底以及减压塔的各段填料、侧线集油箱、进料段、塔底等。化学分析是一种同时具有检测和监测两种功能的手段，主要包括：电脱盐部分的脱前含盐、脱前含水、脱后含盐、脱后含水、排水含油；三塔冷凝系统的 pH 值，Cl^-、S^{2-}、Fe^{2+}、H_2S 含量；常底油、减底油、减三线、减四线分析含硫量、总酸值、Fe 离子或者 Fe/Ni；加热炉分析燃料油中的硫含量、Ni 含量、V 含量和烟气露点的测定。氢通量监测主要用于加工高酸原油时，监测减压系统侧线管道的渗氢量，以判断环烷酸腐蚀的程度。

第二节　劣质重油加工过程“三废”污染物及其排放控制技术

劣质重油中的极性分子尤其是硫化物、氮化物、含氧化物等非烃类组分物质，在原油深加工过程中，通过裂解、还原等反应容易产生极性更强、易溶于水的官能团，导致劣质重油加工废水的污染物负荷高、生物毒性强、可生化性差，达标处理难度大。劣质重油的组成特性也使加工过程产生的固废量增大，尤其是碱渣、污水处理过程产生的浮渣等固废物，碱渣、浮渣中的极性水溶性有机物、重质极性物使污泥稳定性增强，固液分离难度加大。劣质重油加工过程的污水处理、工艺过程产生的恶臭气体硫化物、含氮化合物较常规原油加工过程产生的多，加大了废气处理的难度，导致“三废”污染物减量化、资源化、无害化、达标排放等处理难度增大，运行能耗升高[15]。

本节阐述了劣质重油加工过程污染物排放的控制原则，介绍了劣质重油加工过程产生“三废”的基本特征、处理技术以及达到的实际效果。

一、劣质重油加工过程“三废”减排控制原则

1. 废气

劣质重油加工过程中有组织排放的废气污染物有碳氧化物（CO_2、CO）、硫氧化物（SO_x）、氮氧化物（NO_x）、硫化氢（H_2S）、颗粒物（TSP、PM_{10}）；无组织排放的废气污染物有挥发性有机化合物（VOCs）、恶臭物质（H_2S、硫醇、硫醚、二硫化碳）等[16]。

对劣质重油加工装置实施环保运行管理、采取清洁化生产工艺，从源头进行废气污染物减排控制；采用“吸附回收/氧化回收+催化燃烧净化（RCO）”“旋风分离+电过滤/清洗吸收”工艺路线，在末端进行污染物减排治理，废气净化处理后达标排放。

2. 废水

劣质重油加工过程中废水污染物有悬浮固体（TSS）、石油烃类化合物、溶解固体（TDS）及溶解气体。

基于废水可处理性及“清污分流”原则，污水系统划分为五大类：含油污水、含硫污水、含盐（碱）污水、生产废水及生活污水。废水排放指标有温度、pH 值、悬浮固体（TSS）、石油类、总有机碳（TOC）、总氮（TN）、总磷（TP）、化学需氧量（COD）、生物需氧量（BOD）、硫化物、氨氮、溶解固体（TDS）、重金属、酚类、芳烃（BTEX）、多环芳烃（PAHs）、甲基叔丁基醚（MTBE）、有机卤化物（AOX）、硫醇等。

对劣质重油加工装置用水和污水系统实施“节水减排”运行管理及工艺改造，在源头开展废水污染物削减控制；采用“分质预处理+综合处理+深度处理回用/‘近零排放’处理”工艺路线，在末端进行污染物减排治理。

废水净化处理后达标排放、回用，或实现废水“近零”排放及盐回收。

3. 废弃物

劣质重油加工过程中废弃物按形态分为固态、浆液状、液态等，其中 80%废弃物属危

险废弃物，具有易燃、反应、腐蚀、毒性(急性毒、浸出毒)、感染等特性，相对而言体量较小。

固态废弃物有废催化剂、废白土/废分子筛等，主要污染物有石油类、总石油烃(TPH)、重金属(镍、钒、锑)、硫化物、Al_2O_3 等。浆液状与液态废弃物有污水处理厂“三泥”(生化污泥、池底污泥、浮渣)、罐底油泥、废碱渣及废溶剂等，主要污染物有石油类、总石油烃(TPH)、重金属、硫化物、氮化物、卤化物、酸类、碱类等[16]。

对劣质重油加工装置实施废弃物“初级减量化”，在源头减少废弃物产生量；采用“回收+减量”“再生+减量”工艺路线，开展回收利用式“二次减量化”集中处置；最后采用“稳定+固化”预处理路线，对渣土实施无污染式的安全填埋处置，预期或可实现直接回归土壤中。

4. 其他环境问题

劣质重油加工过程的其他环境问题有：石油烃类化合物、重金属等对土壤和地下水污染，噪声、光、水雾对城市环境污染等，在炼化企业装置设计建设过程加以控制解决。

二、劣质重油加工过程废气排放及其控制技术

1. 劣质重油加工过程中的废气组成与危害

1) 废气来源及组成

劣质重油加工企业排放的废气分为两类：有组织排放源和无组织排放源。

有组织排放源包括燃烧烟气和工业尾气，主要有经常性的固定排放源，如加热炉和锅炉排放的燃烧气体、焚烧炉烟气、催化裂化再生烟气、焦化放空气、氧化沥青尾气、硫黄回收尾气等；无组织排放源主要有间断、较难控制的排放源，如油品装卸油时挥发、储存过程中挥发、设备管道和阀门的泄露、敞口储存设施恶臭气体的散发等。

劣质重油加工过程的废气污染物为 SO_x、NO_x、CO、CO_2、VOC、非甲烷烃和恶臭物质。

劣质重油加工过程中主要污染物来源及组成见表 8-6[16]。

表 8-6　劣质重油加工过程中废气的来源及组成

废气名称	主要污染物	来源
含烃废气	总烃	油品贮罐，污水处理场隔油池，工艺装置加热炉，装卸油设施，轻质油品和烃类气体的储运设施及管线、阀门、机泵等的泄漏
氧化沥青尾气	苯并芘	氧化沥青装置
催化再生烟气	CO_2，SO_2，CO，尘	催化裂化装置
燃烧废气	SO_2，NO_x，CO，CO_2，尘	工艺装置加热炉，锅炉，焚烧炉，火炬
含硫废气	H_2S，SO_2，氨	含硫污水汽提，加氢精制，气体脱硫，硫黄回收硫尾气处理
臭气	H_2S，硫醇、酚	油品精制，硫黄回收，脱硫，污水处理场，污泥治理

2) 劣质重油加工过程中废气的主要特点

(1) 装置废气排放量大，污染物浓度高，对地区环境影响严重；

（2）成分复杂，治理难度大；

（3）污染物质具有一定的毒性。

2. 劣质重油加工过程中废气的收集与利用

1）含硫废气的治理

劣质重油加工过程中会产生大量的硫化氢气体，目前大型炼化企业都建有硫黄回收装置，以克劳斯回收工艺为主的硫黄回收技术在设备、仪表及催化剂等方面正在不断改进和发展，硫的回收率也在不断地提高。但目前除一部分厂家从国外引进硫黄回收装置外，大部分厂家的硫黄回收装置设备陈旧。主要工艺流程为部分燃烧法、分流法、直接氧化法、含氨酸性气的两段燃烧法。使用三级克劳斯反应器转化率可达95%~97%，部分厂家使用二级克劳斯反应器，采用辅助燃烧器流程，转化率也可以达到96%以上。

硫回收率由于受反应温度下化学反应平衡的限制，即使在设备及操作条件良好的情况下，最高的硫回收率只有97%左右，尾气中有相当于装置处理量3%~4%的硫会以不同形式排入环境，污染空气。

2）含烃废气的治理

炼化企业在生产、储存和运输的各个环节都会有烃类的排放和泄漏，目前采用各种工艺进行回收利用，改进工艺设备减少油品的挥发损失，选用密封性能好的阀门、法兰垫片和机泵以防泄漏，炼化企业对蒸馏塔顶的轻烃气进行回收利用。装有苯类的成品油罐及中间罐产品较易挥发，将苯罐连通，共同设一个二乙二醇酸吸收塔，将排空的芳烃气体吸收，饱和后返回进行再生。对原油、汽油、苯类产品等轻质油品使用浮顶罐存储，油品的挥发损失比拱顶罐减少约90%。轻质油品在装车过程中，由于轻质油品的喷洒、搅动和油品置换出油气污染空气，严重影响人的健康，采用浸没式装车可以使油品挥发损失量减少约50%，目前炼化企业的油品装车主要采用这种技术，该密封装车技术是目前效果较好的装车技术。

3）含氮氧化物的废气治理

燃料的燃烧排放出氮氧化物，生产过程中氮氧化物的具体治理方法有：在催化剂的作用下利用还原剂将NO_x还原为无害的氮气；水和碱液吸收含有氮氧化物的尾气；使用固体吸收法处理含氮氧化物尾气；使用脱硝催化剂治理高浓度的NO_x废气；燃烧过程中的氮氧化物的治理主要是采用控制燃烧过程中影响氮氧化物产生的因素，如空气—燃料比、燃烧空气温度、燃烧区冷却程度等。

4）含颗粒物废气的治理

催化裂化装置再生器排出的烟气中含有大量粉尘，一般再生器内装置均设有一、二级旋风分离器以除掉粉尘，在再生器管道上目前国内使用的三级旋风分离器，其形式为多管式、旋风式和布尔式三种，采用这三种旋风分离器可使烟气中催化剂颗粒物的浓度降低70%~80%。使用电除尘法能有效降低催化剂及其他材料生产过程中的粉尘排放量。

5）火炬气的治理

火炬气中的可燃气体含量相当大，排入火炬的气体燃烧会形成二氧化硫、氮氧化物、噪声等污染，目前主要的处理技术有：设置低压石油气回收装置；采用新型或巨头和低耗长明灯，逐步实现自动点火。

6）VOCs 等恶臭气体的治理

工业生产过程中排放的低浓度挥发性有机物（VOCs）与含硫含氮等恶臭气体不但对人的身体健康具有非常大的危害性，而且对工厂周边环境及生态造成严重的影响。传统的处理技术存在着投资大、运行成本高等弊端。生物法废气净化技术是近年来发展起来的一项净化低浓度工业废气的新型技术，逐渐发展成为工业废气净化研究的前沿热点之一。生物净化技术主要有生物洗涤、生物滴滤和生物过滤。其中生物滴滤塔（BTFT）具有投资省、运行费用低、二次污染小、操作维护简单、净化效果好、反应条件易于控制、经济廉价及环境友好等优点而呈现最广阔的应用前景，在国内外已有较多的研究和应用。

生物滴滤的实质是附着在生物填料介质上的微生物在适宜的环境条件下，利用废气中的污染物作为碳源和能源，维持其生命活动，并将它们分解为 CO_2 和 H_2O 等无害无机物的过程。废气中污染物首先经历由气相到固/液相的传质过程，然后才在固/液相中被微生物降解。

3. 废气处理应用案例

中国石油辽河石化超稠油污水预处理装置运行过程中，产生大量有毒恶臭气体，这些恶臭气体主要组成是水中的含硫含氮物质与 VOCs 污染物，包括硫化氢、硫醇类、硫醚类、氨、胺类，以及烷烃、烯烃、芳烃、酚、醛、酮等，其中硫化氢、甲硫醇、甲硫醚以及 VOCs 的含量较高。采用生物除臭工艺，集中处理后，达标排放。

1）工艺流程

恶臭气体治理主要采用微生物强化处理手段，利用特种微生物和恶臭污染气体接触，当气体经过生物表面时，气体中有毒有机污染物被特定微生物捕获并降解，从而使有毒有害污染物得到去除。

系统构成包括恶臭气体收集单元、预处理单元、BTFT 处理单元等。

工艺流程如图 8-7 所示。

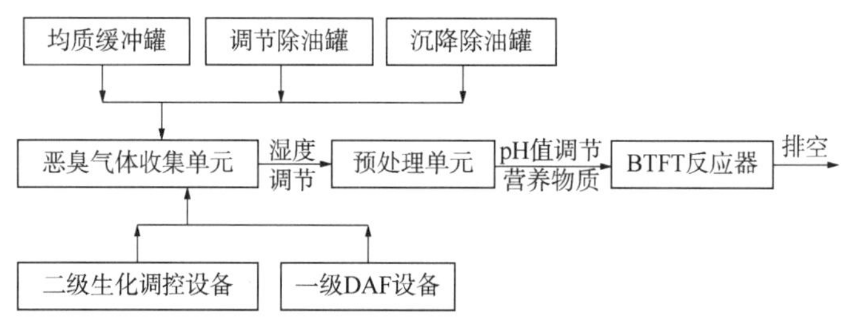

图 8-7　超稠油污水预处理装置恶臭气体治理工艺流程图

（1）来自均质缓冲罐、调节除油罐、沉降除油罐、一级溶气气浮（DAF）设备与二级生化调控设备的恶臭与 VOCs 气体经密闭收集后，首先经过预处理单元，去除气体中的颗粒和分离油分，为恶臭气生物降解处理提供合适条件。

（2）恶臭气体进入洗涤塔，维持洗涤塔中恶臭气体相对湿度为 80%～95%，温度为 25～35℃。

（3）恶臭气体经洗涤塔处理后进入生物滴滤塔（BTFT），通过增加营养物质，调节 pH 值，强化处理降解含硫污染物与 VOC_S 气体，净化后的气体达标排放。

2）技术优点

（1）在恶臭气体引出管线上加组合引风装置，采用无级调速变频电动机，通过调节引风系统电动机转速控制抽气量。该系统通过差压变送器实现自动控制，提高系统的运行的稳定性，节约风机电耗。

（2）在恶臭气体预处理过程中采用初级过滤器和预洗涤器，有效地控制和调节恶臭气体物理特性，为 BTFT 的稳定运行提供有利条件。

（3）在 BTFT 反应器内加装 FT-1 型复合型填料，填料上附着生长的微生物种类多；供微生物生长表面积大，结构均匀、孔隙率大、吸附性好，营养成分合理，BTFT 短期停运时也可保持微生物活性。

三、劣质重油加工过程废水排放及其控制技术

1. 劣质重油加工废水水质特性

1）废水来源及主要污染物

劣质重油加工过程中产生的废水和主要污染物见表 8-7[16]。

表 8-7　劣质重油加工过程废水来源与主要污染物

生产工艺过程	废水来源与主要污染物
常减压蒸馏	常压蒸馏装置塔顶冷凝水，主要含有 H_2S 和 NH_3（大多以 NH_4HS 形式存在），还有少量的酚，呈碱性； 减压蒸馏塔顶冷凝水、蒸汽喷射器的蒸汽冷凝排水，主要含有 H_2S、酚、油，水呈乳浊状
催化裂化	催化裂化反应器汽提过程将油和催化剂分离时排出蒸汽冷凝水，水中主要含有氨、硫酚类化合物； 催化裂化分馏塔顶回流罐产生酸性冷凝水，含 NH_4SH、酚类和氰化物
加氢精制	废水中主要含有高浓度 H_2S，NH_3 和酚
丙烷脱沥青	废水中含有少量油、硫化物和氨
延迟焦化	废水中主要含油、硫化氢、氨和酚
电脱盐脱水	废水主要含盐、油、酚和硫化物等，水多呈乳浊状
其他	油品储罐清洗排水，主要含油和有机物

2）废水特点

（1）废水排放量大；

（2）废水成分复杂；

（3）废水毒性大，难处理。

2. 劣质重油加工废水处理技术

1）含硫废水处理技术

劣质重油加工过程产生大量含硫污水，如果不经处理直接排入污水处理厂，则会对后续生化处理带来很大冲击，因此含硫废水需经过脱硫脱氮预处理，才能进入污水处理厂。含硫废水的预处理技术主要为水蒸气汽提法。

汽提法主要用于脱除废水中的挥发性溶解物质，其实质是通过与水蒸气的直接接触，

使得废水中的挥发性物质按照比例扩散到气相中去，从而达到分离废水中污染物的目的。用蒸汽汽提时，蒸汽起到了加热和降低气相中 H_2S 分压的双重作用，促使其从液相进入气相，实现水中脱硫。

2）含环烷酸废水处理技术

劣质重油加工过程中产生的含环烷酸废水 COD 高，其有机物主要是环烷酸，在酸性污水中以环烷酸形式存在，在碱性废水中以环烷酸钠形式存在，由于环烷酸和环烷酸钠是强表面活性剂，直接进入生化处理系统会引起生化池表面产生大量泡沫，并造成活性污泥死亡。因此，需要进行减量化预处理，将其中的环烷酸分离出来后进入污水处理厂。

（1）处理方法。

环烷酸回收方法主要是硫酸法。

（2）处理流程。

① 连续硫酸法流程。

连续硫酸法流程如图 8-8 所示。

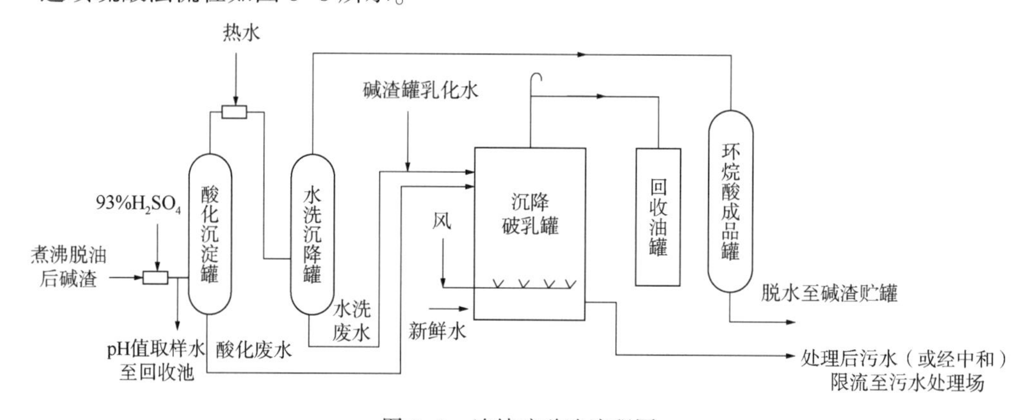

图 8-8　连续硫酸法流程图

煮沸脱油后的乳化水送至沉降破乳罐，然后连续引入酸化和水洗废水，停止进料后鼓风搅拌，接着静置 8h。从罐的下部加人新鲜水，顶部上层的油相进入回收油罐。下层酸性水限流至污水厂处理。

② 间歇硫酸法。

碱渣酸化罐沉降分离出的酸性水自流到酸性水罐，酸度大的水送至中和罐，用 NaOH 溶液中和后，限流排至污水处理厂。由于采用间歇硫酸法，酸性水有足够的沉降时间，从而可减少酸性水中环烷酸含量，另采用碱中和酸性水，使废水 pH 值符合污水厂进水要求。

3）劣质重油加工含油废水综合处理技术

劣质重油加工过程中产生的含油废水的处理方法一般有均质、隔油、气浮、生化处理等。含油废水处理技术按治理程度分为一级处理、二级处理和三级处理。一级处理所用的方法包括格栅、沉砂、调整酸碱度、破乳、隔油、气浮、粗粒化等；二级处理方法主要是生化处理，如生物活性污泥法、生物膜法、生物滤池、生物接触氧化、生物氧化塘法等；三级处理方法有吸附法、化学氧化法、膜分离法等。一般废水经二级处理可达到排放标准，回用时采用三级处理。

（1）均质。

由于炼化企业废水来源广，特别是当原油性质改变、加工工艺变更，或者装置开停工初期和检修期间，废水水量和水质变化很大，因此在废水处理厂设置均质池(罐)十分必要。

均质的作用：缓冲进水量峰值；均匀废水中的污染物(COD、BOD、SS 等)；调节 pH 值；对冲击水量提供储存容量。

均质池(罐)的位置有串联型(即全部流量都通过均质池)和并联型(即仅仅是超过正常流量的多余水量才进入均质池)两种。均质池一般放在隔油池处理后、气浮处理前，或放在气浮处理后、生化处理前，后者采用较多。

（2）隔油。

隔油是重力分离法的一种，其原理是在重力作用下，使废水中所含的油及其他悬浮杂质根据相对密度的不同自行分离，相对密度小于水的上浮，相对密度大于水的则下沉，隔油可以使废水中的浮油和粗分散油与水分离，且回收油品。国内目前常用的隔油池有平流式、斜板式、平流加斜板组合式三种。

（3）气浮

由于隔油池只能去除含油废水中的浮油和粗分散油，对于细分散油、乳化油去除效果很差，所以隔油后一般紧跟着气浮处理，气浮法的关键是在水中通入或产生大量的微细气泡。炼化企业废水处理中除了使用常规加压溶气气浮(DAF)之外，还使用喷嘴型和叶轮旋切型两种诱导气浮装置。

（4）生化处理[17]。

① 活性污泥法。

目前我国劣质重油加工废水的二级处理技术多采用活性污泥法，在传统活性污泥法问世以来的几十年里，生产实践大大推动了该技术的不断发展，相继出现了渐减曝气法、阶段曝气法、生物吸附法、完全混合法、延时曝气法、深井曝气、氧气曝气等常规改进工艺，以及氧化沟法、AB 法、SBR 法及其变形工艺。

a. 纯氧活性污泥法。

纯氧活性污泥法采用纯氧代替空气作为微生物氧化分解有机物的氧源，可以有效增加废水中溶解氧浓度，从而提高废水处理效果。其中德国林德公司的 UNOX 纯氧曝气污水处理系统是现阶段较为成熟的纯氧曝气成套装置，全世界目前有数百套 UNOX 装置在运行。自 1984 年以来在大庆石化公司、天津石化公司、齐鲁石化公司、扬子石化公司等已装备使用 UNOX 装置。

b. 氧化沟工艺。

氧化沟又名“循环曝气池”，混合液在环状曝气渠道中不断循环流动。该处理工艺具有出水质量好、设备运行稳定、操作管理方便等优点，所以许多企业，如抚顺石化公司、广州石化公司、北京燕山石化牛口峪污水处理厂、石家庄炼化公司等都采用该技术。牛口峪污水处理厂设计规模为 $6\times10^4 m^3/d$，主要处理乙烯生产过程中所排废水及居民区少量的生活污水。该厂采用二级生物处理工艺，生物处理工段为 Orbal 氧化沟，全套技术从美国引进，配套设备为国内产品，1994 年 12 月建成投产。

c. CAST 工艺。

CAST(Cyclic Activated Sludge System)工艺是循环式活性污泥法的简称，又称为周期循环活性污泥工艺。整个工艺在一个反应器中完成，工艺按“进水—出水”“曝气—非曝气”顺序进行，属于序批式活性污泥工艺，是 SBR 工艺的一种改进型。它在 SBR 工艺基础上增加了生物选择器和污泥回流装置，并对时序做了调整，从而大大提高了 SBR 工艺的可靠性及处理效率。具体运行方式如图 8-9 所示。

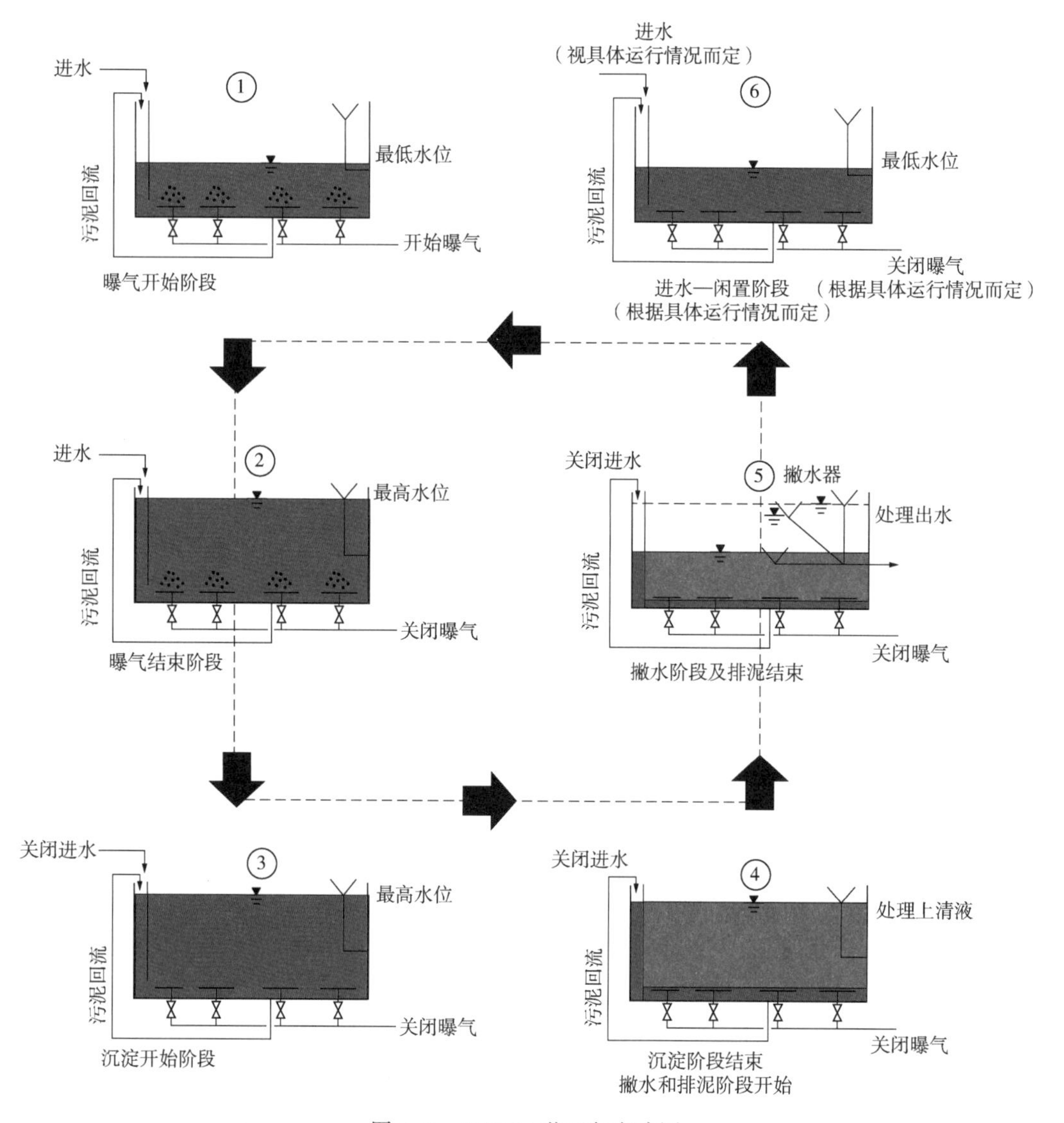

图 8-9　CAST 工艺运行方式图

CAST 工艺在一个反应器中完成有机污染物的生物降解和泥水分离过程。反应器分为三个区，即生物选择区、兼氧区和主反应区。生物选择区在厌氧和兼氧条件下运行，使污水与回流污泥接触区，充分利用活性污泥的快速吸附作用而加速对溶解性底物的去除，并对难降解有机物起到酸化水解作用，同时可使污泥中过量吸收的磷在厌氧条件下得到有效释放。兼氧区主要是通过再生污泥的吸附作用去除有机物，同时促进磷的进一步释放和强化氮的硝化/反硝化，并通过曝气和闲置还可以恢复污泥活性。

CAST 工艺中设有生物选择器，在此选择器中，废水中的溶解性有机物物质能通过酶反应机理而迅速去除，选择器可恒定容积也可变容积运行，多池系统的进、配水池也可用作选择器。污泥回流液中所含有的硝酸盐可在此选择器中得以反硝化，选择器的最基本功能是调节活性污泥的絮体负荷，防止产生污泥膨胀。在 CAST 工艺的主曝气区进行曝气供氧，主要完成降解有机物和同时硝化、反硝化的过程。CAST 池子的末端设有潜水泵，通过此潜水泵不断地从主曝气区抽送污泥至生物选择器中，所设置的剩余污泥泵在沉淀阶段结束后将工艺过程中产生的剩余污泥排出系统。目前辽河石化污水处理场即采用 CAST 工艺，具体生化处理工艺为："一级水解酸化→CAST→二级水解酸化→BAF→混凝兰美拉沉淀池"。

② 好氧生物膜法。

好氧生物膜法是指使废水流过生长在固定支撑物表面上的生物膜，利用生物氧化作用和各相间的物质交换，降解废水中有机污染物的方法。好氧生物膜法废水处理设备分为生物滤池、活性生物滤塔、生物转盘、生物接触氧化装置、生物流化床，其中曝气生物滤池应用最广泛。

曝气生物滤池(BAF)也叫淹没式曝气生物滤池，它充分借鉴了污水生物接触氧化法和给水快滤池的设计思路，其工艺原理为在滤池中装填一定量粒径较小的粒状滤料，滤料表面生长着生物膜，滤池内部曝气，污水流经时利用滤料上高浓度生物膜的生物絮凝作用截留污水中的悬浮物，并保证脱落的生物膜不会随水漂出。运行一段时间后，因水头损失增加。需对滤池进行反冲洗，以释放截留的悬浮物并更新生物膜。

自 20 世纪 80 年代欧洲建成第一座曝气生物滤池污水处理厂后，曝气生物滤池已在欧美和日本等发达国家广为流行，目前世界上已有数百座污水处理厂采用了这种技术，最初用于污水的三级处理，后发展成直接用于二级处理。其最大特点是集生物氧化和截留悬浮固体于一体，节省了后续二沉池，在保证处理效果的前提下使处理工艺简化。此外，曝气生物滤池工艺有机容积负荷高、水力负荷大、水力停留时间短、所需基建投资少，能耗及运行成本低，同时该工艺出水水质高。

③ 活性污泥法与生物膜法组合。

a. 生物接触氧化与活性污泥法串联处理含油污水。

1975 年，北京市环境保护科学研究所首先进行了生物接触氧化法处理城市污水的试验，以后逐渐在国内推广使用。青岛石化自 20 世纪 80 年代以来，一直沿用。隔油—浮选—曝气活性污泥法，这一老三套工艺处理炼化污水，虽经多次技术改造，处理后的污水只能达到 GB 8978—1988 二级排放标准。1995 年又新建一座均质池和生物接触氧化池，与原污水处理厂设施串联运行，收到了良好的效果。生物接触氧化池是由池体、填料、布水区和曝气系统等部分组成，填料表面供微生物栖息繁殖，曝气提供微生物生长所需氧气。经充氧的污水浸没全部填料，并以一定的速度流经填料，填料上长满生物膜，污水与生物膜相接触，在生物膜上微生物的作用下，污水得到净化。曝气系统采用直接在填料池底部设进气管由鼓风机向填料鼓风供氧。填料表面的生物膜由好氧和厌氧两层组成，好氧层厚度一般为 2mm 左右，有机物的降解主要在好氧层内进行，工艺流程如图 8-10 所示。

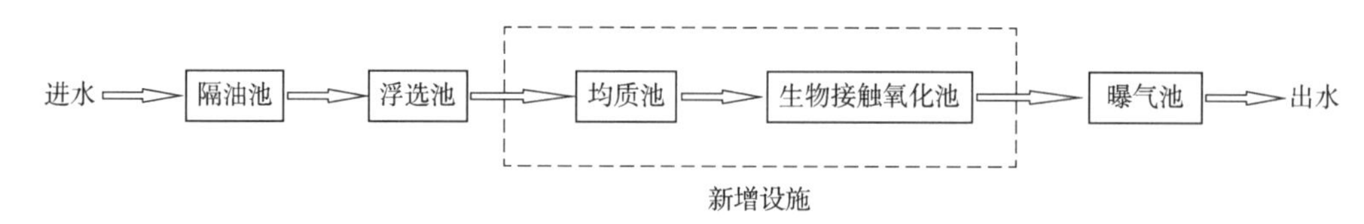

图 8-10　生物接触氧化与活性污泥串联生物处理工艺流程图

b. 生物滤塔与加速曝气池串联两级处理含油废水。

茂名石化公司含油废水采用生物滤塔与加速曝气池串联法治理，其工艺流程如图 8-11 所示。废水首先进入平流隔油池除去部分悬浮物和浮油，再进入斜板隔油池除油，经过二次除油的废水进入浮选池进一步除油，然后通过生物滤塔、加速曝气池进行生化处理，净化水进监护池后排放；油泥、浮渣、活性污泥进板框压滤机处理。生物滤塔共有 3 座并联使用，分别以酚醛树脂玻璃钢和聚氯乙烯为填料，制成蜂窝状，每塔处理水量为 100～200m^3/h。

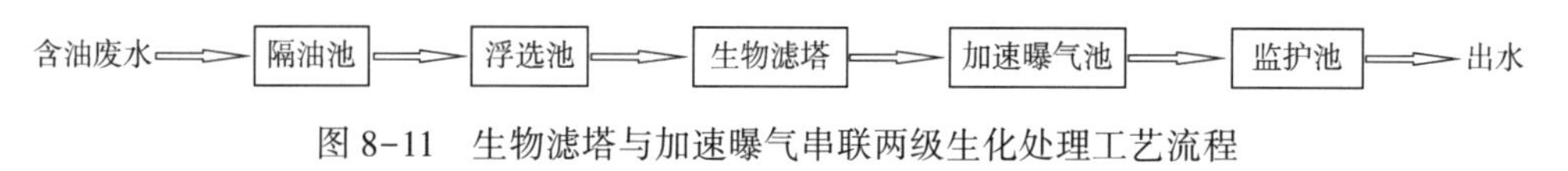

图 8-11　生物滤塔与加速曝气串联两级生化处理工艺流程

④ 膜法 A/O 工艺。

A/O 工艺与 AO_1O_2 工艺如图 8-12 和图 8-13 所示。该工艺处理水质组成复杂、毒性大、有机物浓度高的炼化废水时，采用先厌氧后好氧(即 A/O 生物法)的处理法，其好氧可生化性提高 20%～40%，这是因为废水中的有机物经厌氧生物处理后部分得以降解去除，部分有机物分子结构上有很大改变，转变为好氧微生物易于分解的有机物。但由于单级 A/O(先厌氧后好气生化处理)流程不能完全保证污染物的出水合格率，改为 AO_1O_2 工艺流程处理后，最终出水合格率都有较大幅度的提高。增设二级好氧池的优点是一级硝化池中随污水流失的硝化菌在二级消化池继续发挥作用。同时，该流程既能减少一级消化池的进水负荷、延长废水在硝化池内的水力停留时间、使废水在一级消化池中得到充分处理，还可以减轻二级硝化池进水有机负荷，以提高二级硝化池去除污染物能力。

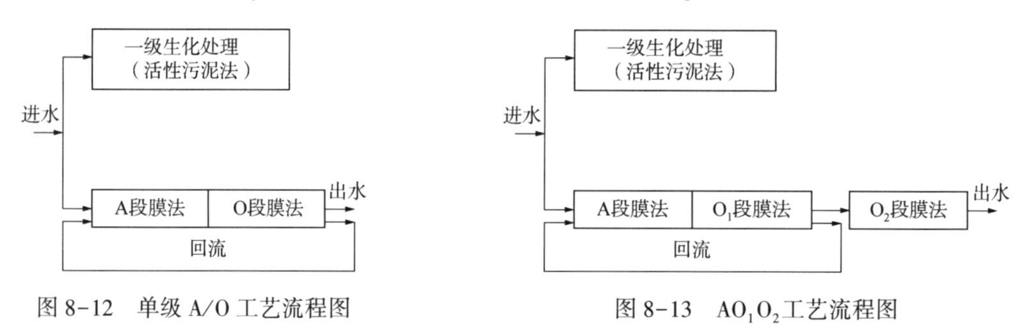

图 8-12　单级 A/O 工艺流程图

图 8-13　AO_1O_2 工艺流程图

⑤ 氧化塘法。

燕山石化牛口峪污水处理厂采用了氧化塘工艺。其废水主要来源于减压蒸馏、催化裂化、分子筛脱蜡罐区储运系统，经隔油、浮选和曝气处理后经提升泵站，进入氧化塘自然氧化。氧化塘属于深度净化废水设施，入口处水质已达国家工业废水排放标准。该水塘为自然泡沼式氧化塘，由于自然日照、风浪充氧而繁衍水草、藻类等水生植物，并放养鱼类构成一个生态系统，其水质用综合指数法或用模糊数学法评价都达到了地面三级水体的标准。

（5）深度处理。

① 过滤。

过滤可以分为生化处理的前处理或后处理，主要除去污水中的油、悬浮固体或活性污泥。其机理主要有以下两个方面：一是滤料的拦截作用，污水中的悬浮固体和油的较大颗粒在滤料表面被拦截，较小的颗粒则被悬浮固体堵塞滤料形成的小孔隙“筛网”截留下来；二是滤料的凝聚作用，污水中的悬浮固体和油与滤料碰撞接触时，由于分子引力的作用，被吸附于滤料表面或滤料表面的絮凝物上，凝聚作用在过滤中起主导作用。

通过过滤，废水中油和悬浮物的去除率可达 60%~70%，同时对污水中硫、酚、COD 等的平均去除率在 20%~30%。过滤主要使用的方式有：普通快滤池、反向滤池、压力过滤罐等。

② 活性炭吸附。

活性炭是多孔物质，有很大比表面积，一般为 800~1200m^2/g。活性炭吸附操作工艺简单，操作方便，再生后可重复使用，可用于劣质重油加工废水的二级处理与深度处理中，还可以直接加入曝气池中，使生物氧化作用与物理吸附作用同时进行。

③ 臭氧氧化。

臭氧氧化法作为劣质重油加工废水的三级处理，可以将生物作用难以氧化的有机物直接氧化去除，提升出水水质。也可应用于特定炼厂废水水质改性过程中，除臭并提升废水可生化性。

3. 劣质重油加工废水处理应用案例

辽河石化公司是中国最大的“稠油加工基地和沥青生产基地”，稠油加工污水水质恶劣，曾对污水处理厂造成过严重冲击，其含油、含毒与有害物质浓度很高，且可生化性差。辽河石化污水处理按照“清污分流、污污分流、分质处理”的原则，其中对超稠油加工污水强化预处理除油、提升可生化性后，与其他污水一起进入污水处理厂进行综合处理。强化预处理过程的稳定运行是整个污水处理厂出水达标排放的重要保证。

1）辽河石化污水处理系统工艺流程

超稠油污水包括：超稠油罐区脱水、焦化电脱盐污水、大吹汽小给水冷凝水、南蒸馏电脱盐污水、西蒸馏电脱盐污水、东蒸馏电脱盐污水与剩余净化水。污水处理厂综合污水处理工艺流程为：超稠油污水预处理出水+其他来源污水→沉降除油罐→组合式斜板隔油设备→一级 DAF 气浮→二级 DAF 气浮→一级厌氧水解酸化罐→CAST 池→二级厌氧水解酸化池（SAHA）→曝气生物滤池（BAF）→兰美拉斜板沉淀池→监测水池→达标排放。其中超稠油污水的强化预处理流程为：稠油污水进水→均质调节罐→沉降除油罐（调节水罐）→组合式斜板隔油设备→一级 DAF 气浮→二级生化调控。综合工艺流程如图 8-14 所示。

2）强化预处理单元工艺运行流程

超稠油污水强化预处理单元的高效运行是后续综合污水处理单元能够稳定运行并达标排放的重要保证，主体工艺流程运行方式如下：

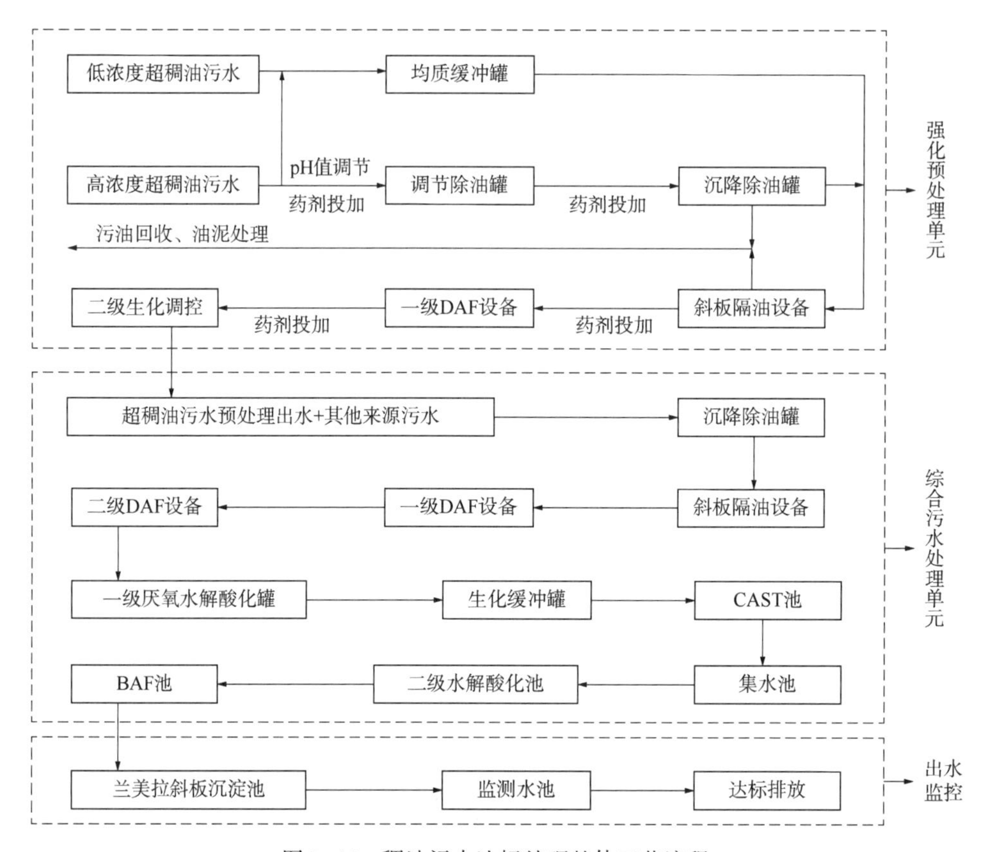

图 8-14 稠油污水达标处理整体工艺流程

(1) 高浓度超稠油污水与低浓度稠油污水进入均质缓冲罐进行均质处理，污水中大部分的 SS 以及浮油和分散油等在该阶段去除。浮油与分散油送至污油罐回收，底部泥渣送至污水处理厂“三泥”装置处理。

(2) 经过沉降除油罐初步净化的超稠油污水与除油脱硫剂混合在斜板隔油设备中完成油、水、泥的分离，其中的 SS、分散油与大部分乳化油在此阶段去除。浮油与分散油送至污油罐回收，底部泥渣送至污水处理厂“三泥”装置处理。

(3) 隔油沉降罐出水、均质缓冲罐的混合出水与混凝剂、助凝剂(脱硫除臭剂)充分混合、反应后进入一级 DAF 设备，去除 COD、乳化油、SS、含硫污染物；降低逸出气体中恶臭物质含量。

(4) 一级 DAF 设备出水进入二级生化性调控设备，二级生化性调控设备采用臭氧催化氧化系统与 DAF 系统相结合的运行方式，实现污水中可溶性污染物与非可溶性污染物的同步去除，进一步降低污水中恶臭物质含量，降解大分子有机污染物，消除生物毒性，提高水质的可生化降解性能，B/C 值不低于 30%，达到设计指标要求后进入生化处理单元进行后续处理。

3) 综合污水处理单元工艺流程及外排监控

经强化预处理后的超稠油废水水质可生化性与毒性大大降低，与其他来源废水一起进入后续污水处理系统进行综合处理，具体工艺流程运行方式如下：

(1) 污水经过沉降除油罐、斜板隔油罐以及两级 DAF 浮选等物化处理系统除油后进入生化处理单元，水体中绝大部分的非溶解性污染物(石油类、SS 等)被去除，达到石油类低于 10mg/L、SS 低于 10mg/L 标准后，进入一级水解酸化罐。

(2) 一级厌氧水解酸化罐通过工艺参数调整将厌氧消化控制在水解、酸化阶段，在去除 COD、石油类的同时，将大分子难降解物质转化为小分子物质，提高污水的生物降解性能，达到 COD 去除率不低于 40%、B/C 值不低于 40%标准。

(3) 一级厌氧水解酸化罐出水进入 CAST 池进行“进水—曝气—沉淀—滗水”等工艺操作，完成 COD 的降解，氨氮的硝化—反硝化去除。

(4) CAST 池出水进入二级厌氧水解酸化，使水体中的剩余难降解 COD 转化为易降解的 COD，提高污水的生物降解性能，为 COD 的最终去除提供保障。

(5) 二级厌氧水解酸化池出水进入下向流曝气生物滤池(DBAF)，进行剩余 COD、BOD_5的降解，剩余氨氮的去除与 SS 的截留。为确保出水 100%达标以及为中水回用提供稳定的优质水质，DBAF 出水进入出水监控单元进行处理。

(6) DBAF 出水进入兰美拉斜板沉淀池，兰美拉斜板沉淀池利用浅层沉淀理论，采用侧向流形式，水流方向和颗粒沉淀方向呈垂直关系，相互无干扰，沉淀效果更好。与絮凝剂充分混合后，进一步去除生化处理不能降解的有机污染物胶体和生物碎片。

(7) 兰美拉斜板沉淀池出水进入监测池，出水水质全面满足国家《城镇污水处理厂污染物排放标准》(GB 18918—2002)一级 A 标后排放或部分回用。

四、劣质重油加工过程废弃物排放及其控制技术

1. 劣质重油加工固体废物种类与危害

1) 劣质重油加工固体废物来源、种类及性质

劣质重油加工过程中产生的固体废物主要来源于生产装置与污水处理厂，产生的固体废物种类繁多，主要有废碱液、废白土渣、罐底泥、污水处理过程中产生的“三泥”等。不同固体废物的具体来源与性质见表 8-8[16]。

表 8-8 劣质重油加工固体废物来源与性质

固体废物种类	固体废物来源	固体废物性质
废碱液	电化学精制、碱洗工艺	多为棕色和乳白色或灰黑色的恶臭稀黏液
废白土渣	精制润滑油的废白土吸附剂	多为黑褐色的半固体废渣，含油和其他无机物
罐底泥	各类油品储罐沉积物，生产装置各类容器清洗时的油泥和杂质	大部分为含油等杂质的黑色黏稠液
污水处理场“三泥”	隔油池池底的沉积油泥，浮选池投加絮凝剂产生的浮渣，生化处理工艺中产生的剩余活性污泥	油泥相对密度为 1.03 ~1.1，含水率 99%以上；浮渣相对密度为 0.97 ~0.99，含水率 99%以上；剩余活性污泥主要由各种微生物菌胶团组成，吸附了一定量有机物和无机物的絮状污泥，含水率 99%以上

2）劣质重油加工固体废物主要特点

(1) 有机物含量高。

原油的加工损失率一般为0.25%，其中大部分存在固体废物中。如炼化企业油品酸、碱精制产生的废碱液，油的含量高达5%~10%，环烷酸含量达10%~15%，酚含量高达10%~20%。

(2) 危险废物种类多。

如炼化企业的酸碱废液，不但含有油、环烷酸、酚、沥青质等有机物，还含有毒性、腐蚀性较大的游离酸碱和硫化物。有机废液中60%以上的物质属危险废物。油含量高的罐底泥、池底泥具有易燃易爆性，也属于危险废物。

3）劣质重油加工固体废物的危害

劣质重油加工固体废物有着多方面的严重危害，具体表现在以下几个方面：

(1) 侵占大片土地；

(2) 污染土壤；

(3) 污染水体；

(4) 污染大气；

(5) 影响环境卫生。

2. 固体废物资源化工艺与无害化技术

1）焚烧处理

通过对废碱液的直接焚烧消除其危害性。

2）污水处理厂含油污泥处理技术

“三泥”含水率较高，首先需要经过污泥调质后机械脱水形成脱水泥饼，然后对脱水泥饼进行处理，主要的处理手段有热处理和生物处理。热处理技术可以回收一定的可燃气，其中的“低温热处理工艺”已经商业化应用；生物处理技术是通过微生物降解其中的大部分有机物，逸出的少量有机物通过活性炭吸收处理。

绝大多数炼厂对污水处理厂污泥的处理方法是浓缩、脱水、焚烧。焚烧是将污泥进行热分解，经氧化使污泥变成体积小、毒性小的炉渣。

第三节　技术展望

一、劣质重油常减压蒸馏技术

常减压蒸馏装置在炼油环节中属于能源消耗的主要部分，其消耗能量约占炼厂总用能量的15%[12]，常减压蒸馏装置的设计与操作过程中有许多技术关键点，所以常减压蒸馏装置的处理精度、技术控制水平以及能源控制能力都将直接决定炼厂经济效益并间接影响现代炼厂的发展。

1. 常减压蒸馏装置节能新技术[13]

常减压蒸馏装置的用能过程优化主要是有效能分析以及能量梯级利用，从能量平衡的角度，对常减压蒸馏装置的具体用能展开分析。

1）优化匹配方法

系统优化方法是打破单套装置的局限性，依据不同温度梯度将常用的装置进行合理联合，然后展开大面积冷热流的优化匹配。在常减压蒸馏装置的实际运行中，从整体上制定出常减压蒸馏装置的有效节能方案，最大程度上提升对能源的利用率，避免出现高热量低利用的情况。另外，合理利用和回收常减压蒸馏装置中间产物的热量，为下游加工装置直接提供热进料则更加有助于提高节能效果。例如，常减压蒸馏装置的渣油以及蜡油采用热供料方式，直接为催化裂化等装置提供原料，借助于这种组合的装置联合系统，可以减少常减压蒸馏装置产品冷却负荷及能耗，从而减少冷却水的用量，同时降低下游装置原料加热造成的热负荷及能耗，实现综合节能，减少运行成本，节能效果更加理想。

2）工序网络优化

主要手段是采用高效冷换设备，对蒸馏塔中段回流以及塔顶回流进行合理取热，高温位热源适当增加有利于提升换热温度。在满足工艺条件的前提下，根据换热网络中有效能情况，采用夹点技术对换热网络进行优化设计，实现各温位的合理匹配，达到换热终温高、换热设备少、换热面积省的目标。同时考虑合理利用低温热，用于发生低压蒸汽、产生热媒水等场合，以充分回收常减压蒸馏装置的低温热。

3）能量转换使用水平

常减压蒸馏装置中，能量转换环节主要耗能设备包括常压炉、减压炉和一系列机泵。通过借助新技术以及新设备，减少燃料消耗及节省电耗是降低装置能耗的重点。在常减压蒸馏装置中燃料的消耗是最主要的能耗，减少燃料的消耗首先是提高加热炉效率，常见方式包括降低排烟温度，强化加热炉烟气余热回收；利用燃烧器火嘴新设备，将炉内燃烧效率提升到理想程度。燃烧的效果以及雾化性能是由燃烧器火嘴的结构决定的；还可以为加热炉炉膛内壁喷涂耐高温和耐腐蚀的涂料，减少加热炉散热损失。这种节能涂料是借助于二次辐射的技术原理开发的，基体表面黑度增加，基体表面在吸热之后实现二次辐射，增加辐射传热。这样可以使热效率得到一定的提高，减少燃料消耗。此外，采用新型节能电脱盐设备、高效抽真空设备、变频调速技术等一系列高效节能设备技术都是行之有效的节电措施。

2. 先进控制技术

受成本利润的影响，炼油企业必须不断优化控制系统，我国大部分的炼厂采用的是集散控制系统，虽然该系统操作便捷、运行稳定，但其控制功能非常单一，只能完成一些常规的操作，不能对复杂化的操作过程进行有效控制。因此，有条件的炼油企业可以引进先进控制系统，增强炼油企业生产的控制能力，保证常减压蒸馏装置运行的稳定性和可靠性，达到设备节能、提质增产的目标。

3. 原油快速分析技术

我国大量进口原油，进口原油的种类非常多，其中有不少是所谓的“机会油”，或者比重很大，或者含酸很高，或者杂质很多。有时油轮抵达码头后才知道是什么油，工作人员需要对这些油品进行快速地分析评价。原油快速分析技术是基于现代分析仪器的原油评价技术，可以在短时间内（10~15min）获得原油及各种油品的性质数据，其中应用较成熟的有近红外光谱(NIR)及核磁共振波谱(NMR)技术。近红外光谱主要与有机分子中含氢基团(O—H、N—H、C—H)振动的合频和各级倍频的吸收区一致，具有丰富的结构和组成信息，测量方便、速率快、成本低。核磁共振分析是一种电磁分析技术，在磁场下使原子核发生跃迁，通过波谱上的位置和强度来定性及定量分析各种分子结构，具有样品前处理简单、模型鲁棒性好等优点。近红外及核磁共振等光谱、波谱技术均是通过已有数据事先建立分析模型，然后再对未知样品进行预测。每一种关联性质均需建立模型并进行校正后，才能用于未知样品的预测。原油的快速评价可以有效解决石化企业对于原油性质快速认知的需求，并且可以解决原油调和过程中的原油性质预测问题，准确把握参与调和的原油组分性质，为原油的在线优化调和提供基础。

4. 数字化工厂

数字化工厂概念很宽泛，不同行业有不同的内涵和外延。万晓楠等[14]对数字化工厂的概念做如下定义：“数字化工厂是运用计算机技术对真实工厂进行虚拟现实的仿真；实现在工厂全生命周期各阶段下，本源与运行状态信息的数字化。”数字化工厂分为静态数字化工厂和动态数字化工厂，如工厂建设、技术研发、技措技改、信息化项目实施等属于静态数字化工厂范畴；工厂日常管理运行，技术研发后的新产品、工艺投用，项目上线后的日常应用则属于动态数字化工厂范畴。数字化工厂的本质特征是信息、信息流和工作流的数字化。通过对数字化工作流、数字化信息流的有效管理和利用，控制、管理、利用物流和资金流，实现数字化工厂的组成成员之间的数字化、网络化协同协作。数字化工厂是一种针对基层企业信息化深入开发应用的模式，具有实施个性化、系统集成化、数据高精度和全员性工程等特征。数字化工厂提供更精确的静态与动态数据，是集散控制系统及现场总线控制系统应用发展到一定水平后的一种集成，是企业基层单位各车间、自动控制、计算机应用等信息化综合水平发展到一定程度的必然产物。

5. 分子炼油

面对原油资源的劣质化和日益严格的环保要求等多元化挑战，通过优化炼油生产，实现精细化加工，以最小的成本生产清洁的石油化工产品，特别是炼厂需要根据用户的需求生产具有特定性质的产品，已成为全球炼油企业的共识。传统的优化方法和工具主要是基于集总和虚拟组分模型，计算得到的产品分布只能以混合物及其整体性质体现。集总模型无法对汽油和柴油中的芳烃、烯烃及氧、硫、氮含量等进行更为细致的描述，难以满足产品质量升级和进一步提升加工效益的需求。随着科技的发展，特别是现代分析技术和计算机技术的飞速发展，分子炼油技术正在逐步发展，分子炼油主要包含原料表征和分子尺度反应过程模拟两个关键技术环节。从分子水平来认识石油加工过程、准确预测产品性质，优化工艺和加工流程，提升每个分子的价值。

二、劣质重油加工过程“三废”污染物的排放控制技术

劣质重油加工过程“三废”污染源排放的废气、废水及废弃物中污染物均呈现出浓度高、组分复杂及毒性强等特性，随着环保法规要求日益严格，“三废”污染物减量化、资源化、无害化、升级达标排放的要求将逐步提高，“三废”处理新技术不断涌现。

1. 高浓度难降解点源污水预处理技术

近年来对于污染物浓度高、生物难降解污水，催化氧化技术在降低 COD、提高污染物的可生化性方面显示出非常好的效果。

对于高有机物含量废水，近年来研究者将电化学氧化与催化氧化耦合，用于废水处理技术中。研究表明：采用电催化氧化的方式对难降解废水进行处理，可在 6h 内将其 COD 从 22000mg/L 降低至 6625mg/L，B/C 值由 0.066 提高至 0.63，满足后续生化处理的要求。

另外，采用亚临界水催化氧化技术可在较短的反应时间内(一般不多于 2h)可将 COD 的去除率保持在 80%~90%。在优化的反应器设计和耐腐蚀材料满足工程要求的条件下，采用超临界水催化氧化，可在更短的时间内(一般小于 5min)使 COD 的去除率达到 99%。

2. 含油污泥处理技术

含油污泥水热氧化是指在高温高压条件下，以空气或氧气为氧化剂，将污泥中溶解、悬浮的有机物氧化分解为小分子，最终达到污泥减量化、无害化和稳定化的一种处理方法。反应器以污泥水热氧化技术为核心，针对劣质重油加工过程产生污泥的高稳定性，在高温高压下最终会形成气—液—固三相混合的反应体系，通过水热氧化，可有效实现劣质油加工过程产生含油污泥的三相有效分离。

含油污泥热解—高温热氧化耦合处理技术，是以氧化剂为界面乳化层破胶药剂，耦合生物质材料、复合无机添加剂，研究其对固液界面双电层稳定性的影响规律，开发处理药剂体系及工艺，减量化后污泥含水率低于 60%。将减量化后污泥在催化剂加量为 1%、热解温度 400~420℃下处理 2~2.5h，可回收含油污泥中 86%以上的石油资源；将热解残渣不经过降温直接进入高温热氧化反应器中并在 500~570℃下反应 0.5~1h，处理后残渣的含油率低于 0.3%，浸出液 COD 低于 50mg/L。

3. 废气处理技术

炼化污水处理厂 VOCs 和恶臭废气，可按污染物浓度高低分类处理，高浓度废气可采用“生物反应器脱硫、烃类催化氧化”工艺处理；低浓度废气宜采用“生物塔洗涤—活性炭吸附”工艺处理。烃类催化氧化反应催化剂可利用炼厂废旧催化剂改性：含油污泥高温热解获得炭基料，再进行水蒸气活化处理后作为炭基吸附材料。这样可实现“以废治废”、降低废气处理过程能耗与处理成本的目标。

参 考 文 献

[1] 李志强．原油蒸馏工艺与工程[M]．北京：中国石化出版社，2010.

[2] 乔建江，詹敏，徐心茹，等．胜利黄岛原油深度电脱盐研究 II. 温度和电场强度的影响[J]．华东理工大学学报(自然科学版)：1998，24(2)：139-144.

[3] 何志强．混炼含酸重质劣质原油的电脱盐技术选择探讨[J]．中外能源，2009，14(10)：74-77.

[4] 徐岳峰．原油电脱盐概论(2)[J]．石油化工腐蚀与防腐，1994(1)：55-60.

[5] 李秀芝，林敏杰，王玉亮．常减压蒸馏装置减压深拔的研究[J]．石化技术，2005，12(3)：10-14.

[6] 田原宇，乔英云．减压深拔技术集成与调控 I．减压深拔设备技术集成[J]．石油炼制与化工，2013，44(10)：32-37.

[7] 陈建民，黄新龙，王少锋，等．减压深拔及结焦控制研究[J]．炼油技术与工程，2012，42(2)：8-14.

[8] 赵博，寿比南，宗瑞磊，等．常减压蒸馏中的设备腐蚀与防护[J]．中国特种设备安全，2005，32(6)：1-8.

[9] 李姝，张乐，李丹．常减压蒸馏装置的腐蚀与防护[J]．化学工程与装备．2017，(7)：203-204，284.

[10] 郭庆举，巩增利．常减压塔顶腐蚀与中和剂的选择[J]．石油化工腐蚀与防护，2013，30(4)：30-32.

[11] Sloley A W. Mitigate fouling in crude unit overhead[J]. Hydrocarbon Processing，2013(11)：73-75.

[12] 侯芙生．中国炼油技术[M]．北京：中国石化出版社，2011.

[13] 周永敏．浅谈常减压装置节能新技术措施[J]．石化技术，2020，27(1)：29，45.

[14] 万晓楠，钱新华．炼油化工行业信息化发展趋势研究[J]．中国信息界，2010(11)：7.

[15] 张家仁．石油石化环境保护技术[M]．北京：中国石化出版社，2006：92-102.

[16] 赵英民．石油炼制与天然气加工工业污染综合防治最佳可行技术[M]．北京：化学工业出版社，2016：147-159.

[17] 李亚新．活性污泥法理论与技术[M]．北京：中国建筑工业出版社，2006：9-33.

第九章　劣质重油改质与加工方案

劣质重油化学组成和结构极其复杂，除了相对密度大、黏度高外，其油品中硫、氮、重金属含量和酸值也很高，不仅开采成本高、管输难度大，而且炼制过程中加工工艺的技术复杂，给加工过程带来一些特殊的问题[1]。因此，对于不同的劣质重油原料，需要考虑加工的目的和经济性，将不同的工艺进行组合制定出劣质重油的改质和加工方案。其中，劣质重油的改质方案是指为了解决其高密度和高黏度导致的不易管道运输和船舶运输的问题，需要通过浅度加工改质成能够进行管道运输和船舶运输的原油，再通过管道和船舶运输到炼厂进一步加工生产各种油品和化工品[2]。劣质重油的加工方案是指通过将不同的技术进行组合，直接将劣质重油原料或常减压渣油进行深度加工成各种油品和化工品的过程。目前，世界上的劣质重油改质厂主要位于委内瑞拉和加拿大。国外一些大型石油公司对于劣质重油的加工方案研究起步较早，技术先进，近些年国内也陆续兴建了一些具有特色的劣质重油加工装置，本章对国内外以及中国石油的劣质重油加工方案进行介绍。

第一节　国外劣质重油改质方案

一、委内瑞拉超重油改质方案

委内瑞拉是世界上最大的重油储藏地区之一，现有 4 家合资 Orinoco 超重原油改质厂，分别是 Petrocedeno，Petropiar，Petroanzoategui 和 Petromonagas，全部位于 Barcelona，与中国石油的 Jose 乳化油厂在一起。

在进入改质厂前，超重油的开采及输送均需使用石脑油作为稀释剂，改质厂生产的石脑油必须定期补充进入开采和管输系统。初次使用的稀释石脑油需外购，注入地下助采并抽出。开采时须确保石脑油掺入比例不小于 22%，石脑油稀释超重油后被输送到改质厂，经过闪蒸和蒸馏集中通过管道返回油田。改质厂焦化石脑油性质极不稳定，见光和空气后易变质，对合成油的运输储存加工均会产生影响，焦化石脑油需要加氢精制达到标准后方可输入管道，用来开采超重油，调和合成油。

1. *Petrocedeno 改质方案*

Petrocedeno 改质厂采用掺稀+常减压蒸馏+延迟焦化+加氢裂化+加氢处理的改质方案，工艺流程如图 9-1 所示。特点是可以生产出 API 度为 32°API 且硫含量为 0.13%的不含渣油的合成原油。超重原油进入改质工厂后首先进行脱盐脱水，然后进常压蒸馏装置分离出大部分石脑油稀释剂(约掺混 22%)，通过管道送回油田，同时分离出超重油中小于 374℃的馏分油，大于 374℃的馏分油进入减压蒸馏装置。大于 407℃的减压渣油全部进延迟焦化装置加工，焦化装置采用 Foster Wheeler 公司的延迟焦化技术。常压瓦斯油、减压轻瓦斯油和焦化轻瓦斯油进加氢处理装置(NHT)加工。减压中、重瓦斯油和焦化重瓦斯油进缓和加氢裂化装置(MHC)加工。

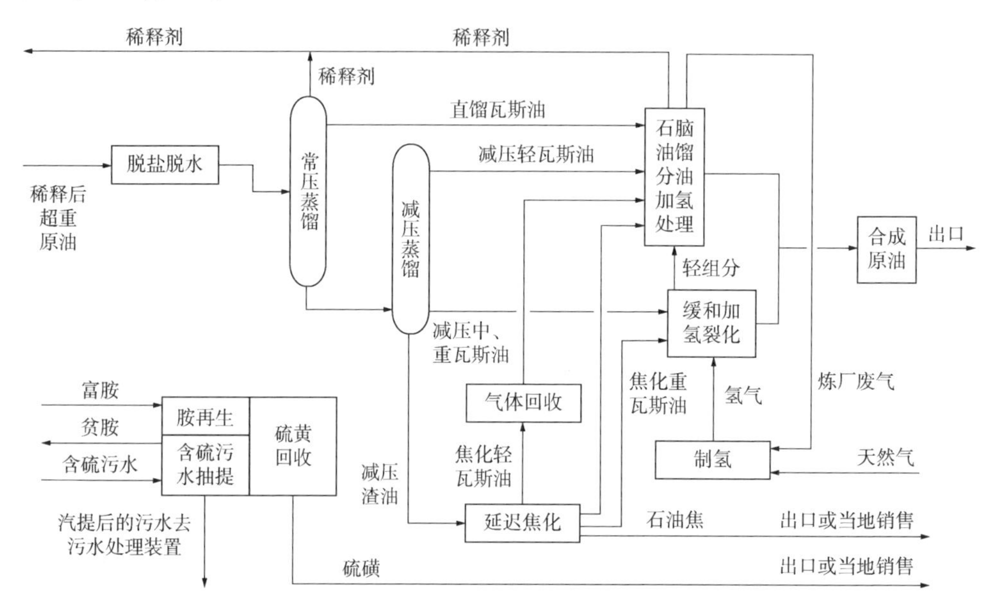

图 9-1　Petrocedeno 改质厂工艺流程图

2. Petropiar 改质方案

Petropiar 改质厂的超重原油改质方案和 Petrocedeno 改质厂的改质方案大同小异，同样采用掺稀+常减压蒸馏+延迟焦化+加氢裂化+加氢处理的改质方案，工艺流程如图 9-2 所示。但该厂减压蒸馏和延迟焦化装置规模小一些，加氢裂化为高压加氢裂化。合成原油由加氢处理、加氢裂化生成油和部分常压重油调和而成，其质量类似美国阿拉斯加北坡原油(含渣油)，在 Jose 港出口外销到美国炼厂加工。

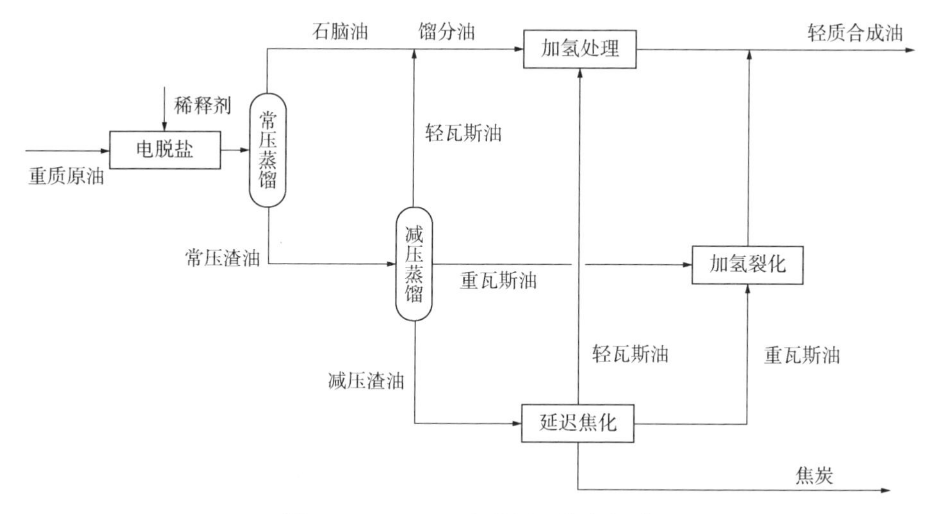

图 9-2　Petropiar 改质厂工艺流程图

3. Petroanzoategui 改质方案

Petroanzoategui 改质厂改质方案比较简单，采用掺稀+常减压蒸馏+延迟焦化+加氢处理的改质方案，工艺流程如图 9-3 所示。其中延迟焦化采用 Conoco 公司的技术，减压渣油进延迟焦化，因此延迟焦化装置的规模相对较小，而且只有延迟焦化石脑油经过加氢处理，焦化瓦斯油不经过加氢处理。常压瓦斯油、减压轻、重瓦斯油、焦化瓦斯油和加氢处理的焦化石脑油与一部分常压重油调和后得到 API 度为 22°API 含渣油的合成原油，出口到美国路易斯安那州 Conoco 公司的 Lake Charles 炼厂进行加工。

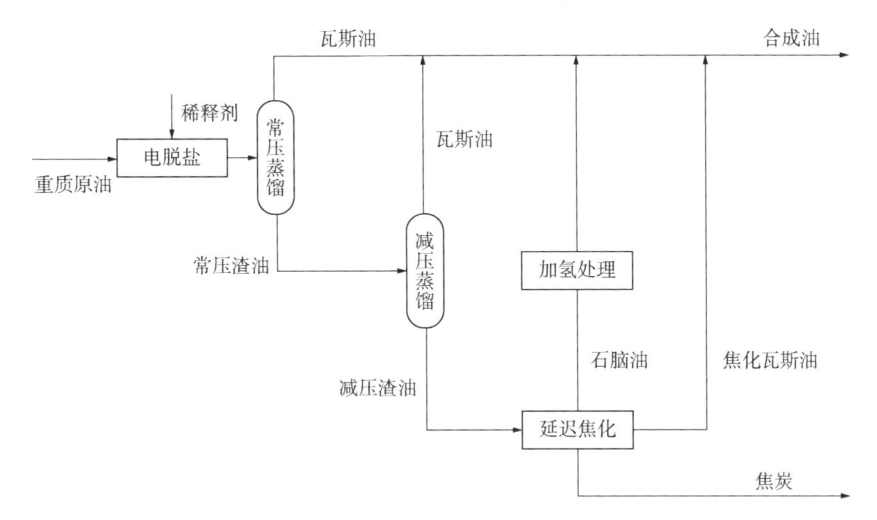

图 9-3 Petroanzoategui 改质厂工艺流程图

4. Petromonagas 改质方案

Petromonagas 改质厂采用掺稀+常压蒸馏+延迟焦化+加氢处理的改质方案，工艺流程如图 9-4 所示。只对延迟焦化石脑油进行加氢处理，常压瓦斯油、焦化瓦斯油和加氢处理的焦化石脑油与一部分常压重油调和后得到 API 度为 16.5°API 和硫含量小于 2.3%的含渣油的合成原油，出口到美国路易斯安那州 ExxonMobil 公司与委内瑞拉国家石油公司(PDVSA)分别以 50%和 50%比例占股的 Chalmette 炼厂进行加工。氢气由外部购入，经变压吸附(PSA)提纯后使用。主体装置采用 Foster Weeler 公司延迟焦化技术。

综上所述，委内瑞拉的 4 家改质厂均采用了延迟焦化作为提升 API 度的主要手段，采用的技术主要是 Foster Weeler(3 家采用)和 Conoco-Phillips 延迟焦化技术(1 家采用)。

委内瑞拉超重油改质厂采用脱碳技术，生成的石油焦数量大，约占原油加工量的 20%。委内瑞拉石油焦没有得到就地利用，依靠销售公司销往国际市场。Petrocedeno 改质厂与美国签订了长期协议，销往美国，Petromonagas 改质厂的焦炭销往土耳其、厄瓜多尔、巴西、意大利等。硫黄销往巴西、土耳其、荷兰等。

二、加拿大油砂沥青改质方案

加拿大油砂沥青性质与委内瑞拉 Orinoco 重油带的超重原油极为相似，属于劣质重油，开采和改质加工难度极大。典型油砂沥青密度大于 1.015g/cm^3，酸值约为 3.0mg KOH/g，硫含量约为 4.9%，氮含量约为 0.4%，重金属镍和钒含量约为 300μg/g。

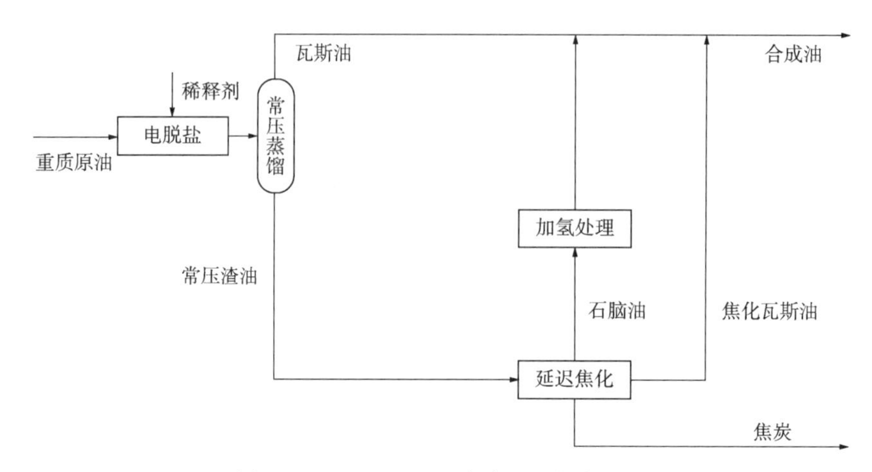

图 9-4　Petromonagas 改质厂工艺流程图

加拿大油砂沥青采用露天开采和蒸汽辅助重力泄油开采(SAGD)两种方式[3]。露天开采获取的油砂通过萃取分离富集油砂沥青，蒸汽辅助重力泄油开采则通过往油砂层注入高压蒸汽抽提出油砂沥青，油砂沥青通过热转化和催化转化生产低硫、API 度为 32~38°API 的合成原油，与油砂沥青稀释至 API 度为 20°API 左右销售。

目前，加拿大建成运转的油砂沥青改质工厂有四座，其采用的改质方案如下。

1. Suncor 改质方案

Suncor 能源公司(后改称为加拿大油砂公司)采用的是以延迟焦化为核心的掺稀+常减压蒸馏+延迟焦化+加氢处理的改质方案，工艺流程如图 9-5 所示。常压渣油和减压渣油进延迟焦化，常减压瓦斯油、焦化瓦斯油和焦化石脑油经过加氢处理后生成合成原油。

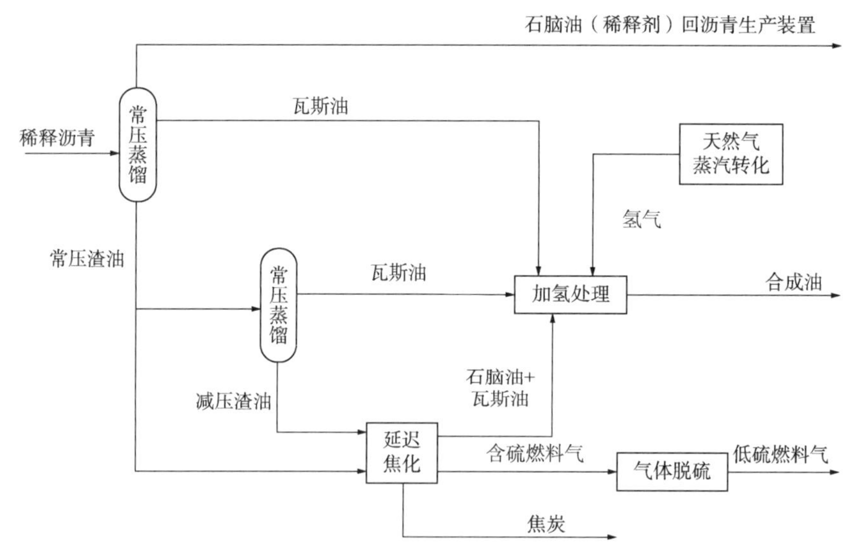

图 9-5　Suncor 公司改质厂工艺流程图

2. Syncrude Canada 改质方案

Syncrude Canada 公司采用流化焦化—沸腾床加氢裂化组合型改质方案，其工艺流程如图 9-6 所示。

该厂于1978年投产，当初只有一套流化焦化装置，改质常压拔头沥青和减压拔头沥青的混合物，改质能力$535×10^4$t/a，生产合成原油$500×10^4$t/a。低硫轻质合成原油(SSB)的煤油烟点只有13mm，全馏分柴油的十六烷值只有33。后先后经过两次扩能改造，新增2套流化焦化装置、1套LC-Fining沸腾床加氢裂化装置和1套采用Synshift/Synsat技术的中馏分油加氢改质装置，合成原油生产能力增加到$1800×10^4$t/a，成为加拿大目前最大的油砂沥青改质工厂。合成原油的质量有了很大提高，2006年，合成原油的煤油烟点达到19mm，全馏分柴油的十六烷值≥40。

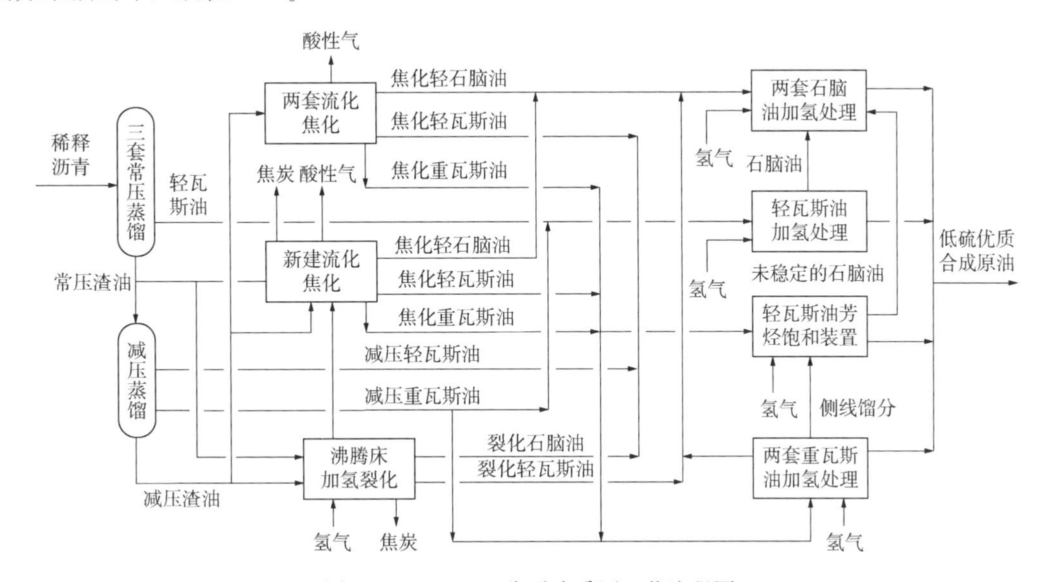

图9-6 Syncrude公司改质厂工艺流程图

3. 阿萨巴斯卡(Athabasca)改质方案

Athabasca油砂公司(Shell加拿大公司控股)的改质厂由于采用了减压渣油沸腾床加氢裂化+馏分油固定床加氢处理的改质加工一体化方案，可大大降低投资，其工艺流程如图9-7所示[2]。该厂有两套加工能力共$400×10^4$t/a的减压拔头沥青LC-Fining沸腾床加氢裂化—馏分油加氢处理一体化装置，2003年投产。生产的合成原油(PAS)的全馏分柴油的十六烷值高达45。进一步扩能改造，新增一套加工能力为$275×10^4$t/a的LC-Fining沸腾床加氢裂化装置，2010年投产。目前，LC-Fining装置的加工能力达到$675×10^4$t/a，成为世界上最大的渣油沸腾床加氢裂化装置。

4. OPTI改质方案

OPTI加拿大公司在Long Lake新建的油砂沥青改质工厂采用溶剂脱沥青+脱油沥青气化改质方案，其工艺流程如图9-8所示。

工程分两期建设，一期工程和二期工程油砂沥青的改质能力均为$350×10^4$t/a。把油砂沥青原料转化为无渣油的含硫合成原油和脱油沥青。无渣油的含硫合成原油通过加氢裂化生产无硫轻质合成原油，脱油沥青通过气化生产氢气和蒸汽，供其他装置使用。

综上所述，加拿大油砂沥青改质方案的核心是将沸腾床加氢裂化、流化焦化和延迟焦化等技术进行组合，需综合考虑原料、投资和操作成本。沸腾床加氢裂化是加拿大油砂沥青改质的重要手段，已运行十年以上，采用的技术主要是H-Oil工艺和LC-Fining工艺，其

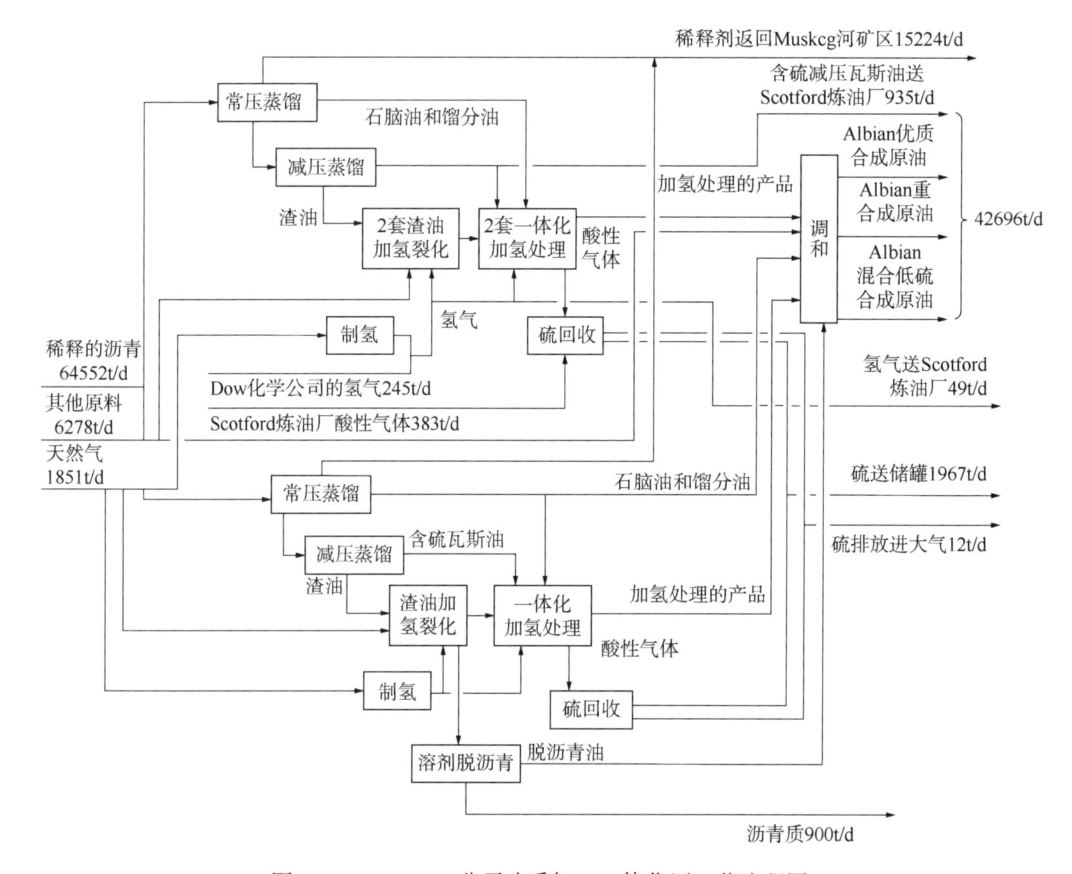

图 9-7　Athabasca 公司改质加工一体化厂工艺流程图

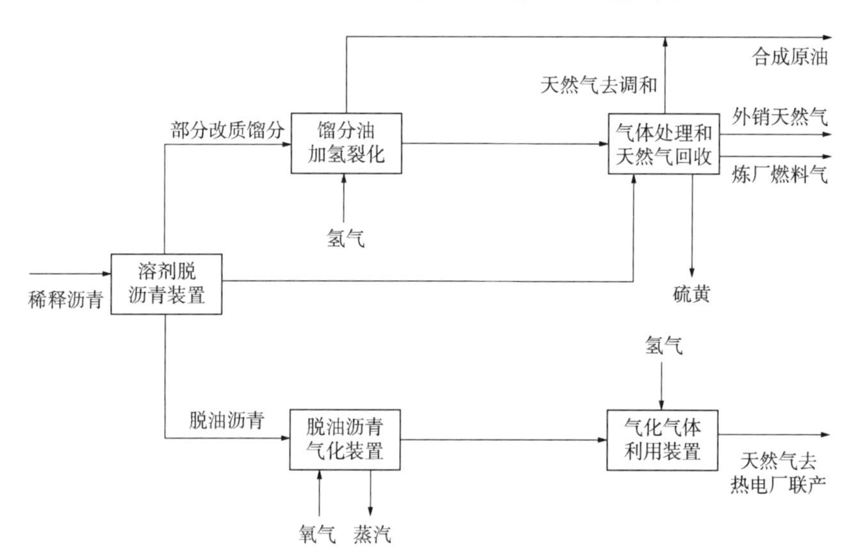

图 9-8　OPTI 公司溶剂脱沥青/脱油沥青气化型改质厂工艺流程图

中在油砂沥青加工中使用的主要是 LC-Fining 工艺。原料油性质对沸腾床加氢裂化的转化率、杂质脱除率、空速等有很大影响。流化焦化和延迟焦化都是脱碳工艺，在产品分布和产品质量方面有很大的不同，流化焦化只产生5%~6%的焦粉，而延迟焦化要产生20%以上的石油焦，并且石油焦在加拿大没有市场，销售困难。

第二节 国内外劣质重油加工方案

对于劣质重油的加工，主要有脱碳和加氢两种技术手段。其中脱碳包括延迟焦化、催化裂化、热裂化和溶剂脱沥青；加氢包括固定床、沸腾床和浆态床(悬浮床)加氢。加工方案是在对原料进行分析表征了解其分子结构和性质后，再通过市场调研和经济性分析，对不同技术手段进行组合，制定出一条经济效益最大的加工路线。

传统的劣质重油加工方案以脱碳为主，因为延迟焦化对原料适应性强，投资低，操作简单，几乎可以处理任何重油原料。但随着渣油加氢技术的发展，其转化率高、轻油收率高、产品质量好和环保的特点逐渐凸显出来，采用渣油加氢+脱碳的加工方案逐渐成为炼厂实现经济效益最大化的选择。

意大利Eni公司的Sannazzaro炼厂能加工高硫含量的100%超重原油，可以生产高质量的中馏分油(特别是柴油)。针对炼厂内的减压渣油采用了浆态床渣油加氢与减黏裂化并行的加工方案。减压渣油分成两部分，一部分进浆态床加氢，另一部分进减黏裂化。其中135×10^4t/a的浆态床渣油加氢装置采用的是意大利Eni公司自己开发的EST浆态床渣油加氢技术，同时也是世界上第一套浆态床加氢工业装置，其渣油转化率可以达到95%。

浙江石化4000×10^4t/a炼化一体化项目的产品方案为多产芳烃产品、配套乙烯并适当生产成品油，同时重点发展芳烃及乙烯下游产业链。针对这个产品方案，其一期渣油加工方案采用渣油固定床加氢+催化裂化+延迟焦化的工艺路线，其中500×10^4t/a渣油固定床加氢装置采用UOP公司的RCD Unionfining技术。常压渣油经加氢脱硫后与焦化蜡油进入催化裂化装置，生成催化汽油与低碳烯烃；同样，乙烯裂解装置原料全部来自加氢裂化的轻石脑油，重石脑油作为连续重整生产芳烃的原料。另外，浙江石化二期将增加600×10^4t/a(两套300×10^4t/a)浆态床渣油加氢装置，将采用意大利Eni公司的EST浆态床渣油加氢技术[4]。

中国石化镇海炼化2000×10^4t/a炼化一体化项目的产品方案以多产乙烯为主，同时副产丙烯、碳四和碳五。针对这个产品方案，其重油加工方案采用了沸腾床加氢裂化+延迟焦化+催化裂化的工艺路线。其中加工量为260×10^4t/a的沸腾床加氢裂化装置使用的是Axens公司的H-Oil技术，可将渣油转化为容易裂解的轻油，为下游乙烯丙烯裂解工艺或芳烃生产工艺尽可能提供原料，达到多产化学品的目标。

恒力石化2000×10^4t/a炼化一体化项目的产品方案是多产芳烃为主。针对这个产品方案，其重油加工方案采用了沸腾床加氢+溶剂脱沥青的工艺路线。其中加工量为640×10^4t/a(两套320×10^4t/a)的沸腾床加氢裂化装置使用的是Axens公司的H-Oil技术，渣油的转化率达到90%以上。脱沥青油进入蜡油加氢裂化单元，加氢裂化后的重石脑油作为重整原料，继而生成对二甲苯(PX)；乙烯的生产采用C_3/C_4脱氢的方法，以各单元回收的轻烃为原料，大大提高了乙烯收率。

盛虹炼化 1600×10^4t/a 炼化一体化项目的产品方案是炼油、芳烃、乙烯一体化的加工模式。其重油加工方案采用了沸腾床加氢+蜡油加氢裂化+润滑油加氢异构的工艺路线。其中加工量为 330×10^4t/a 的沸腾床加氢裂化装置使用的是 Axens 公司的 H-Oil 技术，渣油转化率可达到 80%，沸腾床加氢裂化后的轻馏分，如柴油与蜡油分别进入柴油加氢裂化与蜡油加氢裂化，继续生产石脑油化工原料，同时将部分尾油作为润滑油加氢异构的原料，提高了重油加工的深度，实现了重油向化工原料的最大转变。

中国石化茂名石化的产品方案以炼油和副产高端化工新产品为主，同时正在准备进军高端碳材料市场。其重油加工方案采用了浆态床渣油加氢+固定床渣油加氢+适度焦化的工艺路线，其中加工量为 260×10^4t/a 的浆态床加氢裂化装置使用的是意大利 Eni 公司的 EST 浆态床渣油加氢技术，是全球最大、国内首套浆态床渣油加氢装置。装置设计的轻油转化率高达 94%，能将沥青、焦炭等低附加值产品转化为汽油、煤油、柴油等高附加值的清洁油品，全厂轻油收率大幅提高，实现石油资源价值的最大化利用。已于 2020 年 12 月 31 日成功投产，标志着世界先进的浆态床渣油加氢技术在我国成功实现工业化应用。

第三节　中国石油劣质重油加工方案

一、新疆劣质重油加工方案

新疆原油属于环烷基稠油，特点是酸值高、汽柴油收率低，即使采用低掺炼比的技术措施，也严重影响西北炼厂的安全运行和经济效益。但是，由于环烷基稠油同时具有凝点低和环烷烃含量高的特性，是生产高端特种油和沥青的可行原料。因此，制定一套适合新疆环烷基稠油特性的加工方案非常重要，以实现资源的优化利用，生产高端产品。

1. 加工方案概述

克拉玛依石化针对原料性质和产品经济性分析，共提出了三个加工方案，如图 9-10 所示。

方案一针对风城超稠油和减黏后风城超稠油馏分氮含量高、低温性能变差的特点，采用加氢及组合工艺的加工方案，通过工艺条件优化，可以生产出变压器油、冷冻机油和 KN 系列白色橡胶填充油等高档环烷基特种润滑油，是新疆特色低凝稠油加工路线。同时采用直馏或调和工艺，超稠油渣油可以生产合格的道路沥青。达到了对于超重原油的深度利用，将本来价值低、加工难度大的劣质原料变为多种附加值高的特色产品，其方案的科学性、合理性和对原料油的“吃干榨尽”在国际上也是独一无二的，使克拉玛依石化的经济效益多年来在中国石油内部名列前茅。该方案攻关历时 20 多年，首创了环烷基稠油低凝品质表征方法，以及多种加氢工艺组合的加工方案。生产的变压器油、冷冻机油、白色橡胶油和高级沥青性能全面达到和超过国际大型石油公司的同类产品，研制的火箭煤油，填补了国内空白，满足了国防急需。该方案共获国家发明专利 28 件，认定技术秘密 15 件；出版专著 3 部；形成国家、行业新技术标准 19 项。覆盖了环烷基稠油开采、储运、炼制、产品研制和市场开发的全过程。经过几代克拉玛依人的艰苦创业，依托本方案建成了 300×10^4t/a 的稠

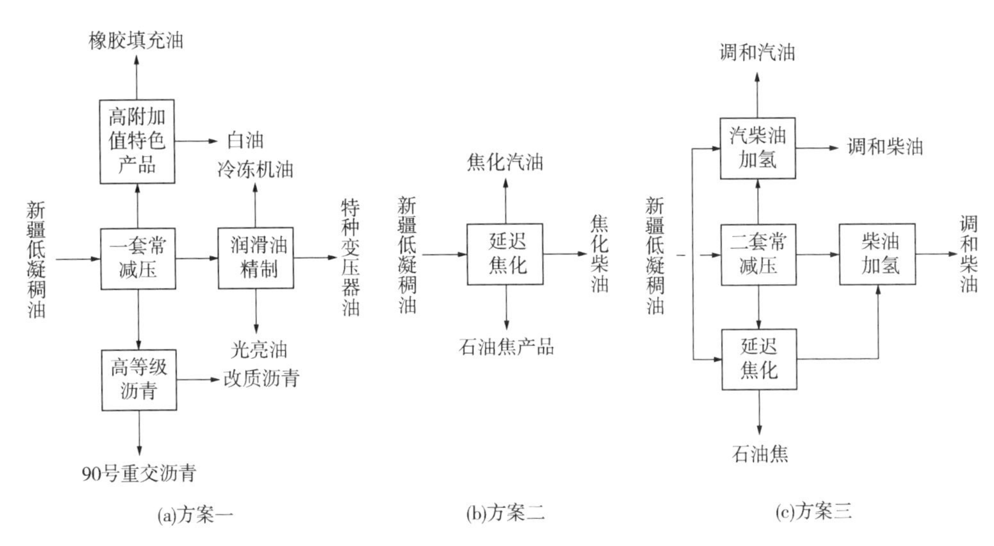

图 9-9　新疆特色低凝稠油加工方案

油深加工基地，达到了国际先进水平，实现了我国稠油深加工技术从空白到国际先进的历史性跨越。

方案二是新疆超稠油原油直接焦化生产汽柴油等燃料；方案三是新疆重质和轻质原油生产汽柴油等燃料油路线。

2. 加工方案特点

以深度加工并最大程度利用新疆稠油为导向制定的加工方案具备以下特点：新疆稠油加工关键配套技术研究开发与应用、超稠油渣油延迟焦化技术以及超稠油特色产品开发。

1）新疆稠油加工关键配套技术

针对原油脱钙技术国内外研究报道主要有：螯合沉淀法脱钙、膜分离法脱钙、CO_2脱钙、树脂脱钙、生物脱钙、加氢催化脱钙和萃取脱钙等多种方法。螯合沉淀法脱钙是将待脱金属的原油或重油与所选定的螯合剂的水溶液混合，然后调节 pH 值大于 2(最佳为 5～9)，使油中的钙被结合形成溶于水的离子型螯合物后分离油水相即可脱除钙。在国外，此方法主要是由 Chevron 公司发展起来的，该公司所开发的螯合剂主要有两类，即无机酸及其盐类和有机酸及其盐类，如碳酸、硫酸、一元羧酸、二元羧酸、氨基羧酸、羟基羧酸及其盐。国内主要是采用无机含磷化合物和有机磷酸及其盐类作为螯合剂。膜分离法是由加拿大专利和开发有限公司研究的一种从烃类原料中脱除高沸点馏分和无机物(其中包括钙)的方法。生物脱钙是利用一种新型的生物催化剂来脱除油中的 Ni、V、Ca、Zn、Co 等金属。

根据新疆稠油加工的技术特点，结合近年来国内外的一些新型脱钙技术，克拉玛依石化自主开发了原油脱钙循环利用技术，包括原油脱钙工艺和脱钙剂循环再生工艺两大工艺系统。原油电脱盐、脱钙过程中排出的工业废水中主要成分是有机羧酸钙，还含有一部分的氯化钙、氯化钠等无机盐类，具体是将有机羧酸从含有机羧酸盐的工业废水中分离出来，并回注至脱钙系统。

2）风城超稠油减压渣油延迟焦化技术

风城超稠油的馏分油可以用来生产环烷基特色产品，但受市场容量限制，超稠油难以全部按润滑油工艺生产特种润滑油，部分轻质化是必然选择。渣油焦化投资低、工艺成熟，对原料适应性强，特别适合处理金属含量高的渣油。同时焦化技术也在持续改进，近年来中国石油大学(华东)与中国石化合作开发的焦化加热炉深度反应技术取得成功，生焦率下降2%~5%，已在金陵石化等多家单位实施，中国石化科技管理部门下发文件要求全面推广应用；由克拉玛依石化牵头组织开发的超低循环比、烃循环延迟焦化新技术也取得成功，液收提高2.79%以上，焦炭收率降低3.37%以上。

3）生产特色产品

主要是超稠油生产BS光亮油和环保型SUS2000橡胶填充油及改性沥青技术。

(1) 生产BS光亮油。

新疆稠油减压渣油的加工，除了传统的焦化轻质化外，还选用溶剂脱沥青技术。由于其胶质含量丰富，沥青质含量少，延展性、耐低温性能优异，因此适合于重交沥青的调制，而丙烷溶剂脱沥青的过程，还可得到收率在35%左右的轻脱油，可作为光亮油的原料。

随着加氢异构脱蜡技术的不断成熟，全氢法生产光亮油的技术优势也越来越明显。克拉玛依石化公司采用的是轻脱油全加氢工艺生产150BS光亮油，在Ⅱ套高压加氢装置上可以实现贵金属异构脱蜡和加氢补充精制，光亮油的低温性能良好，凝点、浊点更低。

由于光亮油生产离不开溶剂脱沥青，因此溶剂脱沥青的过程控制，会影响光亮油原料的残炭值、金属含量、黏度等性质。

溶剂的选择是影响溶剂脱沥青的重要因素之一，国内有采用丁烷溶剂或者丙烷丁烷溶剂替代丙烷，开展溶剂脱沥青的研究。但是丁烷脱沥青制备的硬质沥青软化点高，无法满足道路沥青对调和组分的需求，因此一般仅限于燃料油加工路线的工艺研究，投入工业实践生产光亮油的案例几乎没有。

高压加氢工艺是现代光亮油生产工艺的关键技术。通过高压加氢的三段工艺，在对光亮油原料进行临氢改质、芳烃饱和开环的同时，脱除其中有害的O，S及N等杂质，再经后续异构脱蜡、补充精制使得光亮油产品的倾点合格，安定性和抗氧化能力进一步增强。除了加氢裂化催化剂的裂化、精制能力的平衡外，原料的筛选以及后续的降凝精制工艺的选择也同样重要。

(2) 生产环保轮胎橡胶填充油。

普通橡胶制品用途的环烷基油，除了通过加氢精制、溶剂精制、加氢处理等手段尽可能脱除S，N及O等杂原子外，还需要脱除、转化胶质等生色团等过程，保证油品颜色浅、外观透亮、稳定，因此环烷基油要求芳烃越低越好，极性物质越少越好。

但是现代轮胎工业，则要求高性能的轮胎橡胶材料，在既能满足生产、使用过程的安全性、环保性的前提下，要限制有毒有害物质的含量，除要满足轮胎在行驶过程湿地制动性能、转向操作的稳定性的要求，还要满足减震、低噪声、节能等要求。因此只有芳烃含量高、链烷烃含量低、极性物质适中的环保芳烃油(TDAE)才能满足上述指标。

为了满足REACH法案，针对有毒有害操作油的2005/69/EC指令的要求，轮胎行业公认的最好的环保轮胎油就是TDAE：极性物质含量相对于常规的环烷油高，芳烃含量高达60%，与丁苯橡胶本体相容性最好。

但是TDAE的生产能力是基于传统的Ⅰ类基础油加工装置，随着全球基础油的供应逐渐转向以加氢裂化为主的Ⅱ、Ⅲ基础油生产装置，其供应始终处于短缺状态。因此，2009 年在尼纳斯公司的推动下，国际合成橡胶生产者协会 IISRP 制定了合成橡胶(乳聚丁苯橡胶)填充油的新牌号和环保轮胎油标准，确定了 SUS2000 和 SUS3200 两种新规格的环烷基橡胶填充油。

克拉玛依石化公司的 NAP10 黏度级别虽然介于 SUS2000 至 SUS3200 之间，但芳烃含量较低，不能列入 SUS2000 橡胶填充油的序列，因此需要在原有基础上进行必要的二次开发，才能满足新标准环保橡胶填充油的指标要求。

针对芳烃含量较低的新疆稠油特点，采用了馏分油一段糠醛精制、抽出油二次抽提的精制工艺，可以充分利用现有的糠醛装置的塔器以及工艺管线，只增加一个中间静置罐、一个二次抽提塔、一个汽提塔，既不影响现有润滑油加工流程的主要产品性质，同时能副产部分高芳烃环保橡胶油。

(3) 生产改性沥青。

新疆稠油沥青与国内外容易改性的基质沥青族组成有很大的差异，生产改性沥青非常困难，多年来美国科氏等国内外众多的沥青研究机构都研究过新疆改性沥青，最终未能解决新疆沥青与 SBS 相容性差、改性难的问题。

新疆沥青由于天然的族组成中沥青质含量偏低，导致与 SBS 相容稳定性非常差，改性沥青生产难度大，目前只能采用提高改性反应温度来解决 SBS 离析问题，改性温度高达 245℃，比行业先进水平超出近 50℃。高温改性导致 SBS 被热老化结焦堵塞管线和换热器，能耗高、沥青容易与 SBS 产生交联形成废品，装置频繁停工检修，产品质量波动，不能长周期平稳运行，产量达不到设计能力，只是断断续续的生产了约 2×10^4t 沥青，远满足不了西北改性沥青 40×10^4t/a 的市场需求。

二、辽河石化劣质重油加工方案

辽河石化 1970 年开始建厂，经过 40 年的发展，也成为我国最大的稠油加工和沥青生产基地。2012 年，辽河石化原油加工量为 513×10^4t/a，其中稀油 132×10^4t/a，辽河超稠油 118×10^4t/a，辽河低凝稠油 91×10^4t/a，辽河混合稠油 111×10^4t/a，进口委内瑞拉马瑞原油 61×10^4t/a，原油加工量的近 3/4 是稠油。

辽河稠油具有高密度、高黏度、高酸值、高金属、高芳烃、高环烷烃、高胶质、高沥青质、高残炭、高灰分等特征，进行轻质化加工十分困难。但稠油中富含的芳烃和环烷烃资源是生产环保橡胶油等特种工艺用油特色产品的优质原料；稠油中富含沥青质、胶质，特别是环烷基稠油，一般都具有低蜡的特性，是生产高等级道路沥青等特色产品的优势资源。因此，针对辽河稠油的特点，采用延迟焦化+柴油加氢+催化裂化的加工方案。产品以生产沥青为主，产品的 1/3 以上是沥青，产量为 180×10^4t/a，特色沥青产品涵盖公路、市政、建筑、民航和水利等应用领域；凭着多年对稠油的研究和加工的认识，辽河石化开创了一条适合于稠油特色加工和生产特色产品的特色发展之路。在辽河石化的发展历程中，形成了普通道路沥青、重交沥青、改性沥青、乳化沥青、橡胶沥青、机场沥青和水工沥青于一体的特色沥青产品集群，形成了变压器油、环烷型橡胶油、芳烃型橡胶油和环保芳烃油等特种工艺用油特色产品集群，充分彰显了“吃粗粮、产精品”的劣质稠油深度加工技术的优势，形成了不同劣质稠油生产不同特色产品的技术思路和解决方案。图 9-10 是辽河石化公司加工流程简图。

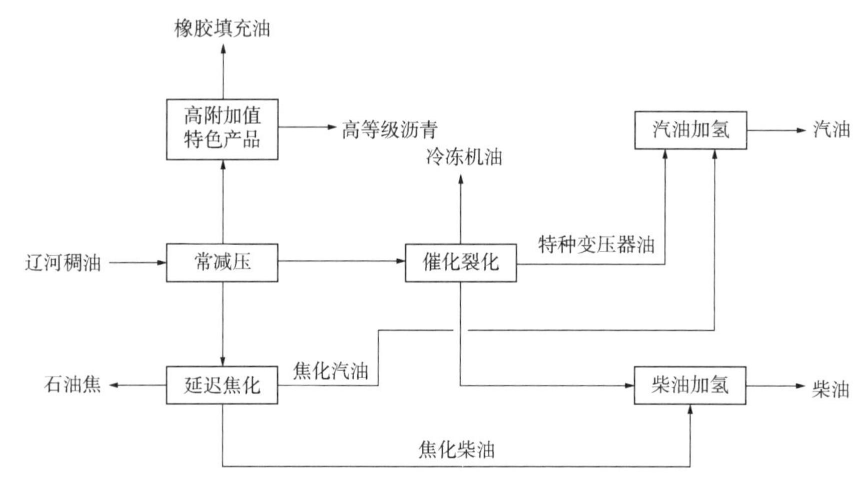

图 9-10　辽河石化公司加工流程简图

高质量的特种工艺用油和沥青产品，不仅是稠油加工的特色产物，也已成为中国石油的名牌产品。在特种工艺用油产品开发上，辽河石化开发的环保芳烃橡胶油质量水平已达到国内同行业的先进水平，充分彰显了加工稠油的资源特色。在沥青产品开发上，中国石油开发的沥青产品一直在高等级公路建设中占据着重要地位，同时还领跑机场跑道和大型水坝、抽水蓄能电站坝面工程沥青材料的规范建设，有力地支撑了我国经济建设和基础设施建设。

2011 年统计数字显示，世界沥青总产能为 1.75×10^8t/a，其中亚太地区为 5253×10^4t/a，占 30%，中国石油的沥青产能为 758×10^4t/a，在世界石油公司中排名位居第二，辽河石化公司目前沥青产能为 200×10^4t/a，在世界单一沥青生产企业中排名第五。2011 年，我国表观沥青消费总量为 1898×10^4t，国内企业生产沥青总量为 1603×10^4t，占 84.5%，中国石油的沥青产量为 596×10^4t，占总产量的 37.2%，占表观消费总量的 31.4%，其中辽河石化的贡献量为 183×10^4t，贡献率为 11.4%，在国内沥青生产企业中独占鳌头。特别是辽河石化利用辽河稠油和委内瑞拉马瑞原油开发的高性能沥青产品在昆明新机场跑道和呼和浩特抽水蓄能电站的成功应用，填补了国内空白，大大提升了中国石油沥青品牌的形象。

辽河石化是国内最早研究和集中加工稠油的炼化企业，企业建设的目的主要是解决辽河油田稠油生产基地的劣质稠油集中加工的问题。截至 2011 年，辽河油田的稠油产量仍然保持着国内领先地位，其次是中国石化的胜利稠油，但胜利稠油分布零散，未实现集中特色加工，新疆稠油产量排第三，中国石化塔河稠油和中海油渤海稠油开发较晚，但都实现了集中或部分集中特色加工。

辽河石化作为国内最早开发 TDAE 型环保橡胶油产品的企业，开发出 CA 值为 15%的环保芳烃橡胶油，并通过轮胎行业和充油胶行业的工业应用评价，使用性能与德国 H&R 集团生产的 Vivatec 500 相当，但因生产装置不匹配，尚未投入大规模工业生产。同德国 H&R 集团生产的 Vivatec 500 相比，辽河石化的产品 CA 值偏低，产品收率偏低，均存在提升的空间。目前国内市场环保油的需求量在$(30\sim40)\times10^4t/a$，国内企业的生产量不足$2\times10^4t/a$，大量产品依赖进口，迫使轮胎和充油胶生产企业另辟蹊径。在2010年实际消耗的13×10^4t环保橡胶油中，从国外进口了11×10^4t，其中从德国H&R集团进口了7×10^4t，合成橡胶行业只消耗了2×10^4t，远低于正常水平，轮胎制造业消耗了8×10^4t，仅用于出口欧盟的轮胎生产，因此，环保橡胶油在国内还存在较大的市场空间。由于石油中的高黏度天然芳烃资源十分有限，且主要存在于劣质稠油中，单双环环保芳烃的资源也就更少，因此，研究从稠油资源中提高产品的芳烃含量，使其达到国际先进水平，研究最大限度地实施多环芳烃转化，提高单双环环保芳烃的收率，降低稠环芳烃中有毒成分的总量，提高环保橡胶油生产的总体经济性，对辽河石化这种以加工劣质稠油为主的特色炼化企业具有十分重要的意义，对促进劣质重油中优势资源的高效利用具有非常积极的作用。

辽河石化公司作为中国石油下属的以加工稠油为主的特色炼化企业，开发出了CA值为10%和15%的两类环保芳烃橡胶油，完成了在环保轮胎和环保充油胶中的应用研究，开发出了用于4F级飞机跑道专用机场沥青和寒区抽水蓄能电站坝面防渗水工沥青，填补了国内空白。

三、广东石化劣质重油加工方案

广东石化$2000\times10^4t/a$劣质重油加工项目，由中国石油天然气股份有限公司和委内瑞拉国家石油公司(PDVSA)共同出资建设，是中国和委内瑞拉在石油领域上中下游一体化合作的重要组成部分。项目加工的委内瑞拉Merey 16劣质重油，加工难度很大。针对原料的特性，全厂总加工方案采用了延迟焦化—蜡油加氢处理—催化裂化—加氢裂化的加工方案，其工艺流程图如图9-11所示[5]。

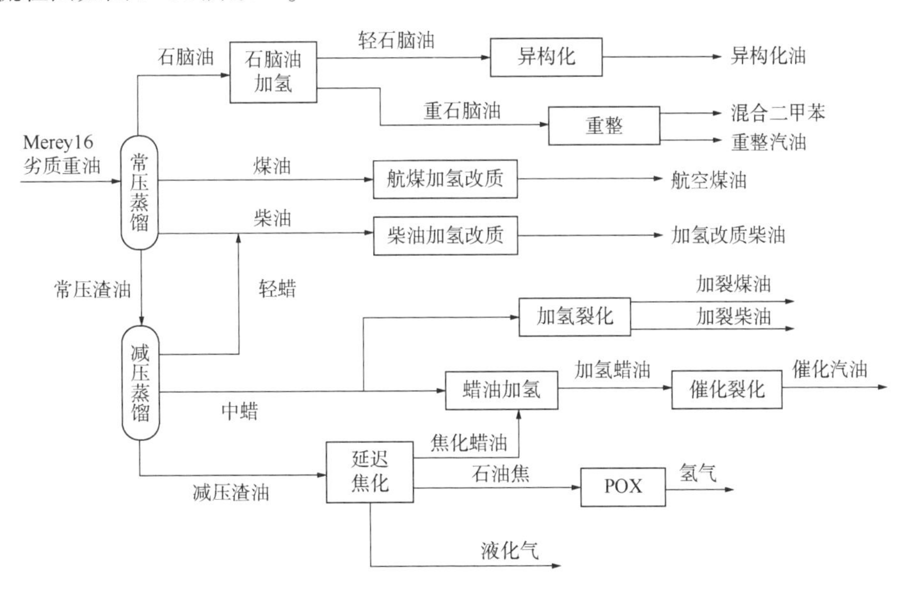

图9-11 广东石化公司加工流程简图

中石油华东设计院有限公司经过技术经济比选和国内外调研，减压渣油的加工方案采用了延迟焦化+POX的工艺路线，延迟焦化工艺具有原料适应性强、操作费用低等优点，技术成熟可靠，尤其适于加工高硫高金属含量的劣质渣油，是加工 Merey 16 减压渣油的适用工艺。同时，延迟焦化装置生产的高硫石油焦作为石油焦气化工艺(POX)的原料，生产出炼厂需要的氢气和合成气，既能充分利用炼厂的高含硫石油焦，又能副产氢气，作为全厂氢气的主要来源，具有良好的经济性。目前，广东石化正在向炼化一体化方向转型，采用 Honey well UOP 的技术，达到多产乙烯和芳烃的目的，预计 2022 年 6 月全面建成投产。

第四节　技术展望

世界原油质量日趋劣质化，为保持原油产量的增长目标，很多产油国都逐渐开始开发本国的劣质原油资源。与此同时，非常规石油资源的开发和利用也越来越受到重视。

委内瑞拉超重原油和加拿大油砂沥青的加工是世界级难题，随着世界局势的日益复杂，保证国家的用油安全已成为国家战略的一部分。我国在未来将大量进口重质劣质原料，同时尝试非常规石油资源的开发。针对不同地区开采的劣质重油，制定出一套科学、合理的改质方案或加工方案尤为重要。先进的改质和加工方案是炼厂的灵魂，是提高经济效益的保障。

随着国内大量炼化一体化项目的开展，如何对各种先进的重油加工技术进行优化组合，将加工方案从以生产油品为主向多产特种产品、高端化学品和高端材料的方向转型显得尤为重要。同时应加快先进的高效重油加工技术开发应用，如浆态床技术，开发出适合国内重油高效转化利用技术是未来的研究重点。

对于未来劣质重油的改质和加工，还应从“分子炼油”的层面寻找解决方案，有必要形成一套体系，利用分子辨识技术和流程模拟软件相结合，针对不同性质的劣质原油制定出生产不同产品的重油改质和加工方案，达到产品深度利用，经济效益最大化。

参 考 文 献

[1] 侯经纬，付兴国，李军．委内瑞拉超重油改质方案研究[C]//中国石油化工信息学会，石油炼制分会．2013 年中国石油炼制技术大会．北京：中国石化出版社，2013.
[2] 姚国欣．渣油深度转化技术工业应用的现状、进展和前景[J]．石化技术与应用，2012，30(1)：1-12.
[3] 高杰，李文．加拿大油砂资源开发现状及前景[J]．中外能源，2006，11(4)：9-14.
[4] 宋昌才，邓中活，牛传峰．重油生产低碳烯烃等化工品技术研究进展[J]．化工进展，2019，38(S1)：91-99.
[5] 谢可堃，王志刚，谢崇亮，等．广东石化 20Mt/a 劣质重油加工项目总加工流程的优化[J]．中外能源，2014，19 (1)：75-79.

第十章　技术展望

重油组成极其复杂，含有大量的胶质、沥青质等非烃类劣质组分和硫、氮与金属杂质，容易引起加工设备结焦、腐蚀和催化剂中毒，并严重影响产品质量，给重油轻质化加工和高端化清洁利用带来诸多技术难题。基于宏观性质的传统研究手段无法完全适应重油加工新工艺开发设计与过程优化的实际需求。分子工程和分子管理技术已经成为炼油技术升级的一种理念和发展趋势，对重油加工利用将遵循分子结构特点，做到重质和劣质石油资源的高质化和清洁化利用。

一、进一步加深对重油分子结构的认识

随着对石油资源利用程度的需求增大及油品清洁化的持续推进，重油的深度精细化加工新技术越来越受到重视。不管是新工艺的开发还是传统工艺的改进优化，都需要建立在详细认知重油组成及其结构特性的基础上。目前，无法完全认识重油分子层次结构组成和掌握分子转化规律，限制了重油选择性深度加工工艺的开发。

尽管重油是高度复杂的烃类及非烃类化合物组成的混合物，分离技术和先进测量手段的发展，尤其是高分辨率、高精度的分析技术的出现，使得从组成层面乃至分子结构层面理解重油化学特性成为可能。通过对重油进行选择性分离，对所获得的产物进行转化特性研究，并对原料和产品通过尖端分析技术进行分子层面的系统性探究，有望将极大推进人们对于重油的化学特性及转化性能的理解。

在不远的将来，我们将对重油的研究逐步推进到分子层面，不断健全完善重油分子数据库，掌握重油分子在热加工过程、催化加工过程和加氢过程的转化规律，开发建立分子转化模型，促进重油加工工艺优化及高效转化利用技术开发，实现重油资源的优化利用。

二、发展新型劣质重油高效转化技术

渣油加氢技术具有高价值液体产品收率高、生产过程清洁、无高硫石油焦生成的特点，是重油高深度加工转化的发展趋势。渣油固定床加氢技术最成熟，应用最多，运行装置100多套，将长期是主体技术。但固定床加氢技术对原料性质要求苛刻，一般要求残炭含量小于15%，金属(Ni+V)含量小于150μg/g，未来将不断开发高性能的催化剂活性金属单原子负载技术和级配技术，适应加工更加劣质的原料，延长装置运行周期。沸腾床渣油加氢技术，催化剂在反应器内处于膨胀状态，并且实现催化剂的在线置换，可以加工固定床加氢技术所不能加工的更劣质的渣油，残炭含量一般16%~28%，金属(Ni+V)含量150~500μg/g，运行周期达到3年，技术也较成熟，建成运行21套装置，我国镇海炼化和恒力石化引进H-Oil技术建成运行2套沸腾床装置，该技术未来会得到一定发展。但该技术投资高，转化率中等(70%~80%)，大量未转化油需进一步处理，未来将进一步发展高活性催化剂、

催化剂活性恢复技术和工艺技术组合，提升技术竞争力。

渣油浆态床加氢技术，反应器结构简单，使用高分散固体粉末或均相催化剂，且催化剂用量少，对原料适应性好且转化率高(80%~95%)，具有显著技术优势，是劣质重油深度加工的前沿核心技术。目前，该技术已商业化，全球共3套，我国茂名石化和浙江石化引进EST技术建设浆态床装置，茂名石化260×10^{4}t/a装置已开工运行，转化率达到90%以上。浆态床加氢技术遵循临氢热裂化反应机理，关键是抑制高转化率下反应系统生焦，核心是有足够数量的活化氢阻止缩合生焦反应，只有足够高的压力下方能保证反应系统生产足量的活性氢。商业运行和工业示范的浆态床加氢技术，操作压力较高(18~22MPa)，操作苛刻度高，致使装置投资高。发展中的微界面强化反应技术，利用微米级高能气、液涡流能量，将气液/气液固界面的几何尺度由毫米—厘米级高效调控为微米级，在数量级上大幅度提高了相界面积和质能传递效率，使化学生产过程的效率成倍提升，能耗物耗大幅下降。该技术在化工生产过程已得到应用，烷烃过氧化反应、间二甲苯空气氧化反应以及酸解过程与氯化反应应用结果显示，强化反应效果显著，反应时间缩短1倍以上，用能效率降低1倍以上，且产品收率和选择性有不同程度提高，强化反应应用前景广阔。最近微界面浆态床渣油加氢中小试研究结果显示，在相同转化率和生焦率下，反应压力由18~22MPa降至2~10MPa，单程液体收率大于90%，单程转化率大于95%，脱金属率达到85%~95%，脱硫率达到50%~80%，脱残炭及脱沥青质率也达到了70%~90%，充分显示微界面强化反应技术在浆态床渣油加氢领域具有良好的应用前景。由于微界面技术可大幅度强化浆态床加氢过程的溶氢传质速度，显著降低反应压力，从而降低装置投资，进一步增强浆态床加氢技术的先进性和经济性。将加快发展的新型微界面强化浆态床加氢反应技术、微界面反应技术工程化研究、高加氢活性的纳米分散催化剂技术、未转化残渣气化制氢和催化剂回收综合利用技术，形成新型微界面浆态床加氢成套系列技术，进行万吨级工业示范和工业应用，在低压下实现油砂沥青等劣质重油的浅度或深度改质，满足输送要求，提升价值；在中等压力下加工劣质重油，转化率大于90%，实现劣质重油资源的高效转化。

灵活焦化技术是重油高效转化技术之一，是基于传统流化催化裂化和流化焦化工艺发展的连续焦化技术，核心是反应器、加热器和汽化器；特点是没有传统延迟焦化的加热炉，连续焦化，焦炭在三器之间循环，反应生成焦气化生产低热值裂解气，无高硫石油焦生成。焦化反应温度靠中间加热器热焦炭颗粒的温度调节，热焦炭颗粒为生焦载体，反应生焦后进入加热器；加热器作为高温汽化器和反应器的中间调节器，加热器中的生焦颗粒与来自汽化器的低热值气体和热焦炭颗粒换热，部分循环到反应器，大部分循环到高温汽化器进行空气气化，可将生焦的95%以上转换为裂解气，得到1%左右的焦炭，焦炭含有绝大部分的重金属和杂原子，经过处理可回收重金属元素。灵活焦化技术可加工残炭值达20%以上的劣质高硫、高金属的劣质原料，能够将99%原料转化为裂解气和轻质油品，无高硫石油焦产生，裂解气的组成主要为氢气、CO，CO_2及N_2等，合成气(H_2+CO)占40%左右，N_2占50%左右，热值低(约为常规燃气的一半)，但仍可作为加热炉的燃料。灵活焦化反应温度510℃，反应时间15s，进一步提高反应温度，降低热载体和原料油的接触反应时间，生焦率会进一步下降，液体产品收率提高，同时解决高含量合成气生产问题，灵活焦化技术将会得到快速发展。为此，要发展新型热载体制备技术，高温和短接触时间的反应技术和反应器关键装备技术、高温富氧气化技术和气化炉关键装置技术，形成最大量生产合成气的高温气化新技术，生焦量为残炭值的0.8~1.0倍，合成气(H_2+CO)约占55%以上，形成新型灵活焦化成套技术，实现劣质重油高效转化，同时生产合成气和解决高硫焦出路的问题。

三、开发高价值特种产品生产技术

(1) 系列碳材料生产技术。我国对石油焦的需求量巨大，每年达3000×10^4t左右，是主要的大宗碳材料产品，主要为延迟焦化装置的副产品，产品质量参差不齐，高品质低硫石油焦产量少。低硫的石油焦经煅烧处理后可作为制铝用电极焦，电炉炼钢需要以优质焦(即针状焦)为主要原料的石墨电极，要具有低热膨胀系数、高导电率、高强度特点。充分利用劣质环烷基重油和催化裂化油浆富含多环芳烃的特点，开发新型高硫原油生产焦化原料预处理技术，开发针状焦原料优化和预处理技术，开发新型低硫焦延迟焦化技术，最大量生产优质低硫石油焦，提升石油焦的品质；开发超高功率用针状焦生产成套技术，满足高端碳材料发展需求；以针状焦为基础，开发高模量石油基碳纤维生产技术，开发低成本锂电负极用针状焦生产技术和接头针状焦生产技术，满足锂离子电池领域对高性能炭材料的需求；开发石墨烯储氢材料生产技术，满足新能源领域储氢发展需求。

(2) 特种沥青产品生产系列技术。沥青质组成和性质影响使用性能，深入研究沥青质分子结构和组成与使用性能的关系，利用劣质原油高沥青质的特点，开发高沥青质与低沥青质调和技术和改性技术，形成高低温性能优异的重交沥青道路沥青生产技术；开发高低温性能更加优异4F级机场跑道沥青技术、低温和防老化与开裂性能优异的水工沥青生产技术、阻尼沥青产品生产技术、彩色道路建设沥青生产技术，同时开发高软化点硬沥青组分固化成型关键设备，形成硬质沥青新产品及生产成套技术。

(3) 特种油品生产技术。充分利用环烷基辽河低凝稠油和新疆稠油富含多环芳烃和凝点低的特点，开发环保型高、中芳烃橡胶增塑剂和SUS2000橡胶填充油生产成套技术，开发III类及III^+类润滑油基础油生产成套技术，开发高选择性加氢生产大比重、高热值的航空燃料技术。

四、新型催化材料设计和合成技术

渣油加氢和催化裂化是重油高效转化的重要技术，催化剂是重油加工技术进步的关键。催化裂化催化剂的研发重点是开发多级孔高选择性的分子筛和载体材料，满足重油转化和多产低成本化工原料的需求。催化剂制备技术要在提高性能基础上满足绿色低碳发展的要求，充分利用大数据和高通量催化剂制备评价等先进技术，与人工智能技术融合发展，通过对催化反应过程的深入研究，以分子反应对催化剂结构的要求为导向，建立高水平的催化剂模块化设计平台，通过集成优化满足重油加工技术对催化剂的多样化需求。进一步发展重油催化裂解多产化学品和低碳烯烃技术，同时发展CO_2减排和捕集技术，发展油煤化工一体化组合技术，发展加氢—催化裂解组合技术和废旧塑料裂解技术等技术。

展望未来，石油将长期是重要的化石能源，随石油资源的不断开采消费，重质化和劣质化趋势不可逆转。为应对全球气候变化，世界各国对全面控制CO_2等温室气体排放达成共识，先后确定“碳达峰”“碳中和”时间表。绿色氢能、太阳能和电动汽等新能源领域相关技术迅猛发展，对高端材料需求提出新的要求。这些重大变革对炼油工业带来深远影响，既是挑战又充满机遇。对重油分子结构组成和加工过程转化规律的认识将不断加深，充分利用分子转化模型和AI智能化技术优化提升现有延迟焦化、催化裂化和固定床渣油加氢技术，开发新型催化材料和催化剂，进一步提升产品规格、降低加工过程能耗、提高生产过程清洁化水平和技术的竞争力。同时，加大开发重油特色产品、石油基碳材料和低成本氢气制备技术，满足新材料和新能源产业发展。新型重油高效转化技术将日臻成熟，不断提高重油转化水平，微界面强化浆态床渣油加氢技术完成示范，加快商业应用；催化裂解生产化学品和低碳烯烃技术也完成示范，加快商业应用；新型灵活焦化技术和沸腾床渣油加氢技术也将得到快速应用。同时，CO_2减排和捕集技术、油煤化工一体化组合技术、加氢-催化裂解组合技术和废旧塑料裂解等技术也会得到快速发展和应用。劣质重油高效转化利用技术的进步和发展，将极大提升劣质重油资源的高值化利用率和生产过程的清洁化水平，支撑石油石化工业高质量可持续发展。